Franz Josef Wetz

Tot ohne Gott

Franz Josef Wetz

Tot ohne Gott

Eine neue Kultur des Abschieds

Alibri Verlag
Aschaffenburg

2025

Franz Josef Wetz, geboren 1958, Professor für Philosophie und Ethik in Schwäbisch Gmünd; Mitglied im Wissenschaftlichen Beirat der *Giordano-Bruno-Stiftung*. Zahlreiche Publikationen, u.a. *Illusion Menschenwürde* (2005), *Baustelle Körper* (2009), *Lob der Untreue* (2011). Bei Alibri erschienen 2014 *Rebellion der Selbstachtung* (2. Auflage 2018), 2016 *Exzesse*, 2020 *Keine Liebe ohne Lüge*, 2021 *Das Fest der gewöhnlichen Dinge* und 2025 *WerteWirrWarr*.

Alibri Verlag
verlag@alibri.de | www.alibri.de
Aschaffenburg
Mitglied in der Assoziation Linker Verlage (aLiVe)

Vierte Auflage 2025
Dritte Auflage 2021
Zweite, korrigierte und erweiterte Auflage 2019

Umschlaggestaltung: Claus Sterneck
unter Verwendung einer Abbildung © gotoole / Fotolia.com
Druck und Verarbeitung: druk-24h, Białystok

ISBN 978-3-86569-249-8

Inhalt

Einleitung

Jedes Jahr feiern wir unseren Geburtstag. Warum eigentlich? Die meisten gewohnheitsmäßig, andere der Geschenke halber und wieder andere, weil sie sich gerne amüsieren. Mit Freude nehmen wir Glückwünsche entgegen, weil sie uns guttun und der eigenen Existenz ein wenig Bedeutsamkeit verleihen. Sogar bei genügsamen Zeitgenossen wächst mit der Anzahl der geschüttelten Hände, der Telefonanrufe, SMS, Mails und Postkarten das Selbstwertgefühl, obwohl sich die Glückwünsche doch fast alle gleichen.

Allerdings spielt es fast keine Rolle, ob das Gewünschte ehrlich geäußert wird. Dass es oft gar nicht so wörtlich gemeint ist, darauf sollte man vorbereitet sein. Jedenfalls fühlen sich nüchterne Zeitgenossen von überschwänglichen Glückwünschen nicht betrogen. In wissentlicher Selbsttäuschung nehmen sie die herzlichen Worte freundlich entgegen. Offenbar ist das menschliche Glücksverlangen so groß, dass fast jede Unterstützung begrüßt wird, selbst wenn sie aus ein paar abgedroschenen Floskeln besteht, solange sie nur die Lebensfreude zu heben vermag.

Jedoch ist damit keineswegs erklärt, warum sich Menschen überhaupt zum Geburtstag gratulieren. Genauer betrachtet ist die feierliche Begehung eines solchen Tages doch nur dann sinnvoll, wenn es wünschenswert wäre, bald zu sterben. Wer zu dieser Auffassung neigt, der darf sich über jeden Geburtstag freuen. Denn mit jedem neuen Lebensjahr rückt man dem ersehnten Tod ein Stück näher. Hängt man aber am Leben, so ist es widersinnig, das Älterwerden zu feiern. Tatsächlich wird wohl nur in Ausnahmefällen ein Geburtstag aus diesem Grund festlich begangen. Trotzdem ist es richtig, dass Geburtstagsparties mit dem Tod zusammenhängen.

So banal es klingt: Der Tod ist eingenäht in das Leben. Geradezu gespenstisch mutet die Vorstellung an, dass man Jahr für Jahr genau an dem Tag, der Stunde, Minute und Sekunde vorbeikommt, an denen man in absehbarer Zeit – ob in 12, 23 oder 34 Jahren – dahingerafft wird. Die Unheimlichkeit nimmt noch zu, wenn man jetzt – das heißt in dem Augenblick, an dem man in genau 12, 23 oder 34 Jahren aus der Welt scheiden muss – sich langweilt oder ärgert. Vielleicht regt man sich gerade über Kleinigkeiten auf, putzt mürrisch die Wohnung, streitet mit dem Mitarbeiter oder Partner. Unter Umständen wird man auf die Minute genau in zwei Jahren seinen letzten Seufzer ausstoßen. Sieht man in der gegenwärtigen Lebensminute den künftigen Todeszeitpunkt, so verlieren mit einem Schlag sogenannte Wichtigkeiten an Bedeutung. Man bekommt ein Gefühl für den Wert der Lebenszeit.

Um dieses Empfinden zu behalten, ist es möglicherweise sinnvoll, statt des Geburtstags seinen künftigen Todestag mit Freunden zu verbringen. Da dieses Datum glücklicherweise unbekannt ist, müsste es fiktiv festgelegt werden. Solch jährliche Zusammenkunft zum Gedenken an die eigene Endlichkeit wäre keineswegs eine Trauerfeier, in der makabre Todessehnsüchte gestillt würden. Im Gegenteil, die kleine Totenfeier wäre ein Fest des Lebens, auf dem die Einmaligkeit des eigenen Daseins begossen würde. Verständlicherweise möchte aber niemand schon zu Lebzeiten alljährlich seinen unbekannten Todestag zelebrieren. Die meisten kauen lieber süße Zerstreuungen, die ihnen den bitteren Geschmack der Endlichkeit ersparen. Daher feiern sie auch gerne ihren Geburtstag, der vom künftigen Todestag abzulenken scheint. Allerdings ist eine Geburtstagsfete, schaut man nur genauer hin, bereits eine verkappte Totenfeier, auf der sich das Leben selbst imponiert in Anbetracht seines erstaunlichen Erdendaseins. In letzter Beziehung wird ein Geburtstag aus Freude darüber gefeiert, dass es einen Menschen gibt – und das heißt: noch gibt. Wäre es selbstverständlich zu existieren, würde ein Geburtstag vermutlich nicht festlich begangen werden. So aber feiern wir diesen Tag, weil die Jubilarin oder der Jubilar, die auch nicht oder schon nicht mehr sein könnten, dennoch und noch immer existieren. Eine Geburtstagsparty bringt unsere Freude zum Ausdruck, dass dieser Mensch überhaupt und noch immer unter uns weilt, obgleich er nicht und bereits nicht mehr leben müsste.

Menschliches Leben ist nämlich ausgesprochen unwahrscheinlich, äußerst zerbrechlich und stets gefährdet. Schon ein Anschwellen der Flüsse, das Abrutschen eines Berghangs, eine kleine Unachtsamkeit im Straßenverkehr können es beenden. Doch auch wer alle Gefahren umschifft oder meistert, blickt irgendwann dem Sensenmann ins kalte Auge und muss ernüchtert feststellen: Es war verdammt kurz. Aber gerade darum möchten viele ihre Lesezeit nicht mit Gedanken über Sterben und Tod verbringen. Ist ihr Dasein auf helle Töne gestimmt, so werden sie erst recht fragen: Wozu soll es gut sein, sich mit dem Ende zu befassen? Der letzte Tag kommt schon früh genug. Wird der Tod nicht aus übertriebener Pietät und religiösem Aberglauben überschätzt? In der berühmten Comicserie *Peanuts* grübelt Charlie Brown: „Eines Tages werden wir alle sterben." Darauf Snoopy: „Ja, das stimmt. Aber an allen anderen Tagen nicht." Der Tod ist nur ein Tag im ganzen Leben, seine Bedeutung möglicherweise gering. Darum sollte man sich vielleicht lieber auf das Hier und Jetzt konzentrieren, anstatt sich zu sehr mit seinem Ende zu beschäftigen.

Hierauf entgegnete schon Seneca im 1. Jahrhundert: „Der Tod gehört zu den Dingen, die zwar nicht schlecht sind, aber dennoch das Aussehen eines Übels haben; die Liebe zu sich selbst und der Wille, weiterzuleben und sich zu bewahren, sind uns eingepflanzt, ebenso der Abscheu vor Auflösung, weil sie den Eindruck erweckt, uns viele Güter zu entreißen und uns aus der Fülle der Dinge, an die wir uns gewöhnt haben, hinwegzuführen. ... Naturgegeben ist uns außerdem die Furcht vor dem Dunkel, in das uns der Tod führen wird, wie man glaubt. Daher, auch wenn gleichgültig der Tod ist, ist er dennoch nichts, was leicht vernachlässigt werden kann."[1]

In der heutigen Gesellschaft werden Sterben und Tod nicht mehr verdrängt. Es wird über Sterbehilfe, Hospiz, Palliativmedizin, Vorsorgevollmachten, Bestattungskultur und Ähnliches öffentlich diskutiert. Der Einzelne jedoch verdrängt seine Sterblichkeit nach wie vor. Hiervon handelt der *Erste Hauptabschnitt*. In der säkularen Moderne behaupten viele Bürger, nur Angst vorm Sterben, aber keine Angst vor dem Tod zu haben. In diesem Punkt stimmen gläubige Menschen mit religiös gleichgültigen Zeitgenossen, Atheisten und Naturalisten überein. Für Letztere ist der Tod eine natürliche Tatsache, die niemand zu fürchten braucht. Fest davon überzeugt, dass man sich an die eigene Vergänglichkeit gewöhnen könne, vertreten gottlose Naturalisten die Auffassung, dass sich jede Todesangst mit rationalen Reflexionen besiegen lasse. Gegen diese Position erhebt das Buch nachdrücklich Einspruch, ohne Zuflucht bei religiösen Tröstungen zu suchen und die Natürlichkeit des Todes zu bestreiten. Aber wie man Annette heißen kann, ohne deshalb nett zu sein, so kann der Tod natürlich und trotzdem schrecklich sein. Ein natürlicher Vorbote des Todes ist das Altern. Dessen unerbittlicher Ernst liegt im allmählichen Verfall, der sich vielleicht verdrängen, beschönigen oder aufschieben, nicht aber aufhalten lässt. Doch obwohl alle zu wissen glauben, was ein Toter ist, erweist sich der Ausdruck als überaus komplex und mehrdeutig.

Die Freude über jede Vorsorgeuntersuchung ohne Befund manifestiert, wie sehr die Menschen den Tod verabscheuen und sich ein endloses Leben wünschen. Milliarden Menschen glauben hieran. Bis heute gewinnen die Weltreligionen den Sorgerechtsstreit um den Tod. Im *Zweiten Hauptabschnitt* stehen Nahtoderfahrungen, die Ideen der Wiedergeburt, Unsterblichkeit und Auferstehung auf dem Prüfstand. Obwohl für das heutige Leben ein starker Diesseitsbezug ohne genauere Vorstellungen vom Jenseits charakteristisch ist, glauben selbst kirchenferne Menschen häufig an etwas Diffuses. Alle Hoffnungen vom Leben nach dem Tod werden einer verständigen, fairen und zeitgemäßen Kritik unterzogen. Es bleiben verstörende Wahrheiten von trostloser Banalität übrig. Die Hoffnungen auf ein Jenseits oder eine Wiedergeburt entspringen einer überregen Fantasie. Ihre scheinbare Sachlichkeit verdeckt den haltlosen Unsinn, der sich dahinter verbirgt. „Das mit dem Himmel ist wie mit dem Weihnachtsmann. Das stimmt doch auch nicht! Warum lügen die Erwachsenen immer?“, fragt die todkranke Anna mit sieben Jahren.[2] Aber wo die Wahrheit schwer zu verkraften ist, dort lässt man sich gerne mal tröstliche Illusionen gefallen. Jedoch ist der Tod nicht die bloß abgekehrte, unerleuchtete Seite des Lebens. Die kühnen Spekulationen über Unsterblichkeit und Auferstehung beruhen auf einer intellektuellen Extravaganz, die bizarre Traumdelirien, Sehnsüchte und Ängste begrifflich fixiert. Nach dem Endspiel gibt es kein Nachspiel mehr. Nichts bleibt. Milliarden Gläubige irren. Zweifellos klingt eine solche Behauptung extrem überheblich. Doch welche Anmaßung ist größer: der fromme Glaube ans persönliche ewige Leben oder die freche Mutmaßung, dass es damit nichts ist? Ohne Aufschrei oder Verbitterung, aber ebensowenig mit olympischer Ruhe und kaltschnäuziger Abgeklärtheit sehen wir die verheißungsvollen Farben des angebeteten Himmels ausbleichen. Alte Ruinen singen das wehmütige Lied von der Vergänglichkeit alles Menschlichen, dessen sterbliche Schönheit vor dem Hintergrund lebensfeindlicher Eisfächen, tobender Meere und kosmischer Weiten anrührend aufschimmert.

Der Tod ist ungeheuerlich, unsere Rückkehr ins Nichts die größte Zumutung ans Leben, mit der sich viele nicht abfinden mögen. Darum gibt es Ersatz für individuelle Unsterblichkeit. Hiermit befasst sich der *Dritte Hauptabschnitt*. Während die einen darauf vertrauen, nach dem Tod in einer harmonischen All-Natur aufzugehen, setzen die anderen ihre ganze Hoffnung auf die modernen Wissenschaften, die den Tod mit technischen Mitteln vielleicht in absehbarer Zeit überwinden könnten. Abgesehen davon, dass diese Vorstellungen überaus naiv sind, bieten sie keineswegs einen gleichwertigen Ersatz für religiöse Unsterblichkeit. Sie sind kein Äquivalent hierfür, sondern lediglich ein Surrogat. Zur Veranschaulichung: *Tchibo* ist ein Äquivalent für *Eduscho*; beides ist Bohnenkaffee. *Lindes* oder *Caro* ist nur ein Surrogat für Bohnenkaffee. Ein Surrogat ist gegenüber dem, was es ersetzt, nicht gleichwertig, eben kein Äquivalent, sondern weniger wert oder anspruchsvoll. Es ist der zweit- oder drittbeste Stellvertreter. Im Folgenden wird gezeigt, dass die Ersatzformen für religiöse Unsterblichkeit weder über den Tod hinwegkommen noch hinwegtrösten, weil sie lediglich Surrogate sind.

Eine Alternative hierzu stellen alle Versuche dar, dem unausweichlichen Ende einen existenziellen Mehrwert zu entlocken, der uns mit ihm versöhnen soll. So sei es erstens gar nicht wünschenswert, endlos auf der Erde zu verweilen, weil dann das Leben schon bald jeden Sinn verlieren würde. Zweitens sensibilisiere gerade die Vergegenwärtigung der Endlichkeit für die Einzigartigkeit unseres Daseins und motiviere jeden zu einer bewussteren Lebensweise – gemäß dem Motto: Man lebt nur einmal. Drittens könne das Leben manchmal so grausam sein, dass man aus verständlichen Gründen den Tod dem Leben vorziehe. Alle drei Bemühungen, dem Tod ein besseres Image zu verschaffen, als ihm gewöhnlich zugebilligt wird, überzeugen bloß teilweise. Es ist kaum möglich, ihn in ein günstiges Licht zu stellen und die latente oder manifeste Angst vor ihm zu vertreiben. Der Tod bleibt eine kalte Lektion. Zur Erklärung dieser unleugbaren Tatsache wird die Biologie zu Rate gezogen, in welcher sich der letzte Grund unserer grenzenlosen Todesangst ausmachen lässt.

Wie sehr wir am Leben hängen und nicht nur Angst vorm Sterben haben, sondern auch Angst vor dem Tod, dessen Aufschub die meisten erhoffen, macht der Verlauf tödlicher Krankheiten deutlich, dem sich das *Vierte Hauptkapitel* widmet. Wenn der Ernstfall eintritt und durch hoffnungslose Prognose der Tod zum Leben wird, dann ist der Alltag oft kaum noch zu meistern. Wie soll man ein Dasein ertragen, das eigentlich schon vorüber ist und sich nicht mehr vom Glanz schöner Versprechen blenden lässt? Hoffen und Bangen bestimmen nun den Takt der Zeit, in der nicht nur Wahrheiten, sondern auch Lügen ihre Berechtigung haben. Auffälligerweise entstanden in den letzten Jahren zahlreiche Bücher über persönliche Krankengeschichten, verfasst hauptsächlich von berühmten Künstlern und anderen Prominenten. Inhaltlich gleichen sich diese Publikationen alle. Warum treten so viele bekannte Persönlichkeiten mit ihrem traurigen Los an die breite Öffentlichkeit?

Eine intensive Beschäftigung mit dem Tod befriedigt niemals nur unsere theoretische Neugierde, sie besitzt insbesondere praktische Relevanz. Wie lässt sich mit dem Schmerz der Sterblichkeit leben, mit dem alle zurechtkommen müssen? Wie hält man es aus, demnächst endgültig zur „horizontalen Daseinsform“[3] überzugehen? Gibt es zur Bewältigung der Todesangst eine säkulare Notfallmedizin, durch die sie auf ein erträgliches Maß reduziert werden kann? Der Anteil von Menschen, die sich mit religiösen Werten identifizieren, ist in den letzten Jahrzehnten deutlich gesunken. Welche Auswirkungen hat die schwindende Nachfrage nach kirchlichen Trostangeboten auf die heutige Bestattungskultur? Diese befindet sich mitten in einem dramatischen Umbruch. Damit einhergehend wandelt sich auch die Trauerkultur von Grund auf. Im *Fünften Hauptabschnitt* geht es daher um Bestattungsmoden, Trauerarbeit und die Frage nach einem zeitgemäßen Geleitschutz auf dem Weg ins Nirgendwo.

Wenn man schon den Tod weder abstellen noch abbestellen kann, dann können vielleicht philosophische Weisheiten helfen, mit dem

Unausweichlichen zurande zu kommen. Doch wie sollen wir sterben lernen, wenn jeder der erste ist, der stirbt?[4] Zu sterben bedeutet nicht nur, das letzte Mal etwas zum ersten Male tun, sondern auch das letzte Mal etwas zum einzigen Male tun. Darum kann man das Sterben auch nicht trainieren. Trotzdem gibt es eine Menge säkularer Anleitungen und Trostschriften für Sterbliche und Hinterbliebene, die an ihrer Trauer manchmal zu zerbrechen drohen. Diese enthalten Ratschläge, Tröstungen und Übungen, die das Beste aus dem Tod zu machen versuchen. Doch so wertvoll solche sind, ihre Wirksamkeit ist begrenzt. Woran liegt das? Ohne eine den Empfehlungen angemessene Grundhaltung müssen sie vermutlich sogar wirkungslos bleiben. Doch wie sieht eine solche Grundhaltung aus? Mit deren Hilfe sollen sich die maßvollen Tröstungen leichter verinnerlichen und die dazugehörigen Anleitungen besser umsetzen lassen. Aber solange man des Lebens nicht müde ist, bleibt es selbst mit der gesuchten Grundhaltung schwierig, das eigene Ende anzunehmen. Denn objektiv gesehen ist der Tod zwar nicht mehr als nichts, subjektiv für jeden Einzelnen aber nicht weniger als alles. Deshalb läuft am Ende die Beschäftigung mit der eigenen Sterblichkeit auf ein Arrangement oder einen Kompromiss hinaus, der zwar nicht mit dem Tod versöhnt, aber im besten Sinne des Wortes menschlich ist. Das Individuum verschafft sich allergrößten Respekt vor dem eigenen Dasein durch das Geständnis seiner Vergänglichkeit. Wir verflüchtigen, atmen uns aus und schwinden unaufhaltsam dahin, heißt es in Rainer Maria Rilkes *II. Duineser Elegie.* —

Aufs Ganze gesehen ist das vorliegende Buch eine zeitgemäße Aufklärungs- und Trostschrift mit hoher lebenspraktischer Relevanz.

Erster Teil
Endlichkeit

Das Todesurteil

Der Mensch ist fast unmöglich, aber es gibt ihn trotzdem. Er existiert, obwohl sein Auftreten in den unermesslichen Weiten des Weltalls höchst unwahrscheinlich war. Genausowenig stand in der naturgeschichtlichen Entwicklung zu erwarten, dass der Einzelne jemals geboren würde. Die meisten Wege von Universum, Evolution und Menschheitsgeschichte liefen nicht auf das eigene Dasein zu. Selbst in existenzieller Beziehung ist unser Leben nahezu unmöglich, bedenkt man die Herausforderungen, vor die es jeden von uns stellt. Darum schreibt Sigmund Freud: „Das Leben, wie es uns auferlegt ist, ist zu schwer für uns, es bringt uns zu viel Schmerzen, Enttäuschungen, unlösbare Aufgaben.“[5] Aber so unerheblich und unwahrscheinlich unser Dasein ist: Jeder ist da. Niemand fehlt.

Im 8. Psalm steht der Satz: „Was ist der Mensch, Gott, dass du seiner gedenkst?“ Im 17. Jahrhundert fragt der französische Philosoph René Descartes: „Was ist das, ein Mensch?“[6] und im 18. Jahrhundert der Aufklärer Immanuel Kant: „Was ist der Mensch?“[7] Doch bedrängender als die uralte Wesensfrage ist das Existenzproblem: Wie ist menschliches Leben überhaupt möglich? Denn es gibt „kein Schrecken, kein Leid und auch kein verhängtes Missgeschick, das nicht der Mensch auf seine Schultern laden müsste“, klagt der griechische Tragiker Euripides in *Orestes*.[8]

„Der Mensch ist, wozu er sich selbst macht," meint der Existenzialist Jean-Paul Sartre.[9] Aber um etwas aus sich machen zu können, muss man sich erst einmal am Leben erhalten. Das Vertrauen in die Lebbarkeit des eigenen Daseins ist keineswegs selbstverständlich. Niemand von uns ist einfach nur da, sondern jeder muss viel dafür tun, um da sein zu können. Aber das fällt uns bisweilen schwer, weil wir hierfür nur unzureichend ausgebildet sind. Als biologische Lebewesen mögen wir an die Natur angepasst sein, an die Probleme, vor die das Leben uns stellt, sind wir es häufig nicht. „Wir sind jämmerlich, wir sind Menschen", pointiert Knut Hamsun im *Letzten Kapitel*.[10] Trotzdem ist der Mensch möglich, dem das Leben nicht bloß geschenkt, sondern auch zugemutet wird, weil ihm ein großer Reichtum an Talenten zur Verfügung steht, um sein Überleben und Wohlergehen zu sichern.

Bei alldem pendeln wir ständig zwischen zwei Punkten hin und her, die einander entgegengesetzten Polen einer kontinuierlichen Skala gleichen. Wir bewegen uns zwischen Vertrauen und Angst, Sanftmut und Zorn, Lärm und Stille, Lachen und Weinen, Jubel und Trauer, Ekstase und Askese, Denken und Fühlen, Ruhen und Bewegen, Widerfahren und Handeln. Die Außenwahrnehmung gehört ebenso zu unseren Bezügen wie die Innenschau. Da der Einzelne in der Sorge um sich aber niemals wirklich zur Ruhe kommt, erreicht sein Selbst- und Weltverständnis bestenfalls ein instabiles Gleichgewicht. Aufgrund unserer ursprünglichen Schutz- und Haltlosigkeit erreichen wir nur zeitweilig Sicherheit und Geborgenheit. Aus unserer prekären Grundsituation kommen wir niemals vollständig heraus. Zeitlichem Wandel unterworfen, lebt jeder in mehr oder weniger heiklen Situationen. Schon die Existenzsicherung ist für viele schwierig und belastend. Dennoch sorgt sich keiner bloß ums Überleben oder seine Gesundheit, sondern jeder ist darüber hinaus auf Glück und Sinnerfüllung bedacht. Mag das Leben eine Anstrengung sein, die einer besseren Sache würdig wäre, wie Karl Kraus meint, es gibt doch vielfältige Mittel, gut damit klarzukommen. Nur der Tod scheint eine Ausnahme zu bilden, wie Friedrich Schiller betont: „Gegen alles, sagt das Sprichwort, gibt es Mittel, nur nicht gegen den Tod."[11] Genauso Sophokles vor mehr als zwei Jahrtausenden in seiner Tragödie *Antigone*: „Viel Gewaltiges lebt. Nichts ist gewaltiger als der Mensch! Zur Winterszeit, wenn der Südsturm bläst, befährt er des Meeres graue

Flut. Mag es rings auch brüllen in schäumender Wut, sein Schiff durchschneidet die Welle. Worte zu bilden und klüglich zu stellen – er hat dies alles allein erdacht! Ratlos trifft ihn das Kommende nicht; verderblicher Seuchen bittere Not wusste er zu wenden – einzig dem Tod beugt auch er sich in Ohnmacht."[12]

Menschliches Leben ist in jeder, vornehmlich in zeitlicher Beziehung endlich: Keine Minute kehrt wieder, keine versäumte Stunde lässt sich zurückholen, kein Tag noch einmal leben. Alles ist flüchtig. Vergegenwärtige dir bloß die vielen kleinen Tode, mit denen du schon zu Lebzeiten fertig werden musst – wenn ehemalige Freunde für dich „gestorben" sind, Gefühle für den Partner „absterben", Feinde von dir auf den „Tod" gehasst oder „totgeschwiegen" werden. Wir alle erleiden im Laufe des Lebens schmerzliche Verluste, Trennungen und Abschiede, die uns oft verlegen, rat-, oder gar hilflos machen. Sie rufen Ohnmachtsgefühle, Trauer und Schwermut hervor. Doch schwerer als diese leidvollen Widerfahrnisse wiegt die eigene Endlichkeit, mit der wir auch irgendwie fertig werden müssen. Beherrscht von Daseinssorge und Todesfurcht, tun sich die Menschen mit dem Sterben genauso schwer wie mit dem Leben.

Wehe dem, der die Grammatik kennt! Sie lässt keinerlei Zweifel an unserer Vergänglichkeit. Auf ebenso nüchterne wie peinigende Weise bringt die 1. Person Singular Indikativ Futur II des mehrdeutigen Wortes „sein" den eigenen Tod schon zu Lebzeiten in schonungsloser Klarheit zur Sprache: „Ich werde gewesen sein" – und zwar in absehbarer Zeit, bedenkt man, dass die durchschnittliche Lebenserwartung hierzulande gegenwärtig bei rund 30.000 Tagen liegt. „Ein Hund, der stirbt und der weiß, dass er stirbt wie ein Hund, und der sagen kann, dass er weiß, dass er stirbt wie ein Hund, ist ein Mensch", dichtet Erich Fried.[13] Diese Erkenntnis ist bitter. Denn mag das Leben an sich nichtig und bedeutungslos sein, für die meisten ist doch nichts wichtiger und bedeutsamer als ihr Leben.

Vor der Hinrichtung

In *Der letzte Tag eines Verurteilten* fragt Victor Hugo, wie sich das Leben wohl wenige Minuten vor der Urteilsvollstreckung anfühlt: „Haben Sie jemals auch nur in Gedanken sich an den Platz eines Menschen versetzt, der da liegt und dem gleich das schwere Fallbeil das Fleisch zerreißt, die Nerven zerschneidet, die Wirbelknochen zerbricht?“[14] Schon oft wurde das Leben der Normalsterblichen mit dem Dasein eines zum Tode Verurteilten verglichen, der, selbst auf dem Weg zum Schafott, mitansehen muss, wie täglich Mitgefangene hingerichtet werden. Allerdings hinkt dieser Vergleich, weil im Gegensatz zu uns die zum Tode Verurteilten genauer wissen, wann sie enthauptet werden. „Das wäre wohl das Schlimmste, was einem passieren könnte: wenn einem die Stunde des Todes auf die Minute genau vorausberechnet wäre“, schrieb der todkranke Theatermacher Christoph Schlingensief,[15] weil man von diesem Moment an die verbliebenen Jahre, Monate und Tage regelmäßig runterzählen würde. Ähnliches steht in Arthur Schnitzlers Roman *Sterben*: „Stelle dir beispielsweise vor, es sagte dir einer: Hochgeehrtes Fräulein, Sie werden am 1. Mai 1970 sterben. So wirst du dein ganzes künftiges Leben in einer namenlosen Angst vor dem 1. Mai 1970 verbringen, obwohl du heute, 1890, gewiss nicht ernstlich glaubst, so alt zu werden.“[16] Die Gewissheit der Todesstunde, vermerkt etwa auf der Geburtsurkunde, im Pass oder an der Armbanduhr, fänden die meisten sicherlich furchtbar, weil sie sich hierdurch in dauernder Todesnähe befänden. In dem Stück *Die Befristeten* von Elias Canetti tragen die Figuren nicht nur ein Medaillon um den Hals, auf dem ihr Sterbedatum verzeichnet ist, sie werden auch nach dem Alter benannt, das sie einmal erreichen werden.[17] So heißt die eine Person beispielsweise Achtundachtzig, während eine andere Dreißig gerufen wird. Eugène Ionescos Drama *Der König stirbt* schildert die letzten anderthalb Stunden eines Königs, der soeben die Nachricht erhielt, dass er in genau neunzig Minuten sterben wird.[18]

Natürlich ist es ein Unterschied, zu wissen, ob man in wenigen Stunden oder mehreren Jahrzehnten sterben wird. Bei zum Tode verurteilten Gefangenen, deren Zündschnur bereits brennt, ist die Lebenszeit schon abgelaufen, ihre Zukunft abgeschlossen. Verkörperten die Todeskandidaten soeben noch kraftvoll das Leben, gleichen sie jetzt Tieren, auf die, in die Enge getrieben, nur noch die Schlachtbank wartet. Nicht selten verwirren sich in solchen Momenten die Gedanken und Gefühle umso mehr, je näher das Ende naht, wie bei Mischka in Leonid Andrejews *Geschichte der sieben Gehenkten*: Zerrissene Bilder wirbelten durch seinen Kopf, und sein Hirn zerbröselte „wie ein Klumpen trockenen, verwitterten Lehms, als man eines Nachts an seine Zelle kam, um ihn zur Hinrichtung zu schleppen".[19] Doch selbst wenn der genaue Zeitpunkt noch in weiter Ferne liegt, sobald er bekannt ist, hat man das Gefühl, der Hals liegt bereits in der Schlinge. Jedenfalls kann der Gedanke hieran leicht panische Angst auslösen und es zur unerträglichen Obsession werden, unaufhörlich daran zu denken.

Da ist es gut, wenn man die letzte Stunde nicht weiß, und falls man sie doch kennt, sich etwas vorzumachen, wie Janson, eine andere Figur in Andrejews *Geschichte der sieben Gehenkten*. Als ihm eröffnet wurde, dass sich der Aufwand nicht lohne, ihn allein zu hängen, sondern man noch warte, bis mehrere zum Tode Verurteilte zusammenkommen, wog er sich in der Illusion, das Urteil könne aufgehoben werden: „Er wurde ganz vergnügt; der schrecklich unklare Moment war in die Ferne gerückt, unwahrscheinlich geworden ... Der Umstand, dass jeder Tag wie der allergewöhnlichste begann und verstrich, brachten Janson zu der festen Überzeugung, dass die Hinrichtung überhaupt nicht stattfinden würde … Um nicht an den Tod zu glauben, muss man Alltägliches um sich sehen, hören und riechen: Schritte, Stimmen, Licht und Sauerkohl."[20] Gleichfalls berichtet Dostojewskij in dem Roman *Der Idiot* von einem Verurteilten, der fest mit Verzögerungen rechnete. Damit verlor das Todesdatum seine Bestimmtheit. Als ihm dann am nächsten Morgen um 5 Uhr die Nachricht überbracht wurde, dass die Vollstreckung noch am selben Vormittag um 10 Uhr erfolgen werde, veränderte sich die Situation für ihn schlagartig: „Es ist doch schwer, so plötzlich."[21] In Victor Hugos Erzählung *Der letzte Tag eines Verurteilten* tröstet sich der Todgeweihte mit dem Gedanken, dass es ihm doch gar nicht viel schlimmer ergehe als allen übrigen: „Zum Tode verurteilt! Seit fünf Wochen wohne ich mit diesem Gedanken zusammen, stets allein mit ihm, stets von seiner Gegenwart durchfroren, stets von seinem Gewicht niedergedrückt. ... Die Menschen sind alle zum Tode verurteilt, nur mit unbestimmten Fristen! Inwiefern hat sich also meine Lage geändert?"[22]

Die Unbestimmtheit ist der wesentliche Unterschied. In *Kommen und Gehen*, einem dreiminütigen Stück von Samuel Beckett versucht jeder der drei zum Tode Verurteilten den jeweils anderen beiden die bittere Erkenntnis ihrer baldigen Hinrichtung aus fürsorglichem Mitgefühl zu verheimlichen. Allein durch Verschweigen bewahren sie sich gegenseitig die Illusion, auf unbestimmte Zeit am Leben bleiben zu dürfen, und das hält sie bis zuletzt am Leben.[23]

Diese Erkenntnis gewinnt auch ein Minister in Andrejews *Geschichte der sieben Gehenkten*, nachdem er erfährt, dass am nächsten Tag um ein Uhr ein Attentat auf ihn verübt werden soll: „Meine Nieren sind krank, und sterben muss ich sowieso einmal, aber ich fürchte mich nicht, weil ich nicht weiß, wann es sein wird. ... Nicht der Tod ist schrecklich, aber das Vorauswissen des Todes; kein Mensch könnte leben, wenn er ganz genau Tag und Stunde seines Sterbens vorauswüsste.“[24] Des Glücks der Ungewissheit beraubt, bemächtigt sich des Ministers sofort eine Todesfurcht, die sich in seinen Knochen so festsetzt, dass sie sogar noch nach Vereitelung des Attentats bestehen bleibt.

Gabriel Marcel umschreibt das Glück der Ungewissheit mit dem schönen Bild, dass zu Beginn des Lebens zwar jedem bereits ein Schein ausgestellt werde, auf dem das Todesurteil stehe, dass aber Ort, Datum und das Wie der Vollstreckung noch freigelassen seien. Erich Kästner wiederum drückt in dem Gedicht *Dezember* dasselbe so aus: „Bald trifft das Jahr der zwölfte Schlag, / Dann dröhnt das Erz und spricht: / Das Jahr kennt seinen letzten Tag, / und du kennst deinen nicht.“[25] Jean-Paul Sartre schließlich betont, dass man nur Bestimmtes erwarten kann, die Bahn etwa oder einen Freund, mit dem man sich verabredet hat. Den Tod hingegen könne man nicht erwarten. Dazu sei er selbst wie der Zeitpunkt seines Eintritts zu unbestimmt. Ein zum Tode Verurteilter könne noch vor Urteilsvollstreckung an einer Grippe sterben. Doch auch wenn man den Tod nicht zu einem bestimmten Zeitpunkt erwarten kann, mit ihm rechnen muss man jederzeit.[26]

Endspiel ohne Mitspieler

Wenn schon zum Tode verurteilte Gefangene das nahe Ende überspielen können, dann können wir Normalsterblichen es erst recht. Hier ist zu unterscheiden zwischen individueller und kollektiver Todesverdrängung. Schon Rainer Maria Rilke, das Paris des beginnenden 20. Jahrhunderts vor Augen, beklagt in seinem Roman *Malte Laurids Brigge*, dass in den Großstädten der Tod immer mehr aus dem Sichtfeld der Gesunden verschwinde.[27] Der moderne Mensch stirbt tendenziell nicht mehr zu Hause im Kreis seiner Lieben, sondern im Krankenhaus. Die wissenschaftliche Medizin hat das Sterben aus Privatwohnungen in Kliniken verlagert. Immer mehr Patienten sterben umgeben von seelenlosen Schläuchen und Apparaten. Demgemäß beklagen Norbert Elias, Philipp Ariès und Jean Ziegler, um nur drei Zeitkritiker zu nennen, die Tendenz der Moderne, alles zu unterdrücken, was an den Tod erinnert.[28] Heute stirbt der Einzelne vornehmlich hinter den Mauern von Hospitälern, Alten- und Pflegeheimen. Das Endspiel findet hinter den Kulissen anonymer Institutionen statt. Im öffentlichen Raum spielt es fast keine Rolle mehr. Der Tod ist in der modernen Welt so gut wie unsichtbar geworden. Für die professionelle Bewirtschaftung von Sterben und Tod sind Mediziner, Bestatter und Friedhofsverwalter zuständig. Die Unfähigkeit des modernen Menschen, sich Sterben und Tod zu stellen, wird auch am Niedergang inszenierter Trauer festgemacht. Immer mehr alte Bräuche verschwinden aus dem sozialen Alltag.

Früher haben Hinterbliebene ihre Trauer stärker kultiviert, inszeniert und demonstriert durch Riten, Gesten und Kleidungsstücke. Sie zeigten ihre Trauer ein Jahr lang äußerlich. Inzwischen aber hat Trauerkleidung ihre soziale Funktion fast gänzlich eingebüßt. Sie ist nur noch während der Bestattungsfeier üblich. Dazu schirmen Trauernde häufig ihre Verzweiflung von der Öffentlichkeit ab, die eine starke Verhaltens- und Affektenkontrolle erwartet. Der sichtbare Abschied ist aus dem öffentlichen Raum fast gänzlich verschwunden. Außerdem werden kirchliche Zeremonien immer seltener wahrgenommen. Kollektive Gedenktage – Allerheiligen und Ewigkeitssonntag etwa – verlieren mehr und mehr an Bedeutung. Die tagelange Aufbewahrung eines Toten und Leichenzüge gibt es kaum noch. Michel Foucault schreibt: „Der Tod ist heute keine herausragende Zeremonie mehr, an der die Individuen, die Familie, die Gruppe, fast die gesamte Gesellschaft teilhaben, im Gegenteil, er ist etwas geworden, das man gerne verbirgt.“[29] So wird das Lebensende nicht nur aus der Öffentlichkeit, sondern auch aus dem Bewusstsein des Einzelnen ausgegrenzt, wie Rilke in der *X. Duineser Elegie* beklagt.

Die Kehrseite dieser zunehmenden Individualisierung und Säkularisierung ist eine wachsende Sprachlosigkeit. Viele Menschen stehen hilflos dem Tod gegenüber. Jeder ist für seine Trauerarbeit inzwischen selbst verantwortlich, was allerdings zahlreiche Zeitgenossen maßlos überfordert, weshalb sie schlicht darauf verzichten. Wie der Sterbende aus der Gesellschaft ausgegliedert so wird das Lebensende tabuisiert, meinen prominente Sozialwissenschaftler.

Sicherlich lässt sich die weit verbreitete Todesverdrängung auf soziale und technische Entwicklungen zurückführen, ob auf veränderte Familienstrukturen oder die moderne Intensivmedizin. Dazu kommt, so Max Scheler,[30] ein nachlassendes Interesse an religiösen Fragen. Nicht zuletzt habe der Verlust tragender religiöser Gewissheiten in der modernen Welt zu einer Verschleierung des Todes geführt. Denn wo der Glaube ans ewige Leben schwinde, komme der Einzelne mit dem Tod nicht mehr zurecht und grenze ihn deshalb aus. Religiös ungezähmt, wird er im säkularen Individualismus oftmals nur noch als furchtbar empfunden. Wie häufig lösen Gedanken ans eigene Ende oder den Tod nahestehender Menschen großes Entsetzen aus. Daher hält es Scheler für leichtsinnig, ohne Zwang auf religiöse Sinnzusagen zu verzichten.

Verklärte Vergangenheit

In diesem Zusammenhang wird gerne nostalgisch auf frühere Jahrhunderte und ferne Kulturen verwiesen, in denen die Menschen zeitlebens mit dem Tod vertraut gewesen seien. Ehedem habe das Sterben einfach zum Leben gehört. Zudem sei es Teil religiöser Hoffnungen gewesen, wonach der Tod nicht das letzte Wort behält. Ob Rainer Maria Rilke, Philipp Ariès oder Jean Ziegler, sie alle verklären den Tod vergangener Zeiten. Damals sei das Sterben noch eingebettet gewesen in schöne Bräuche, erbauliche Glaubensgeschichten und den harmonischen Naturkreislauf. Die Menschen seien unter geistlicher Betreuung im Kreis ihrer nächsten Angehörigen, Freunde und Nachbarn gestorben. Diese hätten den Dahingeschiedenen Mund und Augen geschlossen sowie deren Leichnam gewaschen. Anschließend sei dieser im Trauerhaus feierlich aufgebahrt worden. Bis zum Begräbnis herrschte Stille im Trauerhaus. Die Arbeit ruhte. Verwandte, Nachbarn und Freunde hielten Totenwache. Der Tod sei eine öffentliche Angelegenheit gewesen. Vor allem die dörfliche Bevölkerung nahm an Leichenbegängnissen teil. Sie erwies dem Verstorbenen die letzte Ehre.

Im Mittelalter war es praktisch ausgeschlossen, den Tod zu verschleiern. Hohe Kindersterblichkeit, grausame Pestwellen, katastrophale Missernten, fehlende Medikamente machten ihn zum alltäglichen Lebensbegleiter. Die Lebenszeit war deutlich kürzer. Darum wurde unverhohlener über Sterben und Tod geredet. Kinder kamen ganz selbstverständlich mit dem Tod ihrer Geschwister, Eltern und Großeltern in Berührung. Da vorrangig zuhause gestorben wurde, konnte man das Dahinscheiden einiger Familienmitglieder hautnah miterleben. Erst in den letzten Jahrzehnten wurde das Sterben massiv in Krankenhäuser und Altenheime abgedrängt und die Teilhabe der Lebenden an den Geschehnissen des Todes minimiert.

Diese retrospektive Verklärung früherer Sterbeverläufe ist überaus fragwürdig. Sie muss schon in Anbetracht fehlender Schmerzmittel und Medizin als illusionär in Frage gestellt werden. In früheren Zeiten gab es kaum Möglichkeiten, ein qualvolles Sterben zu lindern. Dazu war die Höllenangst groß. Außerdem wurden oft nur Angehörige der Mittel- und Oberschicht in Einzelgräbern beigesetzt. Mittellose und einfache Bürger wurden bis in die späte Neuzeit meist nur in ein Tuch gehüllt und dann in sogenannten Leichengruben versenkt, die eine Art Massengrab bildeten. Aus heutiger Sicht ging man eher roh mit den Toten um. Für die romantische Vorstellung fürsorglicher Teilnahme der Hinterbliebenen am Sterben ihrer Angehörigen mag es zwar Beispiele geben, alles in allem jedoch sagen diese Bilder mehr über die Wünsche der heutigen Zeit als über das Leben vergangener Epochen aus. Das gilt ebenfalls für Jean Zieglers ethnologische Untersuchungen, wonach afrikanische Stammeskulturen das Leben mit dem Tod rituell versöhnt, den Todesfluch gezähmt und die Todesangst besiegt hätten. Dort werde der Tod noch in das Leben eingebunden und nicht wie in der westlichen Welt davon abgespalten. Allerdings sagen auch diese schönen Beschreibungen mehr über die Sehnsüchte und Ängste unserer Zivilisation als über fremde Kulturen aus.

Es darf sogar noch ein Schritt weiter gegangen werden. So merkwürdig es klingt: Selbst die Religionen verdrängen das menschliche Ende. Zwar deuten und begleiten sie Sterben und Tod. Sie nehmen sich der Sterbenden an, sprechen tröstliche Gebete, verabreichen die letzte Ölung und besprengen den Leichnam mit Weihwasser in der gläubigen Zuversicht, dass der Tod der Übergang in eine bessere Welt sei. Trauerfeiern und Totenmessen unterstützen die Hoffnung aufs ewige Leben. Religiöse Hoffnung interpretiert den Tod als Sprungbrett in ein himmlisches Jenseits. Hierdurch wird die Macht des Furchtbaren teilweise gebrochen, der Verlustschmerz, wenn schon nicht verflüchtigt, so doch beschwichtigt. Bei alldem nehmen die Religionen den Tod zweifellos ernst. Sie entkräften und verharmlosen ihn nicht, und doch tun sie genau das.

Sie dramatisieren und bagatellisieren ihn zugleich. Sigmund Freud spricht mit Bezug auf religiöse Tröstungen von „Verleugnung des Todes“.[31] Kollektive Hoffnungen aufs ewige Leben stehen seit zwei Jahrhunderten massiv im Verdacht, bloße Wunschphantasien zu sein, die zwar unsere Todesangst bannen können, aber letztlich illusorische Vertröstungen sind. Wenn dieser Verdacht zutrifft, dann würden die Religionen nicht nur den Tod verdrängen. Sie wären sogar die erfolgreichsten Agenturen seiner Verdrängung, die uns den schonungslosen Blick auf seine bedrückende Härte zu ersparen suchen.

Wiederkehr des Verdrängten

In den letzten Jahren ist ein Umdenken zu beobachten. Nicht nur die Religion, auch die Idee des tabuisierten Todes verliert immer mehr an Kraft. Das Sterben wird nicht mehr generell aus dem Alltag verbannt, der Tod nicht mehr länger den Blicken der Öffentlichkeit entzogen. Es hat eine regelrechte Gegenbewegung eingesetzt, weshalb von einer neuen Sichtbarkeit des Todes gesprochen wird. Dafür stehen die kontroverse Sterbehilfedebatte, die Diskussionen über humanes Sterben, Aids, Krebs und Gesundheitsvorsorge ebenso wie der Zuwachs an ambulanten Palliativ- und Hospizdiensten. Das Sterben wird wieder stärker in das häusliche Leben zurückgeholt. Die Vorstellung ist zwar bedrückend, in seiner Wohnung allein dem Tod entgegen zu dämmern, ohne dass ein vertrauter Mensch einem die Hand hält, aber in der Krankenhausroutine unterzugehen ist auch nicht schön.

Für die zunehmende gesellschaftliche Präsenz des Todes spricht außerdem die wachsende Beschäftigung der Menschen mit Vorsorgevollmachten, Patienten- und Betreuungsverfügungen. Testamente werden gemacht, Friedhofsplätze ausgesucht, Trauerfeiern schon zu Lebzeiten festgelegt sowie Selbsthilfegruppen für Trauernde eingerichtet. Wie kann da noch von einer Tabuisierung des Todes die Rede sein? Hinzu kommen geschmückte Kreuze am Straßenrand nach tödlichen Unfällen, öffentlich platzierte Teelichter, Blumensträuße an Anschlagsorten und Ähnliches mehr. Ferner berichten Nachrichten und Reportagen täglich von furchtbaren Todesfällen. Dazu gesellen sich zahllose fiktive Tote in den Medien. Krimis, Arztserien und Horrorfilme erfreuen sich größter Beliebtheit. Allerdings geht es hier weniger um Sterben und Tod als vielmehr um prickelnde Erregung, Thrills und Kicks. Die populären Medien spielen das Lied vom Tod, um die Katastrophensehnsucht der Menschen zu befriedigen, aber nicht um eine intensive Auseinandersetzung mit der eigenen Vergänglichkeit anzuregen. Trotzdem rückt der Tod heute stärker ins öffentliche Blickfeld. Jedenfalls stimmt es nicht mehr, dass die Menschen jeden Gedanken an ihr Ende ausblenden. Es gibt ein neues Bewusstsein für die Endlichkeit des Lebens.

Allerdings ist das nur die halbe Wahrheit: Im Gegensatz zum Tod entfernt Bekannter, gänzlicher Unbekannter und dem eigenen Sterben in unbestimmter Zukunft wird dem Ende im persönlichen Nahbereich allen Vorsorgemaßnahmen zum Trotz weiterhin nur wenig Aufmerksamkeit geschenkt. Die meisten von uns leben bis ins hohe Alter so, als ob das Dasein unaufhörlich weiterginge. „Überall auf der Straße, im Café, sehe ich jetzt jeden einzelnen Menschen unter dem Aspekt des unvermeidlichen Sterbenmüssens, also als Sterblichen im strengen Sinne. Und nicht weniger deutlich sehe ich, dass sie es nicht wissen", schreibt Roland Barthes.[32] Ähnlich Sigmund Freud: „Im Grunde glaubt niemand an seinen eigenen Tod, oder, was dasselbe ist: im Unbewussten [ist] jeder von uns von seiner Unsterblichkeit überzeugt. ... Also unser Unbewusstes glaubt nicht an den eigenen Tod, es gebärdet sich wie unsterblich."[33] Nach Martin Heidegger lassen die meisten Menschen im Alltag keine Gedanken an die eigene Sterblichkeit aufkommen.[34] Selbst wenn sie zwischendurch daran denken sollten, lassen sie diese bittere Wahrheit häufig nicht an sich heran. Sie gelangt nicht in die tieferen Schichten ihres Bewusstseins, sondern bleibt in der Regel an der Oberfläche, wo sie nicht sonderlich beunruhigt. So sehr man weiß, dass man eines Tages tot und vergessen sein wird, meistens verhält man sich doch so, als ob man immer weiterleben würde.

Der Tod ist ein Missgeschick, das erst einmal den anderen widerfährt, die früher dran sind. Heidegger zufolge reden sich die meisten sogar ein, dass der Tod immer nur die anderen betrifft. Deren Ende wird dann zu einem Vorfall, der mit dem eigenen Leben nur wenig zu tun hat. Freilich stirbt man auch einmal, aber erst in weiter Ferne. Vorerst betrifft der Tod nur unsere Mitmenschen. Warum soll man sich schon jetzt darüber den Kopf zerbrechen? „Da die Menschen unfähig waren, den Tod zu überwinden, sind sie, um glücklich zu sein, übereingekommen, nicht daran zu denken", notiert auch Blaise Pascal.[35] Doch selbst wo sie sich mit ihrem Ende beschäftigen, weichen sie ihm häufig sogar noch aus. So sollte man annehmen, dass, wer sein Testament verfasst, seine Endlichkeit anerkennt. Gerade deswegen schieben viele dessen Abfassung ja auf. Sie sind der Meinung, es eile noch nicht. Aber auch wer die gebotenen Vorsorgemaßnahmen nicht hinauszögert, erledigt sie oftmals wie seine Steuererklärung. Eine existenzielle Vertiefung des Themas findet nicht statt. Obwohl es hinlänglich bekannt ist, dass man eines Tages an die Reihe kommt, entsteht doch keinerlei Beunruhigung. Denn auch jetzt bleiben die meisten weiterhin davon überzeugt, dass die eigene Sterblichkeit nichts mit ihrem Leben zu tun hat.

Trotz aller Vorkehrungen sind darum auch viele überrascht, wenn sie wirklich drankommen. Damit ernsthaft gerechnet hatten sie nicht. Um es mit Johann Wolfgang von Goethe zu sagen: „Der Tod ist doch etwas so Seltsames, dass man ihn, unerachtet aller Erfahrung … nicht für möglich hält und er immer als etwas Unglaubliches und Unerwartetes eintritt. Er ist gewissermaßen eine Unmöglichkeit, die plötzlich zur Wirklichkeit wird."[36] Victor Hugo berichtet von einem zum Tode Verurteilten, der schon seit Monaten auf die Vollstreckung des Urteils wartet und nun endlich in zwei Stunden hingerichtet werden soll: „Ein furchtbarer Schrecken zuckt durch seine Glieder, denn seit jenen sechs Monaten, in denen man nicht an ihn gedacht hatte, rechnete auch er gar nicht mehr mit einer solchen Möglichkeit.“[37] Es ist die Ungewissheit der Todesstunde, die uns in der Illusion irdischer Unsterblichkeit wiegt. Zu sagen, das Leben findet vermutlich in einigen Jahren oder gar Jahrzehnten ein Ende, bedeutet soviel wie: Es endet nie! Die Unbestimmtheit des Sterbedatums bringt die Täuschung unbegrenzter Zukunft hervor. Solange der letzte Tag in der Schwebe bleibt, unterscheidet sich der Mensch kaum von einem unsterblichen Wesen. Denn es gibt für ihn keinen guten Grund, warum er ausgerechnet an diesem Tag sterben sollte. Es fehlt einfach die Information, wo, wann und wie man sterben wird. Niemand kennt seine Todesstunde genau und das Los, das ihn am Ende erwartet. Man weiß zwar, dass man sterben wird, aber irgendwann später einmal, vorerst jedenfalls noch nicht. Diese nebulöse Vagheit nährt den Irrglauben, dass es nie passieren wird. Irgendwann zu sterben heißt: niemals zu sterben.

Nun ist es nicht immer ratsam, den Dingen auf den Grund zu gehen. Manchmal ist es sinnvoll, Unangenehmes möglichst weit von sich fernzuhalten. Dessen ständige Präsenz kann nämlich leicht das Leben lähmen. Darum ist das Wegschieben des Todes nicht von vorherein zu verurteilen. Lebensfreude möchte nicht dauernd von des Gedankens Blässe angekränkelt werden. Daher darf heiterer Sorglosigkeit der Vorzug vor ernster Nachdenklichkeit gegeben werden. Wer unentwegt über sein Ende grübelt, dem muss es wie den zum Tode Verurteilten zumute sein, von denen oben die Rede war.

Allerdings holt die Realität die Todesverdrängung irgendwann ein. Der Ungewissheit des Todeszeitpunktes steht nämlich die Gewissheit unserer Sterblichkeit gegenüber. Der Tod ist gleichermaßen unvorhersehbar wie vorauszusehen. Niemand lebt ewig. „Hors incerta, mors certa“: Wenn auch die letzte Stunde nicht feststeht, der Tod kommt mit absoluter Gewissheit, und sein zuverlässigster Vorbote ist das Altern.

Altern ohne Alternative

„Aber wie kann das wirklich sein, dass ich die kleine Resi war und dass ich auch einmal die alte Frau sein werd', … wie macht denn das der liebe Gott? Wo ich doch immer die gleiche bin. Und wenn er's schon so machen muss, warum lasst er mich zuschaun dabei mit gar so klarem Sinn? Warum versteckt er's nicht vor mir? Das alles ist geheim, so viel geheim. Und man ist dazu da, dass man's ertragt. Und in dem Wie, da liegt der ganze Unterschied." So singt die alte Marschallin im *Rosenkavalier* von Richard Strauss. Zu altern geschieht nicht plötzlich, sondern allmählich. So hat es die Natur eingerichtet, damit wir nicht gleich sehen und merken, was wir verlieren und wie es mit uns abwärts geht: „Die Natur rollt uns auf einer Bahn, die sich langsam und kaum merklich senkt, stufenweise hinab in das Elend des Alters, so dass wir es hinnehmen und keinen Stoß fühlen, wenn die Jugend in uns stirbt", schreibt Michel de Montaigne wie Seneca im *26. Brief an Lucilius*.[38] Aber von einem bestimmten Augenblick an wird die Macht der Zeit spürbar, wie die Marschallin im *Rosenkavalier* klagt: „Die Zeit, die ist ein sonderbar Ding. Wenn man so hinlebt, ist sie rein gar nicht. Aber dann auf einmal, da spürt man nichts als sie. Sie ist um uns herum, sie ist auch in uns drinnen. In den Gesichtern rieselt sie, im Spiegel da rieselt sie, in meinen Schläfen fließt sie." Es kommt der Tag, an dem man im Spiegel dem Tod bei der Arbeit zusehen kann, notiert Jean Cocteau treffend. Ähnlich Maupassant in *Bel ami*: „Ich fühle, wie der Tod in mir arbeitet wie ein Tier, das sich langsam an die Oberfläche frisst. Ich spüre, wie er mich allmählich untergräbt wie ein Haus – bis es einstürzt."[39] Der Zyklus des Lebens ist eine biologische Tatsache. Doch sobald sich die Altersanzeichen mehren, wird er überdies zur existenziellen Herausforderung.

Der Körper ist ein Abbild unserer endlichen Lebensuhr.[40] Wenn sich plötzlich das Kleingedruckte nicht mehr ohne Lesebrille erfassen lässt und Haare dort zu wachsen beginnen, wo niemand sie gerne haben möchte, dann hat das Altern spürbar begonnen. Weitere Vorzeichen des Alterns sind ergrautes Haar, auch Haarausfall sowie feine Furchen in der Haut. Später nehmen Fett und Falten zu, Kraft und Ausdauer hingegen ab. Physikalisch formuliert wird immer mehr Energie in Masse verwandelt. Die Knochen werden brüchiger, die Zähne locker, die Blutgefäße enger, die Gelenke härter und der Wortschatz weniger. Zuletzt wiederholen sich ständig die gleichen Gedankenfetzen. Die Verarbeitungsgeschwindigkeit sinkt, die Reaktionszeit verlangsamt sich, die Merkfähigkeit geht zurück, die Bewegungsgenauigkeit lässt nach. Jeder Schritt ermüdet, und jeder Handgriff bereitet Mühe. Das Herz ist erschöpft. Hierzulande schlägt das Herz in einem durchschnittlichen Leben rund drei Milliarden Mal. Doch irgendwann hat es genug. Die Füße, Knie, Hüften sind meist vorher schon fertig, und der Rücken machte früher schon Probleme. Altern ist ein holpriger Feldweg, der aus dem Leben herausführt und geradewegs auf eine Wand zuläuft. Nach Seneca, Michel de Montaigne und Ludwig Feuerbach muss das Schwinden der körperlichen Kräfte als notwendiges Übel hingenommen werden, weil sonst der Tod kaum auszuhalten wäre. Die Natur bereitet uns gleichsam darauf vor, indem sie uns nachgerade mit unserer Sterblichkeit vertraut macht.

Warum wir altern

Das Altern unterliegt sowohl physiologischen Bedingungen als auch äußeren Einflüssen wie Umweltbelastungen oder Unfällen. Manchmal ist eine Abgrenzung zwischen beiden schwierig. Man denke nur an Organveränderungen aufgrund von Alkoholmissbrauch, Rauchen, Mangelernährung oder Strahleneinwirkung. Dazu wird der Körper im Laufe der Jahre immer empfänglicher für Krankheiten. Ältere Menschen erkranken häufiger als junge. Sie streifen die Flügel des Todesengels öfter als Kinder und Jugendliche. Da der Körper im Alter schwächer wird, kann ihm die risikoreiche Umwelt leichter zusetzen. Je nachdem, wie stark sie auf den Organismus einwirkt, vermag sie ihn sogar zu zerstören. Mit jedem Lebensjahr wird Gesundheit unwahrscheinlicher. Nach und nach verlieren die Zellen ihre Widerstandsfähigkeit. Dadurch werden die Organfunktionen schwächer, was sich in erhöhter Anfälligkeit für Infektionen, geringerer Hormonausschüttung, erschlaffendem Bindegewebe oder nachlassender Gedächtnisleistung äußert. Die Ursachen des Alterns sind vielschichtig und längst nicht endgültig erforscht. Bekannt ist jedoch, dass unsere Zellen sich nicht unbegrenzt teilen und erneuern können. Die Chromosomen verkürzen sich bei jeder Zellteilung; damit scheint der Tod der Zelle unausweichlich. Allerdings ist diese weitverbreitete Vermutung falsch. Die Chromosomenverkürzung spielt bei der Alterung kaum eine Rolle.

Genauer betrachtet ist die biologische Materialermüdung, der Körperverschleiß, der Abbau unserer Körperfunktionen und deren Leistungsfähigkeit nicht Ursache unseres Alterns, sondern vielmehr dessen Folge. Der allmähliche Zerfall beruht auf einem genetisch programmierten schrittweisen Versagen unseres Biosystems, verbunden mit Fehlfunktionen und Abnutzungserscheinungen, wie sie in allen komplexen Systemen irgendwann auftreten. Der Alterungsprozess verläuft nach einem biologischen Programm. Wie sonst ließe sich die unterschiedliche Lebensdauer der Tiere erklären? Grönlandhaie leben über 400 Jahre, Riesenschildkröten 200, Papageien bis zu 100 und Elefanten fast 70 Jahre, manche Fliegenarten dagegen nur wenige Tage. Nach dem gegenwärtigen Stand der Forschung hängt das Altern vor allem von speziellen Eiweißen im Blut und adulten Stammzellen ab. Adulte Stammzellen stecken in allen Organen und Geweben. Sie teilen sich regelmäßig und ersetzen auf diese Weise verbrauchte Organ- und Gewebezellen. Allerdings erlahmt ihre Teilungskraft im Laufe des Lebens. Für diese Ermüdung zeichnet die Beschaffenheit des Blutplasmas verantwortlich. In den Gefäßen von Babys, Kindern und Jugendlichen kreisen spezielle Eiweiße, welche die hohe Teilungskraft der adulten Stammzellen erhalten. Darum gedeihen Heranwachsende.

Nach gegenwärtigem Forschungsstand steckt in den menschlichen Bluteiweißen der seit Jahrtausenden gesuchte Jungbrunnen. Mit zunehmendem Alter geht dieses Lebenselixier jedoch verloren. Die Organreparaturen kommen schleichend zum Erliegen. Allerdings erweckt die Entdeckung der eiweißhaltigen Vitalkraft mittlerweile die Hoffnung, die altersbedingte Lethargie der Stammzellen eines Tages durch die Zufuhr von jungem Blutplasma oder entsprechenden pharmazeutischen Produkten aufheben zu können. Bei Erfolg würden Wellen der Erneuerung durch den Organismus strömen, welche die erschlafften körpereigenen Reparatursysteme stärken, Herz und Leber erfrischen, Muskeln straffen und die Verstandesleistungen erhöhen könnten. Der Teilungsmotor der adulten Stammzellen wäre wieder angesprungen. Tierversuche haben bereits erstaunliche Resultate auf diesem Gebiet erbracht.

Die moderne Medizin und Lebensweise der westlichen Zivilisation verschiebt seit Jahrzehnten die Grenzen der Sterblichkeit. Eine endgültige Demarkationslinie ist nicht in Sicht. Doch mag die durchschnittliche Lebenserwartung weiter steigen, der Einzelne so alt wie der alttestamentarische Methusalem werden, der erst mit 968 Jahren gestorben sein soll, dem Tod bleiben wir dennoch hilflos ausgeliefert. Dieser lässt sich nicht unaufhörlich hinauszögern. Er ist ein Naturgesetz. Der Sand wird auch künftig unaufhaltsam durch das Stundenglas rinnen, bis sich die Falltür des Todes öffnet und wir aus der Welt stürzen. Wenn sich die Auswirkungen des Alters verschlimmern, die Anzeichen des Verfalls mehren, steigt das Todesrisiko erheblich. Jeder Organismus verfällt unweigerlich. Die Chance, dem Tod erfolgreich widerstehen zu können, tendiert irgendwann gegen Null. Dessen bisher unbesiegte Macht wird sich bis auf weiteres nicht kontrollieren lassen. Wie es scheint, ist es für die Natur einfacher, ältere Individuen durch jüngere zu ersetzen, als dauernd auftretende Zellschäden zu reparieren. Die Natur ist an Fortpflanzung, nicht aber an Altenpflege interessiert!

Da wäre schon viel gewonnen, wenn mit der Verlängerung unseres irdischen Lebens eine Verlangsamung des Alterungsprozesses und eine Vermeidung typischer Altersleiden einhergehen könnten. Wie oft muss für den Zugewinn an Lebensjahren eine schmerzhafte Multimorbidität und Immobilität in Kauf genommen werden. Dabei möchte man doch gerne seine gewohnte Vitalität und sein bisheriges Erscheinungsbild behalten. Der Wunsch nach einem langen Leben in körperlicher und geistiger Gesundheit durchzieht die Kulturgeschichte seit Anbeginn.

Einschnitte

Da das Alter in der westlichen Gesellschaft heute sehr viel länger dauert als früher, wird die Seniorenzeit inzwischen unterteilt in drei Abschnitte: erstens eine Phase, die mit dem Ruhestand beginnt und die agile Frührentner des gehobenen Mittelstands gerne mit Reisen, Bildung und Sport füllen; zweitens eine Phase des fortgeschrittenen Greisenalters, die bereits mit spürbaren körperlichen und geistigen Einschränkungen verbunden ist, und zuletzt eine Phase der erheblichen Altersschwäche mit chronischen Erkrankungen und Gebrechen, die der verstärkten Hilfsbedürftigkeit wegen seit Aristophanes über Sebastian Brant bis Shakespeare als zweite Kindheit bezeichnet wird. Mit jedem neuen Lebensjahr wächst die Angriffsfläche. Die Einschläge kommen ohne jede Vorwarnung näher. Die Kraft, das Leben zu gestalten, schwindet zusehends. Auf einmal wird einem schmerzhaft bewusst, dass man jenseits einer bestimmten Grenze steht. Je älter man wird, umso mehr Möglichkeitsfenster schließen sich. Wie der Frühling und die Morgenröte begann das Leben einst voller Versprechungen. Dem Greis gehören oft nur noch ein paar Erinnerungen. Das Alter ist weder hoffnungsfroh noch zukunftsoffen. Es gibt so viele trostlose Wahrheiten.

Zu den Merkwürdigkeiten unserer Zeit gehört die Tatsache, dass wir zwar die Altersphase in verschiedene Abschnitte einteilen, dass wir aber nur noch zwei Lebensstufen kennen. In früheren Zeiten, als die Lebenserwartung noch deutlich geringer war als heute, kannte man bis zu zehn Lebensperioden. Die älteste Einteilung stammt von Solon, einem der sieben griechischen Weisen; andere finden sich bei dem Kirchenvater Aurelius Augustinus oder William Shakespeare: Säuglingszeit, Kindheit, Jugend, frühes und reifes Erwachsenendasein sowie Greisenalter. Oftmals wurde das Leben mit den vier Jahreszeiten verglichen oder mit einer aufsteigenden und absteigenden Treppe, schreitet doch das Leben zunächst eine Zeitlang aufwärts, bevor dann erste Anzeichen des körperlichen und geistigen Verfalls auftreten. Heute scheint man dagegen von der Jugend direkt ins Alter überzuwechseln. Auf der einen Seite gibt es nur noch Junge und Junggebliebene, die mit allen Mitteln, auch solchen chemischer Art, das Alter hinauszuzögern versuchen, um ihre Genuss- und Arbeitsfähigkeit möglichst lange aufrechtzuerhalten. Auf der anderen Seite stehen die frühen und späten Alten.

Das Altern selbst können wir nicht aufhalten oder gar zurückdrehen. Doch durch gesunde Ernährung, körperliche Fitness, geistig fordernde Aktivitäten und individuelle Gesundheitsvorsorge können wir die Geschwindigkeit des Alterns verlangsamen. Davon abgesehen versuchen nicht wenige Zeitgenossen die Spuren des Alterns künstlich zu verwischen. In einer Welt, in der die Bürgersteige häufig Laufstegen gleichen, wird vielerlei unternommen, um die Masken der Jugend und Vitalität zu retten. Haare werden gefärbt, Falten geglättet, die alte Fassade mit Anti-Aging-Kosmetik neu verputzt und der Körper mit Schönheitsoperationen, Hormonkuren und Kraftsport aufgemöbelt. Jedoch wird die Zahl der bereits gelebten Jahre dadurch nicht geringer. Euphemistisch spricht man heute gerne mit Bezug auf das Alter von äußerem und innerem Reifungsprozess statt von verfallendem Körper oder nachlassender Geisteskraft. Otto Dix ist einer der wenigen Maler, die den körperlichen Verfall schonungslos dargestellt haben. Man betrachte nur seine erschütternde Farblithographie Selbstbildnis als Totenkopf, entstanden nach seinem ersten Schlaganfall kurz vor seinem Tod. Natürlich können alte Menschen noch schöne Pläne schmieden und vergnügliche Dinge unternehmen. Es ist aber wichtig, die der jeweiligen Körperverfassung gemäßen Zerstreuungen zu suchen und sein Leben damit in Einklang zu bringen. Solange noch Lebensfreude im Körper pulsiert, möchte niemand sterben. Demgemäß denken viele ältere Menschen nicht daran, sich für alt genug zum Sterben zu halten. Sie wollen noch nicht in einem Alter sein, in dem sie reif für den Tod wären.

Obgleich sich die Menschen seit jeher nach dem mythischen Jungbrunnen sehnen, der sie lange fit, schön, liebes- und leistungsfähig halten soll, ist Jugend keine Tugend. Das Gerede von der ewigen Jugend ist blanker Unsinn. Je mehr man darauf vertraut, umso schwerer fällt es dann, mit sich selbst versöhnt das Leben zu akzeptieren, wenn man der Jugend entwachsen ist. Viele bekommen heute zu hören, dass sie gar nicht so alt aussehen, wie sie sind: „Nicht zu fassen! Soll dies ein Scherz sein? Du hast dich aber gut gehalten“, heißt es dann. Tatsächlich sehen viele jünger aus, als sie sind, weil man noch die Bilder vorheriger Generationen vor Augen hat, als die Menschen im gleichen Alter älter aussahen als wir heute. Doch eigentlich kann man gar nicht so alt aussehen, wie man ist, weil Lebensjahre kein Aussehen haben.

Selbst wenn die angedeutete Zweiteilung des Lebens problematisch ist, so hat doch kein geringerer als Arthur Schopenhauer das Leben bereits ähnlich unterteilt: „O glückliche Jugend, o trauriges Alter ... Ist der Charakter der ersten Lebenshälfte unbefriedigte Sehnsucht nach Glück, so ist der der zweiten Besorgnis vor Unglück. ... Wenn in meinen Jünglingsjahren es an meiner Tür schellte, wurde ich vergnügt: denn ich dachte, nun käme es. Aber in späteren Jahren hatte meine Empfindung bei demselben Anlass vielmehr etwas dem Schrecken Verwandtes: Ich dachte, da kommt's."[41] Das Alter ist und bleibt eine wacklige Sache.

Lustverlust

Die Altersklage ist ein großes Thema der abendländischen Kulturgeschichte. Der französische Schriftsteller Michel Leiris schreibt: „Das Alter ist schrecklich und unheilbar."[42] Rund zwei Jahrtausende zuvor vermerkte bereits Seneca im 108. Brief an Lucilius: „Das Alter ist eine unheilbare Krankheit", die tödlich endet.[43] Diese Formulierung, die den unumkehrbaren Verfallsprozess unseres Lebens ausdrückt, geht auf Aristoteles zurück. Seit Terenz über Montaigne bis zu Jean Améry wird dieser Satz oft zitiert und variiert. Er bringt die Gebrechen von Greisen und deren Abhängigkeit von jüngeren Menschen zum Ausdruck. In seiner Schrift *Über das Alter* nennt Cicero vier Gründe,[44] weshalb das Alter ein Unglück sein könnte: Erstens verdammt das Alter die Menschen zu Untätigkeit. Es schließt ein aktives Leben aus, was Cicero aber verneint, weil es noch vielfältige Möglichkeiten gebe, sich hingebungsvoll zu betätigen. Zweitens ist das Alter ein Übel, weil es den Körper übermäßig schwächt, die Krankheiten zunehmen, das Äußere an Attraktivität verliert. Dafür könne sich der Einzelne jetzt aber stärker mit Philosophie und Kultur befassen. Drittens beraubt das Alter den Menschen aller sinnlichen Freuden. Es kommt die Zeit, in der einem bewusst wird, dass bestimmte Leidenschaften wohl nie mehr aufblühen werden. Viertens ist das Alter hässlich, weil der Tod naht. Cicero hat ein großes Interesse daran, diese vier Gründe der Altersbeschwerden zu entkräften. Dabei legt er seine Entgegnungen dem Älteren Cato in den Mund. Im Wesentlichen geht es Cicero darum, die gesellschaftliche Stellung älterer Männer als Kapitäne von Kultur und Politik zu sichern. Doch vermutlich treffen die vier Gründe stärker zu, als er es wahrhaben wollte.

Aber bevor es mit allem zu Ende geht, möchte man das Leben doch noch einmal auskosten, wie Theodor Fontane schreibt: „Lass einmal noch durch meine Brust / des vollsten Lebens Schauer wehn, / eh seufzend in die große Nacht / auch meine Sterne untergehn."[45] Ähnlich Gottfried Benn: „das Haar wird grau, die Jahre fliehn / ich muss, ich muss im Überschwange / noch einmal vorm Vergängnis blühn."[46] Speziell der sexuelle Druckverlust macht vielen älteren Menschen zu schaffen, auch wenn diese Einbuße zu ihrer herabgestuften Erotik passt, die sie jetzt noch verkörpern. Seit jeher werden ehrgeizige Greise verspottet, deren senile Geltungssucht selbst vor den Einflüsterungen der Libido nicht Halt macht. Im 17. Jahrhundert verkörperte der Pantalone einen solchen Alten, der, mit hässlichem Spitzbart und riesigem Phallus ausgestattet, jungen Frauen nachstellte, die ihn bloß zum Narren hielten. Ganz anders wird dagegen in der Komödie die gigolosüchtige Greisin, sexbesessene Witwe oder alte Jungfer dargestellt, die sich zu jüngeren Männern hingezogen fühlt. Selbst wenn sie ihre runzligen Backen glätte und verblichenen Haare färbe, blieben ihre Augen doch trübe, die Wangen eingesunken und die Brüste schlaff. Aber eigentlich sei das Alter gar nicht so schlimm, weil das sexuelle Begehren ohnehin verblasse.

Seit Platon und Cicero über Schopenhauer bis in die Gegenwart wird der schleichende Lustverlust begrüßt. Der hormonelle Boykott bedeute zwar größere Müdigkeit, aber ebenso mehr Seelenfrieden und Gelassenheit, heißt es. Mit der erotischen Libido verschwinde zugleich das Verlangen danach, mögen auch die sexuellen Wünsche nicht gänzlich abhandenkommen. Dagegen verhelfen Testosteronkuren und das blaue Wunder *Viagra* älteren Männern noch zu aufregenden Last-Minute-Abenteuern. Nachdenklich stellt der 71-jährige Held in *Der menschliche Makel* von Philip Roth fest: „Ohne Viagra besäße ich die Würde eines älteren Gentleman, der kein Verlangen verspürt und sich korrekt benimmt."[47] Bis heute tun wir uns schwer mit der Vorstellung erotischer Leidenschaft zwischen einer alten Julia und einem alten Romeo, einer alten Isolde und einem alten Tristan. Jean Améry bringt es in einer Anekdote auf den Punkt, wonach eine ältere sexwillige Frau mit zotigen Reden und eindeutigen Handgriffen ihren liebesmüden Ehemann wieder in jenen Verführer verwandeln möchte, der früher so zärtlich und leidenschaftlich an ihr knabberte. Sie gibt nicht eher auf, bis er endlich nachgibt mit den Worten: „Also gut, gib mir meine Zähne!"[48]

Altersklage

Die Lebensuhr zurückdrehen zu können, um wieder jung zu werden, ist ein Traum, der die Menschheit schon seit Jahrtausenden umtreibt. Oscar Wildes Romanfigur des Dorian Gray[49] steht für diese uralte Sehnsucht nach ewiger Jugend. Doch niemand kann das Altern aufhalten, das in der heutigen Zeit nicht leichter geworden ist, sondern sich nur länger hinzieht. Irgendwann heißt es, endgültig Abschied von gewissen Träumen zu nehmen. Allerdings gibt es im Alter Schlimmeres zu beklagen, als nur die Sabotageakte der verglimmenden Liebesglut. Schwerer wiegen geistiger Verfall, Gedächtnisschwund, Konzentrationsstörungen, Aufmerksamkeitsdefizite. Gleichfalls erlahmt im hohen Alter bei vielen die Neugierde. Es kommt zu intellektuellem Appetitmangel.

Außerdem entfremdet man sich im Alter, wie André Gide und Leautaud Valéry betonen, ein Stück von sich selbst. Es entsteht ein Widerspruch zwischen innerem Lebensgefühl und äußerer Erscheinung. Man hat ein anderes Selbstbild, als der nackte Körper repräsentiert, der häufig nur noch eine Ruine im Spiegel sichtbar werden lässt. Mit dem italienischen Philosophen Norberto Bobbio: „Wer das Alter preist, hat ihm noch nicht ins Gesicht gesehen.“[50] Alles wird mühsamer, anstrengender, langsamer. Dies ist besonders spürbar in unserer schnelllebigen Zeit, in der die alten Menschen oftmals mit der allgemeinen Beschleunigung nicht mehr mithalten können. Man kann es sogar noch schärfer akzentuieren: Je älter man wird, umso feindseliger erscheint die Welt um einen herum in einem ganz konkreten Sinne: Treppen sind schwerer zu erklimmen, Straßen gefährlicher zu überqueren, Pakete mühseliger zu tragen, und es bereitet einem immer mehr Mühe, das Auto zu besteigen. Irgendwann ist man selbst beim An- und Ausziehen, Waschen und Toilettengang auf fremde Hilfe angewiesen.

Theodor Fontane vermerkt, dass Abendeinladungen ihn im Alter geradezu erschrecken würden, selbst sogenannte Vergnüglichkeiten, und sein einziger Trost sei: „Um 9 Uhr ist alles aus, und dann kann ich in Ruhe zu Bett gehen.“[51] Irgendwann bedeutet Alter aber auch Langeweile, Warten auf Nichts, ständig dieselben Erinnerungen, immer der gleiche Trott, Stunde für Stunde dasselbe. Man beginnt den Geschmack am Ganzen zu verlieren. Denn man führt bereits ein Leben, als wäre es schon vorüber. Damit zusammenhängend können leicht Schwermut und Missmut entstehen. Die Welt um einen herum hat an Farbe und Leuchtkraft verloren.

Je älter man wird, umso mehr Todesfälle liegen hinter einem. „Mein allzu langes Leben gleicht jenen römischen Straßen, die von Grabmälern gesäumt sind“, schrieb Chateaubriand.[52] Mit der Zahl der schwarzumrandeten Briefe wächst die Einsamkeit. Diese wird dadurch verstärkt, dass man im Alter immer unsichtbarer oder durchsichtiger wird. Früher wurde einem vielleicht noch hinterher gepfiffen. Jetzt gehen die Menschen gleichgültig an einem vorüber. Sie schauen gleichsam durch einen hindurch. Man ist unauffällig geworden. Goethe bringt es auf den Punkt, wenn er das Altern als ein stufenweises Zurücktreten aus der Erscheinung beschreibt.

Dazu passend ist der gealterte Körper häufig dazu verurteilt, sich immer mehr aus der Welt zurückzuziehen, die ihm dadurch zunehmend fremder wird. Der alternde Mensch wird nach und nach weltlos, schreibt Jean Améry, weil er gezwungen ist, sich verstärkt auf seinen Körper zu konzentrieren. Damit übereinstimmend stellen der alte Hans Jonas und Norberto Bobbio fest, dass sie Fremde in der eigenen Gesellschaft geworden seien, mit deren Entwicklungen sie nicht mehr mithalten könnten. Sie verstünden viele Neuerungen ihrer Zeit nicht mehr – Technik, Musik und Mode beispielsweise.[53]

Wenn man sich diese Verdrießlichkeiten des Alters vor Augen führt, dann fällt es einem nicht schwer, Aristoteles zu verstehen, der in der *Rhetorik*[54] schreibt, dass alte Männer oft bösartig, mürrisch, kleinlich seien, weil sie von der Welt ausgeschlossen blieben und keine Zukunft mehr hätten. Sie seien von niedriger Gesinnung, weil es sie kränke, nicht mehr dazu zugehören, und weil sie nur noch wenige Möglichkeiten hätten. „Wie missvergnügt wird doch der Mensch im Alter und wie finster blickt er drein“, dichtet Euripides in den *Backchen*.[55] In der Neuzeit ist es vor allem Molière, der in seinen Komödien beispielhaft den bösartigen, nörgeligen Alten darstellt. Zweifellos sind Dulden und Schweigen noble Eigenschaften, aber wer erträgt schon alles immer lächelnd? Niemand steht ruhig über allem.

Lebenssatt oder lebensmüde?

Wenn der Elan nachlässt, der Lebensstrom versiegt, tritt häufig eine lähmende Erschöpfung an dessen Stelle. Die Lebenskraft geht zur Neige. Zu leben verliert mit einem Male an Attraktivität. Das bloße Existieren kann unglaublich anstrengend werden. Schon am frühen Morgen fühlt man sich müde. Wenn die Lebenskräfte schwinden, dann wächst schon am Vormittag der Wunsch: „Lägst du nur erst wieder im Bett", wie Theodor Fontane schreibt.[56] Aus kurzen Powernaps werden mehrstündige Siestas. Der Bewegungsradius verkleinert sich immer weiter. Größere Reisen sind schon längst nicht mehr drin. Irgendwann schafft man es nur noch für wenige Minuten in den Garten. Man hat keine Kraft mehr zum Kämpfen. Theodor Fontane hat hierfür die berührenden Worte gefunden: „Immer enger, leise leise, / ziehen sich die Lebenskreise, / schwindet hin, was prahlt und prunkt, / schwindet Hoffen, Hassen, Lieben / und ist nichts in Sicht geblieben / als der letzte dunkle Punkt."[57] Unerbittlich rückt das verengte Leben auf den Tod zu. Jetzt sind die Tage nicht mehr nur gezählt, sondern man fühlt sich nun auch angezählt.

Wer möchte da nicht den Punkt erreichen, wo es einem nicht mehr schwer fällt, loszulassen? Doch nur die wenigsten scheiden wie gesättigte Gäste von der Lebenstafel. Sie sind nicht so lebenssatt, wie Abraham es war, sondern lediglich des Lebens müde. Zwar besteht noch eine diffuse Angst vor dem Moment des Übergangs, aber man ist so ausgelaugt und verbraucht, dass man nichts mehr hören oder sehen und am liebsten sterben möchte – gemäß den beiden Bachkantaten *Ich habe genug* und *Es ist genug, Herr, nimm mich aus dieser Welt*.

Weit davon entfernt, das Schicksal mit mutiger Ergebung anzunehmen, ist man jetzt einfach nur noch auf Schlaf aus. Man möchte den ganzen Tag in Ruhe gelassen werden. Im Wettlauf zwischen Tod und Qual entsteht eher selten philosophische Gelassenheit, sondern verharrt der Körper vielmehr irgendwann nur noch in dumpfem Dämmerzustand. Manche Greise sind schon körperlich und geistig so stark weggetreten, dass sie nicht einmal mehr resignieren, weil ihnen fast alles gleichgültig geworden ist. Sie nehmen die eigene körperliche Verwüstung nicht mehr wahr, der sie schonungslos ausgesetzt sind, so sehr sind sie schon herunter. Auf die beliebte Frage, wie sie sich denn gerade fühlen, gibt es nur noch eine Antwort: Gar nicht mehr! Der erschlaffte, gepeinigte, kranke Körper sinkt darnieder. Er ist zu schwach, um gegen den Tod aufzubegehren. Ein armseliges Wrack wehrt sich nicht mehr gegen seinen Untergang. Simone de Beauvoir im Gespräch mit ihrem Lebensgefährten Jean-Paul Sartre: „B: Andauernd haben Sie irgendwelche Beschwerden. S: Ach, das macht nichts. Wenn man alt ist, ist das nicht mehr wichtig. B: Wieso denn das? S: Man weiß, dass es nicht mehr lange dauert. B: Sie meinen, weil man stirbt? S: Ja. Es ist normal, dass man nach und nach kaputtgeht. Wenn man jung ist, ist das etwas anderes."[58] Der Ton, in dem Sartre dies gesagt habe, sei bereits unbeteiligt gewesen, weil er dem meisten gegenüber gleichgültig worden war. Hierbei habe er keineswegs traurig oder verzweifelt gewirkt, sondern eher schon abwesend.

Alterslob

Der römische Schriftsteller Horaz schärft in seinen Oden den Lesern ein, dass sie sich, solange es geht, von Kummerfalten frei halten sollen.[59] Sie sollten die Dinge stets von der besten Seite nehmen. Notwendige Voraussetzungen hierfür sind ein halbwegs intakter Körper und Geist. Hinzu gesellen muss sich noch ein ausreichendes Einkommen. Armut im Alter ist ein großes Unglück, wie schon Platon und Cicero fanden. Wenn man von senilem Ehrgeiz verschont bleibt, kann das Alter eine Art große Ferien werden, sofern man noch einigermaßen gesund, zahlungsfähig und zu heiterer Gelassenheit imstande ist. Doch muss man einschränkend hinzufügen: Das erste Stadium des Alters mag diesen Charakter großer Ferien bekommen können. Auf das zweite Stadium trifft das alles häufig schon nicht mehr zu und erst recht nicht auf das dritte.

Trotzdem besitzt das Alter vielleicht auch einige Vorzüge gegenüber der Jugendzeit oder dem Leben in der Mitte. Bereits Theodor Fontane hatte Zweifel an der uneingeschränkten Vorzugswürdigkeit der Jugend. Er schrieb in einem Brief an seine Frau Emilie, möglicherweise sei das Jugendleben schöner als das Etabliert- und Beruhigtsein. „Vielleicht, vielleicht auch nicht. Man schwankt darin wie in allem."[60] Sicherlich bietet das Jung- und Jüngersein klare Vorteile. Im Durchschnitt gibt es einfach weniger Gebrechen und Einschränkungen. Die Gesundheit ist normalerweise noch intakt, die Zukunft weitgehend offen. Hierdurch ist in jüngeren Lebensjahren aber auch die Bereitschaft zur Illusionsbildung größer. Dagegen kann das Etabliert- und Beruhigtsein, wie Fontane sagt, durchaus ein großer Lebensgewinn sein. Wenn dann das Greisenalter erreicht wird, kommt noch als weiterer Vorzug hinzu, sich nichts mehr beweisen zu müssen, ja sich unterbieten zu dürfen. Dies sorgt für mehr Gelassenheit. Man lernt mit Fehlern und Schwächen besser umzugehen, und, wenn die Mängel nicht allzu schwer wiegen, sogar großzügig darüber hinwegzusehen. Im Alter kann man die Dinge eher mal laufen lassen.

In hohem Alter ist man dem Tod besonders nahe, den die meisten gewöhnlich doch noch ein wenig aufschieben möchten, und sei es auch nur *Um eine Stunde*, wie es in einer gleichnamigen Novelle von Arthur Schnitzler heißt. Ein finnisches Abendgebet schließt mit den launigen Worten: „Herr, ich will dir gerne folgen, wenn du mich rufst, aber nicht in dieser Nacht.“ Woody Allen drückt das so aus: „Ich habe nichts gegen das Sterben, ich möchte nur nicht gerne dabei sein, wenn es soweit ist.“

Die Wahrheit des Lebens

Immanuel Kant beklagt, dass der Mensch erst zu einem Zeitpunkt weise werde, wo sein Körper bereits zu schwächeln beginne. Viele würden sterben, nachdem sie gerade erst richtig zu leben gelernt hätten. Dazu passend schreibt Odo Marquard, dass das Alter illusionsresistent mache.[61] Nun könne man endlich sehen, was ist. In der Tat birgt das Alter die Wahrheit des Lebens in sich. Weit davon entfernt, bloß dessen Endzone zu markieren, gleicht es vielmehr einem Hochsitz, einer Warte, von wo aus sich ein guter Blick auf das Ganze ergibt. Von diesem Aussichtsturm aus lässt sich das irdische Abenteuer adäquat einschätzen, und das heißt insbesondere bloßstellen und relativieren. In diesem Sinne schreibt Schopenhauer: „Nur wer alt wird, erhält eine vollständige und angemessene Vorstellung vom Leben, indem er es in seiner Ganzheit und seinem natürlichen Verlauf, nicht bloß wie die übrigen, von der Eingangspforte, sondern auch von der Ausgangsseite übersieht, wodurch er dann besonders die Nichtigkeit desselben vollkommen erkennt. … Die Illusionen sind verschwunden, welche bis dahin dem Leben seinen Reiz und der Tätigkeit ihren Sporn verliehen; man hat das Nichtige und Leere aller Herrlichkeiten der Welt erkannt, zumal des Prunkes und Glanzes. Man hat erfahren, dass hinter den meisten erwünschten Dingen und ersehnten Genüssen gar wenig steckt und ist so allmählich zu der Einsicht in die große Armut und Leere unseres ganzen Daseins gelangt. Erst im siebzigsten Jahr versteht man ganz den ersten Vers des Kohelet: Alles ist eitel."[62] Schopenhauer entlarvt hier alles menschliche Streben nach Macht, Ruhm und Genuss als nichtig.

Nietzsche hält dagegen: „Wer über sein Tages- und Lebenswerk nachdenkt, wenn er am Ende und müde ist, kommt gewöhnlich zu einer melancholischen Betrachtung: dies liegt aber nicht am Tage und am Leben, sondern an der Müdigkeit."[63] Das Urteil des Abends verkennt leicht den Wert des Morgens, als das Leben noch voller Elan war. Dieser Zwischenruf Nietzsches klingt plausibel, widerlegt aber keineswegs Schopenhauer, sondern ergänzt lediglich dessen Position. Denn obgleich unsere Leidenschaften dem Leben erst Gewicht und Bedeutung verleihen, bleiben sie doch in letzter Beziehung belanglos. Und obwohl alle sogenannten Hauptsachen im Grunde nur Nebensachen sind, können wir mitten im Schaffen und Genießen, wenn das Leben noch vor Kraft strotzt, gar nicht anders, als sie wichtig zu nehmen. Aber das Alter lenkt das Augenmerk auf die Geringfügigkeit und Unerheblichkeit alles Menschlichen, wenn nicht seniler Ehrgeiz den Blick hierfür trübt. Fontane umschreibt besagte senile Geltungssucht in einem Brief vom 24. Juni 1881 mit den Worten: „Einen unsagbar traurigen Eindruck machen die Streber auf mich und nun gar die, die erst ruhig sterben, weil sie auf dem Totenbett noch Orden empfingen. Wie klein, wie armselig." Am Ende rückt die Endlichkeit alles zurecht. Es macht demütig, die persönlichen Entbehrungen und die eigene Entbehrlichkeit spüren zu müssen. Zugleich aber liegt eine große Chance darin, fast von niemandem mehr beachtet, verehrt und begehrt zu werden, weil man nun endlich ungestört leben kann, wenn es die Lebenskräfte und Lebensumstände noch erlauben.

Wer das Glück hat, ein interessantes, schönes und erfülltes Leben gehabt zu haben, den soll ein Gefühl dankbaren Staunens überkommen, wie Theodor Fontane in einem Brief vom 18. September 1898 an seine

Frau schreibt. Doch selbst solch Bevorzugten, so sie nur nachdenklich bleiben, drängt sich leicht die Frage auf: „Was soll der Unsinn?“[64] Aber statt eine überzeugende Antwort hierauf zu bekommen, werden sie sich wohl mit der einfachen Verwunderung begnügen müssen, die Fontane schon in einem Brief vom 12. Oktober 1888 zum Ausdruck brachte: „Das Ganze ist eine sonderbare Geschichte.“[65] Ähnlich äußerte sich der alte Johan in Thomas Manns *Buddenbrooks*, der „mit einem leisen Kopfschütteln auf sein Leben und das Leben im allgemeinen zurücksah, das ihm plötzlich so fern und wunderlich erschien, dieses überflüssig geräuschvolle Getümmel, in dessen Mitte er gestanden, das sich unmerklich von ihm zurückgezogen hatte und nun vor seinem verwundert aufhorchenden Ohr in der Ferne hallte... Manchmal sagte er [dann] mit halber Stimme: Kurios! Kurios!“[66]

Was ist ein Toter?

„Die Leute wissen Bescheid. Sie tun so, als wüssten sie nicht Bescheid. Sie wissen aber Bescheid, um zu vergessen“, so Ionesco in *Der König stirbt*.[67] Wie banal es auch klingt: Jeder von uns ist ein Todeskandidat. Ausnahmslos alle Lebewesen fallen dem Tod anheim. Bislang sind wir lediglich glimpflich davongekommen. Auf die durchschnittliche Lebenserwartung ist kein Verlass. Ohnehin wird niemand dadurch unsterblich, dass er alt wird. Selbst wer lange lebt, stirbt.

Aber woher wissen wir, dass wir sterben werden? Nach Max Scheler, Martin Heidegger und Hans-Georg Gadamer ist das Bewusstsein der eigenen Endlichkeit uns gleichsam angeboren. Allerdings lernt das Kind erst im Laufe seiner Sozialisation, dass alles Menschliche vergänglich ist. Die Befristung der Lebenszeit wird durch eigenes Altern und das Dahinscheiden anderer Menschen offenbar. Mit Voltaire gesprochen: „Von allen Gattungen weiß die menschliche allein, dass sie sterben muss, und sie weiß es nur durch Erfahrung.“[68] Des Lebens müde spüren Alte und Todkranke ihr Ende nahen. Erfahrenes Pflegepersonal und Ärzte sehen häufig früher als andere, dass es mit einem Patienten bald zu Ende gehen wird. Aber nicht erst am Ende läuft das Leben auf den Tod zu. Schon am Tag der Geburt kommen wir dem Grab einen

Schritt näher. Man stirbt, solange man lebt. Jede Minute verbraucht ein bisschen unseres Zeitvorrats. Täglich sterben wir ein wenig, und die verstrichene Lebenszeit ist unwiederbringlich dahin. „Mit jedem Tag verrinnt das Leben", schreibt Marc Aurel.[69] Genauso der Kirchenvater Augustinus: „Vom ersten Augenblick an, da man sich im sterblichen Leib befindet, geht im Menschen stets etwas vor, was zum Tode hinführt."[70] Ähnlich Montaigne: „Ihr seid im Sterben, derweil ihr im Leben seid."[71] Nicht zuletzt Simone de Beauvoir: „Von der Stunde an, wo man geboren wird, fängt man schon an zu sterben."[72] Selbst eine gesunde Lebensweise kann den Tod nicht aufhalten. Georg Simmel hat hierfür ein schönes Bild: „Das Leben, das wir dazu verbrauchen, uns dem Tode zu nähern, verbrauchen wir dazu, ihn zu fliehen. Wir sind wie Menschen, die auf einem Schiff in der seinem Lauf entgegengesetzten Richtung schreiten: Indem sie nach Süden gehen, wird der Boden, auf dem sie es tun, mit ihnen selbst nach Norden getragen. Und diese Doppelrichtung ihres Bewegtseins bestimmt ihren jeweiligen Standort im Raume."[73]

Man stirbt ständig, weil man den Tod seit Lebensbeginn „in sich hat" wie die Frucht einen Kern, so Rainer Maria Rilke.[74] Der Tod ist in uns immer schon da, findet auch Elias Canetti[75], was Paul Celan mit den Worten ausdrückt: „Die Vergänglichkeit greift ratlos durch uns hindurch."[76] Drastischer Samuel Beckett, nach dem wir alle „rittlings über dem Grabe"[77] geboren wurden. So steckt das Ende bereits im Anfang wie der Totenschädel im Kopf und das Skelett im Körper. Thomas Mann inszeniert diese Einsicht im *Zauberberg*: Als Hans Castorp geröntgt wurde und die Aufnahmen auf dem Schirm sah, schaute er „in sein eigenes Grab. Das späte Geschäft der Verwesung sah er vorweggenommen durch die Kraft des Lichts, das Fleisch, worin er wandelt, zersetzt, vertilgt, zu nichtigem Nebel gelöst, und darin das kleinlich gedrechselte Skelett ... und zum ersten Mal in seinem Leben verstand er, dass er sterben werde."[78] Der Tod ist zeitlebens „anwesend in Abwesenheit", pointiert Paul Landsberg.[79]

Gerne wird in diesem Zusammenhang unser Leben mit dem Werden und Vergehen einer Pflanze verglichen. Schon im 6. Gesang von Homers *Ilias* stehen die berührenden Worte: „Wie der Blätter Geschlecht so ist auch jenes der Menschen. Blätter, da schüttelt die einen der Wind zu Boden, und andere treibt der sprießende Wald hervor zur Stunde des Frühlings. So ist auch der Menschen Geschlecht, dies sprießt und jenes verwelket."[80] Ähnlich im ersten Petrusbrief des *Neuen Testaments*: „Denn alles Fleisch, es ist wie Gras und alle Herrlichkeit des Menschen wie des Grases Blumen. Das Gras ist verdorret und die Blume abgefallen."[81] „Blühn ist ein tödliches Geschäft", dichtet Helmut Heißenbüttel.[82] Gleichfalls vergleicht Simone de Beauvoir das Leben mit einem „Grashalm, den der Winter für immer begräbt",[83] und nach Blaise Pascal gleicht der Mensch einem zerbrechlichen „Schilfrohr".[84]

Da das Leben von Geburt an den Tod in sich birgt, kann es ständig zu Ende gehen. „Jederzeit halte ich es für möglich, dass ich nicht mehr da bin", notiert Michel de Montaigne.[85] Jeden Augenblick kann es vorbei sein; wie viele ungünstige Zufälle können unseren Tod herbeiführen. Es bedarf nur wenig, um den Lebensfaden zum Reißen zu bringen. Der Tod schlägt willkürlich zu, ohne darauf zu achten, wen er trifft. Vielleicht dauert es noch Jahrzehnte, vielleicht aber ist es auch schon morgen vorüber. So betrachtet lauert der Tod nicht erst hinter den Mauern von Krankenhäusern und Sterbezimmern, sondern hinter jeder Fassade. Solange wir leben, sind wir gerade noch einmal mit dem Leben davongekommen. Denn etwas zustoßen kann uns jederzeit. Wir führen unser Leben auf einem schmalen Grat und stehen das ganze Leben lang kurz vor Asche. Die Ungewissheit der Todesstunde besagt nämlich nicht nur, dass wir irgendwann sterben müssen, sondern auch dass wir allezeit sterben können – gemäß dem gregorianischen Choral des frühen Mittelalters: „Media vita in morte sumus: Mitten im Leben sind wir vom Tod umfangen." Hierauf scheinen Rilkes Worte anzuspielen: „Der Tod ist groß. /Wir sind die Seinen / lachenden Munds. / Wenn wir uns mitten im Leben meinen, / wagt er zu weinen / mitten in uns."[86] Aber was ist das überhaupt – ein Toter?

Grauzone zwischen Leben und Tod

Sterben und Tod sind nicht dasselbe. Die Angst vorm Sterben darf nicht mit Todesangst verwechselt werden. Humanes Sterben, Hospizbewegung, Palliativmedizin, Sterbehilfe, Patientenverfügung Trauerselbsthilfegruppe – dies alles sind vieldiskutierte Themen der Gegenwart.

Doch wohin das Sterben führt, gehört nicht dazu. Im Gegenteil bekommt man öfter zu hören, dass die Menschen weniger Angst vor dem Tod als vielmehr vor einem würdelosen Sterben hätten. Verständlicherweise möchte niemand seinen letzten Lebensabschnitt röchelnd auf der Intensivstation im Krankenhaus verbringen, sondern hiervon verschont in Ruhe zuhause sterben dürfen. Alle fürchten ein langes Siechtum und am Ende eine qualvolle Agonie, die sich womöglich über Tage hinzieht. Doch der Tod selbst mache ihnen nur wenig Angst, behaupten viele Zeitgenossen. Nur, stimmt das überhaupt? Bedürfen wir tatsächlich nicht eines Trostes über die eigene Endlichkeit, weil wir lediglich das Sterben fürchten? Oder liegt hier eine Selbsttäuschung vor, weil wir aufgrund der Unbestimmtheit des Todesdatums nicht ernsthaft ans unausweichliche Ende denken? Vielleicht meinen wir deshalb dem Tod furchtlos unter die Augen treten zu können, weil wir uns das Totsein so schlecht vorstellen können. Der Verdacht ist groß, dass solche abgeklärten Selbstbeschwichtigungen auf Fehleinschätzungen beruhen. Denn niemand hakt sein Leben einfach ab. Den Beweis hierfür erbringt fast jede infauste Diagnose, die den Einzelnen unter das Laken zu ziehen droht. Spätestens wenn die Lage aussichtslos wird, ist nicht mehr nur das Sterben, sondern auch der Tod ein Problem.

Aber wann ist man überhaupt tot? Wie Schopenhauer richtig vermerkt, besteht der Tod für den Betroffenen „in dem Augenblick, da das Bewusstsein schwindet, indem die Tätigkeit des Gehirns stockt. Die hierauf folgende Verbreitung der Stockung auf alle übrigen Teile des Organismus ist eigentlich schon eine Begebenheit nach dem Tode. Der Tod in subjektiver Hinsicht betrifft so allein das Bewusstsein.“[87] Komapatienten sind noch nicht tot, obwohl sie ihre Wachheit und ihr Bewusstsein verloren haben, weil ihr Hirn noch lebt. Das Gleiche gilt für Patienten mit Locked-in-Syndrom. Aufgrund einer Schädigung im Hirnstamm, durch die das Gehirn vom Rückenmark getrennt wird, sind sie in ihrem Körper wie Gefangene eingesperrt. Ihr Großhirn ist noch völlig intakt, der Patient mithin bei vollem Bewusstsein, doch der gesamte Körper gelähmt. In dem berühmten Abenteuerroman *Der Graf von Monte Christo* von Alexandre Dumas wird das Phänomen zum ersten Mal am Beispiel des alten Notars Noirtier de Ville beschrieben: „Das Gesicht und das Gehör waren noch die einzigen Sinne, die wie zwei Funken dieses bereits zu drei Vierteln dem Grabe angehörige menschliche Gebilde belebten“, heißt es dort.[88]

Bei Menschen mit apallischem Syndrom wiederum sind der Hirnstamm sowie das Zwischenhirn und Rückenmark funktionsfähig, dagegen das Großhirn geschädigt. Es gibt keinerlei Anzeichen mehr für Bewusstsein. Doch die verbliebenen Teile des Zentralnervensystems halten die vegetativen Lebensfunktionen ohne technische Unterstützung aufrecht. Dazu gehören Atmung, Blutkreislauf, Temperaturregulation, Schlaf-Wach-Rhythmus, Stoffwechsel bei künstlicher Ernährung. Möglicherweise sind die Augen geöffnet. Sie machen einen wachen Eindruck. Manche Wachkomapatienten kommen nach einigen Wochen allmählich wieder zu Bewusstsein. Nach mehreren Monaten Wachkoma steht hingegen nicht mehr zu erwarten, dass der Patient wieder zu sich kommt. Die Hirnrinde ist irreversibel geschädigt. In diesem Falle wird von permanentem vegetativen Zustand gesprochen. Sogenannte anencephale Neugeborene kommen ohne Großhirn auf die Welt. In den USA werden sie für tot erklärt, um so leichter an ihre Organe zu Transplantationszwecken kommen zu können. Dagegen ist eine straffreie Organentnahme zu Transplantationszwecken hierzulande nur bei Ausfall von Großhirn, Kleinhirn und Hirnstamm möglich. Erst in diesem Falle wird der Patient für hirntot und somit für tot erklärt. Der irreversible Verlust aller Hirnfunktionen gilt bei uns als das maßgebliche diagnostische Zeichen für die Todesfeststellung. Das Hirntodkriterium hat das traditionelle Herztodkriterium ersetzt.

In diesem Zusammenhang wird heute zwischen klinischem und biologischem Tod unterschieden. Nach Atem- und Herzstillstand ist das Hirn noch nicht tot. Eine Reanimation ist möglich. Die Zeitspanne hierfür beträgt einige Minuten. Bei erniedrigter Temperatur etwa durch Ertrinken im winterlichen See kann der Herzstillstand sogar mehr als eine Stunde ohne größere Schäden an den Hirnzellen überlebt werden. Missverständlich wird bei Aussetzung der Atmung und Herztätigkeit von klinischem Tod gesprochen. Denn im Grund ist der klinisch Tote noch am Leben. Sein Hirn wird auch nach dem Aussetzen der Atmung zunächst noch mit Sauerstoff versorgt. Nach dem Herzstillstand beginnen erst die mangelnde Versorgung mit Sauerstoff und das Absterben der Hirnzellen. Scheitert die Reanimation oder bleibt sie einfach aus, kommt es infolge fehlender Hirndurchblutung bald zum Hirntod. Nun kann der Organismus seine Atmung und seinen Blutkreislauf nicht wieder aufnehmen. Allerdings kann die Herz- und Kreislauffunktion mit Hilfe einer Herz-Lungen-Maschine durch kontrollierte Beatmung aufrechterhalten werden. Dadurch wirkt der Hirntote wie lebendig. Er sieht aus, als ob er schliefe. Seine Haut bleibt warm und durchblutet, sein Herz schlägt, kleine Wunden heilen. Es kommt zu Zuckungen und Reflexen der unterschiedlichsten Art. Diese Funktionen werden künstlich in Gang gehalten, um dem Körper transplantierbare Organe entnehmen zu können.

Der Leichnam eines Verstorbenen

Als das Ende eines Sterbevorgangs ist der Hirntod zugleich der Beginn eines biologischen Todesprozesses, der sich durch künstliche Beatmung unterbrechen lässt. Erst nach Abstellen der Herz-Kreislauf-Maschine setzt das biologische Todesgeschehen seine Arbeit fort. Das Ende ist kein punktuelles Ereignis, sondern ein zeitlich erstreckter Vorgang, der von der offiziellen Todesfeststellung bis zum Absterben der letzten Körperzelle dauert. Einerseits tritt der Tod mit einem Schlag ein, andererseits ist er eine Begebenheit, bei dem die Organe schrittweise die Arbeit einstellen und ihre Funktionen sukzessive versagen. Nach dem letzten Lebensmoment ist der Organismus noch nicht in jeder Beziehung gestorben. Nicht alle Zellen und Gewebe des Körpers verlieren zeitgleich ihre vitalen Eigenschaften. Die Lebensfunktionen erlöschen in den verschiedenen Geweben und Organen zeitversetzt. Obwohl der Organismus im Ganzen bereits tot ist, ist deshalb noch nicht der ganze Organismus am Ende. Allmählich hören alle Prozesse im Körper auf. So kann es auch nach dem biologischen Tod durch Muskelreizungen weiterhin zu Zuckungen kommen; der Stoffwechsel funktioniert teilweise noch nach mehreren Stunden, und Spermien sind bis zu siebzig Stunden nach Eintritt des Todes lebensfähig. Diese Phänomene werden supravitale Erscheinungen genannt. Jedoch tritt der Tod bereits in dem Augenblick ein, zu dem der Organismus in seiner funktionellen Ganzheit abstirbt, also schon nach dem Hirntod und nicht erst nach dem Ableben aller Körperteile. So verwirrend es klingt: Der Tod ist nicht identisch mit dem Ende aller organischen Lebensvorgänge.

Was übrigbleibt, ist ein Toter. Allerdings ist der Begriff des Toten zutiefst zweideutig: Zum einen versteht man darunter die Leiche, das heißt den verweslichen Rückstand eines Menschen, der für gewöhnlich begraben, verbrannt, der Transplantationsmedizin oder der Anatomie zur Verfügung gestellt wird. Der tote Körper wird so lange Leichnam genannt, bis das Fleisch von seinem Gerippe verschwunden und der Zusammenhang zwischen den einzelnen Teilen durch natürliche Verwesung oder eine andere Auflösungsart aufgehoben ist. Skelette sind keine Leichen. Außer Schädel und Skelett ist der tote Körper das eindrücklichste Zeugnis menschlicher Vergänglichkeit. Wie nichts sonst gibt er zu erkennen, dass ein Mensch gestorben ist und man selbst früher oder später sterben wird.

Zum anderen bezieht sich der Begriff des Toten aber auch auf den Verstorbenen, dessen Anweisungen bezüglich seiner Hinterlassenschaft und Beisetzung normalerweise geachtet und befolgt werden. Ein Leichnam wird bestattet, eines Verstorbenen wird gedacht; ersterer ist ein lebloses Objekt in der sichtbaren Welt, letzterer dagegen ein lebendiges Subjekt in der Erinnerung. Der Verstorbene lebt nur noch im individuellen oder kollektiven Gedächtnis fort. Das Testament enthält den Nachlass eines Verstorbenen, nicht aber den letzten Willen einer Leiche. Der Trauerzug, der den Toten zu seiner letzten Ruhestätte begleitet, bringt nicht den Verstorbenen, sondern dessen Leichnam zum Friedhof. Der Verstorbene befindet sich nicht im Grab. Dort sind lediglich seine verweslichen Überreste eingesargt. Dementsprechend wird bei einer Beerdigung niemals eine Person beigesetzt, sondern lediglich die körperlichen Rückstände einer gewesenen Person. Der zum Leichnam gewordene Leib ähnelt einer bloßen Sache, welche eben noch Person war, die aber aus dem Körper entflohen zu sein scheint. Leichen sind Objekte und keine wie auch immer gearteten Subjekte, Personen oder Lebewesen mehr. Diese Vorstellung wird vermutlich viele entsetzen. Doch ändert dies nichts an den Fakten. Wer der Entnahme von Organen und Geweben zu Transplantationszwecken, der Übergabe einer Leiche an die Anatomie sowie ihrer Verbrennung oder Erdbestattung zustimmen kann, hat bereits die Objektqualität des Leichnams anerkannt. Denn mit

Personen dürfte auf diese Weise nicht verfahren werden. Schon der römische Dichter Horaz scheint die Differenz zwischen Leichnam und Verstorbenem gekannt zu haben, wenn er schreibt: „Pulvis et umbra sumus – Staub und Schatten sind wir."[89] Genauso Jahrhunderte zuvor bereits Sophokles in der Tragödie *Elektra*: „Der Mensch – Staub und nichtiger Schatten nur."[90]

Allerdings verschwimmt diese klare Unterscheidung für gewöhnlich beim Anblick eines toten Körpers. Nicht nur genetisch, sondern auch äußerlich ist ja der Tote mit dem lebenden Körper identisch; der Leichnam besteht aus denselben Teilen und derselben Struktur wie der Verstorbene zu Lebzeiten. Als gegliedertes Ganzes ist er genauso angeordnet wie dieser. Der tote Körper besteht aus demselben organischen Material wie die Person, als sie noch lebte. So bewahrt die Leiche auch nach dem Ableben des Verstorbenen für eine Weile dessen Gestalt. Sie zeigt Züge seiner vormaligen Persönlichkeit. Es ist der Leichnam der Mutter, eines Freundes oder Nachbarn, gezeichnet von harter Arbeit, schwerer Krankheit, hohem Alter oder einem plötzlichen Tod. Für die Angehörigen ist die Leiche kein bloßes Objekt, sondern der Leib eines Menschen, den sie gerade verloren haben und dem sie sich voll Trauer zuwenden, um ihn unter Umständen zu berühren, zu streicheln oder zu küssen. Mit Paul Landsberg gesprochen: „War der Tod in jedem unserer Lebensaugenblicke anwesend in Abwesenheit, so ist nun der Tote, an dessen Lager wir stehen, abwesend in Anwesenheit."[91] Dennoch bezieht sich das Trauern und Gedenken nicht auf den Leichnam, wie es völlig unsinnig wäre, einen Dahingeschiedenen zu bedauern. Der Leichnam bezeugt nicht die Anwesenheit eines Verstorbenen, sondern ist vielmehr ein stummer Zeuge seiner Abwesenheit. Wenn der Leib zur Leiche geworden ist, zerbricht die Gemeinschaft mit dem Toten, dessen Gesichtszüge erstarren, dessen Mund verstummt und dessen gebrochene Augen uns niemals mehr anblicken werden.

Hier werden die Betrachter mit etwas höchst Ambivalentem konfrontiert: Sie sehen etwas Vertrautes und Fremdes zugleich, Menschliches und Nicht-Menschliches, einen Organismus sowie ein bloßes Ding. Aber die Leiche ist etwas völlig anderes als eine Person. Sie ist nur noch deren verweslicher Rückstand. Dennoch haben die meisten Lebenden ein starkes Interesse daran, dass mit ihrem Leichnam fürsorglich und achtsam umgegangen wird. Einem leblosen Organismus wird gewöhnlich Respekt entgegengebracht. Obwohl eine Leiche keine Person ist, halten die meisten Menschen sie nicht bloß für ein Ding. Sie sei mehr als eine Sache, aber weniger als eine Person, weshalb auch bei deren Misshandlung weder von Sachbeschädigung noch von Körperverletzung gesprochen wird. Sie ist etwas dazwischen. Der Leichnam ist ein Gegenstand besonderer Art, wie schon die sprachliche Unterscheidung zwischen Leiche und Kadaver kundtut. Leichen sind im Unterschied zu Tierkadavern tote Körper gewesener Subjekte, die nach vorherrschender Meinung nicht zu beliebigen Zwecken freigegeben werden dürfen, weil sie einen eigenen Achtungsanspruch besitzen. Dieser gründet auf der Feststellung, dass eine Leiche der verwesliche Rückstand einer gewesenen Person, und das heißt eben der Leichnam eines Verstorbenen ist. Nach gängiger Auffassung besitzt sie selbst als Objekt einen besonderen Wert, weil sie einst Subjekt war.

Hier ruht in Frieden

Auf den meisten Grabsteinen steht: Hier ruht in Frieden! Sachlich richtig wäre: Hier fault in Erde! Nur ganz so genau möchte man es gar nicht wissen. Dennoch müssen selbst religiös eingestellte Menschen zugeben, dass ein Leichnam weder ruht noch schläft, sondern einfach nur verwest. Im herkömmlichen Grab dient er den Würmern als Speise und der Erde als Dünger. Aber was hat es dann mit der vielbeschworenen Totenruhe auf sich? Dieser geläufige Begriff verbietet heutzutage die Wegnahme von Leichen aus dem Gewahrsam der Angehörigen oder Krankenhausverwaltung und untersagt beschimpfenden Unfug an einem Grab sowie dessen Beschädigung oder Zerstörung. Zweifellos sind solche Bestimmungen sinnvoll, dennoch ist der Begriff äußerst missverständlich, ja irreführend. Eigentlich ist es nur solange sinnvoll, von „Störung der Totenruhe“ zu sprechen, wie noch an die Ruhelosigkeit der Seelen unbestatteter Menschen geglaubt wird. Die antiken Griechen gingen davon aus, dass diese weiter auf der Erde umherirrten und nicht zur Ruhe kämen, wenn nicht mindestens drei Handvoll Erde auf den Leichnam geworfen würden. Die griechischen Tragödien *Sieben gegen Theben* von Aischylos und *Antigone* von Sophokles handeln hiervon.

Jedoch ist diese Vorstellung längst überholt. Ansonsten ist es nicht nur falsch, sondern sogar unsinnig, den Begriff Totenruhe auf den Leichnam zu beziehen, wenn damit nicht der physikalische Spezialfall der Bewegung einer Leiche mit Geschwindigkeit Null gemeint ist. Ein Leichnam ruht nicht, sondern verfault in einem Grab oder geht im Krematorium in Flammen auf.

Allerdings lässt sich der Begriff Totenruhe auf den Verstorbenen beziehen. Hierunter kann zweierlei verstanden werden: Metaphorisch bedeutet Totenruhe, dass die Last und Not des Lebens nun ein Ende gefunden hat; Ruhe wird hier im übertragenen Sinne gebraucht. Metaphysisch besagt dagegen Totenruhe soviel wie das Ende der Pilgerschaft auf Erden. Der Verstorbene ruht nach dem Tode in Gott, falls es ihn gibt, befreit von allen irdischen Mühen. Demnach lässt sich der Begriff Totenruhe nur sinnvoll auf das Erinnerungsbild der gewesenen Person übertragen, nicht aber auf die verweslichen Rückstände.

Nun ist die Doppeldeutigkeit des Begriffes Toter keineswegs stabil. Denn selbst der Leichnam wie sogar der Verstorbene sind vergänglich. Ungefähr 15 bis 30 Minuten nach dem Kreislaufstillstand entstehen Totenflecken: Das Blut sinkt an die untersten Körperstellen der Leiche ab. Kurze Zeit später setzt die Totenstarre der Muskulatur ein, die sich nach mehreren Stunden wieder löst. Wenn Würmer und Maden zu fressen beginnen, verschwindet das Gesicht der geliebten Person, das Fleisch ihres Körpers verfault, die Organstruktur zerfällt. Während der Verwesung nimmt die Leiche verschiedene Färbungen von violett über grün bis schwarz an, und die sich hierbei entwickelnden Gase verursachen einen üblen Geruch. Totenflecken, Totenstarre und Fäulnis gelten bis heute als sichere äußere Todeszeichen. Der Organismus zersetzt sich. Erde zu Erde, Staub zu Staub! Irgendwann kommt der Zeitpunkt, an dem jede Spur des Leichnams, dessen DNA eingeschlossen, und sein Grab von der Erde verschwunden sein werden. Die Wahrheit der Leiche ist deren vollständige Auflösung.

Ähnliches gilt für das Gedenken. Wir mögen noch so oft betonen, dass wir den Verstorbenen in liebevoller und dankbarer Erinnerung behalten und ihm stets ein ehrendes Andenken bewahren werden. Es ist nur eine Frage der Zeit, bis die Trauer über den Tod eines Menschen und die Erinnerung an dessen Leben verblassen und nichts und niemand mehr existieren wird, der noch wissen könnte, dass es diesen Menschen einst gab. Denn jeder gerät nicht nur irgendwann in Vergessenheit. Über kurz oder lang fehlen auch die Menschen, die uns noch im Gedächtnis behalten könnten. Die Wahrheit des Verstorbenen ist dessen spurloses Verschwinden.

Da die Verwandlung des Leibes in eine Leiche für die Hinterbliebenen mental und affektiv schwer zu verarbeiten ist, codiert ihr Wille zur Selbsttäuschung die Begegnung mit dem aufgebahrten Körper bisweilen zu einem spirituellen Erlebnis, das Zuversicht und Trost vermittelt. So wird der starren Mimik der Leiche manchmal die Kraft zugeschrieben, die Hoffnung auf ein Wiedersehen zu stärken. Ihr entspannter Gesichtsausdruck wird als Zeichen des Übergangs in eine andere Wirklichkeit schöngeredet. Aber Leichnam und Verstorbener sind dazu verurteilt, zu nichts zu werden. Im Grunde sind sie es längst. Der Tote ist nicht nur ein als Jemand getarnter Niemand, ein Namenloser, sondern auch ein als Etwas getarntes Nichts. Denn das, wozu sich der Verstorbene und Leichnam entwickeln werden, sind sie bereits. Genauer betrachtet gibt es beide gar nicht. Sie sind die Masken ihrer Nichtexistenz. Der Leichnam besteht nämlich schon jetzt aus der anonymen Materie, in die er sich verwandelt. Und der Verstorbene ist bereits jene Vergangenheit, die, in flüchtigen Erinnerungen festgehalten, binnen kürzester Frist gänzlich erlöschen wird.

Mit alledem mochten sich die Menschen noch nie abfinden. Es liegt etwas Bedrückendes in der Vorstellung, vom eigenen Leben im Hier und Jetzt einmal Abschied nehmen zu müssen. „Ach, es ist so dunkel in des Todes Kammer, tönt so traurig, wenn er sich bewegt, und nun aufhebt seinen schweren Hammer, und die Stunde schlägt“, dichtet Matthias Claudius.[92] Hierüber sind die meisten von uns nur schwer zu trösten. Dennoch suchen wir einen Trost. Daher drängt sich irgendwann jedem die Frage auf, ob es wohl ein Weiterleben nach dem Tode gibt. An die Stelle der trostlosen Wahrheit jeder „Leiche“, rückstandlos aufgelöst zu werden, tritt der versöhnliche Glaube an die „Auferstehung des Fleisches“. Die grausige Vorstellung von der restlosen Tilgung des „Verstorbenen“ bekämpft wiederum die Hoffnung auf die „Unsterblichkeit der Seele“.

Zweiter Teil

Gibt es ein Leben nach dem Tod?

Sehnsucht nach Unsterblichkeit

Milliarden Menschen glauben an ein Weiterleben nach dem Tod. Ihre Zuversicht schöpfen sie aus religiösen und philosophischen Quellen. Sie hoffen, dass das Leben mit dem Tod nicht endet, sondern dieser ein Durchschlupf zu einer besseren Welt sei. Der Verstorbene, den man näher kannte, mochte und liebte, sei keineswegs endgültig vernichtet. Im Gegenteil sei der Tod „der Geburtstag eines ewigen Lebens", wie Seneca mutmaßt.[93] Rund zwei Jahrtausende später schreibt Dostojewskij in seinen *Religiösen Betrachtungen*: „Ich weiß und fühle es, dass mein Leben sich seinem Ende zuneigt, und doch fühle ich auch am Ende jedes Tages, dass dieses irdische Leben in ein neues, mir noch unbekanntes, aber doch schon deutlich gespürtes Leben übergeht."[94] Obwohl die Hoffnung aufs ewige Leben keineswegs eine unsterbliche Seele voraussetzt, glauben doch die meisten daran. Sie sind überzeugt, dass im Moment des Todes die Seele den Körper verlässt. Fast alle Religionen behaupten die Unsterblichkeit der Seele. Dieser Glaube kann bis in die assyrisch-babylonische Kultur zurückverfolgt werden. Von dort drang er in die ägyptische und dann in die griechische Mythologie und Philosophie ein. Im Judentum, Christentum und Islam hat er einen festen Platz. Aber auch außerhalb der drei abrahamitischen Religionen ist die Unsterblichkeitslehre tief verwurzelt.

Seelenwanderung

Hunderte Millionen Buddhisten und Hindus glauben seit Jahrhunderten an die Reinkarnation. Nach hinduistisch-buddhistischer Lehre haben wir alle schon mehrere Male gelebt. Je nachdem, wie man sein jeweils vorheriges Leben führte, ergeht es einem im folgenden Leben eher gut oder schlecht. Der jeweilige Lebenswandel entscheidet darüber, ob und als was man wiedergeboren wird. Dies ist das sogenannte Karma, das zum einen die menschlichen Handlungen selbst, zum anderen deren Auswirkungen auf das spätere Leben bezeichnet. Gemäß dem ethischen Wert der im früheren Leben vollbrachten Taten wird die Seele des Einzelnen entweder auf einer höheren oder tieferen Lebensstufe wiedergeboren – ob in der einen oder anderen Kaste, als Pflanze oder Tier, als glücklicher oder unglücklicher Mensch. „Wie die verkörperte Seele fortwährend in diesem Körper von Kindheit zu Jugend und zu Alter wandert, so geht sie auch beim Tod in einen anderen Körper ein", heißt es in *Bhagawadgita*.[95] Der Tod gilt nur als eine Durchgangsstation, die so oft durchlaufen werden muss, bis es zur endgültigen Verschmelzung des Menschen mit dem Weltgeist Brahman nach hinduistischer Lehre oder zum spurlosen Verschwinden des Einzelnen im Nirwana nach buddhistischer Anschauung kommt. Das letzte Ziel ist die Befreiung aus der langen Reihe von Wiedergeburten, Mokscha, kurz das Ende der Seelenwanderung, Samsara, wobei allerdings die Seele selbst erhalten bleibt: „Das, was den gesamten Körper durchdringt, ist unzerstörbar. Niemand kann die unvergängliche Seele töten."[96] Auch die Dschainas und Sikhs glauben an die hinduistische Lehre von einer unsterblichen Seele. Dagegen hoffen die strengen Buddhisten, befreit von allen Begierden, eines Tages im ewigen Frieden des Nirwana zu verwehen oder zu erlöschen. So lehrt es Buddha Gautama. Obwohl der Buddhismus im Hinduismus wurzelt, kommt die unsterbliche Seele ursprünglich nicht darin vor. Allerdings glauben die heutigen Buddhisten auch an die Wanderung ihrer unvergänglichen Seele. In der Volksfrömmigkeit wird das Nirwana nicht mehr als Nichts, sondern eher als Insel der Seligen, eine Art Paradies, vorgestellt. In der Mahayana-Schule hat sich der Glaube an ein jenseitiges Land durchgesetzt, in dem die Toten auf Lotosblumen glücklich weiterleben. Auch die japanischen Schintoisten glauben, dass die vom Körper abgespaltene Seele nach dem Tod ihre Individualität behält und im Laufe der Zeit zu den Ahnen aufsteigt. Der Glaube an die Unsterblichkeit der Seele ist inzwischen für alle asiatischen Religionen charakteristisch.

Vom Schattenreich ins Lichtreich

Nach den alten Juden und Griechen endet das Leben ebenfalls nicht mit dem Tod. Doch scheint das postmortale Leben kaum mehr als nichts zu sein. Denn gemäß ihren alten Mythen führen die Toten ein gespensterhaftes Schattendasein in einer düsteren, trostlosen Unterwelt. Sie vegetieren, dämmern oder schlafen. Die Idee der unsterblichen Seele gibt es hier noch nicht. Die alten Israeliten nennen dieses Reich der Toten Scheol, die Griechen Hades. Zum Erreichen des Schattenreiches, in dem nur lautlose Finsternis herrscht, müssen die Toten den Fluss Styx auf einem von Charon gelenkten Kahn überqueren. Damit der Tote den Fährmann bezahlen kann, bekommt er von den Hinterbliebenen eine Münze auf die Zunge gelegt. Manchmal wurde den Toten auch ein Stück Honigkuchen auf ihre Reise mitgegeben, damit sie den Türwächter des Hades, Zerberos, leichter besänftigen können. Wesenlos flatternd, schweifen die Dahingeschiedenen ohne jede Lebenskraft durch die dunkle Unterwelt. Sie existieren noch irgendwie, aber weniger als auf der Erde.

Später trat an die Stelle des Schattenreichs ein Lichtreich, in das die unsterbliche Seele der Verstorbenen heimkehrte. Weit davon entfernt, beinahe ein Nichts zu sein, wurde der Seele nun ein volleres Sein zuerkannt als allem Leben auf der Erde. Die Idee der unsterblichen Seele war im Altertum weit verbreitet. Wie die Pythagoreer vertraten die Gnostiker ein Menschenbild, auf dem der Körper sogar als Grab und Fessel der Seele dargestellt wird, die erst nach dem Tod aus der irdischen Gefangenschaft freikomme, um ins Reich des Lichtes zurückzukehren, dem sie ursprünglich entstamme. Der Leib-Seele-Dualismus Platons, in dem Körper und Geist als miteinander verbundene eigenständige Substanzen vorgestellt werden, bewegt sich in dieser Tradition. Im Allgemeinen wird unter einer Seele eine immaterielle Substanz mit einem geistigen Innenraum verstanden, den bewusste Wahrnehmungen, Gefühlsregungen, Willensäußerungen und Denkbewegungen beherrschen.

Platon erörtert die unsterbliche Seele in den Dialogen *Phaidros*, *Gorgias* und *Apologie*. Doch am ausführlichsten befasst er sich damit im Dialog *Phaidon*.[97] Hier wird erstmals der Versuch unternommen, die Unsterblichkeit der Seele zu beweisen.

Unsterblichkeitsbeweise

Ausgangspunkt der vier platonischen Beweise ist die Zweiteilung der Welt in einen niederen, materiellen und einen höheren, immateriellen Bezirk, dem die Menschen ihre ganze Aufmerksamkeit schenken sollen. Wie die Welt setze sich der Mensch aus zwei wesens- und wertverschiedenen Hälften zusammen. Die Seele sei dem Göttlichen ähnlich, der Körper hingegen der Materie. Den Tod definiert Platon als Trennung, ja als beglückende Befreiung der unvergänglichen Seele vom sterblichen Leib. Nach dem ersten Beweis verfügt die Seele schon von Geburt an über Kenntnisse, die sie nicht in der Welt erworben haben kann. Hierzu gehören logische Gesetze und begriffliche oder mathematische Zusammenhänge. Diese kann die Seele nicht aus der empirischen Erfahrung gewonnen haben, weil sich mit deren Hilfe überhaupt erst die Wirklichkeit erschließen lasse. Daraus folgert Platon, dass die Seele schon vor ihrer Verbindung mit dem Körper ein Wissen erlernt haben muss, an das sie sich im irdischen Leben lediglich erinnert. Alle Erkenntnis sei Wiedererinnerung an Vergessenes. Darum müsse es die Seele schon vorher gegeben haben. Genauso werde sie nach ihrer Loslösung vom Körper fortexistieren. Platon schließt von der pränatalen Existenz der Seele auf deren postmortales Dasein.

Zweitens überlebe die Seele den Tod, weil sie im Gegensatz zu allem Körperlichen, das sichtbar, vielgestaltig, veränderlich und aus zerstörbaren Teilen zusammengesetzt sei, unsichtbar, eingestaltig, gleichbleibend und unauflöslich sei. Darum könne sie niemals zugrunde gehen.

Drittens entstehe Entgegengesetztes gewöhnlich auseinander: das Kleinere aus dem Größeren, das Stärkere aus dem Schwächeren, der Schlaf aus dem Wachen, das Kalte aus dem Warmen und umgekehrt. Ähnlich gehe das Tote aus dem Lebenden und das Lebende aus dem Toten hervor.

Viertens schlössen sich Leben und Tod wechselseitig so aus wie die Zahl Fünf jede gerade Zahl oder das Feuchte das Trockene. Da es für eine Seele charakteristisch sei, zu leben, sei der Tod mit ihr unvereinbar. Eine Seele könne so wenig sterben, wie Feuer kalt werden könne.

Die Seele überdauert den Untergang des menschlichen Leibes, den Platon zu einem bedeutungslosen Zwischenfall bagatellisiert. Den Philosophen wird empfohlen, zu Lebzeiten auf körperliche Freuden zu verzichten und sich auf den geistigen Bezirk zu konzentrieren, und das heißt: „so nahe wie möglich am Gestorbensein zu leben".[98] Hierdurch lasse sich der Übergang in die andere Welt erleichtern. Denn wer philosophiert, nimmt bereits seinen Tod vorweg, da er sich schon nicht mehr in der vergänglichen Welt bewegt.

Jahrhunderte nach Platon brachte der Kirchenvater Aurelius Augustinus in den beiden Abhandlungen *Selbstgespräche* und *Von der Unsterblichkeit der Seele* gleichfalls rationale Argumente für die Unsterblichkeit vor.[99] So schrieb er beispielsweise, dass die logischen Gesetze, über die unser Verstand verfüge, ewig gültig seien, „und wenn alles, in dem etwas Ewiges ist, selber ewig sein muss: dann lebt das ewig, in dem die Logik ist".[100] Rund ein Jahrtausend nach Augustinus unterschied noch Descartes in den *Meditationen* wie einst Platon zwischen dem sichtbaren Körper, der sich teilen lasse, und dem unsichtbaren Geist, der unteilbar sei, weshalb er sich nicht auflösen könne.[101] Mit solchen und ähnlichen Argumenten wurde rund zwei Jahrtausende lang versucht, Gewissheit in der Frage nach der Unsterblichkeit der Seele zu erlangen. Ob der mittelalterliche Philosoph Thomas von Aquin in *Summa Contra Gentiles*[102] oder die neuzeitlichen Gelehrten Gottfried Wilhelm Leibniz und Christian Wolff – alle entwickelten Beweise für die Unsterblichkeit der Seele. Doch das umfangreichste und argumentativ reichhaltigste Traktat über die unsterbliche Seele stammt aus dem Jahre 1473. Dessen Verfasser ist der Renaissance-Philosoph Marsilio Ficino, das Haupt der damaligen florentinischen Akademie. Sein Werk trägt den aufschlussreichen Titel *Platonische Theologie oder Über die Unsterblichkeit der Seele*. Anknüpfend an Marsilio Ficino hat 1513 das katholische V. Laterankonzil die Lehre von der Unsterblichkeit der Seele erstmals dogmatisch fixiert, um auf diesem Wege mögliche Zweifler in die Schranken zu weisen. Die Bulle *Apostolici regiminis* von Papst

Leo X. aus dem gleichen Jahr verurteilt alle Philosophen, welche auf der Grundlage scheinbar vernünftiger Argumente die individuelle Unsterblichkeit bestreiten. Bevor am Ende des 18. Jahrhunderts schließlich Immanuel Kant alle Beweise zur Unsterblichkeit für null und nichtig erklärt, verfasste auch Moses Mendelssohn 1767 eine Abhandlung mit dem programmatischen Titel *Phaidon oder Über die Unsterblichkeit der Seele*, in der gleichfalls bewiesen wird, dass wir Menschen wesensmäßig im Besitz einer unsterblichen Seele seien.

Unsterblichkeit und Auferstehung

Nun kennt die Bibel die Idee einer wesensmäßig unsterblichen Seele aber überhaupt nicht. Es findet sich dort nur die Hoffnung auf die Auferweckung der Toten, und selbst dieser Glaube gehört nicht einmal von Anfang an zu den biblischen Texten. Zum ersten Mal innerhalb des Alten Testaments ist von Hoffnung auf Totenauferweckung im *Buch Daniel* aus dem 2. Jahrhundert v. Chr. die Rede. Der Tod sei nicht das endgültige Schicksal der unschuldig Leidenden. Gott lasse die Seinen nicht im Stich. Damals wurde im tiefsten Elend der Knechtschaft eine Erlösung aus dem irdischen Jammertal verheißen. Daniel weissagte in seinen Visionen, dass die trübselige Zeit zu Ende gehen werde und die im Staub bei Scheol entschlafenen Gottesfürchtigen und Gerechten zum endgültigen Leben erweckt würden; den Feinden Gottes wurde ewige Verdammnis angedroht. Die Lehre von der Unsterblichkeit der Seele drang erst unter griechischem Einfluss in die jüdische Religion ein. Hierfür steht Philon von Alexandria, 1. Jahrhundert n. Chr., der das Judentum mit dem Hellenismus verband. Heute wird die Unsterblichkeit der Seele von allen Richtungen des Judentums anerkannt, während die ursprüngliche Hoffnung auf Totenauferstehung nur noch eine untergeordnete Rolle spielt.[103]

In die christliche Lehre gelangte die griechische Idee der unsterblichen Seele im 3. Jahrhundert durch Cyprian, Bischof von Karthago. Seither bilden Auferstehungsglaube und Unsterblichkeitslehre eine Einheit. Angeregt wurde diese befremdliche Allianz durch die Frage, was denn mit den Toten zwischen ihrem Ableben und ihrer Auferstehung am Jüngsten Gericht geschehe. Bereits Augustinus unterschied im

20. Buch des *Gottesstaates* zwischen dem ununterbrochenen Fortleben der Seele nach dem Tod und der Auferweckung des Leibes am Jüngsten Gericht, wo erstere mit letzterem wieder vereinigt werde. Sofort nach dem Tod werde bereits in einer Art Zwischengericht ein Urteil über die unsterbliche Seele gesprochen. Nach Augustinus gibt es mithin gleich zwei Auferstehungen: „Die eine und erste ist schon jetzt eine Auferstehung der Seelen ... , die andere zweite ist jetzt noch nicht, sondern wird erst am Ende der Welt sein, eine Auferstehung nicht der Seelen, sondern der Leiber."[104] So steht es auch im *Katholischen Katechismus*, wo von der „unsterblichen Seele"[105] die Rede ist, die den Tod des Leibes überdauern wird. „Durch den Tod wird die Seele vom Leib getrennt; in der Auferstehung am Jüngsten Gericht aber wird Gott unseren verwandelten Leib das unvergängliche Leben geben, indem er ihn wieder mit unserer Seele vereint."[106] „Wir glauben an die Auferstehung des Fleisches, das wir jetzt tragen. Ins Grab gesät wird ein verweslicher Leib; auferstehen wird ein unverweslicher Leib."[107]

Auch Muslime glauben, dass der Mensch eine unsterbliche Seele besitzt, die den Tod des Körpers überlebt. Zugleich glauben sie ans Jüngste Gericht, bei dem alle Toten aus ihren Gräbern auferweckt werden. In der Todesstunde erscheine ein Engel, um die Seele bereits zu einem Zwischengericht zu führen, in dem wie nach katholischer Lehre ein vorläufiges Urteil über den Verstorbenen gesprochen werde. Anschließend werde die Seele wieder in den verweslichen Körper zurückgebracht. Im Grab würden dann zentrale Inhalt des Islam abgefragt: etwa wer Gott sei, wie sein Name laute und sein Prophet heiße. Danach folge eine Wartezeit bis zum Jüngsten Gericht, wo die Seele mit dem erneuerten Körper vereinigt und auferstehen werde.

Im Christentum wie im Islam gibt es sowohl den Glauben an die Auferstehung des Leibes als auch die Lehre von der Unsterblichkeit der Seele. Diese doppelte Absicherung des ewigen Lebens entspricht der Doppeldeutigkeit des Toten als eines Leichnams und Verstorbenen. Als künftige Leichen dürfen die Gläubigen auf die Auferstehung des Leibes hoffen, als baldige Verstorbene auf den Besitz einer unsterblichen Seele vertrauen.

Höllenangst oder Todesangst?

Heute soll der Glaube an die leibliche Auferstehung und unsterbliche Seele die Menschen insbesondere damit aussöhnen, eines Tages sterben zu müssen. Die Hoffnung auf ein ewiges Leben ist vorrangig existenziell begründet. Sie versucht dem Tod die Maske des Erträglichen aufzusetzen. Dagegen waren in früheren Zeiten die Aussichten auf ein Leben nach dem Tod stärker ethisch ausgerichtet. Man denke an das Karma in den asiatischen Religionen, wonach der Hindu oder Buddhist im späteren Leben nur erntet, was er im früheren gesät hat, oder an Himmel und Hölle im Judentum, Christentum und Islam. Die Vorstellung vom Fegefeuer, Purgatorium genannt, in dem die Seelen von ihren Sünden gereinigt werden, wurde erst im Jahre 1274 auf dem Konzil von Lyon von der katholischen Kirche offiziell eingeführt. Fast alle Religionen versprechen den Guten und Gerechten himmlische Paradiesgärten, während die Bösen und Ungläubigen in der Hölle schmoren werden. Das Leben ist ein Spiel mit hohem Einsatz, bei dem der Gläubige die Wahl zwischen ewiger Verdammnis und ewiger Glückseligkeit hat. Die Feststellung, dass der Mensch eine unsterbliche Seele besitzt und auferstehen wird, war mithin niemals nur eine theoretische Erkenntnis, sondern immer auch eine praktische Anweisung zum richtigen Leben. Daseinsdeutung und Daseinsorientierung wurden stets aufs engste miteinander verbunden. Mit der besonderen Wertschätzung der unsterblichen Seele ging stets der Aufruf einher, sich vom Sinnlich-Körperlichen weitgehend zu lösen und den Blick zur jenseitigen Heimat zu richten. Den Gläubigen wurden himmlische Belohnungen versprochen, wenn sie ein tugendhaftes und gottesfürchtiges Leben führten. Bei Fehlverhalten wurde den Sündern die Hölle, bestenfalls das Fegefeuer angedroht, wo sie solange verharren würden, bis sie vollständig gereinigt seien. Nicht selten ist statt von ewiger Höllenstrafe auch von zweitem Tod die Rede. So überlagerte der ethische Gesichtspunkt die existenzielle Angst vor dem Tod. Dieser wurde mehr vor dem Hintergrund des göttlichen Gerichts erörtert als im Zusammenhang mit Verfall und Sterben.

So sehr Immanuel Kant die traditionellen Unsterblichkeitsbeweise als theoretische Anmaßungen verwirft, grundsätzlich hält auch er an der Idee der Unsterblichkeit aus ethischen Gründen fest.[108] Diese sei ein Postulat der praktischen Vernunft. Denn für das vernünftige Denken sei die Vorstellung unerträglich, dass moralisch einwandfreie Menschen unglücklich und moralisch verwerfliche Personen glücklich seien, wie es in der Realität oft der Fall ist. Zur Behebung dieser Schieflage fordert Kant eine jenseitige Welt, in der die Lasterhaften bestraft und die Tugendhaften belohnt werden. Hierbei sagt er nicht, dass eine solche Welt nachweisbar wäre, sondern nur, dass es vernünftig ist, eine solche anzunehmen. Gleichfalls hält Kant die Vorstellung für unzumutbar, dass alle menschlichen Bemühungen um moralische Vollkommenheit niemals vollständig zum Ziel kommen. Deshalb sei es gleichfalls sinnvoll, eine jenseitige Welt zu postulieren, in der die Menschen vollenden könnten, was sie auf der Erde begannen. Es müsse eine Möglichkeit geben, sich den Anforderungen des sittlichen Ideals anzunähern. Auffälligerweise fehlt auch in Kants Philosophie der Unsterblichkeit fast jeder Bezug zur Todesangst.

Ähnlich wie Kant konnte sich der späte Max Horkheimer aus ethischen Gründen nicht mit der Vorstellung abfinden, dass mit dem Tod alles aus sei. Das Unrecht auf Erden dürfe nicht das letzte Wort behalten und die Mörder nicht über ihre unschuldigen Opfer triumphieren. Horkheimer ringt um einen Ausgleich für unverschuldetes Leid und gescheitertes Leben. Wenn mit dem Tod alles zu Ende wäre, dann würde keine Zukunft mehr heilen können, was den Entwurzelten, Notleidenden und Verzweifelten angetan wurde. Den Gedanken, dass die Gebete der Verfolgten in höchster Not unerhört blieben, hielt er für ungeheuerlich. Selbstverständlich folge daraus nicht, dass es eine Ewigkeit gebe, in der sie beglückt würden. Trotzdem setzt der späte Horkheimer allem Leid eine Sehnsucht nach göttlicher Erlösung entgegen, eine Hoffnung, dass es bei den Gräueltaten nicht bleibt, sondern allen, die Schlimmes erleiden mussten, eines Tages noch einmal Gerechtigkeit widerfahren wird.[109]

Heute spielt die ewige Höllenstrafe oder ausgleichende Gerechtigkeit bei der Idee des ewigen Lebens kaum noch eine Rolle. Die Idee der Hölle wird hierzulande mehrheitlich verworfen, nachdem zuvor schon Engel und Dämonen aus dem übernatürlichen Inventar gestrichen wurden. Als Jenseits ist nur noch der Himmel geblieben. Nach dem Tod gibt es bloß einen Aufstieg der Seele in die Glückseligkeit, Anabasis, aber keinen Abstieg mehr in das Reich der Finsternis, Katabasis. Das ethisch differenzierte Jenseits ist in der westlichen Welt nach und nach aus dem Bewusstsein der Gläubigen verschwunden. Es ist inzwischen mehr Trost als Mahnung. Wie versöhnlich klingen solche Redewendungen: „Gott hat den Verstorbenen zu sich heimgeholt, der Verstorbene ist heimgegangen oder nach irdischer Wanderschaft heimgekehrt." Bei alledem geht es weniger um Erlösung oder Verdammnis als vielmehr um Überwindung von Todesangst. Der Glaube an Auferstehung und Unsterblichkeit wird heute in erster Linie aufrechterhalten, damit die Menschen die dunkle Schwelle des Todes leichter überschreiten können. Dazu ist die Sehnsucht der Hinterbliebenen groß, die Verstorbenen wiederzusehen. Der Abschied soll nur vorläufig sein. Der Himmel ist eine vage Metapher für einen Ort, an dem die Verstorbenen ihre Familien und Freunde wieder treffen werden. Dabei schafft die Idee der Unsterblichkeit die menschliche Todesangst und Trauer nicht einfach ab. Sie nimmt beiden nur ihre Trost- und Hoffnungslosigkeit. Was haben sich die Menschen schon alles einfallen lassen, um der trostlosen Aussicht auf einen endgültigen Tod aus dem Wege gehen zu können!

Religion ohne Religion

In der Gegenwart glauben viele weder an Gott noch an Unsterblichkeit. Der Jenseitsglaube ist für große Teile der Bevölkerung nicht mehr nachvollziehbar. Traditionell kirchliche Glaubenssätze haben massiv an Bedeutsamkeit verloren. Gleichwohl sind zahlreiche Zeitgenossen auf unbestimmte Weise gläubig. Religiöse Vorstellungen existieren auch außerhalb kirchlicher Kreise. Selbst im säkularen Westen, wo immer weniger Bürger an Gott glauben und noch Mitglied der traditionellen Kirchen sind, halten zahlreiche Menschen ein persönliches Nachleben für wahrscheinlich. Kirchenferner Seelenglaube ist keineswegs eine Seltenheit. Oft entsteht ein diffuses Patchwork aus christlichen, buddhistischen und esoterischen Bildern. Mit vorfabrizierten Floskeln überredet man sich zu einer Zuversicht, in der trotz aller Distanz zu den etablierten Religionen von letzter Reise und glücklichem Fortleben in ewigem Licht die Rede ist. Ein privater Seelenglaube aus asiatischen, archaischen und christlichen Versatzstücken tritt an die Stelle eines frommen Gottvertrauens, wie es das kirchliche Establishment seinen

Gläubigen empfiehlt. Alte und neue Todesdeutungen stehen in der modernen Gesellschaft nebeneinander. Die Bilder reichen von bunten Himmelsdarstellungen über detaillierte Auferstehungsgeschichten bis zu wortreichen Wiedergeburtsszenarien.

Selbst die berühmte Schriftstellerin Lou Andreas-Salomé, die eigentlich Atheistin war, besaß eine poetische Religiosität, in der es jedoch weniger um Gott und Unsterblichkeit ging als vielmehr darum, dem eigenen Leben eine starke Intensität zu verleihen. Sie schrieb: „Es mag mir geschehen, was will – ich verliere nie die Gewissheit, dass hinter mir Arme geöffnet sind, um mich aufzunehmen."[110] Ähnlich dichtete ihr Freund und Liebhaber Rainer Maria Rilke in dem Gedicht *Herbst*, dass wir wohl eines Tages alle fallen werden und dass dann einer sein möge, „welcher dieses Fallen unendlich sanft in seinen Händen hält".[111]

Wo die Menschen keine konkreten Hoffnungen mehr aufs ewige Leben haben, wie es die großen Religionen verheißen, reden manche dennoch so, als ob es dies alles nach wie vor gäbe. Sterbende sagen gelegentlich, sie gehen weg oder nach Hause. Sie kehren dorthin zurück, woher sie einstmals kamen. Beim Betrachten des gestirnten Himmels weisen viele darauf hin, dass sie wohl bald dort sein werden. Es ist von langer Reise die Rede. Nicht selten haben sie den Eindruck, dass bereits das Unendliche in ihnen erklinge. Es gebe keinen Tod, sondern nur einen Übergang in angstfreie Räume, wo friedliche Ruhe herrsche. Es sei ein Schritt von großer Bedeutung, wenn man hinübergehe. Selbst Ungläubige sind also häufig davon überzeugt, dass es danach noch etwas gibt. Bewusst vermeiden sie das Wort Tod. Sie freuen sich darauf, dort oben ihnen nahestehenden Menschen wieder zu begegnen.[112]

Hier haben wir es mit traditionellen Vorstellungen der Unsterblichkeit zu tun, die zu perlenden Sprachblasen verkommen sind, deren beschwichtigendes Pathos aber ihre Leere überdeckt. Mag auch die Idee des ewigen Lebens immer stärker verblassen, die Sehnsucht danach lässt sich offenbar nicht ausrotten, wie schon die todkranke Effi Briest in Theodor Fontanes gleichnamigem Roman andeutet: „ob wir doch vielleicht von da oben stammen, und, wenn es hier vorbei ist, in unsere himmlische Heimat zurückkehren, zu den Sternen oben oder noch darüber hinaus! Ich weiß es nicht, ich will es auch nicht wissen, ich habe nur die Sehnsucht."[113]

Kritik des ewigen Lebens

„Eins von beiden ist das Totsein, entweder soviel wie nichts sein ... oder ... eine Versetzung und Umzug der Seele von hier an einen anderen Ort“, schreibt Platon in der *Apologie*.[114] Genauso Marc Aurel, Cicero und Seneca: „Entweder wird der Geist in ein besseres Leben entlassen oder kehrt wieder zurück in die Natur.“[115]

Bis heute bestimmt der Seelenglaube die Vorstellungen der Menschen über das ewige Leben. Dagegen bildet die Lehre von der Endgültigkeit des Todes die mehrheitliche Auffassung westlicher Intellektueller. Die Erben der kritischen Aufklärung halten den Unsterblichkeitsglauben für eine fromme Absurdität, die mit dem wissenschaftlichen Wirklichkeitsverständnis schwer zu vereinbaren ist.

Unsterblichkeitsbeweise

Unsterblichkeitsbeweise möchten mehr leisten, als sie können. Alle Beweise sind fehlerhaft. Keiner von ihnen ist stichhaltig. Auch Platons Argumente sind zum Scheitern verurteilt, die unhinterfragt ein eigenständiges Substrat mentaler Prozesse voraussetzen.[116] So darf bezweifelt werden, dass das Wissen um logische Gesetze und mathematische Regeln vor unserer Geburt erworben wurde. Vermutlich beruht es auf angeborenen Dispositionen, die sich wie die Sprache in der Entwicklung des Kindes nach und nach entfalten. Dessen ungeachtet entstehen keineswegs alle Zustände aus ihrem Gegenteil, wie Platon behauptet. Das Alter folgt aus der Jugend, aber nicht umgekehrt die Jugend aus dem Alter. Zudem ist die Annahme unsinnig, dass das Leben aus dem Tod erwächst, weil in diesem Falle ja die Seele mit der Eigenschaft, tot zu sein, trotzdem fortexistieren müsste. Genauso absurd ist Platons Beweis der Unsterblichkeit durch die formale Erkenntnis, dass sich Leben und Tod gegenseitig ausschließen. Denn solange die Seele lebt, ist sie zwar nicht tot. Daraus folgt aber keineswegs, dass sie ewig lebt. Platons Unsterblichkeitsbeweise fallen alle in sich zusammen.

Wie seine Beweise sind auch alle sonstigen rationalen Argumente für die Existenz der unsterblichen Seele unhaltbar. Nicht ein einziger Beweis vermag Pierre Bayle, David Hume, Voltaire oder Immanuel Kant zu überzeugen. Kant zeigt zwar Verständnis für das Interesse der Menschen, Gewissheit zu bekommen, dass ihr „denkendes Selbst ... unverweslicher Natur“[117] sei. Doch könne es solche Beweise nicht geben, weil Verstand und Vernunft an den Horizont raumzeitlicher Erfahrungen gebunden seien. Nachweislich sei nur ein Mechanismus des Bewusstseins, der alle meine Gedanken, Gefühle und Wahrnehmungen als meine Bewusstseinsinhalte miteinander verbinde und gegenwärtig halte. Aber diese Einheit stiftende Funktion, auf der das Bewusstsein gründe, beweise nicht die Existenz einer einfachen, unteilbaren, immateriellen Substanz im Sinne einer unsterblichen Seele. Besagter Mechanismus sei überhaupt kein raumzeitloses Geistding wie die unsterbliche Seele. In den Unsterblichkeitsbeweisen werde diese als ein „wirklicher Gegenstand außerhalb dem denkenden Subjekt“[118] konzipiert. Als solche ist sie ein jeder Erfahrung entzogenes Denkgebilde, eine bloße Gedankenkonstruktion.

Tatsächlich lassen sich alle rationalen Unsterblichkeitsbeweise als reines Blendwerk entlarven, das auf purer Begriffsakrobatik beruht. Die unsterbliche Seele ist eine verworrene Idee, ein ebenso abstruses wie diffuses Hirngespinst, wie David Hume und Holbach monieren: „An die Existenz einer unsterblichen Seele zu glauben heißt zu sagen, dass ihr von der Existenz einer Sache überzeugt seid, von welcher ihr euch nicht die geringste Vorstellung zu machen imstande seid; das bedeutet also, nur an Worte zu glauben, ohne ihnen einen Sinn beilegen zu können; eine solche Sache zu behaupten, welche ihr behauptet, ist die höchste Torheit oder höchste Eitelkeit.“[119] Ähnlich hält La Mettrie die Annahme einer vom Körper verschiedenen Seele für eine „Hypothese ..., die schlicht unverständlich ist“.[120]

Angst und Sehnsucht

Meistens führen nicht die Wunder des Lebens, sondern die Wunden des Lebens zu höchsten Fragen, deren Aufgabe weniger ist, Wahrheit zu stiften, als vielmehr Linderung zu geben. Um ihre Todesangst zu vertreiben, betäuben sich die Menschen gerne mit Märchen über unsichtbare Mächte. Diese bestehen in der Regel aus dunklen Geheimnissen und lächerlichen Chimären. „Angst führt zu Aberglauben“, schreibt

Christopher Hitchens.[121] Wenn es um den Tod geht, sind wir bereit, fast alles zu glauben. Es gibt keine Vorstellung, wie merkwürdig, absurd und unsinnig sie auch sein mag, an der wir nicht krampfhaft festhalten, wenn sie uns die Gewissheit verschafft, dass das Leben mit dem Tod nicht endet. „Das Versprechen der Unsterblichkeit genügt, um eine Religion auf die Beine zu stellen", notiert Elias Canetti in *Buch gegen den Tod*.[122] Der Gedanke ans eigene Ende ist für viele so unerträglich, dass der Glaube an die Unsterblichkeit fast zwangsläufig entstehen musste. Diese Idee entstammt vorrangig der Angst. Sie ist einer der tiefsten Gründe dafür, sich für unsterblich zu halten. Mit Ludwig Feuerbach gesprochen ist Unsterblichkeit eine Wunschprojektion. Im Kapitel „Der christliche Himmel oder die persönliche Unsterblichkeit" im ersten Teil von *Das Wesen des Christentums* führt Feuerbach den Glauben hieran wie zuvor David Hume und nach ihm Sigmund Freud oder Karl Marx auf elementare Bedürfnisse der Menschen zurück. Ohne den Tod würde es vermutlich keine Religion geben. Dabei macht Feuerbach deutlich: „Das Jenseits ist das im Bilde angeschaute, von aller groben Materie gereinigte – verschönerte Diesseits."[123] In *Zukunft einer Illusion* stellt Sigmund Freud die Lehre von der Unsterblichkeit als infantile Regression unreifer Menschen dar, die sich weigern, erwachsen zu werden. Die Lehre vom ewigen Leben sei ein bloßes Wunschgebilde, eine Phantasmagorie, der zwar die ältesten Sehnsüchte der Menschheit entsprächen, welche aber die Wirklichkeit unerfüllt lasse.

Im Gegenzug betont der Theologe Hans Küng, dass den drängenden Wünschen der Menschen nach ewigem Leben, die Feuerbach, Marx und Freud als Projektion, Opium und Illusion bloßgestellt hätten, durchaus etwas in der Wirklichkeit entsprechen könne. Allerdings irrt Küng mit der Behauptung, dass sich ein solcher Glaube rational verantworten lasse, wenn man bedenkt, wie unwahrscheinlich das ewige Leben doch ist.[124] Intellektuell redlicher Zweifel entlarvt, so Karl Jaspers, jeden Unsterblichkeitsglauben als Produkt der Angst und als Flucht vor der Brutalität des Todes.[125] Unsterblichkeit wird nicht schon dadurch wahrscheinlich, dass sich der Tod so schwer ertragen lässt. „Wie viele schließen immer noch: es wäre das Leben nicht auszuhalten, wenn es keinen Gott gäbe! … aber welche Anmaßung, zu dekretieren, dass alles, was für meine Erhaltung notwendig ist, auch wirklich da sein müsse! Als ob meine Erhaltung etwas Notwendiges sei“, notiert Friedrich Nietzsche.[126] Gottfried Keller findet hierfür die milden Worte: „Nur du, mein armes Herz, / Du allein willst ewig schlagen, / Deine Lust und deinen Schmerz / Endlos durch die Himmel tragen?“ Indes: „Ewig ist, begreifst es du / Sehnend Herz, nur deine Ruh!“[127]

Anmaßung und Eitelkeit

Die Idee der Unsterblichkeit ist aus Angst und Sehnsucht geboren. Zugleich verbirgt sich dahinter eine ungeheure Anmaßung. Warum sollte gerade die Seele des Menschen unsterblich sein, wo doch alles Sonstige auf der Erde dem Gesetz von Werden und Vergeht untersteht? David Hume schreibt: „Nichts ist ewig in dieser Welt. Alles, wie beständig es auch scheinen mag, ist in beständigem Fluss und Wechsel. Die Welt selbst zeigt Symptome von Schwäche und Auflösung. Wie entgegen aller Analogie ist es daher, sich einzubilden, dass eine einzige Art, die anscheinend schwächste von allen und den größten Störungen unterworfen, unsterblich und unauflöslich sei? Was für eine verwegene Theorie ist das! Wie unbesonnen, um nicht zu sagen, wie überstürzt aufgestellt!“[128] Pflanzen und Tieren gleich ist der Mensch zum Tode verurteilt.

Dieser ist ein natürliches Vorkommnis und keineswegs ein Geheimnis. Der Tod weicht nicht vom üblichen Verlauf der Natur ab. Alle Lebewesen sterben. Der Tod ist normal, nichts Außergewöhnliches. Er ist die Anwendung eines Gesetzes auf den Einzelfall. Dazu kommt: Wie sollen wir bei unserer Geburt ewig geworden sein, wo doch alles Übrige unbeständig und vergänglich ist? Nur was nicht lebt, stirbt auch nicht. Dass es einen Sonderbestandteil ideeller Art im Menschen gibt, die Seele, der im Gegensatz zum Organismus von diesem Gesetz ausgenommen bleibt, ist weder offensichtlich noch wahrscheinlich. Unser Leben ist von beiden Seiten, vom Anfang und vom Ende her klar begrenzt.

Dementsprechend stellt im 18. Jahrhundert Holbach fest: „Wenn alles entsteht und vergeht, wenn sich alles verändert und auflöst, wenn die Entstehung eines Dinges stets nur der erste Schritt zu seinem Ende ist, wie sollte der Mensch von dem allgemeinen Gesetz ausgenommen sein, nach dem sich die feste Erde, die wir bewohnen, ändert, wandelt und zugrunde gehen wird."[129] Genauso Ludwig Büchner: „Es liegt in der Natur alles Lebendigen, dass es entsteht und vergeht, und noch kein Lebendiges hat jemals eine Ausnahme davon gemacht."[130] Drastischer Nietzsche unter der Überschrift: „unsere endgültige Vergänglichkeit – … Wie hoch die Menschheit sich entwickelt haben möge – … es gibt für sie keinen Übergang in eine höhere Ordnung, so wenig die Ameise und der Ohrwurm am Ende ihrer Erdenbahn zur Gottverwandtschaft und Ewigkeit emporsteigen. ... Warum sollte es von diesem ewigen Schauspiele eine Ausnahme für irgendein Sternchen und wiederum für ein Gattungchen auf ihm geben? Fort mit solchen Sentimentalitäten!"[131] Mit anderen Worten: „unsterbliche Seele – dass kleine Mucker und Dreiviertels-Verrückte sich einbilden dürfen, dass um ihretwillen die Gesetze der Natur beständig durchbrochen werden – eine solche Steigerung jeder Art Selbstsucht ins Unendliche, ins Unverschämte kann man nicht mit genug Verachtung brandmarken".[132] Noch schärfer: „An die Träumer der Unsterblichkeit. – Diesem schönen Bewusstsein eurer selbst wünscht ihr also ewige Dauer? Ist das nicht schamlos? … ihr Erdenbewohner mit euren Begriffelchen von ein paar Tausend Zeitminütchen wollt dem ewigen allgemeinen Dasein ewig lästig fallen! Gibt es etwas Zudringlicheres!"[133] Zuletzt wollen die Menschen gar noch die „Krone des ewigen Lebens haben, alle diese kleinen Leute der Provinz; wozu doch? Wofür doch? – man kann die Unbescheidenheit nicht weiter treiben".[134] Aller Seelenglaube ist blasierter Aberglaube, Unsterblichkeit nicht bloß kindischer Unfug, sondern auch ein leicht durchschaubarer Größenwahn. Kein Lebewesen ist mit einer unsterblichen Seele ausgestattet. Niemand ist so wichtig, dass noch etwas von ihm nach seinem Tode übrig bleiben müsste.

Die Auffassung, dass der Mensch nicht wesensmäßig im Besitz einer unsterblichen Seele sei, vertraten im alten Judentum bereits die Sadduzäer (1. Jahrhundert n. Chr.), und in der griechisch-römischen Antike schon die Atomisten Demokrit, Leukipp, Epikur und Lukrez, der schreibt, „dass das Wesen des Geistes wie der Seele körperlich ist".[135] „Die Natur des Geistes und der Seele ist das Produkt sehr feiner Atome."[136] Nach Epikur und Lukrez setzt sich auch die Seele aus Atomen zusammen, weshalb sie mit dem Tod des Körpers gleichzeitig in die Elemente zerfällt, aus denen sie besteht: „Wie es nicht möglich ist, zu reißen den Duft aus des Weihrauchs Klümpchen, ohne dass nicht sein Wesen auch gänzlich verginge, so ist der Seele Natur und des Lebens zu ziehn aus dem ganzen Körper nicht möglich, ohne dass alles zerfiele."[137] Selbst Platons Schüler Aristoteles hegte Zweifel an der Unsterblichkeit: „Das Schrecklichste aber ist der Tod; er ist nämlich das Ende, und es scheint, dass es nach diesem für die Toten nichts Gutes und nichts Schlechtes mehr gibt", schreibt er in der *Nikomachischen Ethik*.[138] Seiner Auffassung nach gehört die Seele zum Körper wie die Form zur Materie. Da die Form nur an der Materie existiert, in der sie verwirklicht ist, geht sie auch mit der Materie zugrunde. Als Form des Körpers sei die Seele so sterblich wie jener. Bildhaft formuliert: Die Seele zerfällt wie eine dargestellte Landschaft auf einem Gemälde, wenn sich die Farben von der Leinwand lösen. In der Renaissance zweifelte der Aristoteliker Pietro Pomponazzi in seiner *Abhandlung über die Unsterblichkeit der Seele* an deren ewigen Fortdauer, die deshalb besser „Traktat über die Sterblichkeit der Seele" heißen sollte. Mit den Mitteln der Naturphilosophie legt Pomponazzi dar, dass die Seele des Menschen sterblich sei.[139] Hierin folgten ihm die Materialisten der folgenden Jahrhunderte.

Sterbliche Seele

Unsere Sterblichkeit ist offensichtlich, unsere Unsterblichkeit nicht. Mit Gottfried Benn gefragt: „Ihr sprecht von Seele – was ist eure Seele?"[140] Nach Benn entbehrt unsere sichtbare Existenz eines „Flecks, der gegen die Verwesung spräche".[141] Alles menschliche Leben ist an Organe gebunden. Darum ist es nicht weiter verwunderlich, dass mit dem Verfall des Körpers meist auch eine Schwächung der geistigen Fähigkeiten einhergeht. Vor diesem Hintergrund gewinnt die Vermutung ein Höchstmaß an Plausibilität, dass sich nach dem Tod nicht nur der Körper auflöst, sondern auch das Ende der sogenannten Seele gekommen ist. Hierzu schreibt David Hume: „Wo immer zwei Gegenstände so eng verknüpft sind, dass alle Veränderungen, die wir jemals bei dem einen gesehen haben, von entsprechenden Veränderungen bei dem anderen begleitet werden, da sollten wir nach allen Regeln der Analogie schließen, dass, wenn noch größere Veränderungen in dem ersteren herbeigeführt werden und er vollständig vernichtet wird, eine vollständige Vernichtung des letzteren daraus folgt. ... Die Schwachheit des Körpers und des Geistes sind in der Kindheit einander genau angepasst; ihre Stärke im Mannesalter, ... ihr gemeinsamer allmählicher Verfall im Alter. Der weitere Schritt scheint unvermeidlich: ihre gemeinsame Auflösung im Tod. Die letzten Symptome, in denen der Geist sich äußert, sind Störung, Schwäche, Empfindungslosigkeit und Stumpfsinn, die Vorläufer seiner Vernichtung. Das weitere Fortschreiten derselben Ursachen löscht ihn, indem es dieselben Wirkungen steigert, vollständig aus. ... Welchen Grund gibt es folglich sich einzubilden, dass eine so ungeheure Veränderung, wie sie die Seele durch die Auflösung des Körpers und all seiner Denk- und Empfindungsorgane erfährt, ohne die Auflösung des Ganzen vor sich gehen könnte?"[142] Der schleichende Kraftverlust im Alter ist nicht nur ein Vorbote des Todes, sondern zugleich Indiz seiner Endgültigkeit. Denn wieso sollte gerade die menschliche Seele unsterblich sein, wo doch alles Übrige vergeht? „Die Seelen sind so sterblich wie die Leiber", so noch einmal Nietzsche.[143]

Erst recht fällt es schwer, an die Unsterblichkeit zu glauben, wenn man sich die verwesliche Leiche vergegenwärtigt, deren organische Gestalt nachgerade zerfällt. Nüchterne Gemüter assoziieren hiermit eher das absolute Ende als einen glorreichen Neustart. Der Tod ist nicht Verwandlung, sondern Vernichtung. Bereits Platon verwies darauf, dass es den Menschen schwer fällt, zu glauben, „dass die Seele, wenn sie sich vom Körper getrennt hat, noch irgendwo sei; vielmehr vergehe und verschwinde sie an dem Tage, wo der Mensch sterbe. In dem Augenblick ihrer Entfernung und ihres Austritts aus dem Körper verflüchtige sie sich wie ein Lufthauch oder Rauch und sei nichts mehr und nirgends."[144] Viele waren zu seiner Zeit davon überzeugt, dass die Seele, ein feines, unsichtbares Etwas mit Sitz im Körper, diesem zwar beim Tod entweiche, aber danach noch kurze Zeit existiere, bevor sie endgültig verwehe. Bei alldem wird stillschweigend davon ausgegangen, dass es überhaupt eine vom Körper ablösbare Seele gibt. Es wird zwar deren Endlichkeit festgestellt, aber ihre Existenz nicht in Frage gestellt.

Leib ohne Seele

Nach Kant ist das Selbst nur ein Mechanismus des Bewusstseins, der all meine Vorstellungen als *meine* miteinander verbindet und als zu mir gehörig vergegenwärtigt. Eine unsterbliche Seelensubstanz lässt sich daraus nicht ableiten. Trotzdem hebe das Selbst den Menschen über die Natur hinaus: „Dass der Mensch in seiner Vorstellung das Ich haben kann, erhebt ihn unendlich über alle andere auf Erden lebende Wesen.“[145] So lebt bei Kant der alte Dualismus in abgeschwächter Form fort, ohne dass daraus Schlüsse für eine unsterbliche Seele gezogen werden. Der Mensch sei „Bürger zweier Welten“, der als „Teil der Erdgeschöpfe“ zur Sinnenwelt gehöre, aber als ein „mit Vernunft begabtes Erdwesen“[146] zugleich einer Vernunftwelt angehöre. Als Vernunftwesen führe er „ein von der Tierheit und selbst von der ganzen Sinnenwelt unabhängiges Leben“.[147] Nun lässt sich hieraus nicht folgern, dass es Unsterblichkeit gibt, nur ausschließen lässt es sich auch nicht.

Nach Friedrich Nietzsche gibt es allerdings noch nicht einmal den genannten Mechanismus des Bewusstseins, geschweige denn ein eigenständiges Selbst oder naturunabhängiges Vernunftwesen, sondern nur ein Mit-, Neben- und Ineinander von Empfindungen, Vorstellungen und Gedanken. Die Grammatik lege zwar nahe zu sagen, „Ich denke“, als ob hier ein eigenständiges Ich als unabhängiger Träger meiner Denkprozesse am Werke wäre. In Wahrheit aber müsse es heißen: „Es denkt“. Damit entfernt sich Nietzsche noch weiter als Kant nicht bloß von der Hoffnung auf eine unsterbliche Seele, sondern ebenfalls von der Idee einer sterblichen Seele. „Leib bin ich ganz und gar, und Nichts außerdem; und Seele ist nur ein Wort für ein Etwas am Leibe. ... Werkzeug deines Leibes ist auch deine kleine Vernunft, mein Bruder, die du ‘Geist’ nennst, ein kleines Werk- und Spielzeug deiner großen Vernunft. ‘Ich’ sagst du und bist stolz auf dieses Wort. Aber das Größere ist, woran du nicht glauben willst, – dein Leib und seine große Vernunft: die sagt nicht Ich, aber tut Ich.“[148]

Menschliches Leben ist in jeder Beziehung körperlich. Der Körper ist nicht nur die Quelle aller Freuden und Leiden, sondern auch aller Wahrnehmungen, Gedanken, Handlungen und Begegnungen. Dem Körper verdanken wir unser gesamtes Leben. Er bildet dessen robuste Grundlage wie sein fragiles Schaltzentrum. Er ist das zerbrechliche

Werkzeug unserer Daseinsbewältigung wie der stabile Austragungsort all unserer Erlebnisse, Erfahrungen und Erkenntnisse.

Mögen Milliarden Menschen weiterhin daran glauben, dass ihre Seele vom Tod unbetroffen bleibt, der traditionelle Leib-Seele-Dualismus ist hinfällig geworden. Der Mensch setzt sich nicht aus zwei wesensverschiedenen Substanzen zusammen, sondern verkörpert eine psycho-somatische Einheit mit mehreren Dimensionen der Selbsterfahrung. Körper und Geist scheinen so ineinander verschränkt zu sein, dass sie sich gar nicht sauber voneinander trennen lassen. Zwar erfahren wir uns in der Alltagssprache nach wie vor als Leib und Seele, doch herrscht in den heutigen Wissenschaften weitgehend Übereinstimmung, dass alle seelisch-geistigen Prozesse auf neurophysiologischen Vorgängen beruhen. Es gibt kein Denken ohne Hirn. Denn Bewusstsein setzt neuronale Funktionen voraus, die sich bestimmten Hirnregionen zuordnen lassen. Bereits diese enge Verbindung spricht gegen die Existenz einer selbstständigen und erst recht gegen eine unsterbliche Seele. „Das Hirn verwest genauso wie der Arsch", polemisiert Gottfried Benn.[149] Da alle mentalen und emotionalen Akte von physischen Lebensfunktionen abhängen, bedeutet der Tod auch das Erlöschen des gesamten Lebens. Es ist unmöglich, dass die Seele des Menschen den vollständigen Tod des zentralen Nervensystems überlebt. Max Frisch in *Triptychon*: „Ich weiß nur, dass es ein menschliches Bewusstsein ohne biologische Grundlage nicht gibt. Schon eine Gehirnerschütterung macht mich bewusstlos. Wie soll mein Bewusstsein sich erhalten nach dem materiellen Zerfall meines Hirns? – zum Beispiel wenn ich mir eine Kugel in den Kopf schieße. Ich will nur sagen: als biologisches Faktum ist der Tod etwas Triviales, eine Bestätigung der Gesetze, denen alle Natur unterworfen ist."[150]

Nun kann sogar noch einen Schritt weiter gegangen werden. Es genügt nicht festzustellen, dass geistige Tätigkeiten keineswegs auf einer Seelensubstanz gründen. Unter Umständen ist es sogar falsch zu sagen, dass sie auf neurophysiologischen Strukturen basieren, weil hier weiterhin zwei Instanzen vorgestellt werden. Denn so verschieden physiologische und psychologische Prozesse phänomenal sind, möglicherweise sind sie nur zwei Seiten eines und desselben Lebensprozesses, wie schon Nietzsche und Schopenhauer vermuteten, für die das

Bewusstsein „eine Funktion des Gehirns ist, welches ein Produkt des Organismus ist“.[151] Noch deutlicher La Mettrie im 18. Jahrhundert: Was wir Geist oder Seele nennen, ist „nur der Körper selbst ..., betrachtet im Hinblick auf einige seiner Funktionen oder Fähigkeiten, die er seiner besonderen Natur und Gestaltung verdankt“.[152] Gleichfalls Holbach: Die Seele ist „überhaupt nicht vom Körper unterschieden“, sondern „Seele und Körper sind ein und dasselbe, betrachtet unter verschiedenen Gesichtspunkten“.[153] Wenn das stimmt, dann beruht der sogenannte Geist nicht bloß auf der komplizierten Struktur des menschlichen Organismus, sondern ist vielmehr dessen bewusste Innenseite. Im Grunde bezögen wir uns lediglich aus zwei unterschiedlichen Perspektiven auf ein und denselben Sachverhalt. Diese Konzeption wird Identitätstheorie genannt. Zur Illustration wird gerne ein bekanntes Beispiel Gottlob Freges herangezogen.[154] Wie jeden Morgen dieselbe Sonne aufgeht, genauso ist der leuchtende Stern, der als Abendstern erscheint, derselbe, der als Morgenstern erscheint. Morgenstern und Abendstern bezeichnen denselben Planeten, die Venus, jedoch bezeichnen sie diese auf verschiedene Weise. Beiden entspricht jeweils eine Art ihrer Gegebenheit. Wir kennen also dasselbe Objekt unter zwei unterschiedlichen Beschreibungen. Dennoch wissen wir, dass es sich um ein einziges Objekt handelt, das uns nur auf zwei Arten erscheint. Ähnlich könnte uns ein Hirnzustand auf unterschiedliche Weise gegeben sein: durch neurophysiologisches Wissen aus der Außenperspektive und durch psychische Zustände in der Innenperspektive. Das Eine wäre mit dem Anderen so identisch wie die sichtbare volle Blase auf dem Ultraschallbild mit dem spürbaren imperativen Harndrang. Wir hätten es hier mit zwei Seiten einer Medaille zu tun, zwischen denen es keine kausale Verbindung gibt, weil bildhaft formuliert der Ausbuchtung auf der einen Seite die Einbuchtung auf der anderen entspräche. Mit Bezug auf die beiden Erscheinungsweisen eines und denselben Sachverhalts wird häufig von Aspektdualismus gesprochen.

Dieser schließt die Möglichkeit eines Systems aus anderem Rohstoff und mit anderem Aufbau als dem unseres Gehirns keineswegs aus, das diesem funktional äquivalent wäre. Grundsätzlich sind Netzwerke oder Maschinen vorstellbar, welche die gleichen funktionalen Eigenschaften wie unser Hirn hätten. Solche basierten nur nicht auf denselben Strukturen und Materialien, sondern etwa auf dem Halbleiter Silizium statt auf Kohlenstoff. Dennoch würden die mentalen Zustände solcher Wesen auch auf dem Zusammenspiel hochkomplexer Prozesse beruhen oder wären hiermit vielleicht sogar identisch. Doch selbst wenn die geistige Konstitution dieser Apparate mit der kognitiven Leistungsfähigkeit der Menschen übereinstimmen würde, wäre hierdurch nicht bereits die Vermutung widerlegt, dass menschliche Geistesvorgänge mit Hirnzuständen identisch sind, zumindest korrelieren. Schlicht undenkbar ist dagegen vor dem skizzierten Hintergrund die Existenz einer körperbefreiten, unsterblichen Geistseele, weil jeder von uns sein Leib ist, zu dem wir zwei Erfahrungs- und Erkenntniszugänge besitzen.[155] Die Seele ist ein „Mondscheingespenst", wie Thomas Mann im *Zauberberg* schreibt.[156]

Biologie des Todes

Das skizzierte ganzheitliche Bild vom Menschen als eines organischen Lebewesens stimmt mit der biologischen Auffassung vom Menschen als eines Teils der Naturgeschichte überein. Ein Mensch kommt durch Zeugung auf die Welt, die er spätestens nach Verbrauch seiner Lebenskräfte wieder verlassen muss. Seine Sterblichkeit hat evolutionäre Ursachen. Es besteht ein enger Zusammenhang zwischen Altern und Tod. Evolutionsbiologisch betrachtet scheint das Leben in seinen Anfängen ohne Tod ausgekommen zu sein. Einzeller vermehren sich durch Teilung und gehen mit ihrer gesamten Körpersubstanz in die Individuen der Nachfolgegeneration über. Erst mit der geschlechtlichen Vermehrung bleiben nach der Fortpflanzung ältere Lebewesen zurück, die der folgenden Generation weichen müssen.

Der Tod ist eine Folge der sexuellen Fortpflanzung. Leben, Tod und Sex gehören zueinander. Wer das Leben möchte, muss auch den Tod wollen, schrieb schon Seneca, weil der Tod der Preis des Lebens ist. Ähnlich Lukrez: „Wird doch das Alte beständig verdrängt vom Neuen: Es muss ihm weichen und immer sich eins aus dem anderen wieder ergänzen. … Denn man bedarf ja des Stoffs zur Bildung der nächsten Geschlechter, die dir alle jedoch einst folgen werden am Ende: Vor dir nicht minder wie nach dir verfallen sie alle dem Tode. So wird unaufhörlich das eine entstehen aus dem anderen."[157] Das ist ein Naturgesetz: „Alte Leute müssen jungen Platz machen, damit jede Generation ihren Platz findet", schreibt der Preußenkönig Friedrich II.[158] Unbegrenztes Weiterleben würde nicht nur unlösbare Ressourcenprobleme schaffen.

Bei alldem verhält sich die Natur überaus gleichgültig gegenüber der Vernichtung aller Individuen. „Die Naturgesetze sind rohe, unbeugsame Gewalten, welche weder Moral noch Gemütlichkeit kennen",[159] pointiert Carl Vogt. Ungerührt geht die Natur über den Tod jedes Menschenwesens hinweg, „das die Materie, daraus es ward, dem Planeten (einem bloßen Punkt im Weltall) wieder zurückgeben muss, nachdem es eine kurze Zeit ... mit Lebenskraft versehen gewesen", wie Kant mit Bezug auf den Menschen als bloßes Naturwesen betont.[160] Falls es mit den Menschen nicht mehr auf sich hätte, würden sie, wie Kant meint, „gleich den übrigen Tieren der Erde unterworfen sein und es auch immer bleiben, bis ein weites Grab sie insgesamt ... verschlingt und sie, die da glauben konnten, Endzweck der Schöpfung zu sein, in den Schlund des zwecklosen Chaos der Materie zurückwirft, aus dem sie gezogen waren".[161]

Ende der Beseelung

Als ausschließlich körperliches Lebewesen kann der Mensch natürlich nicht wiedergeboren werden. Diese Vorstellung setzt einen Leib-Seele-Dualismus voraus. Ist dieser unhaltbar, so kann es keine Seelenwanderung geben. Nun ist es für das konkrete Leben ohnehin fast bedeutungslos, ob es Reinkarnation gibt. Denn selbst wenn man schon mehrmals gelebt hätte, berührte es doch das derzeitige Leben nicht, „da uns die Erinnerung an das frühere Leben fehlt", wie schon Lukrez vermerkt.[162] Wer wiedergeboren würde, hätte gar nichts davon, weil zwischen dem jetzigen und dem späteren Leben keine durch Erinnerung geknüpfte Verbindung besteht. Existenziell ist es nur wenig tröstlich zu wissen, dass man schon mehrere Male lebte, wenn alle früheren Leben in Vergessenheit gerieten, betonen auch David Hume und Wilhelm Busch, der launig reimt: „Die Lehre von der Wiederkehr / Ist zweifelhaften Sinns / Es fragt sich sehr, ob man nachher / Noch sagen kann: Ich bins."

Gleichfalls stellt das Ende des Leib-Seele-Dualismus alle Beseelungstheorien des Judentums, Christentums und Islams in Frage. „Vom Augenblick der Empfängnis an muss jedes menschliche Wesen in absoluter Weise geachtet werden, weil der Mensch auf der Erde die einzige Kreatur ist, die Gott um ihrer selbst willen gewollt hat, und die Geistseele jedes Menschen von Gott unmittelbar geschaffen ist; sein ganzes Wesen trägt das Abbild des Schöpfers“, heißt es in der Instruktion *Leben und Fortpflanzung* der katholischen Glaubenskongregation.[163] Diese Vorstellung, nach der die menschliche Beseelung schon während des Zeugungsaktes geschieht, geht auf die alten Pythagoräer zurück und wurde vom Kirchenvater Tertullian aufgegriffen sowie später von Theologen wie Gregor von Nyssa oder Laktanz übernommen. Sie alle gehen davon aus, dass vom ersten Augenblick der Empfängnis an der Embryo mit einer Geistseele ausgestattet sei, auf der seine besondere Würde gründe, die ihm ein Lebensrecht verleihe. Im Gegensatz zu dieser sogenannten Simultanbeseelung steht die Sukzessivbeseelung, eine Position, die beispielsweise Thomas von Aquin vertrat. Dieser zufolge haucht Gott jedem männlichen Fötus erst am vierzigsten Tage nach der Befruchtung eine Geistseele ein, dem weiblichen sogar erst am neunzigsten.[164]

Die Unterscheidung zwischen unbeseeltem Embryo und beseeltem Fötus war lange Zeit von großer Bedeutung für die Frage nach dem Lebensrecht des Ungeborenen. Bevor der Embryo weder Empfindungen noch eine Geistseele hatte, sah man einst in Schwangerschaftsabbrüchen kein Unrecht. Lediglich die Abtreibung einer empfindungsfähigen oder beseelten Leibesfrucht galt als Mord. Zwar schaffte Papst Sixtus V. im Jahre 1588 die Lehre von der Sukzessivbeseelung ab, doch Papst Gregor XIV. führte sie schon 1591 wieder ein. Erst Papst Pius IX. verbannte 1869 die Unterscheidung zwischen beseeltem und unbeseeltem Fötus endgültig aus der kirchlichen Rechtsprechung, indem er zur offiziellen Lehrmeinung erhob, dass der Mensch bereits bei der Empfängnis unmittelbar von Gott mit einer Geistseele ausgestattet werde. Im Kirchenrecht wurde die Lehre von der Sukzessivbeseelung erst 1917 durch die Idee der Simultanbeseelung ersetzt, als der *Codex Juris Canonici* an die Stelle des *Corpus Juris Canonici* trat. Doch ob Simultan- oder Sukzessivbeseelung, beide Konzeptionen lassen sich nach dem

Ende des Leib-Seele-Dualismus nicht mehr aufrechterhalten. Sie sind beide gleichermaßen unhaltbar, zumindest nicht überzeugend.

Geschwätziger Seelenkitsch

Die moderne Philosophie hat aus guten Gründen die Idee der unsterblichen Seele verabschiedet. Das rationale Denken hat den Anspruch, deren Existenz zu beweisen, aufgegeben und dafür seine spekulative Armut bewusst in Kauf genommen. Dennoch geht die Suche danach weiter. Seit Jahren stoßen esoterische Seelenlehren in der Öffentlichkeit auf ein breites Interesse. Vorträge über Nahtoderfahrungen erfreuen sich starker Nachfrage. Die dazu gehörigen Bücher erreichen spektakuläre Auflagenhöhen. Raymond Moodys *Leben nach dem Tod*, Kübler-Ross' *Über den Tod und das Leben danach*, Pim van Lommels *Endloses Bewusstsein* oder Eben Alexanders *Blick in die Ewigkeit* brachten es auf Bestsellerlisten.

Überlebende eines vorübergehenden Herz- und Atemstillstands machen gelegentlich Nahtoderfahrungen. Die Wahrscheinlichkeit hierzu steigt, je jünger die Betroffenen sind. Alte Menschen berichten seltener von solchen Erlebnissen. Bei Kindern, die knapp dem Tod entrinnen, treten sie am häufigsten auf. Zu Nahtoderfahrungen kann es zwar schon während einer Operation oder eines Komas kommen. Doch am aufregendsten sind Nahtoderfahrungen von klinisch Toten, deren Hirn keine Aktivität mehr anzeigt, die EEG-Kurven also flach bleiben. Allerdings ist das Hirn in diesem Zustand noch nicht tot, andernfalls könnte der Patient nicht erfolgreich reanimiert werden. Sobald das Herz wieder schlägt, baut sich erneut der Blutdruck auf, so dass das Gehirn abermals mit Sauerstoff versorgt wird.

Das Standardmodell

Trotz aller individuellen und kulturellen Unterschiede stimmen viele Nahtodberichte in wesentlichen Punkten überein. Sie enthalten profane und sakrale Teile. Am Anfang stehen für gewöhnlich profane außerkörperliche Erfahrungen, in denen die Betroffenen, oberhalb ihres Körpers verortet, auf sich herabblicken. So sehen sie ihren Körper etwa nach dem Unfall auf dem Boden oder auf dem Operationstisch liegen. Schwerelosen Luftwesen gleich schweben sie durch den Raum. Dabei verfolgen sie Gespräche, die sie gut wiedergeben können. Ihr Bewusstsein scheint den Körper wie ein Gewand abgestreift zu haben.

Im weiteren Verlauf werden die Betroffenen durch einen dunklen Tunnel auf ein gleißendes Licht gezogen, das umso heller erstrahlt, je näher sie ihm kommen. Sie fliegen ihm mit hoher Geschwindigkeit entgegen. Hier bekommt die Nahtoderfahrung sakralen Charakter. Die Betroffenen haben den Eindruck, mit einem göttlichen Licht zu verschmelzen. Wunderschöne Landschaften mit bunten Blumen und prächtigen Bauten, in zauberhafte Farben gehüllt, tun sich auf. Diese werden überflogen, bis man an eine Brücke, Pforte oder Grenze gelangt, dahinter noch schönere Gegenden hervortreten. Die körperlose Seele wirft einen Blick ins Jenseits. Hier durchströmt sie eine tiefe Ruhe und ein überwältigendes Wohlbehagen. Zu den vielfältigen Licht- und Farbempfindungen kommen sphärische Klänge und Melodien hinzu. Der Nahtodtourist hat den Eindruck, als ob ein Klingen und Singen von Ferne herübertönen würde. Seine Seele schwelgt in Licht und Harmonie. Außerdem sehen viele Nahtodreisende ihr bisheriges Leben im Zeitraffer an sich vorüberziehen. In kürzester Zeit tauchen eine Menge Erinnerungen, Bilder und Gedanken empor, die eine Rückschau auf wichtige Lebensstationen ermöglichen. Nicht zuletzt begegnen den Ausflüglern auch verstorbene Freunde und Verwandte, die ihnen zu verstehen geben, dass ihre irdische Zeit noch nicht abgelaufen ist.

Nahtoderfahrungen sind offenbar so stark, dass niemand, der solche hat, sie bezweifeln kann. Mit Gottfried Benn gesprochen haben sie einen so hohen „Wallungswert“, dass die Betroffenen sicher sind, eine „Zusammenhangsdurchstoßung“[165] geschafft zu haben. Sowohl die erlebte Trennung der Seele vom Körper im profanen Operationssaal als auch die anschließenden sakralen Erlebnisse machen die Betroffenen sicher, dass es ein Leben nach dem Tod gibt. Kübler-Ross lässt sich sogar zu der Behauptung hinreißen: „Es gibt keinen Tod.“[166] Das Augenscheinliche sei eine Illusion. Am Ende sei keineswegs alles zu Ende. Der Tod sei lediglich ein Übergang.

Weit davon entfernt, eine bloße Glaubensangelegenheit zu sein, sei die unsterbliche Seele mittlerweile eine Sache des Wissens geworden. Es gebe untrügliche Indizien für die seit Jahrtausenden erhoffte Unsterblichkeit. Diese sei nicht mehr allein Gegenstand frommer Zuversicht oder philosophischer Spekulation, sondern Objekt wissenschaftlicher Erkenntnis. Die Seele sei ein medizinisches Faktum. Es gebe handfeste Beweise, dass unser Bewusstsein unabhängig vom Körper existiere und nach dessen Tod weiterlebe. Folglich könne die Seele ihren Sitz nicht im Gehirn haben. Jahrtausende lang beschäftigten sich Religion und Philosophie mit dieser Frage ohne sichere Ergebnisse. Nun hätten neuere Forschungen der experimentellen Medizin endlich Belege für ein Leben nach dem Tod erbracht.

Seriöse Gleichgültigkeit

Aller beteuerten Klarheit und Seriosität zum Trotz werden die angedeuteten Seelenreisen nur von wenigen Wissenschaftlern ernst genommen. Auch wenn sie nicht gleich als hohles Geschwafel abgetan werden, interessiert sich doch kaum einer hierfür. Die Gleichgültigkeit, mit der die meisten Forscher an solchen Erfahrungen vorübergehen, ohne sich die Mühe ihrer Widerlegung zu machen, ist verständlich. Schon Immanuel Kant setzte in *Träume eines Geistersehers* derlei Geschichten mit Klosterwundern, Ammenmärchen und Gespenstererzählungen gleich. Abfällig spricht der Aufklärer von ungereimten Hirngespinsten oder Wahngebilden, für die vernünftige Menschen nur spöttisches Gelächter übrig hätten. Der Aufklärungsphilosoph zeigt größtes Verständnis für all jene, die sich erst gar nicht damit befassen. Sein Widerwille gegen esoterische Schwärmereien gipfelt in der polemischen Feststellung: „wenn ein hypochondrischer Wind in den Eingeweiden tobt, so kommt es darauf an, welche Richtung er nimmt, geht er abwärts, so wird daraus ein F-, steigt er aber aufwärts, so ist es eine Erscheinung oder eine heilige Eingebung".[167] Es sei eine Frage des guten Geschmacks, ob man sich solchen abstrusen Hirnverrenkungen zuwende oder nicht.

Trotz allen Unmuts geht Kant aber in *Träume eines Geistersehers* der Sache auf den Grund, überzeugt davon, dass es keine Zeichen jenseits des Grabes geben könne. Nur esoterische Spiritualität urteilt hier anders. In den *Träumen* und der *Kritik der reinen Vernunft* versucht Kant zu zeigen, dass esoterische „Genieschwünge"[168] die Möglichkeiten menschlicher Erfahrung bei weitem überstiegen. Die Vernunft überschreite ihre Grenzen, wenn sie sich anmaße, in einer übersinnlichen Welt wie in einer fürstlichen Parkanlage herumspazieren zu können. Sie sei nicht beflügelt genug, um sich in himmlische Höhen zu erheben. Nur aufgeklärte Kritik und demütige Bescheidenheit, die unserem Erkenntnisvermögen klare Grenzen absteckten, seien imstande, die Menschen vor solchen Geistesverirrungen zu schützen. Allerdings ist es mitunter nicht einfach, das menschliche Verlangen nach Wundergeschichten zu bändigen, schon weil „Torheit und Verstand so unkenntlich bezeichnete Grenzen haben, dass man schwerlich in dem einen Gebiete lange fortgeht, ohne bisweilen einen kleinen Streif in das andere zu tun".[169]

Dennoch sollen Nahtodberichte nicht von vornherein als Unfug abgetan werden, mögen auch einige Berichterstatter bloße Spinner sein. Gerade auf diesem Gebiet sind die Übergänge zwischen Seriosität und Scharlatanerie äußerst fließend. Darum ist man gut beraten, großen Worten von vornherein zu misstrauen. Allzu gerne vereinnahmt bloßes Wunschdenken medizinische Ergebnisse. Nahtoderfahrungen beruhen auf subjektiven Eindrücken, die sich schwer überprüfen lassen. Wenn Personen, deren Nahtoderfahrungen schon Jahre zurückliegen, noch genau zu wissen vorgeben, was sie gesehen haben, ist äußerste Skepsis angebracht. Wir Menschen neigen seit jeher zum Übertreiben, Aufschneiden und Beschönigen und damit zusammenhängend zum falschen und verzerrten Erinnern. Doch gibt es auch seriöse Nahtodberichte, die sich nicht einfach leugnen lassen. Indes sind die damit verbundenen Wahrheitsansprüche kritisch zu hinterfragen. Diese sollen einer eingehenden Wurzelbehandlung unterzogen werden. Dabei ist zu unterscheiden zwischen unbestreitbaren Nahtoderlebnissen und bezweifelbaren Nahtoderkenntnissen.

Die Erkenntnisansprüche von Nahtoderfahrungen sind dreifacher Art: Zum einen beziehen sie sich auf die Inhalte der Nahtoderfahrungen, zum anderen auf deren Träger, die Erfahrungssubjekte, und zum dritten auf ihre Erkenntnisfähigkeiten, die Mittel und Werkzeuge also, mit denen sie gemacht werden. Nahtodberichte beanspruchen einen privilegierten Zugang zu einer jenseitigen Wirklichkeit und behaupten die Existenz einer körperunabhängigen Seele. Beide Ansprüche hängen aufs engste miteinander zusammen. Bei den Inhalten der Nahtoderfahrungen muss unterschieden werden zwischen wahrgenommenen irdischen Ereignissen (die Wahrnehmung des eigenen Körpers auf dem OP-Tisch oder das Verfolgen von Gesprächen am Unfallort), die sich überprüfen lassen, und beobachteten spirituellen Ereignissen, die unüberprüfbar bleiben. Zur Bewahrheitung beider Arten von Erfahrung wird gerne auf deren Klarheit verwiesen.

Ungereimte Himmelspoesie

Nahtote leben noch, mögen sie auch als klinisch tot gelten. Sie sind am Leben, andernfalls könnten sie nicht wieder ins bewusste Leben zurückgeholt werden. Nahtoderfahrungen finden also zu Lebzeiten der Betroffenen statt. Möglicherweise haben sie die Flügel des Todes gestreift, aber gestorben waren sie noch nicht. Sie standen lediglich an der Schwelle des Todes, ohne sie auch nur für einen Augenblick überschritten zu haben. Schon deshalb sagen Sterbeerlebnisse nichts über das Leben nach dem Tode aus, wie der Theologe Hans Küng und der Hirnforscher Dick Swaab betonen.[170]

Dessen ungeachtet sind die spirituellen Inhalte der Nahtoderlebnisse stets kulturell geprägt. Zumeist entstammen sie den religiösen Glaubensvorstellungen der jeweiligen Gesellschaft oder der Betroffenen. Trotz aller Ähnlichkeit der Kernerfahrungen ist der vorbewusste Erwartungshorizont unterschiedlich. Je nach religiösem und kulturellem Hintergrund wechseln die beschriebenen Bilder und Symbole. Das ist nicht verwunderlich. Denn eine Erfahrung widerfährt einem nie nur passiv, sondern wird vom Empfänger immer aktiv mitgestaltet, mit speziellen Begriffen konstruiert und Bedeutungen codiert. Sie wird sprachlich erfasst und interpretiert, wobei dann in der Regel auf kulturell vermittelte Deutungselemente zurückgegriffen wird. Dabei führen Nahtoderfahrungen keineswegs nur in paradiesische Gefilde, sondern ebenso oft in schreckliche Höllen, wie Hubert Knoblauch dokumentiert.[171] Statt den Menschen die Angst vor dem Tod zu nehmen, können solche Horrorerlebnisse ihre Todesangst sogar verstärken. Jedenfalls spielen individuelle, kulturelle und religiöse Vorprägungen bei der Verarbeitung und

Deutung von Nahtoderlebnissen eine wesentliche Rolle. Meistens kommen Bilder, Vorstellungen und Gedanken zum Vorschein, die mit der jeweiligen Lebensgeschichte, Religiosität und Kultur zusammenhängen.

Diese Tatsachen relativieren die trunkene Himmelspoesie, die jedoch erst Vernunftkritik und Sprachanalyse zur Ausnüchterung bringen können. Genauer betrachtet führen sich die spirituellen Erfahrungen selbst ad absurdum. Sie sind nicht, was sie zu sein vorgeben. So drängt sich etwa mit Bezug auf die Begegnung und Verständigung mit Verstorbenen die einfache Frage nach deren Aussehen auf: Wie schauen die Dahingeschiedenen aus? Welches Alter haben sie? Wie teilen sie sich mit? Welche Kleidung tragen sie? Allein die Tatsache, dass sie als konkrete Personen auftauchen, welche die Nahtoten ansprechen, beweist schon, dass sich die Verstorbenen nicht in außerirdischen Regionen aufhalten, sondern lediglich in Imaginationen mit irdischen Inhalten bewegen. Dieser Verdacht verdichtet sich, sobald die Umgebung stärker berücksichtigt wird. Denn die kontaktierten Verstorbenen zeigen sich in einer räumlich-zeitlichen Sphäre, die unserer irdischen Wirklichkeit im Wesentlichen gleicht.

So gleiten die Nahtoten in paradiesische Gefilde, die als wunderschöne Landschaften beschrieben werden. Alles sei dort harmonisch angeordnet und erstrahle in prächtigen Farben: Berge und Täler, Seen und Auen, Blumen und Bäume. Diese von aller groben Materie gereinigte Bilderwelt, in der himmlischer Frieden herrscht, steigert und verwandelt die gewohnte Alltagswelt in einen herrlich ausgemalten Himmel. Näher betrachtet haben wir es auch hier mit Abbildern der räumlich-zeitlichen Natur zu tun. Das in der Seelenreise durchquerte Jenseits ist nichts anderes als ein vollkommenes Diesseits mit blühenden Landschaften, aus denen goldene Säulen emporragen sollen. Nun wird zwar in allen Religionen der Himmel als vollkommenes Gefilde verklärt. Nur dürfen solche bezaubernden Motive auf kirchlichen Deckengemälden nicht wörtlich, sondern bloß metaphorisch verstanden werden. Da wir uns keine angemessene Vorstellung vom religiösen Himmel machen können, weil unsere Einbildungskraft sinnlich und räumlich-zeitlich ausgerichtet ist, fassen alle Religionen das Jenseits in Allegorien, Bildern und Symbolen zusammen. Nahtote indes nehmen solche Bilder als reale Wirklichkeit. Sie nehmen diese gleichsam beim

Wort und sehen ihre Seele durch schöne Landschaften reisen. Doch ist der religiöse Himmel weder eine Metapher noch ein Abbild der räumlich-zeitlichen Natur. Nahtote bewegen sich so lediglich in Phantasmagorien mit höchst irdischen Phänomenen. Das erlebte Paradies ist ein Spiegelbild ihrer Fantasie, eine Projektion, ausgestattet mit traditionellen Wunsch- und Sehnsuchtsbildern.

Ähnliches gilt für die himmlischen Klänge, die Nahtote zu vernehmen glauben. Welche Musik wird eigentlich gehört? Eher Barockkonzerte oder Klassische Symphonien? Schlager oder Pop? Hören Asiaten andere Stücke als Europäer? Türken andere als Franzosen? Berücksichtigt der Himmel die kulturell geprägten Vorlieben der Seelen? Oder hallt im Nahtoten nur wider, was im Wachzustand zuvor am liebsten gemocht wurde? Musik ist ein zeitliches Phänomen irdischer Art: ein aus Sinustönen erzeugtes Schallereignis, dessen Tonhöhe als Frequenz, Lautstärke als Amplitude und Tondauer in Sekunden gemessen wird. Musik hat einen zeitlichen Verlauf. Deren Schallwellen brauchen Luft, um erklingen zu können. Im Vakuum können Schallwellen nicht weitergetragen werden. Darum ist die religiöse Rede von der lieblichen Himmelsmusik gleichfalls nur metaphorisch zu begreifen. Sie muss im übertragenen Sinne verstanden werden. Denn Zeit und Schalldruckwellen gehören nicht zum Inventar des Göttlichen. Mithin beweisen Nahtote, die himmlische Klänge zu hören scheinen, keineswegs den Aufenthalt ihrer Seele im Himmel, sondern vielmehr das Gegenteil. Sie imaginieren höchst irdische Phänomene.

Dasselbe gilt für das vielgeschilderte Licht am Ende des Tunnels. Seit jeher wird in den Religionen das Göttliche mit einem gleißenden Leuchten verglichen. Aber auch dieses überwältigende Erstrahlen soll nur bildhaft die unfassbare Vollkommenheit des Göttlichen anzeigen. An sich leuchtet es nicht. Denn Licht ist ein Phänomen physikalischer Art. Es ist der für das menschliche Auge sichtbare Teil des elektromagnetischen Spektrums mit Wellenlängen zwischen 380 und 780 Nanometern. Indem Nahtote vorgeben, das göttliche Licht geschaut zu haben, bringen sie das Gegenteil hiervon zur Aussage. Sollten sie tatsächlich etwas wahrgenommen und nicht bloß imaginiert haben, so war es bestimmt kein göttliches Licht, sondern lediglich eine hochfrequente elektromagnetische Strahlung.

Alle spirituellen Erfahrungsinhalte widerlegen sich selbst. Sie lassen das Gegenteil von dem erkennen, was sie eigentlich zeigen wollten. Das ist keineswegs erstaunlich, wenn man bedenkt, dass wir Menschen, wie Kant in der *Kritik der reinen Vernunft* darlegt, grundsätzlich nur zu räumlich-zeitlichen Anschauungen imstande sind. Alles, was wir sehen können, ist inmitten räumlich-zeitlicher Dinge aufgebaut; alles, was wir zu hören meinen, ist zeitlich strukturiert. Deshalb sollte man sich nicht der Illusion hingeben, wir könnten die irdische Kulisse zerschlagen. Da die spirituellen Erfahrungsinhalte lediglich irdische Phänomene widerspiegeln und auf bloßen Imaginationen beruhen, lässt sich die Idee der unsterblichen Seele nicht hierauf stützen.

Irdische Seele

Selbst wenn die spirituellen Erlebnisse nicht das sind, was sie zu sein versprechen, so sprechen doch die außerkörperlichen Wahrnehmungen, bei denen der Nahtote aus einer Position oberhalb seines Körpers die nähere Umgebung beobachtet, weiterhin für die Existenz einer unsterblichen Seele. Unterhalb der Decke schwebend, verfolgt der Nahtote nicht nur Handlungen im Raum, sondern auch Gespräche des ärztlichen Personals. Offenbar gibt es doch eine vom Körper unabhängige Seele. Eine große Unterstützung erfährt diese Jahrtausende alte Hoffnung durch die Erkenntnis, dass sich im Augenblick der Nahtoderfahrung praktisch keine messbaren Hirnaktivitäten feststellen lassen. Wenn es trotz Herzstillstands und fehlender Hirntätigkeit zu klaren Wahrnehmungen kommen kann, dann muss es eine Seele geben, so lautet der Schluss. Da solche Wahrnehmungen nicht mit hirnphysiologischen Prozessen erklärbar sind, muss eine geistige Substanz existieren. Diese kann nicht nur Produkt neurophysiologischer Prozesse sein.

Allerdings wäre mit der Körper- und Hirnunabhängigkeit bewusster Vorgänge noch nicht die Unsterblichkeit der Seele bewiesen. Selbst das geistige Weiterleben nach dem klinischen Tod außerhalb des Körpers könnte zeitlich begrenzt sein und nur eine Verzögerung des psychischen Ablebens bedeuten. Die Seele könnte allmählich verwehen, nachdem sie noch eine gewisse Zeit auf der Erde herumirrte, wie die alten Griechen glaubten. Erst die spirituellen Inhalte der Nahtoderfahrungen und die spezielle Beschaffenheit ihres Erlebnisträgers zusammen legen die Vermutung nahe, dass es eine Fortexistenz des Menschen jenseits seiner irdischen Existenz gibt. Da sich nun aber die Jenseitsreisen als bloße Imaginationen herausgestellt haben, könnte die Sterblichkeit der außerkörperlichen Seele nicht ausgeschlossen werden, falls es eine solche tatsächlich gäbe.

Bei näherem Hinsehen erweist sich die oberhalb des Körpers schwebende Seele aber sowieso als überaus erdverbunden. Obgleich unausgedehnt und schwerelos blickt sie nicht von nirgendwo in den Raum. Lokalisiert unterhalb der Zimmerdecke, beobachtet sie die Vorgänge aus der Vogelperspektive. Sie befindet sich also in der räumlich-zeitlichen Welt. Darin schwebt sie durch die Lüfte, die sich aus Stickstoff, Sauerstoff und Kohlendioxid neben gasförmigem Wasser, Staub und anderen makromolekularen Teilchen zusammensetzen.

Im Gasgemisch der Erdatmosphäre verortet, ist die sogenannte immaterielle Seele jedoch nicht bloß Teil der räumlich-zeitlichen Natur, sondern selbst eine zeitliche Realität, die, soeben gewesen, jetzt gerade ist, um sogleich immer noch zu sein. Sie dauert, weil alles Erleben zeitlich gedehnt ist. Um die zeitlichen Vorgänge im Operationssaal erfassen zu können, muss die Seele außerdem die flüchtigen Momente dieser Ereignisse zu einer Sinneinheit miteinander verbinden, das heißt eine Zeitspanne bewusst halten, in der das Gewesene mit dem Gegenwärtigen verknüpft wird. Erst dann können die Ereignisse im Raum als solche festgehalten werden. Bei diesem Prozess wird die Seele immer als etwas Dauerndes vorausgesetzt. Alle zeitlichen Teile der räumlich-zeitlichen Natur sind aber endlich. Warum sollte die Seele hiervon eine Ausnahme bilden?

Darüber hinaus haben alle Teile der Natur eine materielle Grundlage. Warum sollte die Seele von dieser Regel ausgenommen bleiben? Die Zweifel an ihrer Ausnahmestellung verstärkt die Frage, woraus diese außergewöhnlichen Bewusstseinszustände denn ihre Energie für ihre irdische Fortexistenz, Bewegungen und Wahrnehmungen schöpfen, wenn nicht aus dem gut versorgten Körper? Normalerweise beeinträchtigen körperliche Dehydrierung und Unterernährung die geistige Leistungsfähigkeit und trüben das Bewusstsein. Woher nimmt die sogenannte Seele die Kraft, körperlos auf der Erde fortzuexistieren?

Diese kritischen Frage bezüglich des Trägers von Nahtoderfahrungen legt zusammen mit der Entlarvung aller spirituellen Erfahrungen als bloßer Imaginationen und der Enthüllung der sogenannten Seele als zeitlicher Realität in der räumlich-zeitlichen Welt die Vermutung nahe, dass Nahtoderfahrungen doch eine körperliche Grundlage besitzen. Der berechtigte Argwohn steigt noch, wenn man außer den Erfahrungsinhalten und dem Erfahrungsträger auch die Erfahrungsformen kritisch analysiert. Bei alldem wird stillschweigend vorausgesetzt, dass es überhaupt so etwas wie eine Seele gibt, was mehr als fraglich ist.

Ohne Augen sehen

Beim Verlassen des Körpers scheint die Seele einige Sinnesorgane mitzunehmen. Denn sowohl bei den spirituellen als auch profanen Nahtoderfahrungen wird nicht nur alles ohne Sprachzentrum im Hirn in der eigenen Muttersprache verstanden, es wird sogar ohne Ohren gehört und ohne Augen geschaut. Normalerweise absorbiert die Netzhaut beim Sehen Photonen, und Elektrosignale wandern durch den Sehnerv zu verschiedenen Hirnarealen. Nun aber werden musikalische Klänge und Gespräche ohne Gehör vernommen und wunderschöne Landschaften, gleißendes Licht und erleuchtete Operationssäle ohne Gesichtssinn gesehen. Dazu werden alle wahrgenommenen Sachverhalte ohne den Hippocampus, der normalerweise fürs Gedächtnis zuständig ist, in Erinnerung behalten. Träfen solche unsinnigen Annahmen zu, dürfte es keine dementen Personen geben, deren Gehirnzellen schrittweise absterben, so dass das Hirn schrumpft, in dem sich immer mehr Proteine ablagern. Wenn man ohne Augen sehen, ohne Ohren hören, ohne Hirn denken und ohne Botenstoffe glücklich sein kann, weshalb gibt es dann überhaupt Taube und Blinde? Warum fühlen wir uns bei niedrigem Stand unserer Botenstoffe müde und traurig? Wenn die Seele sogar die Muttersprache verstehen kann, kaum dass der Körper klinisch tot ist, warum kann sie dann nicht sprechen und sich auf diese Weise zu erkennen geben? Außerdem müsste die Seele den Ausfall der entsprechenden Sinnesorgane und Körperfunktionen zu Lebzeiten kompensieren können. Im Grunde wären diese sogar überflüssig, was sie nachweislich keineswegs sind. Dies alles spricht weniger für die Idee der unsterblichen Seele als vielmehr für die Körperabhängigkeit aller Bewusstseinszustände, selbst wenn es hier noch große Erkenntnislücken gibt.

Aber wie lassen sich dann die Übereinstimmungen der Nahtodberichte mit realen Vorgängen erklären? Großer Beliebtheit erfreut sich ein Bericht von einem Patienten, der nach seiner Reanimation einen Pfleger erkannte, welcher seine Zahnprothese in einen Gerätewagen verstaut hatte. Eine Reihe von Nahtoten erinnert sich an Einzelheiten ihrer Wiederbelebung oder Operation. Natürlich ist hier größte Vorsicht geboten. Wenn Betroffene retrospektiv von Ereignissen berichten, die schon Jahre zurückliegen, so dass sie sich nicht mehr überprüfen lassen, sollte man skeptisch bleiben. Täuschen und Tarnen, Verzerren und Verdrehen, Bluffen und Beschönigen sind ganz alltägliche Verkehrsformen. Warum soll es ausgerechnet bei Nahtodberichten anders sein, wo es hier doch um die stärksten Sehnsüchte und Wünsche der Menschen geht? Wie häufig legen sich die Menschen die Dinge mit Legenden und Tricksereien so zurecht, dass es passt. Dabei führen sie sich und die anderen oft gar nicht bewusst hinters Licht. Oftmals erscheinen die Dinge in ihrer Erinnerung einfach größer, kleiner oder ein wenig anders, als sie tatsächlich waren. Dies alles trifft sicherlich auch auf Nahtodberichte zu. Gleichwohl sind verblüffende Übereinstimmungen mit der Wirklichkeit festzustellen.

Diese könnten auf Zufällen beruhen, zumal die Zahl der detailliert überprüfbaren Übereinstimmungen übersichtlich bleibt. Manchmal kommt genau die Person um die Ecke, an die man im Moment denkt; zuweilen träumt man vom Elfmeter eines Fußballspielers, den er dann tatsächlich schießen wird; gelegentlich trifft man auf der Grundlage einer Intuition alle sechs Zahlen im Lotto. Einige persönliche Schilderungen von Nahtoten sind so allgemein, dass die Übereinstimmungen als naheliegend eingestuft werden dürfen. Wenn ein schwerverletztes Kind sagt, dass seine Mutter und Schwester schon auf es warten, die beide beim Unfall ums Leben kamen, dann sollte eine solche Äußerung nicht weiter verwundern. Einige Übereinstimmungen könnten auch darauf beruhen, dass unsere Ohren, die sich nicht verschließen lassen, doch einige Höreindrücke und Gesprächsfetzen aufgeschnappt und an tiefere Regionen des Hirns weitergeleitet haben. Hier rufen sie Imaginationen hervor, die mit den realen Geschehnissen übereinstimmen. Möglicherweise treten einige Nahtoderfahrungen schon kurz vor dem Herz- und Atemstillstand oder erst beim allmählichen Erwachen aus der Bewusstlosigkeit ein. Gleichwohl bleiben etliche Berichte von Nahtoten verblüffend.

Trotzdem ist es unsinnig zu behaupten, ohne Augen sehen, ohne Ohren hören, ohne Sprachzentrum verstehen, ohne limbisches System und Botenstoffe fühlen zu können. Auch für die merkwürdigsten Phänomene gibt es natürliche Ursachen und Erklärungen, selbst wenn wir sie noch nicht kennen und womöglich nie finden werden. Nüchtern formuliert beweisen Nahoderlebnisse nicht, dass es eine unsterbliche Seele gibt, sondern lediglich, dass wir noch keine angemessene Vorstellung von unseren Hirnvorgängen besitzen, wo Milliarden Neuronen gegen ihren Tod ankämpfen. Die meisten klinisch Toten haben keine Nahtoderlebnisse, zumindest keine Erinnerungen hieran. Offenbar spielt das Hirn nur einigen Zeitgenossen in den letzten Augenblicken ihres Lebens einen merkwürdigen Streich. Es hält sie gleichsam zum Narren. In diesen Erklärungslücken können leicht spirituelle Gräser in die Höhe schießen und ungehindert spekulative Blüten hervortreiben. Aber so sehr die Forschung noch im Dunkeln tappt, inzwischen kann bereits eine Reihe hirnphysiologischer und biochemischer Faktoren benannt werden, die bei Nahtoderfahrungen eine wesentliche Rolle spielen.

Ein natürliches Phänomen

Das menschliche Bewusstsein geht aus der Arbeit von rund 100 Milliarden Nervenzellen hervor. Alle Neurone verfügen wieder über Tausende von Kontaktstellen oder Synapsen, die auf die jeweils umliegenden Nervenzellen einwirken. Somit sind die 100 Milliarden Neurone über 100 Billionen Synapsen funktional miteinander verbunden. Das Produkt dieser Interaktion von Milliarden Hirnneuronen ist der sogenannte Geist, der womöglich mit dem Zusammenwirken dieses riesigen Netzwerks von Nervenzellen sogar identisch ist. Er ist das Resultat oder die Kehrseite überaus komplexer Hirntätigkeiten. Jeder Bewusstseinsvorgang ist an Hirnprozesse gebunden. Alles Geistig-Seelische tritt ausschließlich in Verbindung mit Hirnaktivitäten auf. Das Bewusstsein fällt mit zerebralen Vorgängen zusammen oder wird hierdurch erzeugt. Es ist das Ergebnis oder die Innenseite aktiver Nervennetze.

Wenn nun das Herz kein Blut mehr durch den Körper pumpt und hierdurch die Sauerstoffversorgung des Gehirns unterbrochen wird, entstehen leicht Halluzinationen, die schon kurze Zeit später zu Bewusstlosigkeit führen. Solche Erfahrungen schildern häufig Menschen, bei denen es zu Funktionsstörungen des Gehirns in akuter Lebensgefahr kam. Unser Selbst- und Weltbewusstsein setzt ein funktionierendes Netz aus vielen Hirnregionen voraus. Sind einige Funktionen beeinträchtigt oder fallen ganze Areale aus, so kann es zu Nahtoderfahrungen kommen.

Selbst klare Wahrnehmungen, die mit der Wirklichkeit übereinstimmen, können visuelle Illusionen, Trugbilder, sein, die auf den zeitweiligen Ausfall oder eine Beschädigung des Temporal- oder Parietallappens des Gehirns zurückgehen. Eine Wahrnehmung kann sowohl subjektiv als real erlebt werden als auch objektiv mit der Wirklichkeit übereinstimmen und doch einer Halluzination oder einem Traum gleichen, wenn sie nicht mit den Sinnesorganen rezipiert wurde. In diesem Falle wäre sie nur zufällig richtig.

Unter normalen Umständen setzen Wahrnehmungen ein funktionierendes Gehirn voraus, in denen die Neurone verschiedener Areale zuverlässig zusammenwirken. Diese Voraussetzung ist während eines Herzstillstands nicht mehr erfüllt. Darum haben wir es bei Nahtoderfahrungen nicht mit echten Wahrnehmungen zu tun, sondern mit Imaginationen. Solche visuellen Trugbilder, Fotopsien, beruhen auf physiologischen Desorganisationen des Gehirns. Sie sind Hirngespinste im buchstäblichen Sinne des Wortes.

Nun beschreiben Nahtote aber Bewusstseinserfahrungen in einer Phase, in der keine messbaren Aktivitäten im Hirn mehr nachweisbar sind. Es ist von temporärem Ausfall aller Hirnfunktionen die Rede. Wie jedoch ist es möglich, in der Zeit des Herzstillstandes noch ein erweitertes Bewusstsein zu haben? Allerdings steht keineswegs fest, dass alle Hirnaktivitäten bei Bewusstlosigkeit infolge gestörter Hirndurchblutung zum Erliegen kommen. Das EEG, Elektroenzephalogramm, misst nur die elektrischen Aktivitäten in der oberen Hirnrinde. Mittlerweile sind bei tieferen Hirnmessungen von Kleintieren nach dem Herzstillstand regelrechte Gewitter elektrischer Aktivitäten festgestellt worden, welche die Werte im Wachzustand sogar überstiegen. Nach Meinung führender Neurologen deutet vieles darauf hin, dass im frühen Stadium des klinischen Todes das Gehirn, bevor es endgültig zusammenbricht, noch kurz zu Hyperaktivität getrieben wird. Selbst nach Unterbrechung der Sauerstoffzufuhr kommen die Neurone nicht gleich zum Stillstand. Sie können noch eine Weile aktiv sein. Jetzt kann sich im Hirn noch vielerlei abspielen, wie Nahtoderlebnisse beweisen. Diese sprechen weniger für die Entkörperlichung der menschlichen Seele als vielmehr für außergewöhnliche neuronale Vorgänge.

Da nur einige Patienten in lebensbedrohlicher Situation eine Nahtoderfahrung machen, wird gerne in Zweifel gezogen, dass Sauerstoffmangel eine wesentliche Ursache hierfür ist. Allerdings ist dieser Schluss keineswegs überzeugend, wie Dirk Swaab und Gerhard Roth betonen. Die Tatsache, dass nicht alle Patienten in vergleichbarer Notlage über profane und spirituelle Nahtoderfahrungen berichten, kann nämlich damit zusammenhängen, dass ihr Gehirn durch den Sauerstoffmangel kurzfristig so stark beeinträchtigt wurde, dass sie sich an nichts mehr erinnern können. – Obwohl Nahtoderfahrungen auch ohne Sauerstoffmangel vorzukommen scheinen, steht fest, dass bei Sauerstoffmangel, sofern eine „Begabung“ für außergewöhnliche Erlebnisse vorliegt, die Wahrscheinlichkeit von Nahtoderfahrungen extrem steigt. Fällt die Sauerstoffzufuhr aus, erhöht sich der Kohlendioxidspiegel. Testpersonen mit hohem Kohlendioxidgehalt im Körper hatten das Gefühl, ihren Leib zu verlassen. Außerdem blitzten Erinnerungen auf. Sie nahmen ein helles Licht wahr und verspürten angenehme Gefühle. Die Integration von Sinnesinformationen und der Gleichgewichtssinn lassen sich durch eine Unterversorgung des Temporallappens mit Sauerstoff wie auch durch dessen elektrische Reizung hemmen. Aufgrund solcher Störungen der regulären Informationsverarbeitung entsteht leicht das Gefühl, aus seinem Körper herauszutreten und zu schweben. Außerdem können hierdurch spirituelle Empfindungen ausgelöst werden.

Das Gleiche passiert bei elektrischer Stimulation jener Hirnregion, wo Temporallappen und Parietallappen zusammentreffen. Die Versuchspersonen konnten sich von oben sehen. Überdies kommt es bei künstlicher Aktivierung des Temporal- und Parietallappens durch

Tiefenelektroden gelegentlich zu episodischen Erinnerungen an vergangene Lebensphasen, die blitzartig an den Betroffenen vorüberziehen. Gleichfalls kann durch elektrische Reizung des Hippocampus eine Menge von Bildern aus dem bisherigen Leben detailliert in Erinnerung gerufen werden. Der Hippocampus ist maßgeblich für das Einspeichern und Abrufen von Eindrücken, also fürs Gedächtnis zuständig.

Das Gefühl von Ruhe wiederum hängt mit der Freisetzung opiatartiger Stoffe zusammen. Körpereigene Morphine können ebenso friedliche wie überwältigende Glücksgefühle auslösen. Letztere gehen hauptsächlich auf eine Überdosis von Botenstoffen zurück. Die Ausschüttung körpereigener Endorphine vermag quälende Schmerzen zu betäuben, Gleichmut und Euphorie hervorzurufen. Auch außerkörperliche Erfahrungen sind unter dem Einfluss von Drogen möglich. Es gibt sie nicht bloß als Nahtoderfahrungen. Davon abgesehen ruft gerade die Einnahme halluzinogener Psychedelika wie Ayahuasca, Psilocybin, Meskalin und LSD außergewöhnliche Bewusstseinszustände hervor, die spirituellen und profanen Nahtoderfahrungen ähneln. Das Gleiche gilt für Ketamin und DMT, zu deren Freisetzung es im Körper in Stresssituationen und bei Sauerstoffmangel kommen kann. Wie psychoaktive Substanzen bewirken sie erweiterte Bewusstseinszustände, die das visuelle Erleben verändern und zur Erfahrung scheinbar anderer Wirklichkeiten führen, die irrtümlicherweise als real wahrgenommen werden. Hierzu gehört das Gefühl, aus dem eigenen Körper herauszutreten, klares und beschleunigtes Denken, Lichterlebnisse und all die bekannten spirituellen Erfahrungen. Bekanntlich werden Nahtoderfahrungen eher von jüngeren als von älteren Menschen gemacht. Damit stimmt überein, dass im fortgeschrittenen Alter der Botenstoffspiegel deutlich heruntergepegelt ist.

Während bei allmählicher Bewusstlosigkeit die Umgebung akustisch und visuell gerade noch wahrgenommen wird, laufen im Zwischenhirn, stimuliert durch bestimmte Signale, noch einige Programme ab. In Verbindung mit einer vermehrten Ausschüttung von Botenstoffen ist möglicherweise sogar das Zwischenhirn für das Gefühl der Schwerelosigkeit, des außerkörperlichen Schwebens und Fliegens, sowie für das blitzartige Abrollen des Lebenspanoramas verantwortlich. Beim allmählichen Erwachen des Bewusstseins würden diese Phänomene dann vom Großhirn übersetzt und anschließend erinnert werden.

Das vieldiskutierte Licht am Ende des Tunnels wiederum beruht vermutlich auf einer verringerten Durchblutung des Augapfels, das heißt einer Unterversorgung der Netzhaut mit Sauerstoff. Die Blutunterversorgung setzt am Rande des Gesichtsfeldes ein. Die seitlich gelegenen Bereiche der Retina werden zuerst durch Sauerstoffmangel in Mitleidenschaft gezogen. Dadurch bleibt das Sichtzentrum undifferenziert hell, wohingegen sich die Peripherie verdunkelt. So entsteht die Vorstellung eines Tunnels, an dessen Ende ein grelles Licht erscheint. Aufgrund des Sauerstoffmangels können die Sinneseindrücke nicht mehr angemessen verarbeitet werden. Das Hirn interpretiert sie als weißen Fleck, der zur Mitte hin immer heller wird.

Wie das Gehirn psychoaktive Substanzen gleichsam als Schutz gegen Panik und Entsetzen in Stresssituationen freisetzt, genauso schützt sich unser Körper im Todesprozess womöglich durch beglückende spirituelle Nahtoderlebnisse vor negativen Empfindungen. Aus biologischer Sicht wären sie dann überaus sinnvoll.

Hirnschaden

Die spirituellen Inhalte, die Beschaffenheit ihres Trägers, die Erfahrungsformen und die bisher entdeckten neurophysiologischen und biochemischen Grundlagen der Nahtoderfahrungen bieten exzellente Gründe, diese außergewöhnlichen Erlebnisse für natürliche Phänomene zu halten. Hierfür spricht zusätzlich eine Reihe von Gehirnverletzungen und Gehirnerkrankungen. Schlaganfälle, Hirntumore, Hirnblutungen, Demenz und die Creutzfeld-Jakob-Krankheit sind gewöhnlich mit Gedächtnislücken, Bewusstseins-, Sprach-, Seh-, Konzentrations- und Orientierungsstörungen sowie Persönlichkeitsveränderungen verbunden. Die am meisten verbreitete Form von Demenz ist Alzheimer. Hier kommt es altersbedingt zu starken Schrumpfungen der gesamten Hirnrinde, womit Anomalien im Schläfenlappen, Hippocampus und sonstigen Hirnarealen einhergehen. Auffällige Folgen hiervon sind unverständliche Gedanken, Vergesslichkeit, Wortfindungs- und Bewegungsstörungen. Der Verstand zerbröselt. Der Patient degeneriert schrittweise zu einem Kleinkind im Dämmerzustand. In dem Roman *Hirngespinste* beschreibt Bernlef den Verlauf der Erkrankung, bei der die vertraute Person allmählich zu einem Fremden wird.[172] Angesichts solcher Fälle ist es praktisch unmöglich, an der Idee einer körperunabhängigen Seele noch festzuhalten.

Ähnliches gilt, wenn Menschen mit amputierten Armen allein durch die Kraft ihrer Gedanken über ein spezielles Gerät, das die elektrische Aktivität ihrer Neuronen registriert, eine Armprothese oder eine Computermaus steuern. Ferner ermöglichen Stimulationselektroden am Hirn heutigen Parkinson-Patienten über eine Fernbedienung ihren starken Tremor zu verringern. Außerdem vermögen magnetische Stimulationen des präfrontalen Cortex die Stimmung depressiver Patienten aufzuhellen. Dazu kommen Befindlichkeits- und Bewusstseinsveränderungen über Psychopharmaka und vielleicht schon bald durch sogenannte Neurochips. In Anbetracht solcher Entwicklungen ist es höchst unwahrscheinlich, dass der Geist losgelöst vom Körper existieren kann und dessen Tod überleben wird. Die Annahme einer vom Körper unabhängigen Seele widerspricht diesen Phänomenen. Schließlich sind unsere körperlichen, intellektuellen und charakterlichen Eigenschaften in den jeweils eigenen Genen angelegt.

Mythos und Wissenschaft

Nahtoderfahrungen stimmen mit mythischen Vorstellungen archaischer Stammesgesellschaften überein, wonach sich die Ahnen, die Geister der Toten, immer noch auf der Erde oder in deren Nähe aufhalten und sich um das Wohlergehen ihrer Nachkommen sorgen, die mit ihnen kommunizieren.[174] Die medizinisch basierte Nahtodliteratur bedeutet zum größten Teil einen Rückfall in solch voraufklärerische Zeiten. Genauer betrachtet revitalisiert sie mythische Seelen- und Himmelsvorstellungen, die bereits vor Jahrtausenden entstanden. Es ist extrem unwahrscheinlich, dass ausgerechnet die moderne High-Tech-Medizin den simpelsten religiösen Vorstellungen zum Sieg verhelfen kann. Auffälligerweise beteiligen sich an diesem Irrsinn fast keinerlei Philosophen und Kulturwissenschaftler. Die einschlägigen Bücher verfassen hauptsächlich Mediziner, von der Farbe wissenschaftstheoretischer, sprachanalytischer und vernunftkritischer Reflexion völlig unangekränkelt. In der Regel fehlt den Nahtodexperten jeder Sinn für den kulturellen Wandel von Menschen- und Weltbildern. Nur so lässt es sich erklären, dass sie für simple mythische Vorstellungen ein Wissen beanspruchen, das selbst Theologen als einfältig und anmaßend abtun. Problemsensiblen Gemütern fällt es schwer, Internet, Flugzeuge und die moderne Medizin in Anspruch zu nehmen und gleichzeitig an die Möglichkeit spiritistischer Seelenreisen zu glauben. Der wissenschaftliche Fortschritt ist inzwischen an einen Punkt angelangt, der die alte Vorstellung vom geisterhaften Umherwandern der Seele auf der Erde, bevor sie ihre Reise ins Jenseits antritt, nicht mehr ohne weiteres zulässt. Moderne Kosmologie, Evolutionsbiologie und andere wissenschaftliche Disziplinen sind hiermit unvereinbar. Deren Wirklichkeitsverständnis widerspricht geradezu einer Weltordnung, in der die Lebenden in Kontakt zu ihren Ahnen stehen. Alle Versuche, mythische Seelenvorstellungen aus ihrem ursprünglichen Deutungsrahmen herauszulösen, um sie anschließend im modernen wissenschaftlichen Weltbild unterzubringen, wirken konstruiert, gewaltsam, schlicht aufgesetzt. Es bedarf einer naiven Leichtgläubigkeit, um solche Bemühungen plausibel zu finden.

Sie sind so aussichtslos wie das Unterfangen, Astrologie mit Astronomie zu verbinden, die für Horoskope nur Spott übrig hat. Nach den Astrologen beeinflussen Sonne, Mond und Sterne die Ereignisse auf der Erde und entscheidet die Stellung der Himmelskörper bei der Geburt eines Menschen dessen Schicksal. Hiergegen gilt es hervorzuheben, dass sich die Sterne, die scheinbar zu einem Sternbild gehören, oft gar nicht zu einer Gruppe vereinigen lassen, weil einige tiefer im Weltall, andere hingegen näher zu unserer Erde stehen, als die astrologischen Karten und Tabellen annehmen. Vor allem aber ist der angemaßte Einfluss der Sterne auf das menschliche Schicksal schon deshalb ein bloßes Fantasieprodukt, weil nach astronomischer Erkenntnis die Planeten und Sterne aus bloßem Gestein oder Wasserstoff und Helium bestehen. Darüber hinaus können die astrologischen Karten und Tabellen, die vor mehr als 2000 Jahren erstellt wurden, nicht ernsthaft mit der Vererbungslehre konkurrieren, derzufolge unsere Persönlichkeitsmerkmale nicht bei der Geburt von Sternen und Planeten, sondern bei der Empfängnis bestimmt wurden, als sich eine der Millionen Samenzellen mit einer Eizelle vereinigte. Genauso kann im Horizont des modernen Wirklichkeitsbegriffs nicht einmal mehr mit spirituellen Seelenvorstellungen gespielt werden. Wer trotzdem hieran festhält, macht sich zum Gespött der Wissenschaft. Erst ein radikaler Wandel unserer Wirklichkeitsstruktur könnte jene überholten Ansichten wieder plausibel machen. Doch ist der Möglichkeit eines solchen Wandels durch die modernen Naturwissenschaften der Boden entzogen.

Illusion Auferstehung

Über das Leben nach dem Tod lässt sich weder auf philosophisch-spekulativen Pfaden noch auf medizinisch-esoterischen Wegen etwas ausmachen. Nicht nur die Annahme einer unsterblichen Seele, sondern auch die hiermit verbundenen Erkenntnisansprüche sind unhaltbar. Wenn heutige Bio- und Neurophilosophen die Idee der Unsterblichkeit attackieren, dann haben sie gewöhnlich Varianten der platonischen Seelenlehre vor Augen. Doch wenn auch die Idee einer leibbefreiten Geistseele abwegig ist, der Glaube an ein Leben nach dem Tod muss deshalb keineswegs unsinnig sein.

Sterblichkeit und Auferweckung

Wer leugnet, dass der Mensch wesensmäßig im Besitz einer unsterblichen Seele ist, kann trotzdem glauben, dass der Tod nicht das letzte Wort behält. Als Paulus in Athen die Totenauferstehung verkündete, stieß er nur auf Hohn und Spott, weil man dort von der Unsterblichkeit der Seele ausging.[175] In der Gegenwart scheint es sich genau andersherum zu verhalten: Das moderne Menschenbild ist eher mit der Hoffnung auf Auferstehung als mit der Idee der Unsterblichkeit vereinbar.

Denn *Neues Testament* und Urchristentum gehen von der absoluten Sterblichkeit des Menschen aus. Sie vertreten nicht eine dualistische, sondern eine ganzheitliche Auffassung vom Menschen. Darum sterbe der ganze Mensch. Diese sogenannte Ganztodthese vertreten im 20. Jahrhundert vornehmlich protestantische Theologen wie Karl Barth, aber auch einige katholische Theologen, indem sie auf das *Neue Testament* und das Urchristentum verweisen. Staub zum Staube! Erst durch die Menschwerdung Gottes sei der Tod besiegt worden. Wie Christus an Ostern so würde auch der Tote mit einem neuen, unvergänglichen, himmlischen Leib auferweckt werden. Auferstehung des Leibes bedeute Erneuerung und Verwandlung des ganzen Menschen nach dessen totaler Vernichtung. Somit meint Auferweckung gerade nicht natürliche Fortdauer einer vom Körper befreiten Geistseele. Nach biblischem und urchristlichem Verständnis gibt es überhaupt keine Seele, die aufgrund ihrer wesenhaften Unsterblichkeit weiter existieren könnte. Der ganze Mensch wird auferweckt. Ähnlich spricht Sure 75 im *Koran*, vom „Tag der Auferstehung“, an dem Allah „die Toten wieder ins Leben rufen“ wird. Auch in der rabbinischen Zeit der ersten Jahrhunderte nach Christus galt die Lehre von der Auferstehung der Toten als ein Kernstück des Judentums, bevor die unsterbliche Seele später ihren Platz einnahm.

Von der Auferstehung aller Toten ist im *Neuen Testament* vor allem in *Korintherbrief*, *Apostelgeschichte* und *Offenbarung* die Rede.[176] Der Tod sei der „Sünde Sold“,[177] heißt es. Er sei ein Erbe der ursprünglichen Auflehnung Adams und Evas gegen Gott im Paradies, eine Strafzahlung für deren Vergehen, verbotenerweise vom Baum der Erkenntnis gegessen zu haben. Für Paulus ist erst hierdurch der Tod in die Welt gekommen, der als „letzter Feind Gottes“[178] nur von ihm selbst vernichtet werden könne. Das älteste Zeugnis hierfür findet sich im 15. Kapitel des *1. Korintherbriefs* von Paulus, entstanden im Jahre 55/56: „Da der Tod durch einen Menschen gekommen ist, kommt auch die Auferstehung der Toten durch einen Menschen. Denn so, wie in Adam alle sterben, so werden auch in Christus alle lebendig gemacht werden. ... Christus ist für unsere Sünden gestorben, gemäß der Schrift, und ist begraben worden. Er ist am dritten Tag auferweckt worden, gemäß der Schrift, und erschien dem Kephas, dann den Zwölfen.“[179] Christus wird als Überwinder des Todes verherrlicht. Er habe dessen Herrschaft gebrochen: „Wenn aber dies Verwesliche wird anziehen die Unverweslichkeit und das Sterbliche die Unsterblichkeit, dann wird erfüllt werden das Wort, das geschrieben steht: Der Tod ist verschlungen in den Sieg. Tod, wo ist dein Stachel? Hölle, wo ist dein Sieg?“, jubelt Paulus.[180] „Der Tod wird nicht mehr sein“, steht in der *Offenbarung* des

Johannes.[181] Demgemäß kann man in der katholischen Totenpräfation lesen: „Vita mutatur, non tollitur – Das Leben wird verwandelt, aber nicht weggenommen.“ Dabei bedeutet ewiges Leben nicht soviel wie Fortsetzung des raumzeitlichen Daseins: „Wir werden alle verwandelt werden, und dasselbe plötzlich, in einem Augenblick“[182], also nicht stufenweise, sondern sprunghaft. Der scharfe Schnitt des tödlichen Augenblicks bleibt niemandem erspart.

Nach allem bisher Dargelegten widersprechen sich die Lehre von der Unsterblichkeit der Seele und der Glaube an die Auferstehung. Denn die Auferweckung von den Toten durch die Erlösungstat Christi würde sich erübrigen, wenn der Mensch von vornherein unsterblich wäre. Biblisch gesehen ist er jedoch absolut sterblich. Erst durch Christus erlangt der Gläubige das ewige Leben. Die Unsterblichkeit ist keine natürliche Mitgift des Menschen, sondern eine geschichtliche Zusage. Deshalb bleibt der Glaube daran ein Wagnis. Das ewige Leben ist weniger Sache des erkennenden Wissens als des hoffenden Vertrauens. Darin stimmen Juden, Christen und Muslime überein. Das ewige Leben ist keine wissenschaftliche Theorie, sondern eine Glaubensüberzeugung. Sie ist kein Faktum, das rationalen Beweisen zugänglich wäre, sondern eine Hoffnung, die auf einem Versprechen gründet, dessen Quelle überlieferte Glaubenszeugnisse sind. Das biblische und urchristliche Verständnis vom ewigen Leben hat mit der Vorstellung einer unsterblichen Seele nichts zu tun. Dementsprechend verwarfen die Kirchenväter der ersten Jahrhunderte wie Irenäus, Clemens von Alexandrien oder Justin von Caesarea die griechische Idee der unsterblichen Seele. Paulus statt Platon hieß ihre Devise.

Anfechtbare Auferstehung

Der Auferstehungsglaube, der ohne das Gespenst einer unsterblichen Seele auskommt und sich lediglich auf ein existenziell bedeutsames Versprechen bezieht, ist wissenschaftlich unwiderlegbar. Kosmologie, Evolutionsbiologie und Neurophysiologie kommen an diese Hoffnung nicht heran. Damit bleibt sie anschlussfähig an die Moderne.

Nur ist sie deshalb schon plausibel? Freilich lassen sich viele Zeitgenossen bei Todesfällen die Frohe Botschaft noch immer gerne gefallen. Allerdings verlassen sich immer weniger Menschen darauf. Die Absurdität des Auferstehungsglaubens macht bereits die einfache Frage deutlich, wie denn der verklärte Leib aussehen wird. Der Kirchenvater Augustinus gibt hierauf im 20. Buch des *Gottesstaats* eine kühne Antwort: Der verwandelte Leib wird ohne körperliche Unvollkommenheiten und fleischliche Gelüste sein. Er wird in alter Körpergröße erscheinen und wie Christus zum Zeitpunkt seiner Kreuzigung das Aussehen eines ungefähr Dreißigjährigen haben.

Selbst wenn die Wissenschaften den Auferstehungsglauben nicht widerlegen können, so kann mit der kosmologischen Belanglosigkeit, evolutionsbiologischen Unwahrscheinlichkeit und neurophysiologischen Abhängigkeit des Menschen leichter dessen absolute Sterblichkeit plausibel gemacht werden als die Hoffnung aufs ewige Leben. Die Ergebnisse der modernen Naturwissenschaften legen die Vermutung nahe, dass der Mensch im letzten nicht mehr als ein schmalnasiges Säugetier mit komplexer Organausstattung ist: Die neuzeitliche Kosmologie erschüttert die stolze Anmaßung der Erdenbürger, ewig leben zu können, indem sie die Erde und die darauf lebenden Menschen nicht einmal wie flüchtige Pünktchen erscheinen lässt. Ähnliches bewirkt die biologische Evolutionslehre, wonach die Menschheit als Zufallsergebnis einer langen Entwicklung erbarmungslos in das Naturgeschehen hineingezogen wird. Dazu passen die moderne Genetik und die seit einigen Jahren in den Mittelpunkt philosophischen Interesses gerückten Neurowissenschaften, nach denen unser Verhalten und Geistesleben stärker als bisher angenommen von Erbanlagen und unbewussten Hirnprozessen bestimmt wird. Das ewige Leben scheint inzwischen zum Raub von Sternenstaub, Genen und Neuronen geworden zu sein, die es sich mit wachsendem Appetit einverleiben.

Jedenfalls wirken alle Versuche, in das kosmische, naturgeschichtliche und lebensweltliche Geschehen einen religiösen Sinnzusammenhang hineinzulegen, äußerst konstruiert, was das Maß ihrer Plausibilität erheblich vermindert. Der konstruierte Charakter der Bemühungen, etwas zusammen zu bringen, das nicht so recht zusammenpassen will, hat etwas überaus Angestrengtes. Eine Welt mit Milliarden Galaxien und Sonnen aus Wasserstoff und Helium, Elektronen und Protonen, Wellen und Korpuskeln oder eine Evolution mit zufällig streuenden Mutationen und einem erbarmungslosen Kampf ums Dasein ist schon in unserer Vorstellung spürbar anders als eine Welt, in der man die Hirtenfürsorge eines alles tragenden Schöpfers erkennen kann, dessen gütiger Wille den Erdenbürgern die Auferstehung verspricht. Beide Perspektiven lassen sich nicht ohne weiteres miteinander verbinden.

Genauso bereitet es große Schwierigkeiten, an die Auferstehung der Toten zu glauben vor dem Hintergrund einer Naturgeschichte, nach der sich die Erde vor rund vier Milliarden Jahren am Rande einer durchschnittlichen Spiralgalaxie mit 100 Milliarden Sonnen bildete, auf der vor rund 60 Millionen Jahren die Dinosaurier ausstarben. Erst deren Untergang begünstigte das Hervortreten von Säugetieren, deren Entwicklung über Zickzack-Prozesse zu einem Emportauchen der frühesten Menschenformen vor rund 400.000 Jahren und des heutigen Menschen vor rund 40.000 Jahren führte.

Inzwischen ist die Skepsis groß, ob wir im Tod tatsächlich „alle verwandelt werden", wie es im *1. Korintherbrief* heißt. Der Lyriker Paul Celan hält in der *Niemandsrose* dagegen: „Niemand knetet uns wieder aus Erde und Lehm, niemand bespricht unseren Staub. Niemand."[183] Hierzu passt Rilkes Vers „Rose, o reiner Widerspruch, Lust, Niemandes Schlaf zu sein unter soviel Lidern."[184] Das Gedicht bestimmte der Dichter selbst zur Inschrift seines Grabsteins. Darum muss es mit dem Tod zusammenhängen. Zunächst wird die Rose als Widerspruch charakterisiert, weil ihre hinter- und nebeneinander gereihten Blütenblätter das Aussehen winziger Vorhänge haben, hinter denen sich aber keine Bühne befindet. Kronenblätter sind wie farbige Hüllen, die nichts von ihnen Verschiedenes verhüllen. Offenbar geht die Lust der Rose, zu sein, nicht über ihr sichtbares Dasein hinaus. Eine Rose ist eine Rose, deren bunte Blütenkrone zwar berührt und begeistert, aber ohne jede tiefere Bedeutung bleibt. In dieser Beziehung gleicht die Rose Leben und Tod. Wie hinter der Lebensfülle so steckt auch hinter der Totenhülle nichts. Obwohl die Kronenblätter geschlossenen Augenlidern ähneln, die in tiefem Schlaf zu liegen scheinen, schläft niemand darunter. Sie sind „Niemandes Schlaf", mithin ein Schlafen ohne Schläfer. Seit jeher veranschaulicht der Schlaf den Tod. Hier besteht der Rosenwiderspruch darin, dass trotz mehrzähliger Blütenlider es keine Augen gibt, die hinter ihnen schlummern. Die widersprüchliche Rose verbildlicht, dass der

Tote weder Person noch Seele, sondern lediglich niemand, ja nichts ist. Die Rose – so schön und doch wie hinfällig und nichtig!

Die Zahl der Menschen wächst in Westeuropa, die gleichgültig an der christlichen Religion vorübergehen. Viele sind ihr gegenüber noch nicht einmal feindselig eingestellt, so wenig berühren sie noch religiöse Fragen. Diese Zeitgenossen sind nicht atheistisch, sondern indifferent gegenüber Religion und Kirche. Darum wäre es falsch zu sagen, dass sie Gott vor die Tür gesetzt und ihm kosmisches Hausverbot erteilt hätten. Viele hatten ihn schon verloren, noch bevor sie ihn jemals besaßen. Dementsprechend flacht in Europa das Bedürfnis nach Glaubenslehren gegen die Vergänglichkeit immer weiter ab.

Widersinnige Geschichten

Zu alledem drängt sich die Frage auf, warum die Menschwerdung Gottes mit der Botschaft der Auferstehung überhaupt erst so spät stattfand. Warum nicht schon früher? Warum ausgerechnet vor zwei Jahrtausenden in einer primitiven Bauernkultur? Damit verbunden bereitet es große Mühe, im historischen Jesus den verherrlichten Christus zu erkennen. Damit sei nicht die Existenz Jesu in Abrede gestellt, aber der nachösterlichen Übertragung messianischer Vorstellungen auf Jesus durch die Urchristen haftet etwas Gewaltsames an, wenn man bedenkt, dass sich Jesus selbst niemals als Messias verstand. Dass die Evangelien erst 40 bis 70 Jahre nach Jesu Tod entstanden und der Osterglaube in das Erdenwirken Jesu projiziert wurde, erleichtert die Sache nicht gerade.

Dazu ist die Idee der „Auferstehung des Herrn" eine völlige abstruse Vorstellung. An dieser Stelle sei mit Gottfried Benn gefragt: „Sind wir nicht darauf hin erzogen, gerade dann pathetisch zu fühlen und uns ins Dunkle zu flüchten, wenn der Verstand so klar und kalt wie möglich blicken sollte! Nämlich bei allen höheren und wichtigeren Angelegenheiten."[185] Moderne Theologen lehnen die Wiederbelebung des Leichnams Jesu und das leere Grab als unsinnig ab, weil Auferstehung kein räumlich-zeitlicher Akt sei, bei dem auf wundersame Weise die bestehenden Naturgesetze durchbrochen wurden. Allerdings geraten sie leicht in Verlegenheit, wenn sie angeben sollen, was Auferstehung dann bedeute. Gelegentlich heißt es, Auferstehung sei kein historischer Vorgang, trotzdem aber nicht fiktiv, sondern ein im tieferen Sinne wirkliches Ereignis. Hier tritt an die Stelle frommer Legenden und wunderlicher Erfindungen ein leerer Unsinn aus vermeintlich sachlichen Begriffen.

Geschichtlich betrachtet ist die Idee der Auferstehung keineswegs so originell, wie es den Anschein hat. Ähnliches wird beispielsweise über die antiken Gottheiten Adonis, Attis und Osiris berichtet. Deren Tod und Auferstehung wurden alljährlich im Herbst oder Frühjahr mit Trauer und Freude gefeiert. Sie verkörperten nicht bloß das bunte Aufblühen der Natur im Frühling, sondern galten auch als Garant für ein Leben jenseits des Grabes.[186] Außerdem wurden in der römischen Kultur regelmäßig Kaiser wie Romulus, Aeneas, Latinus und Augustus zu Gottheiten erhöht, die nach dem Tod bei stürmischem Gewitter plötzlich in einer Wolke verschwunden sein sollen. Da sie nicht mehr auf der Erde weilten, ging man davon aus, dass sie in die Höhe gezogen und im Olymp zu Göttern erhoben wurden, an welche die Menschen fortan Bitt- und Dankgebete richten konnten.[187]

Wahrhaftigkeit

Nun hat das Christentum selbst eine Tugend entwickelt, die mehr als alles bisher Dargelegte dem Auferstehungsglauben zum Verhängnis gereichen kann: die Wahrhaftigkeit, die auf eine möglichst klare Erkenntnis der eigenen Gedanken, Wünsche und Neigungen ohne jede Verstellung und Verbiegung abzielt.[188] Erst mit dem Christentum kam die Idee der aufrichtigen Selbsterforschung in die abendländische Kultur. Dieser zufolge soll der Einzelne sein Inneres schonungslos durchleuchten und sich über seine Gedanken, Worte und Werke genau Rechenschaft ablegen. Dabei möge der Gläubige misstrauisch gegen sich selbst bleiben. Denn wie oft verschließe man die Augen vor Unliebsamem oder übersehe leicht unterschwellige Triebfedern.

In der Tat fällt es uns Menschen schwer, den Dschungel des eigenen Seelenlebens zu durchdringen und der Wahrheit ohne Ausflüchte ins Auge zu sehen. Darum ist es ratsam, sich gegenüber stets argwöhnisch zu bleiben. Nur so kann man eingeschlichenen Selbsttäuschungen besser auf die Schliche kommen. „Niemand betrüge sich selbst“, schreibt

Paulus.[189] Es liegt in der Eigenart christlicher Selbsterforschung, dass sie vor nichts Halt und hierdurch seelische Bezirke zugänglich macht, die vorher weitgehend verschlossen waren. Die Aufforderung, noch Licht in die dunkelsten Keller und entlegensten Winkel der eigenen Existenz zu bringen, gibt ganz intimen Gedanken und verbotenen Lüsten ein Sprachrohr. Deren religiöse Erforschung dient dem eigenen Heil. Denn nur wer seine Sünden kennt und bekennt, kann sie auch bereuen und mithin auf Vergebung und Rettung hoffen. Die psychologische Selbstanalyse des Neurotikers und die sozialistische Selbstkritik des Dissidenten sind säkulare Nachfolger der religiösen Selbstbespitzelung des Sünders.

Da kann es nur eine Frage der Zeit sein, bis der Funken der grüblerischen Selbstbelauschung auf die christliche Lehre selbst überspringt. Mit einem Male erfährt die innere Wahrhaftigkeit eine dramatische Zuspitzung. Der religiöse Zweifelsinn wird wach, der nun die eigene Religiosität einem geradezu inquisitorischen Verhör unterzieht. Nun beginnt der Gläubige in der Schlinge der Wahrhaftigkeit herum zu würgen und droht an ihrer tausendfältigen Verknotung zu ersticken. Es drängt sich ihm die Frage nach den persönlichen Motiven seines Auferstehungsglaubens auf: Glaubt man, weil man die Frohe Botschaft für glaubwürdig hält – oder verbirgt sich etwas Anderes dahinter? Was liegt dem Willen zum Auferstehungsglauben zugrunde? Unversehens ist die Religion in den Strudel der ehrlichen Selbsterforschung hineingeraten. Dummerweise hat sie selbst den Gläubigen in einer Reflexionstechnik unterwiesen, die jetzt ihren Wahrheitsanspruch in Zweifel zieht. Der Fragende wird sich auf einmal in höchstem Grade suspekt.

Selbstbetrug

Der konstruierte Charakter aller Bemühungen, die religiöse Auferstehungshoffnung mit der modernen Welt zusammen zu bringen, stimmt den Gläubigen auf einmal skeptisch. Denn wirken die Anstrengungen, den Auferstehungsglauben in die moderne Welt hinüberzuretten, nicht wie verzweifelte Versuche, den religiösen Trost durch Zurechtlegungen, Umdeutungen und Hilfsannahmen bewahren zu wollen? Man kann sich kaum noch des Eindrucks erwehren, sich in Glaubensfragen etwas vorzumachen, vielen bedrohlichen Einsichten bisher aus dem Wege gegangen zu sein und alles sich immer so zurecht gelegt zu haben, dass es irgendwie passt. Dies war bislang nur deshalb möglich, weil man es mit der Wahrhaftigkeit nicht so genau nahm. Man erlag der Versuchung, ihr dadurch ausweichen zu können, dass man sich über viele Fragen im Unklaren ließ. Nimmt man aber jetzt die vom Christentum selbst ins Leben gerufene Gewissenserforschung ernst, so kann man sich nicht mehr länger verhehlen, dass der reflexive Blick ins eigene Innere mehr und mehr jede religiöse Empfindung zu zersetzen droht. In Abwandlung von Shakespeares Hamlet darf man sagen: Nun wird die Farbe religiöser Gefühle und Erfahrungen von des Gedankens Blässe angekränkelt.

Der jüdische, christliche und muslimische Auferstehungsglaube entspricht der menschlichen Sehnsucht nach ewigem Leben. Hierdurch beweist er seine existenzielle Nützlichkeit. Diese ist zwar kein Einwand. Denn warum soll das klammernde Greifen nach einem Halt bereits ein Indiz dafür sein, dass man ins Leere fasst? Dennoch ruft gerade die existenzielle Nützlichkeit des Auferstehungsglaubens große Zweifel an seiner Wahrheit hervor. David Hume bringt es auf den Punkt: „Alle Lehren, die von unseren Neigungen begünstigt werden, sind verdächtig.“[190] Wenn man ehrlich ist, kann man sich der Erkenntnis Max Webers nicht verschließen: „Nirgends ist das Interesse der Wissenschaft auf die Dauer schlechter aufgehoben als da, wo man unbequeme Erkenntnisse und Tatsachen und die Realitäten des Lebens in ihrer Härte nicht sehen will.“[191] Das trifft in ganz besonderem Maße auf den religiösen Auferstehungswunsch zu, den Sigmund Freud so kommentiert: „Es gibt im Leben kaum einen Bereich, wo wir uns so schnell mit Antworten auf die Frage, ob etwas in Ordnung ist oder nicht, zufrieden geben, wie in religiösen Fragen, weil wir darin einfach nicht verunsichert werden wollen.“[192] Ähnlich Holbach im 18. Jahrhundert: Es ist merkwürdig, „dass die Menschen selbst bei solchen Dingen, welche sie für wesentlich halten, am allerwenigsten den gesunden Verstand gebrauchen, das heißt jenes Maß an Urteilskraft, welches zur Erkenntnis der einfachsten Wahrheiten erforderlich ist, um die auffallendsten Absurditäten zu verwerfen und die greifbarsten Widersprüche zu erkennen.“[193]

Sicherlich glauben viele nur, weil sie jene Lebenshilfen nicht verlieren möchten, die für ihr von letzten Fragen geplagtes und auf Trost bedachtes Dasein so wichtig sind. Die Entgegnung, dass der Auferstehungsglaube trotzdem wahr sein könnte, wirkt vor dem skizzierten Hintergrund wie ein Selbstbetrug. Irgendwann nimmt man sich diesen Einwand nicht mehr ab. Die Ahnung wächst, sich bisher um eines Trostes willen einer Lebenslüge hingegeben zu haben. Plötzlich kommt einem die Aussicht auf die Auferstehung des Fleisches und Unsterblichkeit der Seele, die allem Augenscheinlichen widerspricht, wie ein alberner eitler Aberglaube vor. Im *Antichrist* macht sich Nietzsche über die „unverschämte Lehre von der Personal-Unsterblichkeit" oder die „große Lüge von der Personal-Unsterblichkeit" lustig.[194]

So sieht es auch Bertolt Brecht: „Lasst euch nicht verführen! Es gibt keine Wiederkehr. Der Tag steht in den Türen; ihr könnt den Nachtwind spüren: Es gibt kein Morgen mehr."[195] Poetisch Gottfried Keller: „Ich hab' in kalten Wintertagen, in dunkler hoffnungsarmer Zeit ganz aus dem Sinne dich entschlagen, oh Trugbild der Unsterblichkeit." Das Gedicht endet mit der duldsamen Einsicht, dass der Mensch so sterblich sei wie die Lilie auf dem Felde, ein Symbol der Vergänglichkeit: „Nun erst versteh' ich, die da blühet, o Lilie, deinen stillen Gruß, ich weiß, wie hell die Flamme glühet, dass ich gleich dir vergehen muss."[196] Prosaisch Elfriede Jelinek: „Tod, wo ist dein Sieg? Ach, da ist er ja!"[197] Die Hoffnung auf ein Weiterleben im Himmel ist eine romanhafte Träumerei, reiner Aberglaube, eine Wunschvorstellung. „Arme Sterbliche! Auf diese Weise macht ihr eure Wünsche zum Maßstab der Wahrheit! Weil ihr wünscht, ewig zu leben und glücklicher zu sein, schließt ihr daraus, dass ihr weiterleben und in einer anderen unbekannten Welt glücklicher sein werdet als in dieser bekannten Welt, die euch oft nur Leiden darbietet", schreibt Holbach.[198] Gerade das heutige Gerede über Auferstehung und Unsterblichkeit besteht vorrangig aus hohlem Pathos und salbungsvollen Phrasen. Wir müssen ohne diesen zweifelhaften Trost auskommen. Die Auferstehung des Fleisches gibt es so wenig wie Himmel, Fegefeuer und Hölle, die, anstatt den Menschen die Todesangst zu nehmen, sie vielmehr noch geschürt haben, wie schon Francis Bacon in *Über den Tod*, David Hume in *Über die Unsterblichkeit der Seele* und Gotthold Ephraim Lessing in *Wie die Alten den Tod gebildet* beklagen.

So anmaßend es klingt: Die großen Sinnerzählungen über den Tod sind unwiederbringlich dahin, mag auch ein Großteil der Menschheit weiterhin von Unsterblichkeit träumen. Doch spätestens mit dem Tod der Träumer ist der Traum vom ewigen Leben ausgeträumt.

Nichts bleibt

„Es ist nicht so viel mit uns, wie wir glauben", heißt es in Theodor Fontanes *Effi Briest*.[199] Die Aussicht auf Unsterblichkeit oder Auferstehung ist so gering wie die Wahrscheinlichkeit, dass Blitz und Donner, elektromagnetische Entladungen, in letzter Beziehung auf das Grollen von Zeus zurückgehen. „Nichts könnte überspannter sein, als zu glauben, der Tote lebe noch", schreibt Holbach.[200]

Geheimnis des Todes

Der absoluten Gewissheit, sterben zu müssen, steht eine große Ungewissheit über die Bedeutung des Todes gegenüber. Tote kennen wir, den Tod nicht! „Alles, was ich weiß, ist, dass ich bald sterben werde, aber was der Tod selbst ist, das weiß ich am wenigsten", notiert Blaise Pascal.[201] So klar und bestimmt der Tod zu sein scheint, so fremd und unbekannt ist er zugleich. „Wir können den Tod nicht gedanklich erfassen", schreibt Jean Paul Sartre.[202] Bereits die Sprache über den Tod ist so vage und bildhaft, dass leicht der Eindruck entsteht, der Tod sei ein Rätsel. So heißt es beispielsweise, der Tod sei eingetreten. Aber im Grunde tritt gar nichts ein. Das Leben hört einfach nur auf. Rainer Maria Rilke dichtet, dass der Tod „uns nimmt und in das Stumme stößt".[203] Auch solcherlei Poesie ist irreführend. Erst recht gilt dies für die Vorstellung vom Tod im Sinne eines endlosen Zustands. Diese Redensarten unterstützen alle die Ansicht, der Tod sei ein dunkles Mysterium.

Gerade seiner Unvorstellbarkeit wegen wirkt er geheimnisvoll. Unvorstellbar ist er aber nur insofern, als bei jedem Versuch, ihn zu denken, immer „ein Restchen vom Ich" erhalten bleibt, wie schon Lukrez erkannte.[204] Fast zwei Jahrtausende später formuliert Schelling den gleichen Sachverhalt so, dass „ich, um mein Nichtdasein zu denken, zugleich mich selbst als existierend denken muss".[205] Dies meint, dass man sich sein völliges Nichtsein gar nicht vorstellen kann, weil man sein Selbst hierbei nicht loswird. Ähnlich betont Schopenhauer, dass beim Bemühen, sich weg zu denken, „man doch noch da" ist.[206] Nicht zuletzt vermerkt Arnold Gehlen, dass „es keine versuchsweise Aufhebung des Ichbewusstseins in der lebenden Reflexion gibt".[207] Zwar kann man abstrakt denken, dass man einmal aufhört zu existieren, man kann sich aber keineswegs vorstellen, nicht mehr zu sein.

Hinzu kommt, dass man den Tod nur erleidet, aber nicht erlebt, wie Ludwig Wittgenstein betont: „Der Tod ist kein Ereignis des Lebens. Den Tod erlebt man nicht."[208] Sowohl dessen Unvorstellbarkeit als auch der Umstand, dass man den Tod nicht erfährt, sondern er einem vielmehr widerfährt, verstärken die Vermutung, dass er etwas Mysteriöses sei. Aufgrund beider Einschränkungen übersteigt der Tod unser Fassungsvermögen. Dazu verstärkt die Unmöglichkeit, ihn sprachlich angemessen auszudrücken, seine Rätselhaftigkeit. Elias Canetti bringt es auf den Punkt: „Der Tod lässt sich nicht erzählen."[209]

So wird aus dem Tod leicht ein ebenso unsagbares wie undurchsichtiges Rätsel, das für wilde Spekulationen einen fruchtbaren Nährboden bereitet. Obgleich der Tod sein Geheimnis nicht preisgibt, verlangen die Menschen nach tröstlichen Antworten auf die bedrückende Frage aller Fragen. Weder akzeptieren sie, dass der Verstorbene das Geheimnis des Todes mit ins Grab nimmt, noch finden sie sich mit dem Augenscheinlichen ab: Aus Erde entstanden, möchten sie nicht wieder zur Erde zurückkehren. Sogar der nüchterne Aufklärungsphilosoph Immanuel Kant hielt die berühmte Formulierung „Erde zur Erde" für den „demütigendsten Ausspruch, der über ein vernünftiges Wesen nur gefällt werden kann".[210] Darum rufen die Menschen seit jeher nach dem Beistand der Religionen, die den Schlüssel zum Mysterium unseres Dahinscheidens zu besitzen scheinen.

Banalität des Todes

Aber der Tod verbirgt kein Mysterium. Er entriegelt keine Pforten. Er ist weder ein lösbares Rätsel noch ein ergründbares Geheimnis, sondern einfach nur das Ende des Lebens. Er trägt keinen Code, der entschlüsselt, keine Schrift, die dechiffriert, keinen im manifesten Todesinhalt verdeckten Erlösungsgedanken, der nur ans Tageslicht gezogen werden müsste. Es ist gänzlich aussichtslos, unter seiner Oberfläche eine Tiefendimension ausmachen zu wollen. Denn der Tod erscheint nur deshalb als unergründlich und unbegreiflich, weil hier nichts zu ergründen oder zu begreifen ist. Das Todesproblem ist nicht ungelöst, weil es unlösbar wäre, sondern weil es nichts zu lösen gibt. Es ist unmöglich, den Tod zu enträtseln, da er keine tiefere Bedeutung hat. Er bleibt ohne Sinn. Darum birgt das bedrohliche Röcheln am Lebensende keine entzifferbaren Zeichen in sich, mögen wir auch noch so aufmerksam lauschen. Die letzten Seufzer enthalten keine bis dahin verborgene Botschaft. Der Tod hält nur die Enttäuschung seiner Endgültigkeit bereit.

Dazu ist der Tod nicht unheimlich. Der sogenannte Skandal ist banal. Im *Zauberberg* stellt sich Hans Castorp den Tod „mit einer gestärkten spanischen Krause vor".[211] Dort heißt es: „Der Tod ist eine große Macht. Man nimmt den Hut ab und wiegt sich vorwärts auf Zehenspitzen in seiner Nähe. Er trägt die Würdenkrause des Gewesenen, und selber kleidet man sich streng und schwarz zu seinen Ehren."[212] Aber jede Hochachtung und Verbeugung vor dem Tod ist unverhältnismäßig. In seiner Erzählung *Der Tod* vermutet Thomas Mann, dass Sterben und Tod weder großartig noch grausam oder geheimnisvoll sind, sondern etwas „Gewöhnliches an sich haben".[213] In seiner Erzählung *Enttäuschung* vertieft Mann diesen Gesichtspunkt mit den Worten: „Ach, ich kenne ihn bereits so genau, den Tod, diese letzte Enttäuschung des Lebens! Das ist der Tod? Werde ich im letzten Augenblicke zu mir sprechen."[214] Demgemäß formuliert Hofrat Behrens im *Zauberberg*: „Ich kenne den Tod, ich bin ein alter Angestellter von ihm, man überschätzt ihn, glauben Sie mir! Ich kann Ihnen sagen, es ist fast gar nichts damit."[215]

Im Augenblick des Todes werden wir lediglich der „Gegenwart"[216] entrissen, wie Arthur Schopenhauer vermerkt. Zwei Jahrtausende zuvor schrieb schon Marc Aurel: „Vergiss nie, dass jeder nur diesen gegenwärtigen Moment lebt. Die übrige Zeit hat er entweder gelebt oder sie liegt im Ungewissen. Es ist also nur eine winzige Spanne Zeit, die ein jeder lebt."[217] Da jeder nur seine Gegenwart ist, verlieren Sterbende, ob jung oder alt, immer das Gleiche: Jeder wird bloß seiner Gegenwart beraubt.

Dies alles ist so banal wie der Tod allgemein, der im unermesslichen Universum eher das Normale ist, während das Leben die große Ausnahme darstellt. Im Grunde ist er nichts weiter als eine unvermeidliche Naturtatsache. Er ist der Abschluss eines biologischen Prozesses, hervorgerufen durch Krankheit, Unfall oder die Begleiterscheinungen eines hohen Alters. Der Tod kommt genauso wenig zustande durch das Einwirken magischer Kräfte, Geister oder Ahnen wie durch das Eingreifen eines Teufels oder Gottes. Zentrales Nervensystem, Atmung, Blutkreislauf, Stoffwechsel und Temperaturregulation sind die fünf wichtigen Lebensfunktionen. Die sechste ist das Bewusstsein, dem das Hirn als Teil des zentralen Nervensystems entspricht. Der irreversible Ausfall dieser Funktionen und der ihnen entsprechenden Organe verwandelt den Organismus in einen Leichnam. „In einem Moment belebte Materie, im nächsten dasselbe, nur ohne das Adjektiv“, schreibt Wolfgang Herrndorf.[218]

Jeder stirbt aus

„Gedanke vom endgültigen Tode. Erst die Wissenschaft hat ihn sich wieder zurückerobern müssen, und zwar indem sie zugleich jede andere Vorstellung vom Tode und jedes jenseitige Leben ablehnte. Wir sind um ein Interesse ärmer geworden: das Nach-dem-Tode geht uns nichts mehr an“, notiert Nietzsche.[219] Alle übernatürlichen Versprechen, die uns den Schrecken vor dem Lebensende nehmen sollen, sind null und nichtig. Es gibt keine Therapie gegen den Tod. Denn das Ende ist weder Übergang noch Verwandlung, keine Transformation oder Metamorphose, sondern Vernichtung. Zwar findet der Tod immer irgendwo statt, aber er führt nirgendwo hin. Ein Toter bricht nicht zu einer Reise auf. Er ist auf keiner Wanderschaft. Der Tote hat sich für immer verflüchtigt. Er hinterlässt weder eine Adresse noch schickt er uns Nachrichten. Er ist ein für allemal verschwunden. Wie uns die Geburt zu uns selbst und zur Welt öffnet, wie Sartre sagt, so schließt sich diese Öffnung wieder im Augenblick des Todes, in dem wir unwiderruflich aus dem Leben scheiden. Der Hingang eines Toten setzt einen Schlusspunkt.

Hiob schreibt: „Der Herr hat's gegeben, der Herr hat's genommen."[220] In Wahrheit aber ist es die „Natur, die alles gibt und wieder nimmt", so Marc Aurel und Seneca im *63. Brief an Lucilius*.[221] Der von religiösen Überhöhungen und literarischen Schönfärbereien befreite Tod ist merkwürdig kalt. Der schwedische Dichter August Strindberg beschreibt ihn im *Totentanz* als eine Erdgrube mit einer Holzkiste darin und einigen Schaufeln Geschwätz darauf.[222] Ganz nüchtern dagegen Bertrand Russell: „Ich glaube, dass ich verwesen werde, wenn ich sterbe, und dass nichts von meinem Ego übrigbleibt ... Auch das Denkvermögen eines Einzelnen kann den körperlichen Tod nicht überleben, weil dieser Tod den Aufbau des Gehirns zerstört und die Energie vernichtet, die durch die Gehirnbahnen geströmt ist."[223] In der Moderne teilen die meisten Gelehrten Russells Auffassung. „Ich sterbe ganz und gar", klagt die Existenzialistin Simone de Beauvoir.[224] Für ihren Lebensgefährten Jean-Paul Sartre ist der Tod das Ende aller Möglichkeiten, eine brutale Faktizität, die alle Lebenspläne, Hoffnungen und Sehnsüchte vernichtet. Der berühmte englische Maler Francis Bacon stellt lakonisch fest: „Wir kommen von nichts und werden zu nichts. Das ist alles."[225] Ähnlich knapp der große Soziologie Norbert Elias: „Der Tod ist das absolute Ende der Person."[226] Poetisch der Spätromantiker Friedrich Gottlob Wetzel, bekannt als Bonaventura: „Das Leben ist nur ein Schellenkleid, das das Nichts umgehängt hat, um damit zu klingeln und es zuletzt grimmig zu zerreißen und von sich zu schleudern."[227] Drastischer der Prediger Salomo: „Mensch und Vieh haben ein und denselben Tod. Beide haben einerlei Odem, und ein Vorzug des Menschen vor dem Vieh ist nicht. ... Beide sind aus Staub geworden, und beide kehren zum Staub zurück."[228] Da wir nicht bloß alle sterben werden, sondern jeder an seinem Todestag für alle Zeit gestorben sein wird, kann man auch sagen: Jeder stirbt aus.

Vergänglicher Ruhm

Shakespeares *Hamlet* mit mehreren Schädeln vor Augen, die ein Totengräber bei der Aushebung einer Leichengrube nach oben wirft: „Da ist wieder einer: warum könnte das nicht der Schädel eines Rechtsgelehrten sein? Wo sind nun seine Klauseln, seine Praktiken, seine Fälle und seine Kniffe? … Glaubst du, dass Alexander der Große in der Erde solchergestalt aussah? Alexander starb, Alexander ward begraben, Alexander verwandelt sich in Staub; der Staub ist Erde."[229] Seinerzeit wurde einem neugewählten Papst drei Mal zugerufen: „Sic transit gloria mundi – So geht vorüber der Ruhm der Welt." Schon die Lenker der altrömischen Triumphwagen ermahnten die siegreichen Feldherren bei festlichen Umzügen zu Bescheidenheit mit den Worten: „Respice finem – Bedenke das Ende." Dante Aligheri greift diese Weisheit im *Fegefeuer* seiner *Göttlichen Komödie* auf: „Der Ruhm der Welt streift wie ein Hauch die Ohren, ein Hauch, der bald hierher, bald dorther weht, und mit der Richtung geht der Nam' verloren."[230] Ähnlich Hofmann von Hofmannswaldau in *Die Welt*: „Was ist die Welt und ihr berühmtes Glänzen? / Was ist die Welt und ihre ganze Pracht? / Ein schnöder Schein in kurzgefassten Grenzen, / ein schneller Blitz bei schwarzgewölkter Nacht."[231] Wo sind die Menschen, deren Leben früher die Welt mit Herrlichkeit erfüllte? „Wo ist der Glanz Babylons? Wo ist Salomo, der einst so herrliche? Die göttliche Stimme Ciceros?", fragt der Mönch Bernhard von Morlay im Jahre 1140.[232] Nur Eines steht fest: „Morgen wird die Sonne untergehen und ich bin nirgends mehr. Nur mein Körper wird noch sein. Und wenn du eines Tages meinen Sarg öffnen lässt, wirst du nichts darin finden als ein wenig Asche. Selbst die Knochen werden zu Staub zerfallen sein", klagt Simone de Beauvoir.[233]

Allen geschliffenen Totenreden zum Trotz vergeht selbst der größte Ruhm im Laufe der Zeit. Es ist ein grober Irrtum zu glauben, man könne durch seine Taten und Werke dauerhaft Bedeutsamkeit erlangen. Achilles, gefürchteter Kämpfer im Trojanischen Krieg, zog ein kurzes glorreiches Leben einem langen ruhmlosen vor; Herostratos, ionischer Hirte, steckte im Jahre 365 v. Chr. den Tempel der Artemis auf Ephesos in Brand, um seinen Namen unsterblich zu machen. Aber wie jeder Held trotz Lorbeerkranz in Staub zerfällt, verblasst mit der Zeit auch der Glanz seines Nachruhms. Überhaupt muss mit dem römischen Satiriker Juvenal gefragt werden: „Was ist schon der größte Ruhm, wenn er nichts als Ruhm ist?"[234]

Dennoch versuchen die Menschen immer wieder im kollektiven Gedächtnis der Nachwelt einen Platz zu erobern. Goethe erreichte seine virtuelle Unsterblichkeit durch grandiose Dichtkunst, Immanuel

Kant durch philosophische Meisterwerke und Leonardo da Vinci durch großartige Gemälde. Grausame Massaker haben Diktatoren wie Hitler, Stalin und Pol Pot ein ebenso hässliches wie unvergessliches Denkmal gesetzt. Den höchsten Nachruhm boten das alte Ägypten und Rom, wo Pharaonen und Kaiser als Götter verehrt wurden. Am 18. August im Jahre 14 starb der römische Kaiser Augustus. Schon vier Wochen später wurde der Kaiser wie sein Adoptivvater Julius Cäsar auf Beschluss des römischen Senats in den Rang eines Gottes erhoben. Seine Beförderung fand am 17. September 14 statt. Ähnlich glanzvolle Aufstiegschancen haben heute nur noch vorbildliche Katholiken, die selig- und heiliggesprochen werden.

Allerdings erliegen auch Normalsterbliche zuweilen der Versuchung, unsterblichen Ruhm erlangen und von der Nachwelt erinnert werden zu wollen. Nicht wenige beschäftigt die Frage, was sie wohl hinterlassen werden und wie ihr Leben später gewürdigt wird. So preist der römische Dichter Horaz in den *Carmina* seine Werke selbst als unsterblich: „Ich habe mir ein Denkmal errichtet, dauerhafter als Erz und höher als der königliche Bau der Pyramiden, welches nicht der gefräßige Regen und nicht der unbändige Nordwind zerstören kann oder die unzählige Anzahl an Jahren oder der Lauf der Zeiten. Ich werde nicht ganz sterben.“[235] In gleichem Sinne William Shakespeare: „Kein Marmorbild, kein fürstlich Monument soll diese mächtigen Reime überleben, die größeren Ruhm und höheren Glanz dir geben, als was geformt aus irdischem Element.“[236] Shakespeare war überzeugt davon, dass seine Lieder bis zum Ende aller Zeiten erhalten bleiben – gemäß Friedrich Hölderlins geflügelten Worten: „Was aber bleibet, stiften die Dichter“.

Doch welch kindische Anmaßung! Bereits der Vater des Humanismus, Francesco Petrarca, warnte im 14. Jahrhundert alle Dichter und Philosophen vor Überheblichkeit: „Denke an die Vernichtung der Bücher, auf denen dein Name von eigener oder fremder Hand geschrieben steht. Sterblich ist alles, was je des Menschen Geist mit eitlem Fleiß geschaffen.“[237] Schließlich beklagt auch Shakespeare, dass alles Menschliche dem Untergang geweiht sei: „Es treibt zum Weinen, dass man hat, was doch nicht bleibt.“[238] Alle Werke sind zu spurloser Vergänglichkeit verurteilt, wie Seneca im *91. Brief an Lucilius* betont.

Dazu kommt, dass es eines Tages keine Nachwelt mehr geben wird, in welcher der erstrebte Nachruhm noch gepflegt werden könnte. „Wer sich um seinen Nachruhm Sorge macht, bedenkt nicht, dass alle Menschen, die sich nach seinem Tode noch seiner erinnern, in kürzester Frist selbst sterben werden, und dann die, die durch jene von ihm gehört haben, bis die gesamte Erinnerung an ihn erloschen ist", notiert Marc Aurel.[239] Die Kette der Erinnerung bricht irgendwann ab. Dann erlischt für immer, was einst als wichtig galt. Dies ist das Los alles Menschlichen. Selbst größter Ruhm bleibt hiervon nicht verschont.

„Doch einmal angenommen, dass die Menschen, die sich deiner erinnern, unsterblich und daher das Andenken an dich ewig wäre – was hättest du davon?", fragt der römische Kaiser.[240] Wozu Nachruhm, den man nicht wahrnehmen kann? Warum Jahrhunderte oder Jahrtausende im Gedächtnis der Menschheit bleiben wollen? Wie töricht! Wie eitel! In dieser Frage darf der französische Linguist Roland Barthes als Vorbild dienen, der schreibt: „Ich lebe ohne jede Sorge um die Nachwelt; kein Wunsch, später gelesen zu werden; völlige Bereitschaft, restlos zu verschwinden."[241]

Schöpferische Menschen lassen sich eher von innerer Leidenschaft als von äußerem Ehrgeiz leiten. Für sie „zählt einzig die Arbeit des Augenblicks. Und die geht verloren. Ich verspüre keinerlei Neigung und habe nicht das Bedürfnis, ihre Spur zu bewahren," meint der berühmte Ethnologe Claude Lévi-Strauss.[242] Doch zig Menschen machen zu viel Aufhebens von ihrem Tun, das unweigerlich der Vergessenheit anheimfallen wird. Dabei ist es schon anstrengend genug, sich im Hier und Jetzt behaglich einzurichten.

Spurloses Verschwinden

In Ionescos *Der König stirbt* trösten die engsten Freunde den Todgeweihten mit den Worten: „Du bist ein wichtiger Abschnitt gewesen, ein Bestandteil, ein Vorläufer. Du bist ein Teil von allem, was entsteht ... Dein Name steht für immer in den Weltregistern."[243] Schöne Aussichten! Aber sie trösten nicht. Denn es schaut ja nicht nur niemand mehr eines Tages in den Archiven nach. Der Verstorbene ist auch dann tot, wenn man seiner gedenkt. Es ist völlig unsinnig zu sagen, ein Mensch sei erst wirklich tot, wenn niemand mehr sich an ihn erinnert. Dennoch stört es bis heute viele Zeitgenossen, dass sie und alles, was sie hervorbrachten, nach einigen Jahren völlig in Vergessenheit geraten könnten. Nicht einmal die Helden der Geschichte bleiben unendlich lange in Erinnerung. Irgendwann gibt es sogar niemanden mehr, der sich überhaupt noch erinnern könnte.

Verfallene Gräber, gestürzte Kreuze und verblasste Grabinschriften veranschaulichen, dass es auf niemanden in der Welt ankommt. Der Künstler Alberto Giacometti treibt mit seinen ausgezehrten Skulpturen die menschliche Erscheinung bereits bis an den Rand ihrer Auflösung. Seine langgezogenen Figuren starren in eine trostlose Leere, in der es weder Hoffnung noch Erlösung gibt. Diese spindeldürren Gestalten verkörpern die immer und überall spürbare Zerbrechlichkeit alles Menschlichen. Als solche gehören seine hageren Plastiken ebenso zum Reich der Lebenden wie der Toten. Klapperdürr, fast nichts, manifestieren sie auf krasse Weise die radikale Sterblichkeit des menschlichen Daseins. Auf vergleichbare Weise gestaltet der berühmte Dramatiker Samuel Beckett die trostlose Nichtigkeit des Menschen. In packenden Bühnenbildern führt er seinen Zuschauern die Sinnleere des Lebens vor Augen. Seine Figuren hausen in Mülleimern oder verbringen ihr Leben bis zum Hals im Sand oder mit dem Gesicht im Schlamm. Wie ein Cantus firmus durchzieht sein Theaterstück *Endspiel* die Ankündigung: „Ich bin dran." Schrittweise ergreift der Tod von den vier Hauptfiguren Besitz – dem Diener Clov, seinem Herrn Hamm und dessen Eltern Nagg und Nell. Allerdings geht es in dem Stück nicht bloß um das definitive Erlöschen eines Einzelnen, sondern des Lebens überhaupt. Im Grunde sei jeder ein *Namenloser*, so der Titel eines weiteren Stücks von Beckett. Tatsächlich wird irgendwann die Zeit kommen, da es niemanden mehr geben wird, der sich noch an uns erinnern, ja wissen könnte, dass es überhaupt Menschen gab, wie schon Marc Aurel erkannte: „Wie schnell verschwindet alles: im Kosmos die Menschen, in der Ewigkeit die Erinnerung an sie."[244] Mit Bestürzung müssen wir zur Kenntnis nehmen, dass alles, was wir denken, fühlen und tun, verloren gehen wird. „Was immer du, was immer ein anderer, was immer jeder von uns tut, es ist umsonst. O Eitelkeit aller Bemühungen ... Wie soll auch ein Leben Wert haben, das als Darm angelegt ist?", spottet Elias Canetti.[245] Im

Grunde ist es kaum zu ertragen, dass die großen Augenblicke unseres Lebens gänzlich abhandenkommen. „Voller Melancholie denke ich an all die Bücher, die ich gelesen, an all die Orte, die ich besucht habe, an das Wissen, das sich angehäuft hat und das nicht mehr da sein wird. Die ganze Musik, die ganze Malerei, die ganze Kultur, so viele Bindungen: plötzlich bleibt nichts mehr. … Dieses einzigartige Ganze, meine persönlichen Erfahrungen … – das alles wird niemals wieder auferstehen“, bedauert Simone de Beauvoir.[246]

Alle früheren großen Kulturen erschienen den Menschen, die in ihnen lebten, als endlos. Aber wie die Geschichte beweist, waren sie alle zum Untergang verurteilt.[247] „Betrachte die Urkunden früherer Zeiten und ganzer Völker und sieh, wie viele Menschen, die sich über die Maßen anstrengten, kurz darauf niedersanken und in die Elemente aufgelöst wurden ... Denn alles ist vergänglich, und bald weiß nur noch die Sage davon. Und bald ist es völlig vergessen“, so noch einmal Marc Aurel.[248] Ähnlich Seneca: „Städte, die du jetzt als prächtig und vornehm rühmen hörst, Spuren sogar wird die Zeit auslöschen … – wo sie sich befunden haben, wird man einst fragen.“[249] Auch unsere Zivilisation wird eines Tages vergehen. Die Anstrengungen der Menschen, ihre Sorgen, Ängste und Sehnsüchte, alle Wissenschaften und Künste werden einmal umsonst gewesen sein. Zwar wird ungeheuer viel Kraft für Fortschritt und Erfolg aufgeboten. Doch schließlich ist alles vergebens. Auf die Götterdämmerung folgt die Menschheitsdämmerung, wie Lévi-Strauss treffend vermerkt: Es gehört zur Eigenart des nachdenklichen Menschen „zu leben und zu kämpfen, zu denken und zu glauben, vor allem Mut zu bewahren, ohne aber dass ihn die gegenteilige Gewissheit je verlässt, dass er früher nicht auf der Erde war und es nicht immer sein wird und dass mit seinem unvermeidlichen Verschwinden von der Oberfläche eines Planeten, der ebenfalls dem Tod geweiht ist, auch seine Mühen, seine Schmerzen, seine Freuden, seine Hoffnungen und seine Werke verschwinden, als hätten sie nie existiert, da kein Bewusstsein mehr da ist, um auch nur die Erinnerung an jene flüchtigen Bewegungen zu bewahren“.[250] Darum bedeutet es nichts, wenn das Leben zum letzten Schlag ausholt, wie Nietzsche meint: „Es gab Ewigkeiten, in denen der menschliche Intellekt nicht war; wenn es wieder mit ihm vorbei ist, wird sich nichts begeben haben.“[251] Mögen wir noch so viel

Kraft fürs Erinnern und Bewahren aufbringen, das Hinübergleiten des Vergangenen ins Nichts können wir nicht aufhalten.

Die Ruine

Stimmungsvolle Gemälde von Giovanni Francesco Barbieri und Nicolas Poussin zeigen eine paradiesische Landschaft, in der Wanderer auf einen Stein mit der Inschrift stoßen: „Et in Arcadia ego – Auch ich bin in Arkadien.“[252] Gemeint ist mit „ich“ der Tod oder die Vergänglichkeit, die es selbst in der von Sorgen, Mühen und Beschwernissen verschonten Hirtenidylle gibt, wo sonst nur Friede, Schönheit und Harmonie herrschen. Aber wie Friedrich Schiller in dem Trauergesang *Nänie* klagt: „Auch das Schöne muss sterben! Das Menschen und Götter bezwinget ... Siehe, da weinen die Götter, es weinen die Göttinnen alle, dass das Schöne vergeht, dass das Vollkommene stirbt.“[253] Das Schöne, von Platon im *Symposion* als ewig, unwandelbar, der Zeit enthoben dargestellt, gibt uns Anlass zur Trauer, weil es in Wahrheit so vergänglich ist wie alles Übrige auch. Johann Wolfgang von Goethe fragt in *Torquato Tasso*: „Wer weinte nicht, wenn das Unsterbliche vor der Zerstörung selbst nicht sicher ist?“[254] Und Rainer Maria Rilke klagt in der *II. Duineser Elegie*: „jene, die schön sind, o wer hält sie zurück? Unaufhörlich steht Anschein auf ihrem Gesicht und geht fort. Wie Tau von dem Frühgras hebt sich das Unsre von uns, wie die Hitze von einem Gericht.“[255]

Nun ist Vergänglichkeit aber nicht bloß ein Merkmal des Schönen, sondern sogar dessen Preis, wie Goethe in seinen *Vier Jahreszeiten* dichtet: „Warum bin ich vergänglich, o Zeus? So fragte die Schönheit. / Macht ich doch, sagte der Gott, nur das Vergängliche schön. / Und die Liebe, die Blumen, der Tau und die Jugend vernahmen's; / Alle gingen sie weg, weinend, von Jupiters Thron.“[256] André Gide sieht es ähnlich wie Goethe, wenn er schreibt, „dass die wundervolle Schönheit dieser Welt gerade daher rührt, dass nichts auf der Erde dauert“.[257] Ebenso Gottfried Benn: „ach nur Vergehendes ist schön“.[258] Bereits im 17. Jahrhundert widmete Christian Hofmann von Hofmannswaldau der *Vergänglichkeit der Schönheit* ein großartiges Gedicht. [259] Und in der römischen Antike formulierte schon Seneca: „was uns im Leben am besten gefällt, das ist gerade das Flüchtigste und Zarteste“.[260] Gleichfalls verwandelt Sigmund Freud in seinem Aufsatz *Vergänglichkeit* die Trauer über die Flüchtigkeit alles Schönen in ein positives Erlebnis. Die Tatsache, dass das Schöne vergänglich sei, intensiviere zum einen dessen Genuss und erhöhe zum anderen dessen Kostbarkeit, weil es nicht immer da und so niemals selbstverständlich sei.[261] „Wird es dadurch entwertet? Im Gegenteil, meine ich, gewinnt es dadurch ungeheuer an Wert und Seele und Reiz", meint auch Thomas Mann.[262]

Sinnbild vergänglicher Macht

Besonders eindrucksvoll tritt die Endlichkeit alles Schönen an den Ruinen des Altertums hervor. Als Bilder vergangener Größe sind sie Sinnbilder vergänglicher Pracht – ob das Forum Romanum, die Säulenstraße des syrischen Palmyra oder der Athenatempel von Delphi am Südabhang des griechischen Parnass. Der römische Kaiser Marc Aurel schrieb bereits: „wie viele ganze Städte sind sozusagen gestorben: Helike, Pompeji und Herkulaneium".[263] Existenziell bedeutsam ist nicht, was die antiken Stätten von Rom, Ephesos und Karthago einmal waren, sondern vielmehr was sie heute noch sind: Ruinen, die auf den Ruin ganzer Kulturen hindeuten, die einst hofften, unaufhörlich zu existieren. Diese seien hier weniger als Archive der Erinnerung oder Zeugen entschwundener Zeiten denn als Zeichen menschlicher Vergänglichkeit gewürdigt. Doch „einst wird kommen der Tag, da das heilige Troja hinsinkt, Priamos selbst und das Volk des lanzenkundigen Königs", heißt es schon in Homers *Ilias*.[264]

Die italienischen Ruinenmaler Giovanni Battista Piranesi und Giovanni Paolo Panini sowie dessen französischer Schüler Hubert Robert, alle drei 18. Jahrhundert, zählen zu den größten Ruinenkünstlern der abendländischen Geschichte. Detailgenau brachten sie in Graphiken, als Stiche oder auf Gemälden zahlreiche Ansichten Roms mit dessen Ruinen hervor, sogenannte Vedute. Sie entwickelten aber auch Capricci, die zwar Monumente und Gebäude wirklichkeitsgetreu wiedergeben, aber in freier Komposition zusammenstellen. In der Malerei bis Caspar David Friedrich gibt es verschiedentlich das Motiv *Einsiedler in verlassener antiker Ruine*. Abgewandt vom gesellschaftlichen Tageslärm versinkt der einsame Spaziergänger in stiller Betrachtung über Leben und Welt. In der Abgeschiedenheit laden halb zerfallene Gemäuer den in sich gekehrten Wanderer zu wehmütigen Gedanken über die Eitelkeit der Welt und die Vergänglichkeit des Lebens ein. Die Steine der zerborstenen Kapitäle, eingebrochenen Bögen und baufälligen Wölbungen geben zu denken. Sie sind Denkanstöße. Ruinen eignen sich vorzüglich für melancholische Klagen über die Unbeständigkeit allen Glücks und die Hinfälligkeit aller Dinge.

Fürstliche Herrscher sahen in Ruinen bedrohliche Gegenbilder ihrer Macht, doch manchmal auch sinnfällige Symbole ihrer Endlichkeit. Jahrhunderte lang wurde unterschieden zwischen dem König als öffentlichem Würdenträger, der nicht verscheiden kann, weil er stets durch einen neuen abgelöst wird, und dem König als sterblicher Person, die wie jede andere den Gesetzen von Krankheit und Zerfall untersteht. Beide Aspekte – den politischen und den natürlichen – sollte der Herrscher in sich vereinigen. Hierfür standen der prunkvolle Palast und die zuweilen eigens für solche Vergleiche erbauten Ruinen am Rande eines Schlossparks, in die sich der König hin und wieder zurückzog. So ließ Friedrich II. einen Ruinenberg hinter *Sanssouci* als Mahnung an die Vergänglichkeit aller irdischen Größe errichten. Im Jahre 1765 schrieb der Preußenkönig in einem Brief: „Ach, mein lieber d'Alembert, lassen Sie uns bisweilen mit dem guten Salomo die vernünftigsten Worte, die ihm entwischt sind, wiederholen: O Eitelkeit der Eitelkeiten! Eitelkeit des Ruhms! Der Mensch ist ein im Ozean der Ewigkeit schwimmendes Atom; der Augenblick seiner Geburt grenzt an den Augenblick seines Todes."[265]

Steinerne Illusionen

Wie Horaz schreibt der spätrömische Dichter Ausonius: „Denkmäler verfallen; der Tod ereilt selbst Steine und Namen."[266] Wie schnell wurden schon majestätische Bauwerke, die in alle Ewigkeit bestehen sollten, Beutestücke der Natur. Nichts kann diesen Sieg der Vergänglichkeit erhabener ausdrücken als von Kletterpflanzen umrankte und mit Moos überwucherte Ruinen des Altertums.

Der naturalistische Dichter Emile Zola spricht von der stummen Trauer zerbröckelter Tempel, denen lediglich die Abendsonne noch einen kaiserlichen Glorienschein verleihe. Schwermütig fragt Charles Dickens: „Was ist die Einsamkeit einer Gegend, wo niemals Menschen gewohnt haben, gegen die einer Wüste, wo ein mächtiges Volk seine Fußspuren in dem Boden hinterlassen hat, von dem es verschwunden ist, wo die Ruhestätten seiner Toten wie seine Toten selbst zerfallen sind und wo das geborstene Stundenglas nur noch ein Haufen eitlen Staubes ist.“[267] Ende des 15. Jahrhunderts rief Konrad Celtis beim Betreten Roms: „Was ist geblieben, o Rom? Nur der Ruhm deines Sturzes, wo einst doch so viele Konsuln du, so viele Caesaren erzeugt hast. Alles verschlingt die gefräßige Zeit: nichts dauert hienieden ewig.“[268] Schon der römische Feldherr Scipio sah bei seinem glorreichen Sieg über das brennende Karthago mit trauriger Wehmut den späteren Untergang Roms voraus.

Der französische Schriftsteller Denis Diderot, dem Zauber der Ruinengemälde Hubert Roberts verfallen, schreibt im 18. Jahrhundert: „Ruinen erwecken in mir erhabene Ideen. Alles wird zunichte, alles verfällt, alles vergeht. Nur die Welt bleibt bestehen. Nur die Zeit dauert fort. … Wohin ich auch blicke, überall weisen mich die Gegenstände, die mich umgeben, auf das Ende aller Dinge hin, und so finde ich mich mit dem Ende ab, das mich erwartet. … Ich sehe den Marmor der Grabmäler zu Staub zerfallen und will selbst nicht sterben! Ich will ein schwaches Bündel von Nerven und Fleisch dem allgemeinen Gesetz entziehen, das sich sogar am Erz vollzieht! Ein gewaltiger Stoß reißt die Völker nacheinander in den allgemeinen Abgrund, und ich – ich allein maße mir an, am Ufer auszuharren und die Flut, die an meinen Seiten vorüberrauscht, brechen zu können!“[269] Ruinen bezeugen die Vergeblichkeit aller menschlichen Anstrengungen und geben ihr eine sinnliche Gestalt. Die zerstörerische Macht der Zeit macht vor nichts und niemandem Halt – gemäß der Inschrift: „Nichts bleibt vor der Zeit, nichts kann vor ihr bestehen, was noch so stark und fest, muss endlich doch vergehen.“

Eines Schattens Traum

Obwohl die verrinnende Zeit nicht wahrnehmbar ist, gibt es hiervon doch gelungene Illustrationen, ob auf Bildern mit Skeletten und Totenschädeln oder auf Gemälden mit ablaufenden Stundengläsern, angenagten Blättern, welken Blüten, angefaulten Früchten, zerbrochenen Krügen und verlöschenden Kerzen. Diese Stillleben tragen alle Züge der Vanitas – ein doppeldeutiger Begriff, der einerseits Vergänglichkeit bedeutet, andererseits Eitelkeit. Hierzu der Prediger Salomon: „Alles ist eitel, ganz eitel. Was hat der Mensch für Gewinn von all seiner Mühe, die er hat unter der Sonne? Ein Geschlecht vergeht, das andere kommt; die Erde aber bleibt."[270] Der Barockdichter Andreas Gryphius widmet der vergeblichen Eitelkeit zahlreiche Gedichte. Genauso drastisch bringen Gaetano Giulio Zumbos Wachsreliefs *Die Vanitas menschlicher Größe* oder *Der Triumph der Zeit* das vergängliche Dasein zur Darstellung. Der spanische Maler Juan de Nisa Valdés Leal wiederum präsentiert das *Ende des Ruhms der Welt* als Gruft, in der zwischen Haufen menschlicher Knochen mehrere offene Särge mit verwesenden Würdenträgern in vollem Ornat zu sehen sind.

Gleichfalls lädt der Schweizer Maler Arnold Böcklin mit seinen fünf Versionen der berühmten *Toteninsel* und seinem *Selbstbildnis mit fiedelndem Tod* den Betrachter zur Besinnung ein. Seine schwermütigen Bilder strahlen eine morbide Atmosphäre aus. Die *Toteninsel* zeigt eine Felseninsel, in deren Mitte Zypressen stehen. In die Felsen sind Grabkammern eingebaut. Ein Boot mit einer weißgekleideten Person, einem Ruderer und einem weißen Sarg steuert auf die Insel zu. Dagegen zeigt das *Selbstbildnis mit fiedelndem Tod* den Maler mit Palette und Pinsel in der Hand. Seine Arbeit unterbrechend, schweift sein Blick am Betrachter vorbei in die Weite. Dicht neben ihm steht der Tod, verkörpert als Schädel und Knochenhand, die auf einer Geige mit nur einer Saite dem Maler ins Ohr fiedelt. Dieser erschrickt nicht, sondern lauscht in Ruhe den Klängen des Todes, welche sein schöpferisches Leben zu inspirieren scheinen.

Max Klingers Bild *Nacht* mit einem sichtlich versonnenen Mann, der in die Weite einer Abendlandschaft blickt, oder Lovis Corinths *Tod und Künstler*, der mit düster gesenktem Kopf im Spiegel einen bedrohlichen Totenschädel auf sich zukommen sieht, sowie Egon Schieles *Tod und Tanz* bearbeiten auf ähnliche Weise die menschliche Sterblichkeit. Es sind traurige Bilder, die so still wirken, dass der nachdenkliche Betrachter vermutlich erschrecken würde, sollten plötzlich Geräusche an sein Ohr dringen. In die Reihe gehört auch Eduard Munchs *Totentanz.*

Diese Gemälde sind alle stimmungsvoller und schwermütiger als die alten *Totentänze* etwa von Hans Holbein oder Johann Rudolf Feyerabend. Auf ihren *Danses macabres* tanzen mal anonyme Skelette als Symbol des Todes mit den Menschen, mal sind die Gerippe der Toten selbst die Tänzer. Die ersten *Totentänze* entstanden im Spätmittelalter nach der Pest. *Totentänze* geben dem Betrachter zu verstehen, dass der Tod alle Menschen ohne Ansehen von Person und Rang mit sich reißt. Vor dem Sensemann sind alle gleich: Könige, Bischöfe und Künstler ebenso wie Bauern, Mägde oder Bettler. Aufgestapelte Knochen und Schädel in Gebeinhäusern predigen bis heute die Gleichheit aller Sterblichen. Dazu nimmt der Tod keinerlei Rücksicht aufs Alter. Allezeit kann es jeden treffen.

Seiner Flüchtigkeit wegen wird das menschliche Leben auch gerne mit einem Traum verglichen. Der griechische Dichter Pindar, 5. Jahrhundert v. Chr., nennt den Menschen sogar „Traum eines Schattens“.[271] Ähnlich wird er auch im *Alten Testament*[272] und in der Tragödie *Aias* von Sophokles bezeichnet.

Im Hochmittelter dichtet Walther von der Vogelweide: „O weh, wohin entschwand mir das Jahr, Jahr um Jahr! Träumte ich mein Leben oder ist es wahr? Was ich als wirklich wähnte, war das Wirklichkeit?“[273] Im 17. Jahrhundert folgt ihm der spanische Dichter Calderón in seinem Drama *Das Leben ein Traum*: „Denn in den Räumen / dieser Wunderwelt ist eben / Nur ein Traum das ganze Leben; / Und der Mensch, das seh ich nun, / Träumt sein ganzes Sein und Tun, / bis zuletzt die Träum’ entschweben.“ So steht es ebenfalls in *Alles ist eitel* von Andreas Gryphius: „Der Taten Herrlichkeit muss wie ein Traum vergehn.“ Der spanische Barockmaler Antonio de Pereda hält dieses Motiv wiederum auf seinem Vanitas-Stillleben *Traum des Ritters* fest – ein Gemälde mit einem eingeschlafenen jungen Edelmann, umgeben von den traditionellen Symbolen der Vergänglichkeit und Eitelkeit. Zuletzt verfasste Franz Grillparzer, 19. Jahrhundert, ein Drama mit dem Titel: *Der Traum ein Leben*, und in seiner *Medea* stehen die erschütternden Worte: „Was ist der Erde Glück? Ein Schatten! / Was ist der Erde Ruhm? – Ein Traum / Du Armer! Der von Schatten du geträumt!“[274]

All – Atlantik – Arktis

In seiner Erzählung *Micromégas* lässt Voltaire zwei Riesen von einem weit entfernten Planeten die Erde und ihre Bewohner, diese „klugen Stäubchen“[275] anfliegen. Soeben angekommen, müssen sie schon über die Winzigkeit der Menschen lachen. Als diese dann anfangen, ihnen darzulegen, dass alles für sie geschaffen sei, ja dass sie eine Sonderstellung im Kosmos hätten, stimmten die Riesen „jenes unauslöschliche Gelächter an, das nach Homer das Erbteil der Götter ist“.[276] Tod und Kosmos haben eines gemeinsam: Beide führen dem Menschen seine Geringfügigkeit auf krasse Weise vor Augen. Wie das weite, alles verschlingende Meer, die einsame Sandwüste oder die leblosen Eisflächen der Antarktis ist das schweigsame All ein Zeichen menschlicher Nichtigkeit.

Kosmische Stille

Den unvorstellbaren Weltraum vor Augen, klagt Blaise Pascal: „Das ewige Schweigen dieser unendlichen Räume erschreckt mich.“[277] Wie nichts sonst führt das rand- und mittelose Universum mit Milliarden von Sonnen und Galaxien aus Wasserstoff und Helium, in dem unser Blick auf unermessliche Weiten und das Ohr auf beängstigende Stille stößt, dem Menschen seine Winzigkeit und Unerheblichkeit vor Augen. Kosmisch gesehen ist das menschliche Leben ebenso winzig wie flüchtig. „Welch kleiner Teil der grenzenlosen, unendlichen Zeit ist einem jeden von uns zugemessen? ... Und auf welch unwesentlichem Klümpchen der gesamten Erde kriechst du herum?“, schreibt der römische Kaiser Marc Aurel.[278] Alles Menschliche ist mit astronomischen Maßstäben gemessen unerheblich. Dazu scheint das Leben eine Zufallsgröße im kosmischen Würfelspiel zu sein und nicht das Resultat einer zielstrebigen Anstrengung der Natur. So unwahrscheinlich und zufällig die Entstehung der Menschheit war, ihr Untergang ist gewiss, der nicht mit der Vernichtung der Erde, geschweige dem Ende der Welt zusammenfallen wird. Vor Jahrmillionen existierte die Menschheit überhaupt nicht, und irgendwann wird sie wieder von der Erdoberfläche verschwunden sein, ohne dass deshalb das Universum aufhörte zu existieren. „Wenn sich die ganze Erde verbraucht und auflöst, sie wird sich verbrauchen und auflösen, wenn alle Welten auseinanderfliegen, sie werden auseinanderfliegen, sei es morgen oder in Jahrhunderten und Aberjahrhunderten, dann ist es gleich: was zu Ende geht, ist schon zu Ende. Alles ist gestern. Sogar heute schon. Alles ist Vergangenheit“, schreibt Eugène Ionesco.[279]

In dem Roman *Krieg und Frieden* berichtet Leo Tolstoi über ein Erlebnis von Fürst Andrej: Schwer verwundet liegt er auf dem Schlachtfeld der Napoleonischen Kriege und hat „nichts mehr über sich als den Himmel, den hohen Himmel, der jetzt nicht mehr klar, aber doch unermesslich hoch war, mit ruhig über ihn hingleitenden Wolken ... In diesem Augenblick erschien im Napoleon als ein so kleiner, nichtiger Mensch im Vergleich mit alledem, was jetzt zwischen seiner Seele und diesem hohen, unendlichen Himmel mit den darüber hinlaufenden Wolken vorging ... Alle Interessen, die den Kaiser beschäftigten, erschienen ihm in diesem Augenblick so nichtig, sein Held selbst kam ihm so unbedeutend vor. ... Während Fürst Andrej dem Kaiser Napoleon in die Augen sah, dachte er an die Nichtigkeit menschlicher Größe und an die Nichtigkeit des Lebens.“[280] Auch Friedrich Hebbel schreibt, dass wohl selbst Napoleon das „Welterobererschwert aus der Hand gefallen wäre, wenn er sich die Milchstraße einmal betrachtet und sich klargemacht hätte, was die Erde gegen das Weltall vorstellt“.[281] Es ist schwer, in gefasster Ruhe die Sterne am Himmel zu betrachten, ohne der Nichtigkeit alles Menschlichen inne zu werden. Darum sollten Politiker, Manager und Religionsführer hin und wieder den gestirnten Himmel bei klarer Nacht in Augenschein nehmen. Jedenfalls legt die Erde, aus weit entfernten Galaxien betrachtet, eher Zeugnis von der Geringfügigkeit des Menschen als von dessen Größe und Erhabenheit ab.

Das Gleiche gilt für das weite, stürmische Meer. Es veranschaulicht die unberechenbare, gesetzlose, ordnungswidrige Wirklichkeit, die für den Menschen leicht zur Bedrohung wird, wenn er sich zu weit in sie hineinwagt. Die Seefahrt ist ein Bild des Lebens, das Meer eine Metapher für die unverfügbare Willkür der Gewalten: das genaue Gegenteil einer unverbrüchlichen Ordnung. Dazu hinterlassen die Ereignisse auf dem Meer wie alles Menschliche in der Welt keinerlei Spuren. Sie sind, als wären sie nie geschehen. Denn spurlos enteilen die aufgewühlten Wellen und die gezogenen Bahnen der Schiffe schon im nächsten Augenblick, und was darin untergeht, taucht für gewöhnlich nicht wieder auf. Hierzu Lord Byron im 19. Jahrhundert: „Wüte weiter, Du tiefer dunkelblauer Ozean – Wüte! Zehntausende Flotten fegen über dich ohne Hoffnung. Zwar überzieht der Mensch die Erde mit Ruinen – am Strand aber hört seine Kontrolle auf; oben auf der wässrigen Prärie sind die Wracks Deine Taten, nichts bleibt übrig von des Menschen Verwüstung außer seinem eigenen Schatten, wenn, für einen Augenblick, er, einem Regentropfen gleich sinkt in Deine Tiefen mit gurgelndem Stöhnen, ohne Grab, Totenglocke, Sarg und unbekannt.“[282]

In Nacht und Eis

Wie das unermessliche All und das weite Meer veranschaulicht das sogenannte ewige Eis endgültige Vergänglichkeit und absolute Vergeblichkeit. Als sich der norwegische Arktisforscher Fridtjof Nansen mit einer kleinen Mannschaft im Jahre 1893 auf den Weg zum Nordpol machte, den sie verfehlten, legte er wie viele Abenteurer und Grenzgänger ein Tagebuch an. Rund drei Jahre waren sie unterwegs, davon ungefähr die Hälfte der Zeit auf seiner *Fram*, einem eigens für die Expedition gebauten Schiff. Nachdem Nansen erkennen musste, dass sich das Ziel mit der *Fram* nicht erreichen ließ, machte er sich mit Fredrik Hjalmar Johansen, einem Mann der Besatzung, zu Fuß auf den Weg. Allerdings mussten sie nach ein paar Monaten den Marsch abbrechen. Alle kamen gesund nach Norwegen zurück. Obwohl nicht philosophisch ausgebildet, philosophierte Nansen unter dem Eindruck der extremen Strapazen und außergewöhnlichen Natureindrücke auf höchstem Niveau.

Während heute viel über schmelzende Gletscher, globalen Klimawandel, Erderwärmung und Treibhauseffekt geredet wird, interessierte sich Nansen für die existenzielle Bedeutung des sogenannten ewigen Eises. Dieses gebe Einblick in das Ende alles Menschlichen. Riesige

Eisberge vor Augen und das Dröhnen ihres sinnlosen Zerreißens und Aufeinanderstoßens im Ohr, schrieb der norwegische Nobelpreisträger kurz vor der arktischen Nacht: „Welch ergreifende Schönheit mit einer Unterströmung von endloser Traurigkeit liegt in diesen traumhaft glänzenden Abenden! Die entschwundene Sonne hat eine melancholische Flammenspur hinterlassen. … Und zu denken, dass dies das Meer ist, in Ketten, im Tode erstarrt, und dass die Sonne uns bald verlassen wird und wir im Dunkeln bleiben sollen, allein! Und die Erde war wüst und leer. Ist dies das Meer, welches kommen soll?“[283] Diese Ahnung vertiefte Nansen einige Wochen später: „Die Welt, die kommen wird! … Langsam und unmerklich nimmt die Wärme der Sonne ab, und in derselben langsamen Weise sinkt die Temperatur der Erde, Tausende, Hunderttausende, Millionen von Jahren entschwinden … Die letzte Spur von Leben ist verschwunden, die Erde ist mit Schnee bedeckt. Alles, wofür wir gelebt haben, besteht nicht mehr, die Früchte all unserer Mühen und Leiden sind schon vor Millionen von Jahren hinweggelöscht, begraben unter einem Leichentuch von Schnee. Als erstarrte leblose Eismasse wandelt die Erde ihre Bahn durch die Ewigkeit weiter; wie eine schwachglühende Scheibe kreist die Sonne am Himmel, der Mond erglänzt nicht mehr und ist kaum noch sichtbar.“[284] Mit anderen Worten: „Alles verschwindet im Meer der Ewigkeit, in dem großen Nirwana. Unsere Namen werden mit der Zeit vergessen, unserer Taten gedenkt niemand, unser Leben fliegt vorbei wie eine Wolke und verschwindet wie der Nebel, der von der Sonne warmen Strahlen verjagt, von ihrer Hitze niedergedrückt wird. Denn unsere Zeit ist ein Schatten, der vorüber fliegt, und unser Ende zieht den Fuß nicht zurück, denn es ist besiegelt, und keiner kehrt zurück.“[285] Da kann man nur staunen: „O, welch wunderliche Einrichtung ist doch das Leben! Ein ewiges Vorwärtsjagen – immer vorwärts – nach welchem Ziele? Und dann kommt der Tod und macht allem ein Ende, ehe das Ziel erreicht ist.“[286] Am Ende wird alles umsonst gewesen sein: „Wer wird sich durch eine Ewigkeit von Ewigkeiten daran erinnern, dass einmal ein Eintagswesen gelebt hat …? Wird die ganze Weltgeschichte wie eine goldgeränderte dunkle Wolke in der Abendröte sich auflösen, ohne Spur, ohne Zweck, einer Laune gleich?“[287] Dennoch entsteht zuletzt ein andächtiges Gefühl – eine Ehrfurcht vor dem Nichts: „Alles ist so still, so beängstigend still!

Das große Schweigen, das eines Tages herrschen wird, wenn die Erde wieder wüst und leer ist, wenn der Fuchs nicht mehr in diesem Geröll haust, wenn der Bär nicht mehr da draußen auf dem Eise umherstreift, wenn selbst der Wind nicht mehr tost: unendliches Schweigen! … Die Seele beugt sich vor der Majestät der Nacht und des Todes."[288]

Es mutet geradezu unheimlich an, dass die ersten Schritte der Astronauten von Apollo 11 im Mondstaub noch da sein werden, wenn sich die Spezies Mensch auf der Erde erschöpft haben wird und keine Erdenspuren des Menschen mehr existieren. Aber auch die menschlichen Fußspuren auf dem Mond werden irgendwann verschwunden sein. Dieses Schicksal teilen mit uns außer der gesamten belebten Natur alle Schöpfungen geistiger Kultur, die wir so gerne mit den Attributen der Schönheit, Vollkommenheit und Unsterblichkeit versehen. Nichts entrinnt der rohen Anarchie der Zerstörung: „alles Gerümpel jetzt oder gar nicht mehr vorhanden, unbestimmbar, wesenlos, im schmerzlos-ewigem Zerfall", steht in Gottfried Benns letztem Gedicht.[289] Irgendwann werden Bachs *h-Moll Messe*, Mozarts *Zauberflöte* und Puccinis *Tosca* nicht nur nicht mehr zu hören sein, es wird sogar ihre Partituren nicht mehr geben, und als die schwerste aller Zumutungen: Es wird nichts und niemand mehr da sein, der noch wissen könnte, dass das spurlos Verschwundene jemals existierte. Denn zuletzt versinkt alles Menschliche, ohne dass noch ein Gedächtnis existierte, das es in Erinnerung behalten könnte. Am Ende bedeckt ein Schleier des Vergessens alle Bibliotheken, Kunstschätze und technische Errungenschaften des Menschen – ja sogar des Vergessens des Vergessens, von dem nichts bleibt. Alles, wofür die Menschheit gelebt hat, wird es dann nicht mehr geben, als ob es nie gewesen wäre.

Dritter Teil

Wer stirbt schon gerne?

Verharmloste Sterblichkeit

Parallel zu den traditionellen Bildern vom jenseitigen Leben entstehen in der Neuzeit spezielle Formen diesseitiger Unsterblichkeit, die so wenig überzeugen wie religiöse Vorstellungen. Angeblich soll der Einzelne in seinen Nachkommen, der Gattung, der Natur oder als Teil einer kosmischen Urkraft weiterexistieren.

Im Schoß der Natur

In Georg Wilhelm Friedrich Hegels *Enzyklopädie* kann man lesen, dass zwar der Tod das natürliche Schicksal des Individuums sei, dass aber der absolute Weltgeist, an dem der Mensch teilhabe, über alle Endlichkeit erhaben und damit unsterblich sei.[290] Im Augenblick des Todes werde lediglich die Individualität des Menschen zugunsten des Weltgeistes ausgeschaltet, in dem jeder aufgehoben bleibe. Außerdem existiere der Einzelne in der Gattung weiter: „Im Tode erweist sich die Gattung als die Macht über das unmittelbare Einzelne."[291] Die Idee vom Fortleben des Individuums in der Gattung griffen Sozialphilosophen wie Herbert Spencer, Karl Marx und Auguste Comte auf. Letzterer schrieb: „Da das Individuum sein Leben nur durch die Gattung zu verlängern vermag, wird es so dazu geführt, sich möglichst vollständig in sie einzugliedern."[292]

Zwei Jahrtausende zuvor vertraten Marc Aurel und Seneca die Auffassung, dass der Tod nicht schon deshalb das absolute Ende sei, nur weil das Individuun dahingerafft werde. Dieses verschwinde nicht gänzlich, sondern kehre in die All-Natur zurück: „Du tratest ins Dasein als Teil des Ganzen. Du wirst wieder verschwinden in dem, was dich erzeugt hat oder vielmehr wieder zurückgenommen werden in den zeugungsfähigen Urgrund vermittels einer Verwandlung.“[293] Wer stirbt, geht zwar fort, aber nicht zugrunde!

Ähnliche Ideen entwickelte Arthur Schopenhauer, dessen kosmische Urkraft weder ein absoluter Weltgeist noch eine göttliche All-Natur, sondern ein dranghafter Wille ist. Dieser halte die Welt im Innersten zusammen. Wie das eine Licht alle Farben enthält, die bei prismatischen Brechungen hervortreten, so sind Schopenhauer zufolge die vielfältigen Dinge, die Menschen eingeschlossen, bloße Erscheinungsweisen des alles durchdringenden Urwillens. Hiernach bedeutet mein Tod nicht das Ende meines Lebens, sondern nur das Ende meiner Individualität. Der individuelle Werdegang sei zwar abgeschlossen, doch der universelle Wille in mir bestehe weiter.[294] So sei der Mensch seiner Erscheinung nach vergänglich, sein Wesen aber bleibe vom Tod verschont. Jede einzelne Erscheinung des Willens fange zeitlich an und ende eines Tages, doch der Wille selbst werde hiervon nicht getroffen. Die Toten existierten als Teil der alles durchdringenden Urkraft weiter, die sich in immer wieder neuen Lebewesen offenbare.

Nun wurzelt nach Schopenhauer das Individuum aber nicht allein in dunklen Naturkräften, sondern wie auch für Hegel in der Gattung. Der Einzelne sei ein Exemplar der Erscheinung des Urwillens, dem nicht an der Erhaltung des Individuums, sondern am Fortbestand der Gattung gelegen sei, in welcher der Mensch fortexistiere.[295]

Schopenhauers Todesphilosophie prägte die Lebensphilosophen des beginnenden 20. Jahrhunderts. Ludwig Klages, Oswald Spengler, Georg Simmel und Rudolf Eucken vertraten einen vergleichbaren Standpunkt. Die Natur sei eine ungeheure Kraft, schrieben sie, die immer wieder neue Gestalten hervorbringe und vernichte. Alle Lebewesen seien bloße Erscheinungen einer alles durchflutenden Schöpferkraft. Auch das menschliche Individuum sei eine Ausdrucksform dieses alles durchströmenden Lebens, das dem Einzelnen nur eine geringfügige Bedeutung beimesse. Dessen Tod sei für das Naturgeschehen unwichtig, weil das Leben ja ständig weitergehe, das immer neue Exemplare und Konfigurationen ins Leben rufe. Der Typus aller untergegangenen Individuen überlebe in der jeweiligen Gattung, deren Bild etwa als Mensch, Bär oder Fuchs durch die Fortpflanzung an die Nachkommen weitergegeben werde.

Natürlich ist die spekulative Idee von der doppelten Fortexistenz in der Gattung einerseits, dem absoluten Geist, dranghaften Willen oder pulsierenden Leben andererseits unhaltbar. Die heutige Biologie und Kosmologie kennen solche Urkräfte nicht. Allerdings sah auch Charles Darwin die natürliche Bestimmung des Einzelnen in der Fortpflanzung zur Arterhaltung. Die Lebewesen seien dazu veranlagt, Exemplare ihrer Art hervorzubringen, um so deren Bestand zu sichern. Inzwischen ist an die Stelle der Arterhaltung die Idee der Generhaltung getreten. Hiernach geht es bei der Fortpflanzung um die Weitergabe eigener Gene an die Nachkommen, in denen man auf diese Weise gleichfalls weiterlebe.

Das Individuum ist ein Irrtum der Natur, den der Tod korrigiert

Arthur Schopenhauer sieht im Individuum einen Fehltritt der Natur, Ludwig Klages im Intellekt einen Irrläufer der Evolution. Individualität und Intellektualität hätten zur Absonderung des Menschen von der Natur geführt. Erst dessen Vereinzelung und Vergeistigung, Ichbewusstsein und Reflexionsfähigkeit, trennten ihn vom allgemeinen Lebensstrom. Daraufhin hätten die Menschen begonnen, ihre endliche Existenz zu dramatisieren. „Das Leben erzeugt sich nur in der Form von Individuen, und darum spannt sich an ihnen der Gegensatz von Leben und Tod am gewaltsamsten: das individuellste Wesen stirbt am gründlichsten, weil es am gründlichsten lebt“, meint Georg Simmel.[296] Frühestens mit der Abspaltung des Menschen vom All-Leben sei die Todesangst entstanden. Denn der Einzelne verkrafte seine Endlichkeit nur deshalb so schwer, weil er seine Teilhabe am unendlichen Lebensstrom nicht verstehe. Sein Schrecken beruhe auf einer Selbsttäuschung. Würde dagegen der Einzelne schon zu Lebzeiten in den Rhythmus der All-Natur einschwingen und seine Individualität wie seinen Intellekt ihr unterordnen, wäre seine Todesangst gebannt. Er würde erkennen, dass die Toten nach ihrem Ableben in der Welt blieben, weil sie auf immer zu jener Lebenskraft gehörten, die anfangs- und endlos pulsiere. Wer die Fülle des lebendigen Ganzen durchschaue und damit verschmelze, der werde die Aufhebung seiner Individualität im allumfassenden Lebensstrom nicht mehr fürchten.

Die Hoffnung auf persönliche Unsterblichkeit beruhe hingegen auf einem großen Missverständnis. „Unsterblichkeit der Individualität verlangen heißt eigentlich einen Irrtum ins Unendliche perpetuieren wollen. Denn im Grunde ist doch jede Individualität nur ein spezieller Irrtum, Fehltritt, etwas, das besser nicht wäre, ja wovon uns zurückzubringen der eigentliche Zweck des Lebens ist“,[297] so Schopenhauer. Da das intellektuelle und individuelle Leben voller Sorgen und Ängste sei, dürfe dessen Auflösung im allgemeinen Lebensstrom begrüßt werden. Das Individuum ist ein Irrtum der Natur, den der Tod korrigiert!

Thomas Mann hat diesen Gedanken in seinem Jahrhundertroman *Buddenbrooks* übernommen: Der erfolgreiche und disziplinierte Lübecker Unternehmer Thomas Buddenbrook stirbt bereits mit 48 Jahren an den Folgen eines Schlaganfalls. Als sich sein Leben dem Ende zuneigt, stößt er zufällig auf ein Buch Arthur Schopenhauers. Dessen Auffassung von Leben und Tod findet seine uneingeschränkte Zustimmung: Man werde auch leben, wenn man gestorben sei, liest er darin. Aber man werde nicht als „Ich“ leben, sondern als „Es“. Die Meinung sei falsch, „dass dieses Es nicht ich bin, das Ich ist nur eine Täuschung, das war nur ein Irrtum, den der Tod berichtigen wird. ... Was war der Tod? … Der Tod war ein Glück. ... Er war die Rückkunft von einem unsäglich peinlichen Irrgang, die Korrektur eines schweren Fehlers, die Befreiung von den widrigsten Banden und Schranken – einen beklagenswerten Unglücksfall machte er wieder gut ... Was würde enden und was sich auflösen? Dieser sein Leib ... Diese seine Persönlichkeit und Individualität, dieses schwerfällige, störrische, fehlerhafte und hassenswerte Hindernis, etwas Anderes und Besseres zu sein. War nicht jeder Mensch ein Missgriff und Fehltritt? Geriet er nicht in eine peinvolle Haft, sowie er geboren ward? ... Wer, was, wie könnte ich sein, wenn ich nicht ich wäre, wenn diese meine persönliche Erscheinung mich nicht abschlösse und mein Bewusstsein von dem aller derer trennte, die nicht ich sind! Organismus! Blinde, unbedachte, bedauerliche Eruption des drängenden Willens! Besser, wahrhaftig, dieser Wille webt frei in raum- und zeitloser Nacht, als dass er in einem Kerker schmachtet, der von dem zitternden und wankenden Flämmchen des Intellekts notdürftig erhellt wird. ... Wo ich sein werde, wenn ich tot bin? ... In allen denen werde ich sein, die je und je Ich gesagt haben, sagen und sagen werden."[298] Wenn sich die jeweils eigene geistbegabte Individualität verflüchtigt haben wird, dann gehört man wieder nur noch zur allgemeinen geistlosen Lebenskraft: „Nichts begann und nichts hörte auf. Es gab nur eine unendliche Gegenwart, und diejenige Kraft in ihm, die mit einer so schmerzlich süßen drängenden und sehnsüchtigen Liebe das Leben liebte, und von der seine Person nur ein verfehlter Ausdruck war."[299] Aber ist die Aufhebung der eigenen Individualität im anonymen Lebensstrom, der Gattung oder den Genen unserer Nachkommen tatsächlich so tröstlich, wie die Lebensphilosophen und Thomas Buddenbrook annehmen? Vielleicht ist es tröstlich, nicht mehr als sorgenbelastetes Individuum leben zu müssen. Eventuell klingt es aber auch trostlos, nicht mehr als bewusstes Lebewesen existieren zu dürfen.

Vorrang des Individuums vor dem Allgemeinen

Wo der Glaube an die persönliche Unsterblichkeit schwindet, dort machen sich gelegentlich naturreligiöse Vorstellungen von der Rückkehr des Einzelnen in die Mutter Natur oder den Lebensfluss breit. Lebensphilosophen finden diese Vorstellung tröstlich, Leo Tolstoi nicht.

In *Drei Tode* stellt er die Tragödie menschlicher Sterblichkeit der unsterblichen Natur gegenüber, die jedes Frühjahr das Pflanzenreich wieder wachsen und blühen lässt. Ein Baum ersetzt einen anderen, der vergeht. Aber jedes Individuum ist einzigartig, ein Original. Nur als Beispiel einer Art ist es austauschbar, ein Exemplar. Während die Sonne aufgeht und den Saft in die Zweige treibt, sterben einzelne Pflanzen, Tiere und Menschen. So pulsiert auf der einen Seite das unaufhörliche Leben in seiner verschwenderischen Pracht, das Leben der Arten und die Jugend. Auf der anderen Seite steht die verwelkte Blüte oder der gebrechliche Greis, der bald sterben wird. Alles ist morgen wieder neu: die Sonne, das Grün, die Blumen, doch jedes einzelne Lebewesen verendet irgendwann. Tolstoi hebt diesen Widerspruch hervor: Der unvergänglichen bunten Natur steht der allmähliche Verfall ihrer unverwechselbaren Individuen gegenüber. Deren Auflösung im üppigen Lebensstrom konnte Tolstoi nichts Tröstliches abgewinnen.

Dagegen soll es nach Schopenhauer den Menschen „trösten über seinen Tod und den seiner Freunde, indem er zurücksieht auf das unsterbliche Leben der Natur".[300] Aber seine Vorstellung ist nicht sonderlich überzeugend, weil mit der Individualität doch zugleich der Intellekt, dessen Selbstbewusstsein, Gedanken und Erinnerungen abhandenkommen. Wenn auch der Urwille im Einzelnen vom Absterben seiner Individualität verschont bleibt, so ist doch „mit dem Tod … das Bewusstsein verloren".[301] Im absoluten Weltgeist, dem dranghaften Willen oder der dynamischen All-Natur gibt es den Menschen nicht mehr als Person mit Namen und Schicksal. Deren Licht erlischt für immer. Vererbte Gene und kosmische Urkräfte, zu denen man gehört und die vom Tod unberührt bleiben, sind kein wirklicher Trost. Beiden fehlt der Bezug zum persönlichen Bewusstsein. Für die Lebenserneuerung und Generhaltung mag der Tod des Individuums zweckmäßig sein, für dieses selbst ist er darum noch lange nicht wünschenswert. Gleichfalls ist die Vorstellung nur wenig erbaulich, unpersönlich im All-Leben weiterzuexistieren. Das anonyme Fortbestehen in der Natur kompensiert nicht den Verlust persönlicher Unsterblichkeit. Die Natur kann die Hoffnung auf Auferstehung nicht wettmachen.

Im Gegenzug zur Lebensphilosophie beharrt die Existenzphilosophie auf dem Vorrang des Individuums vor dem Allgemeinen. Bereits Sören Kierkegaard wendet sich gegen dessen Überbewertung und hebt die Einzigkeit des Individuums hervor. Er betont, „dass der Einzelne als der Einzelne größer ist als das Allgemeine",[302] ja „dass der Einzelne höher ist als das Allgemeine".[303] Wenn sich die Menschen mit der Vorstellung über den Tod hinwegtrösten, eines Tages ins Allgemeine, in die Gene ihrer Nachkommen oder den Lebensstrom, einzugehen, dann verfehlen und verraten sie die Singularität ihres Daseins. Nach Kierkegaard irren sie nicht nur gewaltig, sondern erscheinen auch als komisch. Solche Menschen glichen Verstellungskünstlern, Komödianten, die ihren Namen vergessen hätten und sich für Vögel hielten. Denn sie leugneten ihre bedürftige und bedrängte Existenz. Stattdessen sollten sie sich lieber fragen „was es heißt, Mensch zu sein, und zwar nicht, was es heißt, Mensch überhaupt zu sein, sondern was es heißt, dass du und ich und er, dass wir jeder für sich Menschen sind".[304] Wer diese Frage ernsthaft stellt, der wird den Tod nicht mehr mit diesseitigen Ideen wie Generhaltung oder All-Natur bagatellisieren können. Niemand setzt sein Leben in seinen Nachkommen, der Gattung oder dem Lebensstrom fort.

Skurrile Hoffnungen der Technik

Nachweislich spielt es für Organspender keine Rolle, postmortal etwa als Spenderherz in einem fremden Körper weiterzuleben. Vorrangig die Hinterbliebenen empfinden es als tröstlich, dass das gespendete Organ ihres Angehörigen in einem fremden Körper fortexistiert.

Ähnlich irrationale Sentimentalitäten kann man bei den Körperspendern vermuten, die ihre organischen Rückstände dem Institut für Plastination überlassen, um später als Exponate der Ausstellung *Körperwelten* anatomischen Experten und Laien zur Verfügung zu stehen. Bei der Plastination wird der tote Körper mit Silikonkautschuk dauerhaft konserviert. Oft wird den Körperspendern unterstellt, nach dem Tod noch auf der Erde verweilen zu wollen. Jedoch ist die Person im Ganzkörperplastinat nicht mehr anwesend, mag das Exponat auch aufgrund seiner Präsentation als lebendig wirken. Seine Anwesenheit im öffentlichen Raum macht den Toten nicht unsterblich. Vorübergehende physische Unvergänglichkeit ist nicht Unsterblichkeit. Allerdings unterstützt der Erfinder der Plastination Gunther von Hagens solche Illusionen, wenn er die Plastination als „neue Form postmortaler Existenz" anpreist und poetisch reimt: „Willst du wirklich ewig leben, musst du deinen Körper geben". Nur darf der ironische Unterton solcher Formulierungen nicht überhört werden. Die Ästhetik der Lebensnähe aller Ganzkörperplastinate durch ihre dynamischen Posen soll kein echtes Leben vortäuschen, sondern die Berührungsängste der Ausstellungsbesucher abbauen. Als anatomische Ausstellung bewegt sich *Körperwelten* zwangsläufig im Grenzbereich zwischen Leben und Tod. In der Ausstellung kommen sich Leben und Tod auf geradezu intime Weise nahe: Zum einen wird das Leben an toten Körpern dargestellt, zum anderen der bewunderungswürdige Aufbau des menschlichen Körpers vor dem Hintergrund seiner verwundbaren Zerbrechlichkeit zelebriert. Dennoch geht es in der Ausstellung weniger um den Tod als vielmehr um das Leben. Die zur Schau gestellten Plastinate konfrontieren die Besucher mit den ebenso komplexen wie fragilen Voraussetzungen ihrer Existenz. Der Betrachter kann in der Ausstellung den eigenen Körper neu entdecken, indem er in einen fremden schaut. Dieser ist so anonymisiert, dass nicht einmal Angehörige ihn identifizieren könnten.

Wie es unsinnig ist, an die eigene Fortexistenz in den Nachkommen oder der All-Natur zu glauben, genauso ist es widersinnig, von diesseitigem Weiterleben im Organempfänger oder Plastinat zu sprechen. Das Gleiche trifft auf das virtuelle Fortbestehen im Netz zu. Für einen bestimmten Geldbetrag präsentieren heute digitale Bestattungsunternehmen Verstorbene als lebendige Personen auf speziellen Profilseiten mit Bildern, Filmen und einer Reihe von Informationen. So bleibt der Tote noch über einen längeren Zeitraum sichtbar. Im Netz anwesend, verschwindet er nicht wie die Leiche im Grab oder im Krematorium. Aber natürlich ist er unwiederbringlich dahin.

In Grimms Märchen *Gevatter Tod* sucht ein armer Mann für sein dreizehntes Kind einen Paten. Dazu wählt er den „Tod“ seines ausgeprägten Sinns für Gerechtigkeit wegen. Dieser schenkt seinem Patenkind ein Kraut, womit sich jede Krankheit heilen lasse. Allerdings ist das Geschenk an eine Bedingung geknüpft: Das Kraut darf nur verabreicht werden, wenn der „Tod“ am Haupt des Patienten erscheint. Steht er dagegen am Fußende, muss sein Patenkind, auf das eine große Arztkarriere wartet, den Kranken sterben lassen. Zunächst hält sich der junge Arzt an die Abmachung. Doch als der König samt seiner Tochter schwer erkrankt und sich der „Tod“ am Fußende placiert, trickst der junge Mann seinen Patenonkel aus, indem er das Bett einfach umdreht. Diese kluge List bezahlt er dem „Tod“ mit seinem Leben.

Aber warum soll man den Tod widerstandslos hinnehmen? Der Ungehorsam des Arztes zeugt keineswegs von mangelndem Respekt vor den Grenzen des menschlichen Daseins. Seine Rebellion drückt weder Hybris noch Frevel, sondern vielmehr Mitgefühl aus. Wie alle Menschen zu allen Zeiten, Juden, Christen und Muslime hofft auch der Arzt, dass das Ende nicht unweigerlich das Ende sei. In seinem *Buch gegen den Tod* revoltiert Elias Canetti gegen den Fluch des Sterbens mit den Worten: „Das ganz konkrete und ernsthafte, das eingestandene Ziel meines Lebens ist die Erlangung der Unsterblichkeit für die Menschen.“[305]

Gerade heute hoffen einige Wissenschaftler, den bislang unbezwungenen Tod mit technischen Mitteln überwinden und damit den medizinischen Aufschub des menschlichen Endes entfristen zu können. Dennoch sind die Erfolgsaussichten gering, mag der technische Fortschritt auch regelmäßig derlei schlafende Sehnsüchte wecken. Nur scheinbar ist diese säkulare Hoffnung auf ein endloses Leben mit dem religiösen Glauben an die Unsterblichkeit verbunden. Die technisch ausgerichtete Hoffnung auf postmortale Reanimation fußt nicht auf speziellen religiösen Vorstellungen, sondern gründet wie diese vielmehr auf einem allgemein menschlichen Bedürfnis. Seit jeher erträumen sich die Menschen ewige Jugend.

Zur römischen Kaiserzeit lebte der Einzelne im Durchschnitt gerade mal 20 Jahre. Noch vor wenigen Jahrhunderten lag die Lebenserwartung hierzulande bei rund 35 Jahren. Schlechte hygienische Zustände, Nahrungsknappheit, Infektionskrankheiten und Ähnliches zeichnen für die erschreckend hohe Sterblichkeitsrate verantwortlich. Aufgrund hygienischer und medizinischer Fortschritte sowie gesünderer und bewussterer Lebensweise steigt die durchschnittliche Lebenserwartung bei uns seit Jahrzehnten kontinuierlich. Lag sie in der Mitte des 20. Jahrhunderts noch zwischen 60 und 70 Jahren, beträgt sie für Männer inzwischen knapp 80 Jahre und für Frauen sogar rund 85 Jahre. Aber wir Menschen wollen mehr. Timothy Leary, eine prominente Figur der amerikanischen Hippie-Bewegung, glaubte fest daran, dass noch zu seinen Lebzeiten eine Pille erfunden werde, die das Leben auf mindestens 200 Jahre verlängere. Er irrte und verstarb 76-jährig im Jahre 1996. Der ehemalige italienische Staatspräsident und Milliardär Silvio Berlusconi investiert gewaltige Summen seines Vermögens in die Alterungsforschung und hofft, mindestens den 140. Geburtstag erleben zu können. Sollte er früher sterben und trotzdem länger leben wollen, gäbe es für ihn noch die Möglichkeit zur Kryokonservierung.

Kryonik heißt, den toten Körper vor Eintritt seiner Verwesung bei -196 Grad Celsius in flüssigem Stickstoff zu konservieren, um ihn erst dann wieder aus seinem eisigen Dornröschenschlaf zu wecken, wenn medizinische Errungenschaften seine Wiederbelebung ermöglichen. Bei der Kryonik werden zunächst Blut und Gewebeflüssigkeiten durch eine Kühllösung, ein Frostschutzmittel, ersetzt. Hierdurch werden die Ausdehnung der Organe beim Einfrieren und die Entstehung schädlicher Eiskristalle vereitelt, welche die Zellmembranen zerstören würden. Anschließend soll der in Stickstoff eingefrorene Körper solange in Containern gelagert bleiben, bis die Medizin die Krankheiten, die zum Tode des Patienten führten, heilen kann. Bislang gibt es nur ein paar Firmen in den USA, welche die Kryokonservierung für hohe Geldbeiträge anbieten. Von der Ganzkörperkonservierung ist die kostengünstigere Neurokonservierung zu unterscheiden, bei der lediglich der Kopf oder das Gehirn als Sitz von Bewusstsein und Person kryonisiert wird. Die Zahl der Menschen, die sich bislang einfrieren ließen, ist niedrig. Es sind nur wenige Hunderte. Sicherlich ist die Chance gering, dass deren Wiedererweckung in naher Zukunft funktionieren wird. Aber wer tot ist, hat nichts zu verlieren.

Noch abenteuerlicher als Kryonik ist die Hoffnung auf „Uploading“: die Speicherung des Bewusstseins und dessen Inhalte auf digitalen Trägern, um so dem Einzelnen seine virtuelle Unsterblichkeit zu ermöglichen. Diese Vision setzt die Übertragbarkeit unseres Geistes, der neurobiologisch von Hirnvorgängen abhängt, wenn nicht sogar damit identisch ist, auf eine elektronische Hardware voraus. Bislang ist völlig ungeklärt, ob sich unser Bewusstseinsleben tatsächlich über andere Strukturen und Rohstoffe wie etwa Silizium realisieren lässt. Ungeachtet der Frage, wie weit sich biotechnische Fortschritte künftig in diese Richtung entwickeln werden, legen solche Visionen ein skurriles Zeugnis von der menschlichen Sehnsucht nach Unsterblichkeit ab, aber auch von einer Fehleinschätzung der Endlichkeit. Abgesehen davon, dass die Erde schnell übervölkert wäre, wenn niemand mehr sterben würde, werden solche Gedankenexperimente dem Ernst des Todes nicht gerecht. Sie wirken wie ein schlechter Scherz. Denn mag sich das Ende immer weiter hinausschieben lassen, es bleibt eine kindliche Illusion, dass die Medizin eines Tages alle Krankheiten heilen und dem Einzelnen seine Jugend für immer zurückgeben könne. Gegen Altern und Tod ist kein Kraut gewachsen. Der Tod bleibt der Preis des Lebens.

Sinnlose Unsterblichkeit

Ein endloses Leben in körperlicher Bestform und geistiger Frische ist ein uralter Menschheitstraum. Nach einer überlieferten Legende fand bereits König Gilgamesch im 3. Jahrtausend v. Chr. ein Kraut gegen Altern und Sterben, das allerdings eine Schlange ihm raubte, so dass er wie alle Menschen sterblich blieb. Den ersehnten Jungbrunnen gibt es nicht, der nach einem alten Mythos ewige Jugend verleiht wie der Nektar Ambrosia den griechischen Göttern die Unsterblichkeit. Aber ist eine dauerhafte Verjüngung und Verlängerung des irdischen Lebens wirklich wünschenswert?

Der *Fliegende Holländer*, dazu verurteilt, bis zum Jüngsten Gericht ziellos auf den Weltmeeren umher zu segeln, würde dem widersprechen. Auch der Zustimmung von *Sisyphos* kann man keineswegs sicher sein, der immer wieder einen Felsblock einen Berg hinaufschleppen muss, um ihn dann vom Gipfelpunkt wieder und wieder hinabrollen zu lassen. Das Gleiche gilt für den *Gefesselten Prometheus,* der jeden Tag aufs Neue erleben darf, wie seine Leber, die nachts regelmäßig nachwächst, von einem Adler gefressen wird. Über alle drei tragischen Gestalten haben die Götter eine schmerzhafte Unsterblichkeit verhängt, weil sie gegen ihre Regeln verstießen. Möglicherweise wäre es für uns ebenfalls ein furchtbarer Fluch, unsterblich zu sein. Dieser Frage geht eine Reihe von Schriftstellern und Philosophen nach, welche die Folgen der Unsterblichkeit für das menschliche Leben reflektieren. Dabei stellen sie die Entfristeten meist nicht nur als vom Alterstod, sondern als von jeder Todesart geschützt dar. Äußere Einwirkungen wie Unfälle, Verbrechen oder Ansteckungskrankheiten könnten ihnen nichts anhaben.

Vergeblichkeit aller Anstrengungen

Die Göttin der Morgenröte, Eos, begehrt sterbliche Männer. Einen liebt sie so sehr, dass sie Zeus um seine Unsterblichkeit bittet. Ihr Wunsch wird prompt erfüllt. Leider aber hat Eos versäumt, für Tithonos um ewige Jugend nachzusuchen. So muss sie zusehen, wie ihr Geliebter altert und siecht, bis sich Zeus seiner erbarmt und ihn in eine Zikade verwandelt, die seither die Morgenröte begleitet.

Irdische Unsterblichkeit ist nicht besonders reizvoll, wenn Körper und Geist unaufhörlich altern. Bereits in *Gullivers Reisen* erfindet Jonathan Swift ein Inselvolk, die Struldbrugs, deren Kräfte ständig abnehmen.[306] Im 20. Jahrhundert stellen Jean Améry, Norberto Bobbio und Hans Jonas die Vorzugswürdigkeit der irdischen Unsterblichkeit in Frage. Von den typischen Altersgebrechen abgesehen, würden Greise immer stärker Fremde ihrer eigenen Epoche werden aufgrund der ständigen Veränderungen, mit denen sie nicht mehr Schritt halten könnten, so dass sie ihr Dasein am Rande der Gesellschaft fristen müssten, schreiben die Philosophen.

Für die Attraktivität irdischer Unsterblichkeit ist von ausschlaggebender Bedeutung, ob man seine Vitalität behält. In den meisten Erzählungen, in denen dieser Wunsch erfüllt wird, bleibt nur einer Person mittleren Alters jeglicher Verfall erspart, während die restliche Bevölkerung kontinuierlich vergreist und stirbt. So ist in Simone de Beauvoirs Roman *Alle Menschen sind sterblich* lediglich Fosca, 1279 in Italien geboren, durch ein Elixier unsterblich geworden. Als er das Zaubermittel zu sich nahm, war er rund 40 Jahre alt. Obwohl immer gesund und frisch, ist Fosca aber unglücklich: „in Ewigkeit leben, wie furchtbar lange ist das".[307]

Er fühlt sich unter sterblichen Menschen fremd, weil für sie das Leben und alle Erlebnisse aufgrund ihrer Einmaligkeit und Vergänglichkeit eine andere Bedeutung besitzen als für ihn. Während seine jeweiligen Zeitgenossen die Zeit als Kostbarkeit empfinden, ist für ihn alles unerheblich.

Wer unendlich viel Zeit hat, für den gibt es nichts, was dringlich wäre. Wo alles ständig aufgeschoben werden kann, verliert die Zeit ihre Wertbesonderheit. Den einmaligen Augenblick gibt es nicht. Weder eine Entscheidung noch irgendein Ereignis ist wichtig, weil alles unendliche Male wiederholt werden kann. Dazu verlieren alle Unternehmungen nach unendlicher Wiederholung ihren Reiz. Es gibt keine Anregungen und Aufregungen mehr. Dauert das Leben ewig, so wird jeder Augenblick mit Bezug auf die vorherigen und künftigen gleichgültig.

Wo aber alles gleichgültig wird, verwandelt sich das Leben zu einer Aneinanderreihung leerer Tage ohne Höhepunkte. Aufgrund der ewigen Wiederholung des Gleichen hat nichts mehr Gewicht, wie schon

Friedrich Nietzsche erkannte: „Die Dauer, mit einem Umsonst, ohne Ziel und Zweck, ist der lähmendste Gedanke ... Denken wir diesen Gedanken in seiner furchtbarsten Form: das Dasein, so wie es ist, ohne Sinn und Ziel, aber unvermeidlich wiederkehrend, ohne ein Finale ins Nichts: die ewige Wiederkehr.“[308] Immer wieder beginnt für Fosca das Jahr von neuem: „vier Jahreszeiten, sieben Farben, ein einziger Himmel, Wasser, Pflanzen, ein platter oder in Katastrophen aufgewühlter Boden; stets das gleiche Einerlei. … Es ist immer dasselbe.“[309] Rund zwei Jahrtausende zuvor machten schon Lukrez und Seneca im *24. Brief an Lucilius* auf die ermüdende Wiederkehr des Gleichen in einem unbefristeten Leben aufmerksam.[310] Ein Tag wäre wie alle anderen; Morgen- und Abenddämmerung kehrten unaufhörlich wieder: „es bleibt alles gleich. Wenn von den Jahren nicht schon der Leib dir welkt und die Glieder dir ermatten, verbraucht, erwartet dich doch nur dasselbe, selbst wenn hinfort du besiegst an Leben alle Geschlechter oder lieber vielmehr, wenn du nie stürbest in Zukunft.“[311]

Da Fosca immer wieder mit ansehen muss, wie seine Partnerinnen, Kinder und Enkel altern und sterben, verliert er zusehends das Interesse an Menschen. Nach Jahrhunderten vermag er sich nicht mehr auf andere einzulassen, weil deren Verlust ihn zu sehr bedrücken würde. So wird er zu einem Toten unter Lebenden, der sich für nichts mehr engagiert. Wie schön sich die Menschen auch kleiden und mit welcher Leidenschaft sie sich dem Leben hingeben, am Ende würden sie doch nur nackt den Würmern zum Fraß vorgeworfen, klagt er. Ähnlich wie Fosca ergeht es den sogenannten Troglodyten in Jorge Luis Borges Roman *Der Unsterbliche*, die infolge ihres endlosen Existierens absolut lust- und interesselos dahindämmern.[312]

Wie sie erlebt Fosca die totale Nichtigkeit aller menschlichen Mühen und Erfolge. „Du glaubst, große Dinge vollbracht zu haben, doch was du getan hast, ist nichts“, bilanziert Fosca.[313] Möglicherweise feiertest du große Erfolge im Leben und vollbrachtest bemerkenswerte Dinge – „und doch wird nichts getan sein“.[314] Der einsame Unsterbliche durchschaut: „Das Leben ist nichts. Was für ein Wahnsinn, eine Welt des Nichts beherrschen zu wollen. … Wozu soviel Leidenschaft, soviel Beängstigungen, soviel vergebliches Hoffen? Auf einmal erscheint alles bedeutungslos.“[315] Trotzdem streben die Menschen unaufhörlich weiter. Jeder fängt wieder von vorne an. Aus überlegener Höhe sieht Fosca die Geschichte an sich vorüberziehen. Regelmäßig gehen große Reiche unter. Er erlebt mit eigenen Augen, wie wohlhabende Städte und stolze Kulturen in Trümmer versinken und neu aufgebaut werden, um anschließend abermals der Zerstörung anheimzufallen. „Wenn man lange genug gelebt hat, sieht man, dass sich jeder Sieg eines Tages in eine Niederlage verkehrt."[316]

So kennt Fosca die Vanitas nicht abstrakt und vage, sondern konkret und prägnant. Für ihn wird die Nutzlosigkeit und Verlorenheit alles Menschlichen augenscheinlich. Er sieht, dass nichts bleibt, nicht einmal ein paar Gebeine, die sowieso nur vergraute Souvenire entschwundener Personen sind. Am Ende wird man für nichts gestorben sein. In letzter Beziehung ist alles umsonst. „Nichts hat jemals einen Zweck. Die Paläste und Wasserleitungen, die neuen Häuser, die Schlösser, die eroberten Städte, all das ist nichts."[317]

Bei näherem Hinsehen stimmt diese trostlose Perspektive vollständig mit dem kosmischen Außenblick auf das menschliche Schicksal überein. Aus der uns nächstgelegenen Spiralgalaxie, dem Andromedanebel, 2,2 Millionen Lichtjahre entfernt, erscheint alles Menschliche als nichtig und unerheblich. Wie an der Seite eines Unsterblichen durchschaut der Sterbliche vor dem Hintergrund der kosmischen Unermesslichkeit sein Leben als tragische Komödie voller Illusionen. Er gewinnt den Eindruck, lächerlich viel Aufhebens von Dingen zu machen, die aus kosmischer Sicht ohne jede Bedeutung sind. Ähnlich sehen Foscas verbliebene Freunde durch das Wissen um seine endlose Zukunft ihre Lebensgeschichte so, als wäre sie schon vergangen. Aus der Perspektive des Grabes erscheint alles als unwichtig.

Tödliche Langeweile

Der bekannte Satiriker Lukian lässt bereits im 2. Jahrhundert n. Chr. den Kentaur Chiron um ein sterbliches Leben bitten, damit er der langweiligen Unsterblichkeit entkommen kann. Hiermit übereinstimmend schreibt im 19. Jahrhundert Friedrich Nietzsche: „seien wir milde gegen ein Wesen von siebzig Jahren! – es hat seine Phantasie im Ausmalen der eigenen Langeweile nicht üben können, – es fehlt ihm an der

Zeit".[318] In der Literatur ist seither die Vorstellung weit verbreitet, dass unsterbliche Menschen früher oder später in existenzielle Langeweile verfallen würden. Natürlich kennt jeder von uns Langeweile, Überdruss und Leere, ohne deshalb gleich das ganze Dasein zu verwerfen. Hält diese Zeit jedoch länger an, kann es leicht zu einer ernsthaften Sinnkrise kommen. Besonders Jorge Luis Borges beklagt in seiner Erzählung *Der Unsterbliche* die Langeweile des ewig Gleichen, mit der die unsterblichen Troglodyten geschlagen seien. Diese interessierten sich für nichts mehr, blieben völlig untätig, pflegten sich nicht und könnten sich selbst nicht mehr wertschätzen. Natürlich befällt auch Beauvoirs Fosca diese Grundstimmung: „Immer dieselbe Vergangenheit, die gleiche Erfahrung, das gleiche Denkvermögen und die gleiche Langeweile. Tausend Jahre, zehntausend Jahre: Nie kann ich mir selbst entrinnen."[319] Gleichfalls geht es im *Triptychon* von Max Frisch um die tödliche Langeweile eines sich endlos hinziehenden Lebens. Allerdings verlegt er die Trostlosigkeit des immer Gleichen nicht ins Diesseits, sondern ins Jenseits. „Die Ewigkeit ist banal", heißt es in Frischs Bühnenstück.[320] Denn im Totenreich geschehe nichts, was nicht schon unendliche Male geschehen wäre. Alles drehe sich unaufhörlich im Kreis. Dagegen verlegt Douglas Adams in *Das Leben, das Universum und der ganze Rest* die gähnende Langeweile wieder auf die Erde: Der unsterblich gewordene Wowbagger kann die Langweile seines unendlichen Lebens kaum ertragen.[321]

Bernard Williams hat hierfür eine Erklärung.[322] Seiner Auffassung nach vermag eine Person nur eine bestimmte Anzahl von Erfahrungen zu machen, die sie erfüllen und beglücken können. Die Möglichkeiten hierzu seien begrenzt. Wenn die Lebenschancen nach einigen Jahrhunderten aufgebraucht seien, so würde das Dasein zwangsläufig eintönig, öde und langweilig werden. Die Menschen würden sich dann gleichgültig gegen ihre Existenz und die nähere Umgebung verhalten. Denn seien erst einmal alle Wünsche erfüllt, so besäßen sie keine weiteren Interessen mehr, deren Befriedigung ein Fortexistieren noch als wünschenswert erscheinen lasse. Es blieben nur Bedürfnisse übrig, die sich auf die eigene Erhaltung bezögen. Ein zeitlich gedehntes Leben aber, dem es nur noch ums Überleben gehe, werde bald als entsetzlich empfunden. Darum sei die Sterblichkeit der irdischen Unsterblichkeit vorzuziehen, was jedoch keineswegs die Angst vor dem Tod ausschließe. Bei alldem setzt Williams voraus, dass jeder nur über eine endliche Zahl von Wünschen verfügt. Den Grund hierfür sieht Williams in der Eigenart des Menschen, seinem Charakter, seinen Neigungen und seiner Intelligenz. Daraus ergebe sich zwangsläufig eine Begrenzung seiner Interessen und Pläne.

Geschmack der Vergänglichkeit

Natürlich muss Williams' Auffassung widersprochen werden. Auch wenn Charakter, Neigung und Intelligenz des Einzelnen das gesamte Leben konstant blieben, könnten sich doch die Wünsche und die Persönlichkeit im Laufe des Lebens verändern. Warum soll ein Mensch nicht über einen endlosen Zeitraum hinweg ein schönes und abwechslungsreiches Leben führen können? Es ist vorstellbar, dass vitale Menschen trotz gleichbleibender Neigungen auf unbegrenzte Zeit eine tiefe Befriedigung bei der Erfüllung ihrer Wünsche finden – sei es in der Musik, beim Sport oder im Philosophieren, um nur drei Beispiele zu nennen. Aufgrund der ständigen Veränderungen in Technik, Politik und Kultur ist es überdies möglich, sich immer wieder neue Ziele zu setzen, andere Lebensexperimente zu erproben, sein Wissen und seine Interessen zu erweitern. Jedenfalls ist die Vermutung fragwürdig, dass sich ein zeitlich gedehntes Leben über kurz oder lang erschöpfen würde, bloß weil alle Wünsche irgendwann aufgebraucht sein könnten. Lediglich Belangloses ermüdet. Irdische Unsterblichkeit ist durchaus eine attraktive Alternative zur Sterblichkeit.[323]

Wenn alte gebrechliche Menschen nur noch mit ihrer Selbsterhaltung befasst sind, dann wollen sie nicht mehr endlos leben, weil sie müde sind und sich langweilen. In dieser Lage sind viele bereit zu sterben, selbst wenn sie den Moment des Todes weiterhin fürchten. Nur wollen sie nicht sterben, weil sich all ihre Wünsche erfüllt hätten, sondern weil sich ihr Leben erschöpft hat. Blieben sie gesund und vital, so hätten sie vermutlich weiterhin breit gefächerte Interessen und könnten sich noch eine Vielzahl aufregender Aktivitäten vorstellen. Sie suchten auch künftig spannende Abwechslungen. Eine unbegrenzte Fortdauer ihres Lebens würden sie wahrscheinlich gutheißen. Somit steht keineswegs fest, dass es schrecklicher wäre, irdisch unsterblich als sterblich zu sein, wie Jonathan Swift, Luis Borges, Hans Jonas, Simone de Beauvoir und Bernard Williams vermuten.

Aber der springende Punkt ist damit noch nicht getroffen. Auffälligerweise wird die irdische Unsterblichkeit fast in der gesamten Literatur und Philosophie negativ bewertet. Sie wird als Übel oder Fluch herabgewürdigt. Darum kann man sich nur schwer des Eindrucks erwehren, dass hier uns Menschen die bittere Pille des Todes schmackhaft gemacht werden soll. Erst ein flüchtiges Geschöpf sei fähig, seinen Entscheidungen ein Gewicht beizulegen, heißt es. Allein ein begrenztes Wesen verspüre einen Ansporn zu bewunderungswürdigen Höchstleistungen. Bloß sterbliche Menschen könnten die Schönheit würdigen. Die irdische Unsterblichkeit hingegen entwerte und vergifte das Leben. Losgelöst von der Frage, ob dies stimmt, geht es bei der Herabsetzung der irdischen Unsterblichkeit also hauptsächlich darum, uns Menschen mit der Endlichkeit zu versöhnen. Wir sollen – wenn schon nicht unbedingt Gefallen – so doch Geschmack an der Vergänglichkeit finden, die angeblich als einzige Bestimmung des Daseins diesem einen Wert zu geben vermag.

Man lebt nur einmal

Zu sterben ist eine Erfahrung, aus der man nichts mehr für sein Leben lernen kann. Hierfür ist es jetzt einfach zu spät. Dagegen kann es lohnenswert sein, sich die eigene Vergänglichkeit mitten im Leben zu vergegenwärtigen. Denn es gibt Renditen des Todes. Der Gedanke an die eigene Endlichkeit kann wichtige Folgen für die Lebensführung haben. Er kann zum Stimulans des Lebens werden. Die *5 Dinge, die Sterbende am meisten bereuen*, sind nach Bronnie Wares gleichnamigem Buch, zu sehr nach den Erwartungen anderer gelebt, zu viel gearbeitet, sich zu wenig Freude gegönnt, nicht genug Kontakt zu den Freunden gehalten sowie schließlich die eigenen Gefühle allzu oft unterdrückt zu haben.

Zu spät

„Was geschah, kann nicht mehr ungeschehen gemacht werden", heißt es in Shakespeares *Macbeth*.[324] Auch wenn später noch viele aufregende Dinge geschehen, eine versäumte Jugend lässt sich nicht nachholen. „Des Lebens Mai blüht einmal und nicht wieder", so Friedrich Schiller in *Resignation*.[325]

Häufig werden wir erst wach, wenn es zu spät ist. Dann entdecken wir, was wir alles versäumten, und bedauern, frühere Wünsche unerfüllt gelassen zu haben. Niemand sollte sein Leben dauernd verschieben in der Hoffnung, irgendwann einmal damit zu beginnen. Der Schriftsteller Wolfgang Herrndorf schreibt zwar, dass die letzten drei Jahre seines Lebens mit dem tödlichen Krebs die besten gewesen seien, weil er nie zuvor so wenig Zeit verplemperte und so konzentriert arbeitete. Aber meistens ist das Leben mit einer tödlichen Krankheit und den dazugehörigen Therapien ermüdend, deprimierend, anstrengend, fade, einfach glanzlos. Manch einer bedauert dann, die Prioritäten nicht anders gesetzt zu haben. Von schwerer Krankheit gezeichnet, fragt sich in Tolstois Roman *Der Tod des Iwan Iljitsch* der Titelheld: „Wenn wirklich mein ganzes Leben, mein bewusstes Leben nicht das richtige gewesen ist?"[326] Die Krankheit stellt seinen bisherigen Lebenslauf in Frage und ringt ihm das Eingeständnis ab, am wahren Leben vorbeigelebt zu haben. Iwan ging fleißig zur Arbeit, kümmerte sich um seine Familie und besaß gesellschaftliches Ansehen. „Aber alles das war vielleicht nichts, nichts."[327] Sein Wohlbefinden und seine Zufriedenheit beruhten möglicherweise auf einer Selbsttäuschung. Denn es gab Interessen, denen er lieber nachgegangen wäre, die er aber nicht zuließ, obwohl sie ihm ein erfüllteres Leben in Aussicht stellten. In der kurzen Zeit, die ihm noch verblieb, konnte er nichts mehr berichtigen. Ähnliche Zweifel überkommen in Ionesços *Der König stirbt* den Herrscher kurz vor seinem Ende. Auch ihn beschleicht das Gefühl, falsch gelebt, ja überhaupt nicht gelebt zu haben. „Ich habe keine Zeit gehabt, das Leben kennenzulernen."[328] Zum gleichen Ergebnis gelangt der Edelmann Claudio in Hugo von Hofmannsthals Drama *Der Tor und der Tod*. Als der Dandy Claudio dem Tod begegnet, erschrickt er über seinen bisherigen Lebenswandel. Im Gegensatz zum bürgerlichen Iwan Iljitsch führte er ein völlig unverbindliches Leben. Claudio ließ sich auf seine Mitmenschen niemals ernsthaft ein. Er vernachlässigte seine Mutter, behandelte seine Geliebte rücksichtslos und zerstörte die große Liebe seines besten Freundes. Erst als es zu spät ist, kommt er zur Besinnung. „Erst da ich sterbe, spüre ich, dass ich bin.“[329] Der Tod lehrt Claudio, dass er nie richtig lebte. Seine Beziehungen zu Menschen blieben oberflächlich, seine Naturerfahrungen dürftig, seine Kenntnisse über die Welt abgehoben. Seiner eindringlichen Bitte an den Tod, nachholen zu dürfen, was er verpasste, wird nicht entsprochen, so dass am Ende die resignative Erkenntnis bleibt, sein Leben vertan zu haben. Die Chance, die das Leben ist, kehrt niemals wieder.

In *Walden oder Leben in den Wäldern* behauptet Henry David Thoreau von sich selbst, im Gegensatz zu Tolstois Iwan Iljitsch, Ionescos König und Hofmannsthals Claudio sein Leben bewusst gestaltet zu haben, damit ihm „in der Stunde des Todes die Entdeckung erspart bleibe, nicht gelebt zu haben“.[330] Wohl dem, der dies so eindeutig von sich sagen kann!

Seneca klagt in *Die Kürze des Lebens*, das sich die Menschen häufig in Nebensachen verlören und zugleich über die Endlichkeit klagten. Dabei dauere das Leben lange genug, um es nicht zu verfehlen, wenn man sich nur sinnvoll darin einrichte. Seneca beanstandet unersättliche Habgier, geschäftige Betriebsamkeit, überflüssige Plackerei, zermürbenden Ehrgeiz, langweiliges Nichtstun, gefräßige Völlerei und rastlose Begierde. „Ihr lebt so, als lebtet ihr ewig; niemals kommt euch eure Hinfälligkeit in den Sinn und nie achtet ihr darauf, wieviel Zeit schon vergangen ist.“[331] Wenn das Leben seinen Gegenspieler aus dem Auge verliert, dann steigt die Gefahr, mit geschlossenen Augen oder gesenktem Haupt und starrem Blick auf ein Display durch den Alltag zu gehen. Viele erwecken den Anschein, als existierten sie nicht. Sie scheinen außerstande zu sein, ihre Existenz zum Blühen zu bringen. Sie führen ein Leben von der Stange. Kein Glühen ist in ihrem Herzen, keine Leidenschaft brennt in ihrer Brust. Mit Gottfried Keller gesprochen: „Wir wähnten lange, recht zu leben, / doch fingen wir es töricht an; / Die Tage ließen wir entschweben / und dachten nicht ans End’ der Bahn.“[332] Darum ermuntert Ludwig Feuerbach den Menschen, „das ihm zuteil gewordene Lebenskapital weise anzulegen, die kostbare Zeit nicht an nichtswürdige Dinge zu verschwenden, sondern nur auf Vollendung der Lebensaufgabe, die er sich gesetzt, zu verwenden".[333]

Eine schwere Krankheit ist ein großes Desaster; ein zusätzliches Fiasko verrät das Bekenntnis, sich die ganze Zeit etwas vorgemacht zu haben. Nicht selten legt eine grausame Krankheit oder ein schlimmer Unfall lebenslange Selbsttäuschungen frei. Dann geben sich die Betroffenen häufig das Gelübde, sollten sie die Krise überstehen, ihr Leben grundlegend zu ändern. Die akute Gefährdung brachte sie dem Tod spürbar nahe. Diese Todesnähe wiegt schwerer als die bloße Erkenntnis, eines Tages einmal sterben zu müssen. Jede Reflexion über den Tod ohne konkreten Anlass ist etwas anderes als eine akute Lebensbedrohung. Hier findet eine echte Begegnung mit dem Knochenmann statt. Sollte man ihm noch einmal entkommen, wird man dieses Gefühl vermutlich nie mehr vergessen. Die konkrete Erwartung des Todes ändert die bisherige Sicht aufs Leben von Grund auf. Man lernt, die eigene Existenz mit anderen Augen zu sehen. Die Freude an einfachen Dingen wächst.

Neues Leben heißt eine klassische Abhandlung von Dante Alighieri, in deren Mittelpunkt die Neuerfindung des Helden steht. Oft handeln solche Geschichten von Bekehrungen wie *Die Bekenntnisse* von Aurelius Augustinus oder *Die Besteigung des Mont Ventoux* von Francesco Petrarca.[334] Jagten die Helden eben noch irdischem Ruhm und Glück nach, so hat sie jetzt eine höhere Wahrheit gestreift, die sie zum Umdenken bringt. Der Krankenbericht des Politikers Guido Westerwelle *Zwischen zwei Leben* bewegt sich in dieser Tradition. Früher hätten nur die Äußerlichkeiten des machtpolitischen Erfolgs gezählt, schreibt er, nun aber, im zweiten Leben entdecke er tiefere Wahrheiten des Lebens: Natur und Kultur, Langsamkeit und Achtsamkeit. „Warum erkenne ich erst an der Grenze zwischen Leben und Tod, worum es wirklich geht?", schreibt Westerwelle, der an akuter myeloischer Leukämie erkrankt war.[335] Ähnlich äußerten sich Christoph Schlingensief und Susan Sontag. Vieles scheinbar Wichtige verlor für sie seine Bedeutung im Angesicht des Todes. Falls sie noch einmal heil aus der Sache herauskämen, was sie nicht taten, wollten sie künftig ihre Zeit besser nutzen und nur noch tun, was für sie wertvoll sei. „Wen die Schwingen des Todes berührt haben, dem ist nicht mehr wichtig, was ihm zuvor noch wichtig schien“, notiert André Gide.[336]

In Thomas Bernhards Erzählung *Der Atem* schreibt der Enkel über seinen kranken Großvater, der im Hospital liegt: „Dieser Krankenhausaufenthalt sei ihm urplötzlich, gar nicht im medizinischen, sondern in einem existenziellen Sinne als eine unumgängliche Notwendigkeit erschienen, er sei hier im Krankenhaus … zu einem grundlegenden Überdenken seiner … Situation gekommen“[337] – dummerweise zu spät, weil er schon kurze Zeit darauf verstarb.

Wegbereiter des wahren Lebens I

„Vergiss nie, dass sowohl du wie der Mensch dort binnen kürzester Frist sterben werdet und dass kurz darauf nicht einmal euer Name übrig sein wird! ... Das Leben ist kurz“,[338] mahnt Kaiser Marc Aurel. Zwei Jahrtausende später schreibt Simone de Beauvoir: „Wie lächerlich ist dieser winzige Augenblick in der Weltzeit, ein Individuum, ich.“[339] So bedrückend solche Feststellungen sind, eigentlich möchten sie nicht betrüben, sondern aufrütteln. Der Tod ist das wirkliche Ende des Lebens, der Gedanke daran ein möglicher Neubeginn. Die Begegnung mit Freund Hein ermöglicht eine Wertschöpfung, der sich ein Mehrwert in Form einer bewussteren Lebensweise entlocken lässt. Gevatter Tod entfaltet seine Kraft nicht im Sterbeprozess, sondern im Lebensvollzug. Im Alltag laufen wir Gefahr, einer Vielzahl belangloser Dinge nachzujagen und uns an Nebensächlichkeiten zu verlieren. Das Bewusstsein des Todes vermag uns aus der geschäftigen Zerstreuung herauszureißen. Es ruft zur Besinnung, indem es die Begrenztheit der Lebenszeit in Erinnerung ruft. Dadurch schafft es Raum für das Eine, das nottut. Aber was ist das?

„Wer diese Welt verherrlicht, verliert die andre dort“, dichtet Walther von der Vogelweide.[340] Jahrhundertelang sollte der Gedanke an die Vergänglichkeit alles Irdischen zur religiösen Inspiration dienen. Es wird von fröhlichen Festen berichtet, bei denen Menschengerippe in den Saal getragen wurden, wenn es am höchsten herging. Den Tod vor Augen, vor dem sich Kaiser und Päpste verneigen mussten, sollte sich der Gläubige verstärkt Gott zuwenden. Der Barockdichter Andreas

Gryphius schreibt in *Vanitas Vanitatum Vanitas*: „Die Herrlichkeit der Erden / muss Rauch und Asche werden. / Kein Feld, kein Erz kann stehn. / Dies, was uns kann ergötzen, / was wir für ewig schätzen, / wird als ein leichter Traum vergehen. / Was sind doch alle Sachen, / die uns ein Herze machen, / als schlechte Nichtigkeit?" Dann die letzte Strophe: „Wohl dem, der auf Gott vertrauet! / Er hat recht fest gebauet, / und ob er hier gleich fällt, / wird er doch dort bestehen, / und nimmermehr vergehen, / weil ihn die Stärke selbst erhält."[341] Oft wurde der mahnende Tod als Skelett mit Sense, Reiter mit Lanze oder Pfeil und Bogen, als Spielmann, Schnitter, Musikant oder verführerische Frau personifiziert. Die lächelnde *Frau Welt* verwandelt sich in eine Leichenmaske, sobald man sie umdreht. Sie symbolisiert die Janusköpfigkeit des menschlichen Daseins. Die Kehrseite ihrer reizvollen Schönheit ist deren Verweslichkeit. Auf einem anderen Gemälde sieht eine Edelfrau, dem Laster der Eitelkeit verfallen, im Spiegel den Tod neben sich tanzen. Ein wieder anderer Spiegel des Lebens zeigt eine junge Frau halb als Schönheit, halb als Skelett. Im Mittelalter entstand die *Legende von den Drei Lebenden und Drei Toten*: Drei Edelleute begegnen drei Gerippen, die zu ihnen sagen: „Was ihr seid, das waren wir, was wir sind, das werdet ihr sein." Aus dem 4. Jahrhundert stammt die Grabinschrift: „Wanderer, wenn du vorbeigehst, beklage das Los der Menschen, und sieh anhand meines Schicksals, welches dir noch bevorsteht. Siehe, die Erde erweist sich mir als Wohnstatt und als Grab für meine Asche, und ein kleiner Wurm macht sich über meine vergänglichen Glieder her."

Früher wurden bisweilen verwesliche Leichen bewusst in Augenschein genommen. Sie sollten den Menschen aus den Fesseln der Welt befreien und zu Gott führen. Unter der Überschrift *Wie der Leichnam vermodert* schreibt Papst Innozenz III. im 12. Jahrhundert: „Was stinkt mehr als der Leichnam eines Menschen? Was ist grauenerregender als eine Leiche? … Jetzt sitzt einer noch prächtig auf dem Thron, doch bald liegt er gänzlich entwertet im Grabe. .. Wer sich jetzt noch an erlesenen Tafelgenüssen labt, wird bald selbst zum Fraß für die Würmer."[342] Dementsprechend wurden nicht bloß unversehrte Leichen mit gefalteten Händen zur Schau gestellt, sondern auch deren verweslichen Überreste im Zustand der Fäulnis. Jene unterlagen noch keiner strikten Zensur. In der Krypta der Klosterkirche von Castello Aragonese auf der

Insel Ischia beispielsweise wurden jahrhundertelang verstorbene Nonnen als Schauobjekte auf Steinsitze gesetzt. Die flüssigen und fauligen Überreste der Klosterfrauen fielen nach und nach durch ein Loch in der Mitte des Steinsitzes. Täglich suchte der Klarissenkonvent den Anblick der verfaulenden Mitschwestern, um in der stinkenden Krypta über die Vergänglichkeit des irdischen Lebens zu meditieren. Die Betrachtung der halb zersetzten Körper sollte die geistigen Augen der Hinterbliebenen auf das himmlische Jenseits lenken.

Im 14. Jahrhundert befürwortet Francesco Petrarca solche drastischen Begegnungen mit dem Tod, weil sich Bilder stärker als Worte einprägen. In *Mein Geheimnis* rät er den Menschen, Sterbeprozessen ganz dicht beizuwohnen: „Wie die Arme und Beine schon kalt werden, während die Brust brennend heiß ist und unangenehmer Schweißgeruch sich verbreitet, wie die Glieder zittern und der Atem des Lebens beim Nahen des Todes immer schwächer wird. Dazu auch die tief in ihren Höhlen liegenden, weit aufgerissenen Augen, den von Tränen getrübten Blick, das verzerrte, blau angelaufene Gesicht, die eingefallenen Wangen, die gelben Zähne, die steife und spitze Nase, die mit Schaum bedeckten Lippen, die wie ein Schwamm aufgequollene Zunge, den ausgetrockneten Gaumen, das herabgesunkene Haupt, die schwer atmende Brust, das heisere Röcheln und die tiefen Seufzer, den unangenehmen Geruch des ganzen Körpers und vor allem das schrecklich entstellte Antlitz.“[343] Solche krassen Bilder verfolgen nur ein Ziel: Sie wollen die Menschen zu religiöser Umkehr bewegen. Der Triumph des Todes soll nicht das letzte Wort behalten.

Den römischen Brauch prachtvoller Triumphzüge zu Ehren römischer Feldherren als literarische Vorlage vor Augen lässt Petrarca in einer Art Traumvision sechs allegorische Figuren auf Triumphwagen am Leser seiner Schrift *Trionfi* vorüberziehen. Angeführt wird Petrarcas Siegeszug vom „Triumph der Begierde“. Eine Befreiung von ihrer Knechtschaft repräsentiert der zweite Wagen: „der Triumph der Keuschheit“, deren Sittsamkeit die Sinnenlust in die Schranken weist. Doch erleidet auch die Keuschheit eine Niederlage, für die der dritte Wagen steht: „der Triumph des Todes“, der zwar den menschlichen Körper besiegt, dem „Triumph des Ruhmes“ aber vorerst nichts anhaben kann. Allerdings hat auch dieser keinen Bestand, weil alle Herrlichkeit der Welt dem „Triumph der Zeit“ unterliegt, die ausnahmslos alles in Scherben schlägt, um es sodann der Vergessenheit anheimfallen zu lassen. Als letzte allegorische Gestalt in Petrarcas Triumphzug taucht Gottes „Triumph der Ewigkeit“ auf, die wiederum die Zeit besiegt und seiner Überzeugung nach die einzige tragfähige Zuflucht des Menschen ist.[344]

Am stärksten verbreitet waren anrührende Bilder vom Triumph des Todes seit dem 14. Jahrhundert, dem Zeitalter der Pest. Peter Breughel der Ältere hat dieses Motiv im 16. Jahrhundert ins Gigantische erweitert. Sein *Triumph des Todes* ist prallvoll mit namenlosen Toten aller Zeiten, die dem Meer und der Erde entsteigen, um als Skelette oder Kadaver aus Gräbern und Beinhäusern an die Oberfläche und in den Vordergrund zu drängen. Dabei fallen sie über die Lebenden mit Äxten, Schwertern und Sensen her.

Solche Gemälde wie deren religiöse Überhöhung sind heute außer Mode. Schon Lessing stellte in *Wie die Alten den Tod gebildet* im 18. Jahrhundert den extremen Darstellungen des Barocks ein milderes Bild vom Tod entgegen. Statt als grausiges Gerippe oder von Würmern zerfressene Leiche beschreibt er den Tod als verlöschendes Leben oder sanftes Entschlummern. Aus dem brutalen Sensemann wird Freund Hein und Schlafes Bruder. Heute liest man öfter, dass ein Verstorbener friedlich entschlafen sei. Solche Formulierungen haben den Triumph des Todes, von dem sich niemand erholen wird, deutlich verkleinert. Dies gilt erst recht für Redewendungen wie „in die Grube fahren“, „den Löffel abgeben“ oder „ins Gras beißen“. Humorvoll dichtet hierzu Ernst Jandl im *Sommerlied*: „wir sind die menschen auf den wiesen / bald sind wir die menschen unter den wiesen / und werden wiesen und werden wald / das wird ein heiterer landaufenthalt.“[345]

Wegbereiter des wahren Lebens II

Das Bewusstsein der eigenen Vergänglichkeit ermuntert die Menschen, die begrenzte Lebenszeit nicht sinnlos zu verplempern. Stattdessen sollten sie sich Gedanken über ihr Hier und Jetzt machen. So veranlasst die Begegnung mit dem eigenen Ende auch eine Umkehr im weltlichen Sinne. Der Tod ist nun weniger eine Pforte zum Jenseits als vielmehr ein Wegbereiter ins Diesseits. So sieht es der dänische Existenzphilosoph Sören Kierkegaard in einer fiktiven Grabrede, die mit den Worten beginnt „So ist es denn vorüber".[346] Seine Rede enthält eine Geschichte über einen Jüngling, der in der Nacht träumt, schon ein Greis zu sein, welcher mit Entsetzen auf sein vergeudetes Leben zurückblickt. Als er am Morgen schweißgebadet aufwacht, ist der junge Mann froh und entschlossen, sein Dasein fortan bewusster zu gestalten, als er es bislang tat. Kierkegaard schreibt: „Der Tod gibt Lebenskraft wie nichts anderes … er macht wach wie nichts anderes. Der Gedanke an den Tod gibt die rechte Fahrt ins Leben und das rechte Ziel, die Fahrt dahin zu richten. Und keine Bogensehne lässt so straff sich spannen, keine vermag dem Pfeile solche Fahrt zu geben wie den Lebenden der Gedanke des Todes anzutreiben vermag. Da packt der Einzelne das Gegenwärtige noch heute, verschmäht keine Aufgabe als zu gering, verachtet keine Zeit als zu kurz."[347]

Ähnlich gibt nach Georg Simmel in *Metaphysik des Todes* unsere Endlichkeit dem Leben seine Form und Bedeutung.[348] Am stärksten ausgearbeitet hat Martin Heidegger diesen Gedanken in *Sein und Zeit*: „Nur das Freisein für den Tod gibt dem Dasein das Ziel schlechthin."[349] Erst das Vorlaufen in den eigenen Tod ermögliche das wahre Selbstsein. Dem Einzelnen werde die Kürze seines Lebens bewusst, die ihn die Illusionen seines geschwätzigen Alltags durchschauen lasse. In Anbetracht der flüchtigen Zeit lehre der Gedanke an den Tod die Menschen, mit ihrer knappen Lebenszeit sinnvoll umzugehen. Denn „es flieht unwiederbringlich die Zeit", wie der römische Dichter Vergil betont.[350] Dieser wählte vermutlich das Bild des Fliehens, weil es die schnellste Art zu gehen ist. Inzwischen hat selbst Hollywood dieses Thema aufgegriffen und beispielsweise in dem Film *Klick* eindringlich behandelt.

Genauer formuliert regt das Bewusstsein der Endlichkeit an, nicht über seine Verhältnisse zu leben und auf die Signale seines Körpers zu achten. Es kann zu einer gesünderen Lebensweise inspirieren und eine erhöhte Körperpflege veranlassen. Überhaupt kann es den Sinn für die eigene Körperlichkeit schärfen. Der verletzliche Leib ist ein wichtiger Maßstab fürs Zuträgliche und Abträgliche. Wenn wir uns angemessen um ihn kümmern, dann ist er ein zuverlässiger Kompass, der uns gut durch das Leben zu navigieren vermag.

Verallgemeinert gesprochen kann der Gedanke an die eigene Endlichkeit ohne wirkliche Todesnähe, die nur Menschen in lebensgefährlicher Lage zu spüren bekommen, wichtige Kurskorrekturen am bisherigen Lebenswandel anstoßen. Der Gedanke an den Tod, dem noch der bittere Geschmack des Ernstfalls fehlt, kann ein Überdenken bislang unhinterfragter Lebensziele auslösen. Die Frage, worauf es im Leben ankommt, gewinnt mit einem Male an Bedeutung, hatte man doch in den letzten Jahren vielerlei von dem vernachlässigt, was einem wirklich wichtig ist. Man war unachtsam gegen sich selbst. Mit den Worten des britischen Malers Francis Bacon wächst auf einmal die Erkenntnis, „dass neun Zehntel von allem unwichtig sind".[351] Der Tod nimmt den alltäglichen Dingen ihre Bedeutsamkeit und entlarvt die Mehrzahl der Hauptsachen als Nebensachen. Man fragt sich jetzt: Was möchtest du noch gerne unternehmen oder erleben? Was liegt dir besonders am Herzen? Was du tun möchtest, solltest du bald tun und nicht unaufhörlich aufschieben. „Pflücke den Tag, und vertraue wenig auf den folgenden", schreibt der römische Schriftsteller Horaz.[352] Marc Aurel wählt fast dieselben Worte: „Das Leben ist kurz. Nutze die Gegenwart mit weiser Überlegung!"[353] Das Gleiche meint Carlos in Goethes *Clavigo*, wenn er herausstreicht: „man lebt nur Einmal in der Welt, hat nur Einmal diese Kräfte, diese Aussichten, und wer sie nicht zum Besten braucht, wer sich nicht so weit treibt als möglich, ist ein Tor."[354] Die heutige Jugendkultur sagt hierzu „Yolo": „you only live once".

Das Bewusstsein eigener Endlichkeit kann das Niveau der Lebenszeit steigern. Es verleiht dem Augenblick einen hohen Wert, so der Romantiker Novalis: „Durch den Tod wird das Leben verstärkt."[355] Und André Gide ergänzt: „Waren Todesgedanken nicht stetig genug in dir, so haben die flüchtigen Augenblicke deines Lebens noch nicht genug Wert erhalten … Verstehst du nicht, dass jedes Augenblicks herrlicher Glanz unmöglich leuchten könnte, spielte er sich nicht gleichsam auf dem dunkelsten Grunde des Todes ab."[356] Ein verschärftes Bewusstsein der Sterblichkeit vermag das Verlangen zu erhöhen, das Leben in vollen Zügen auszukosten. Gerade die Endlichkeit vermag dem Fest des Lebens eine hohe Intensität zu verleihen. Schon der Prediger Salomo notierte: „Da merkte ich, dass es nichts Besseres gibt als fröhlich sein und sich gütlich tun in seinem Leben."[357]

Bei der Suche nach einem authentischen, dem wahren oder eigentlichen Leben stehen zuweilen kurzfristige Wünsche, wie etwa Rauscherlebnisse, mit längerfristigen Interessen, wie Gesundheitserhaltung, in Konflikt. Wie man diesen Widerstreit auch beilegt, sicherlich ist es vernünftig, mal unvernünftig zu sein, und unvernünftig, immer nur vernünftig zu bleiben, wenn man das pralle Leben spüren möchte. Es gibt Augenblicke, in denen ein Feuer im Herzen brennt. Auf solche Leidenschaften kommt es an, mögen sie noch so flüchtig sein. Denn sie können das Dasein seiner Gleichgültigkeit entreißen.

Eine derart pralle Lebenslust weckt der todkranke Felix bei seiner Frau Marie in Arthur Schnitzlers Roman *Sterben*. Aus Liebe gibt sie ihrem schwerkranken Mann das tragische Versprechen, ihn bis zum bitteren Ende zu pflegen. Doch überfordert sie sich mit dieser Zusicherung. Irgendwann besteht ihr Leben nur noch darin, an seinem Bett zu sitzen und auf seine Zurufe zu warten. Es ist ein Leben auf dem „Planeten Krankheit“, den nur die beiden bewohnen, gefangen in verhängnisvoller Isolation. Aber je rabiater die Tragödie nach Maries Selbstaufopferung greift, umso stärker wächst in ihr ein Lebensdrang, dessen volles Ausmaß sie zunächst verkennt. Der moribunde Felix spürt ihren aufblühenden Lebenswillen, den er am liebsten im Keim erstickt hätte. Ausgerechnet auf der letzten Strecke seines qualvollen Siechtums wird ihr klar: „Sie gehört der Freude, dem Leben, sie darf wieder jung sein. Sie eilt davon, und der Morgenwind flattert ihr lachend nach.“[358] Die Erfahrung seines Todes hat ihre Begeisterung fürs Leben geweckt.

Da heißt es manchmal, dass nicht die Zahl der Lebensjahre, sondern deren Intensität zähle: „Ein Tag kann eine Perle sein und ein Jahrhundert nichts“, dichtet Gottfried Keller.[359] Genauso Ionesco in *Der König stirbt*: „Eine Stunde, die gut genutzt ist, ist mehr wert, als Jahrhundert über Jahrhundert Vergessen und Nachlässigkeit.“[360]

Darüber hinaus kann das Bewusstsein der eigenen Sterblichkeit für die Schönheit der Natur, das Zwitschern der Vögel und das Blühen der Bäume sensibilisieren: „Nun haben wir das Blatt gewendet / Und frisch dem Tod ins Aug’ geschaut; / Kein ungewisses Ziel mehr blendet, / Doch grüner scheint uns Busch und Kraut!“, reimt Gottfried Keller.[361] Ähnlich der todkranke Felix, der von Leben und Welt Abschied nehmen muss: „Ich habe nie geahnt, wie schön das alles hier ist.“[362] Genauso der todgeweihte Machthaber in Ionescos *Der König stirbt*: „Ich habe vorher nie bemerkt, dass Möhren etwas so Schönes sind.“[363]

Außerdem ermutigt die eigene Sterblichkeit, nicht alles so verbissen zu nehmen und stattdessen locker und heiter zu bleiben. Sie schult eine Gelassenheit, mit der sich das Alltagsleben leichter bewältigen lässt, ohne dass es deshalb vernachlässigt wird. Die Endlichkeit rückt alles zurecht.

Schließlich lässt die Vorstellung vom eigenen Ende die Einmaligkeit des Lebens im doppelten Sinne hervortreten. Zum einen macht sie klar: „Jeder von uns hat nur ein Leben“, wie Marc Aurel schreibt.[364] Genauso Epikur: „Geboren sind wir nur einmal. Zweimal ist es nicht möglich, geboren zu werden.“[365] Besonders einprägsam Rainer Maria Rilke in der *IX. Duineser Elegie*: „Ein Mal jedes, nur ein Mal. Ein Mal und nicht mehr. Und wir auch ein Mal. Nie wieder.“[366] Hans Leifhelm jubelt geradezu in *Lob der Vergänglichkeit*: „So will ich dich preisen, Vergänglichkeit, die du beherrschst die irdische Zeit, die du das Leben inbrünstiger machst, die du auch flammender mich entfachst, kündend die Nimmerwiederkehr, kündend das eherne Nimmermehr. … Einmal der Mensch und nur einmal der Tag, denk es bei jedem Herzensschlag.“[367] Die Einmaligkeit im numerischen Sinne verstärkt die Einmaligkeit im qualitativen Sinne. Nichts scheint kostbarer zu sein als das Seltene, Unwiederholbare, Singuläre. Im Bewusstsein der numerischen Einmaligkeit bekommt das Leben einen unschätzbaren Wert, der im Alltag meist unbemerkt bleibt.

Überforderte Endlichkeit

Dostojewskij berichtet im *Idiot* von einem jungen Mann, der, zum Tode verurteilt, bereits auf dem Schafott steht, um kurz darauf begnadigt zu werden. In den wenigen Augenblicken vor der abgebrochenen Hinrichtung geht ihm der Gedanke durch den Kopf: „Wie, wenn du nicht zu sterben brauchtest? Wenn man dir das Leben wiedergeben würde – welch eine Ewigkeit! Und all das gehörte dann mir! Oh, jede Minute würde ich in ein ganzes Jahrhundert verwandeln, nichts würde ich verlieren, jede Minute würde ich zählen, nichts, nichts würde ich verlieren, keinen Augenblick würde ich ungenutzt vergeuden.“[368] Lebt er nach seiner Begnadigung nun so? Nein! Später gesteht er, viele Augenblicke seines neuen Lebens verschwendet zu haben. Offenbar ist es unmöglich, dauerhaft bewusst und intensiv zu leben. Obwohl fast alle Menschen nach schwerer Krankheit ihr Leben ändern möchten, verfallen die meisten nach geraumer Zeit doch wieder in den alten Trott zurück. Woran liegt das?

Niemand kann sein Leben beliebig ändern, selbst wenn das Bewusstsein der eigenen Endlichkeit wichtige Korrekturen anregt. „Wer wusste je das Leben recht zu fassen, / wer hat die Hälfte nicht davon verloren / im Traum, im Fieber, im Gespräch mit Toren, / in Liebesqual, im leeren Zeitverprassen? / Ja, der sogar, der ruhig und gelassen, / mit dem Bewusstsein, was er soll, geboren, / frühzeitig einen Lebensgang erkoren, / muss vor des Lebens Widerspruch erblassen“, dichtet August von Platen.[369] Obgleich die eigene zeitliche Begrenztheit schon genügen sollte, um sein Leben bewusst zu gestalten, sehen sich viele hierzu außerstande, weil Haus, Familie und Beruf sie unablässig fordern. Die Routinen und Zwänge des Alltags sind stärker als ihre Entschlossenheit, sie aufzubrechen. Doch bekämen sie einmal genug Zeit, ihr Leben interessanter zu machen, könnten vermutlich nur die wenigsten angeben, in welcher Beschäftigung sie voll aufgehen würden.

Heute setzt der Gedanke an die Einmaligkeit des Lebens viele Zeitgenossen gewaltig unter Druck. Niemand möchte sein Dasein auf unwiderrufliche Weise verpfuschen. Die Knappheit der Lebenszeit, der Drang, seine Möglichkeiten auszuschöpfen, alle günstigen Gelegenheiten zu ergreifen und jedes geplante Vorhaben durchzuführen, können immensen Stress hervorrufen. Zwar können die heutigen Bürger mehr erleben, weil sie älter als frühere Generationen werden. Dazu ermöglicht die moderne Technik, dass die Menschen immer mehr Erlebnisse und Ereignisse in der Zeit unterbringen können. Den Tod vor Augen ist bei zahlreichen Zeitgenossen die Angst vorm Verpassen ziemlich groß. Aber oft wissen sie nichts Sinnvolles mit ihrer Zeit anzufangen. Doch erst beim Nachdenken wird ihnen bewusst, etwas Entscheidendes versäumt zu haben. Nur können sie häufig nicht sagen, was es ist.

Das ist keineswegs so erstaunlich, wie es zu sein scheint. Denn im Grunde ist überhaupt nicht klar, worauf es im Leben ankommt. Woran lässt sich ein gelungenes Leben erkennen? Die meisten können froh sein, mit geschlossenen Augen durchs Leben gehen zu dürfen. Denn hinter ihren alltäglichen Beschäftigungen und vielfältigen Ablenkungen ließe sich vermutlich außer leerer Langeweile nichts ausfindig machen, das der Verwirklichung harrt.

Manche sagen zwar, wenn sie jetzt der Blitz träfe, würde es ihnen nichts ausmachen, weil sie das Gefühl haben, alles getan zu haben, was sie gerne tun wollten. Nichts hätten sie ausgelassen, nichts müssten sie bereuen, nichts würden sie anders machen. Darum könnten sie sich auch nicht beschweren, wenn sie morgen aus dem Leben scheiden müssten. Jedoch wird in dieser Frage gerne übertrieben, um sich selbst zu beruhigen und den heimlichen Neid der anderen zu erwecken. Hier ist schon deshalb Skepsis angebracht, weil die Einwilligung in den eigenen Tod mehr von der Ermüdung des Lebens als dessen Vollständigkeit abhängt. Da war der römische Kaiser Septimius Severus ehrlicher, der sagte: „Omnia fui et nihil expedit – Ich bin alles gewesen und es hat nichts geholfen."

Was soll man auch mit der knappen Lebenszeit anfangen? Die Welt verbessern, leichtherzig in den Tag hineinleben, ein bürgerliches Familienprojekt entschlossen anpacken, sich der Wissenschaft widmen, gewagte Treckingtouren unternehmen? Nestflüchter möchten ferne Länder und Kontinente bereisen, Nesthocker machen es sich am liebsten zuhause gemütlich, wo sie vor dem Fernseher sich in Ruhe auf Sofaexpeditionen begeben können.

Niemand von ihnen möchte seine Tage so gestalten, als wären es die letzten, wie Seneca und andere Philosophen raten. Es ist eine Illusion zu glauben, man könne jederzeit ein ebenso todesbewusstes wie intensives Dasein führen. Darum leben ehemalige Schwerkranke trotz ihrer Vorsätze, künftig nur noch die Schönheit der Welt und das Glück des Augenblicks genießen zu wollen, meist irgendwann wieder gedankenlos in den Tag hinein. Aufs Neue entstehen vertraute Selbstverständlichkeiten, Routinen, Alltagssorgen, die von der Frage nach dem wahren Leben ablenken, aber hiervon auch entlasten. Abenteuerlustige Lebenskünstler haben für Menschen ohne leidenschaftliche Hingabe nur wenig Verständnis. Sie folgen lieber Goethes Devise: „so lang du das nicht hast, dieses: Stirb und Werde! Bist du nur ein trüber Gast auf der dunklen Erde.“[370] Dieser Ausspruch klingt gut, ist aber übertrieben und realitätsfremd.

Denn mitunter sind es eher die kleinen Dinge, die den Menschen das Leben bedeuten. Es ist nicht viel damit, aber sie können für sie alles sein, jedenfalls genug, wenn sie nur einigermaßen gut durchkommen. Der Normalbürger misst das Leben mit anderem Maß als ein Abenteurer. Zwar nimmt auch jener alles mit, gibt sich aber keinen Illusionen hin, weil er ahnt, dass, wenn es mehr gäbe, trotzdem nicht so viel herauskäme. Solche Leisetreterei hört sich resignativ und spießig an. Hauptsächlich aber ist sie menschlich, mehr noch, eine Gebärde der Menschlichkeit.

Nun trägt die Skepsis gegen den verführerischen Glanz der Dinge aber nicht nur Züge der Menschlichkeit. Sie entlastet ebenso von dem Druck, seinem Schein verfallen zu wollen. Dadurch erübrigt sich beinahe das verschärfte Bewusstsein der Endlichkeit, um ein behagliches Leben ohne Bitterkeit führen zu können. Im Gegenteil kann der Gedanke an den Tod der Gemütlichkeit des Lebens durchaus abträglich, ja hinderlich sein, wie Ludwig Feuerbach betont: „Es ist für den Menschen eine Notwendigkeit, sich sein Leben ewig vorzustellen; denn er verliert alle Lebenslust, es erscheint ihm alles, was ihm das Leben wert und teuer macht, eitel, umsonst, zwecklos, wenn er sich vorstellt: Morgen ist alles, wenigstens für mich, nichts.“[371] Ratsam ist daher eine Balance zwischen Verdrängen und Vergegenwärtigen. Denn wer den Tod völlig ignoriert, läuft Gefahr, sich am Ende eingestehen zu müssen, falsch gelebt zu haben, wie Tolstois Iwan Iljitsch. Wer sich permanent mit seiner Sterblichkeit auseinandersetzt, riskiert dagegen Niedergeschlagenheit, Antriebsschwäche, Lähmung. Allerdings gibt es kein genaues Maß für eine dem Leben zuträgliche Todesabwehr und für ein Todesbewusstsein, das dem Leben förderlich wäre.

Fest steht aber, dass man auch ohne Gedanken an den Tod intensiv leben kann. Ein erfülltes Leben ist nicht erst dann möglich, wenn wir uns der eigenen Endlichkeit bewusst werden. Zu einem gelungenen Dasein bedarf es nicht zwingend eines Todesbewusstseins. Der Gedanke an das eigene Ende ist keineswegs unabdingbar, um dem Leben einen Wert beimessen zu können. Das Verlangen nach der vollen Intensität des Lebens setzt lediglich einen starken Lebenswillen und eine gewisse Lebensfreude voraus.

Andererseits können der Tod entfernter Bekannter, eine Existenzkrise, ja der Besuch einer Kunstausstellung oder eines Konzerts den Einzelnen zur Besinnung bringen. Seit Seneca über Michel de Montaigne bis Martin Heidegger wird betont, dass das Leben mehr Sinn bekommt, wenn man an den Tod denkt, als wenn man den Gedanken hieran immer wieder beiseiteschiebt. Selbst wenn es falsch ist zu sagen, dass wir das Leben erst dann fühlen, wenn wir uns vergegenwärtigen, dass uns der Tod ständig in den Armen hält, kann uns der Gedanke hieran doch aus der Alltäglichkeit herausreißen und einen Anstoß zu einer bewussteren Daseinsgestaltung geben. Nur wie sieht eine solche aus? Hierzu Simone de Beauvoir: „Können Sie sich damit abfinden, dass man die herrlichen Kräfte unterdrückt, die im Menschen ruhen? Und was soll er damit tun? Das ist ja ganz egal. Er soll damit tun, was er will.“[372] Das Leben ist die einzige und zugleich letzte Chance, die jeder von uns hat.

Ein hohes Gut

In Thomas Manns *Zauberberg* bettelt eine Patientin um ihr Leben, als das Ende naht.[373] Ähnlich jammert Tolstois Iwan Iljitsch, als ihm klar wird, dass es zu Ende geht. „Von diesem Augenblick an begann ein drei Tage lang ohne Unterbrechung währendes Schreien, das so furchtbar war, dass man es hinter zwei Türen nicht ohne Entsetzen hören konnte.“[374] Auch Elias Canetti konnte dem Tod überhaupt nichts abgewinnen. „Es wäre gerecht, du würdest endlich auch einige Wohltaten des Todes verzeichnen. Welche denn?“, fragte er.[375] Ob der Tod als Gut oder Übel empfunden wird, hängt von den Lebensumständen ab. Wie dargelegt ist das Bewusstsein des Todes ein hohes Gut, weil es einen wichtigen Beitrag zu einem intensiven Leben leisten kann. Doch kann der Tod selbst auch als hohes Gut bewertet werden, wenn das Leben unerträglich wird.

Am besten wäre es, nicht geboren zu sein

Zum alttestamentarischen Kulturkreis gehört der Gedanke, dass es das Beste wäre, nicht geboren zu sein, da menschliches Leben vornehmlich Mühe und Last bedeutet. Der Prophet Jeremia klagt: „Verflucht sei der Tag, an dem ich geboren bin ..., an dem mich meine Mutter geboren hat. ... Am Morgen schon soll Gott Wehklage hören ..., weil er mich nicht getötet hat im Mutterleib, so dass meine Mutter mein Grab geworden und ihr Leib ewig schwanger geblieben wäre! Warum denn musste ich aus dem Mutterleib hervorgehen? Um Mühsal und Leid zu erleben und mein Leben in Schmach zu verbringen.“[376] Ähnlich Hiob: „Ausgelöscht sei der Tag, an dem ich geboren bin. ... Warum bin ich nicht gestorben bei meiner Geburt? Warum bin ich nicht umgekommen, als ich aus dem Mutterleib kam? ... Dann läge ich da und wäre still, dann schliefe ich und hätte Ruhe. ... So aber finde ich keine Ruhe, keinen Frieden.“[377] In Psalm 90 steht: „Das Beste am menschlichen Leben ist nur Mühsal und Beschwer, rasch geht es vorüber, wir fliegen dahin.“

Ebenso wie der alttestamentarischen Welt ist den antiken Griechen die Beschwerlichkeit des menschlichen Daseins keineswegs verborgen geblieben. Der weise Silenos antwortet im 6. Jahrhundert v. Chr. König Midas auf die Frage, was das Beste für ihn sei: „Das Allerbeste ist für dich gänzlich unmöglich: nicht geboren zu sein, nicht zu sein, nichts zu sein. Das Zweitbeste aber ist für dich, bald zu sterben.“[378] Gleichfalls fand Sophokles in *Ödipus auf Kolonos* – die Gefährdungen, Leiden und Mühseligkeiten des menschlichen Daseins vor Augen: „Nicht geboren zu sein, o Mensch, ist das höchste, das größte Wort; doch, sofern du das Licht erblickst, achte als Bestes, dahin zu gehen wieder, von wo du kamst, im Flugschritt!“[379] Genauso Seneca in seiner *Trostschrift an Marcia*: „Wenn es das größte Glück ist, nicht geboren zu werden, ist es, denke ich das zweitgrößte, nach einem kurzen Leben rasch in die Vollkommenheit zurückzukehren.“[380] Auch Euripides zufolge sollten wir klagen, wenn ein Säugling zur Welt kommt, in Anbetracht der Leiden, die dem Neugeborenen bevorstünden. Nach der Überlieferung schenkten die Götter den Menschen deshalb den Tod, weil sie ihnen das Beste geben wollten: „Wen die Götter lieben, den lassen sie jung sterben.“ Kurzum: „Totsein ist besser als Leben“, wie Krantor in *Über die Trauer* hervorhebt.[381]

Während die alten Griechen angesichts der menschlichen Sorgen die Meinung vertreten, dass es das größte Glück sei, nicht geboren zu werden, vertreten Hindus und Buddhisten die Auffassung, dass es am besten sei, nicht wiedergeboren zu werden. Beides läuft auf das Gleiche hinaus und wird erst verständlich vor dem Hintergrund des Lebens als Mühsal und Plage.

Den Wunsch, ungeboren zu sein, greifen in der Neuzeit viele Gelehrte auf – außer Lichtenberg und Schopenhauer noch Emile M. Cioran und Gottfried Benn, der auf die Frage: „Wie soll man da leben?" antwortete: „Man soll ja nicht."[382] Selbst Wolfgang Amadeus Mozart hält das Nichtsein für das höchste Gut und den Tod als etwas Beruhigendes und Tröstliches. Darüber hinaus kann man bei Frédéric Chopin lesen, „dass das Sterben das Beste ist, was geschehen kann. Was ist dann das Übelste? Das Geborenwerden ... Warum hat man mir nicht vergönnt, nicht geboren zu werden?"[383] Hierzu passend Ilse Aichinger: „Ich habe es immer als eine Zumutung empfunden, dass man nicht gefragt wird, ob man auf die Welt kommen will. Ich hätte es bestimmt abgelehnt."[384] Gleichfalls kommt Samuel Beckett in *Malone stirbt* zum Ergebnis, dass das Ende etwas Erquickliches sei. Denn erst die totale Auslöschung bringe die ersehnte Befreiung von allen Sorgen. „Du wirst so, wie du jetzt im Tode entschlummerst, auch künftig ruhen, erlöst von allen dich kränkenden Schmerzen und Nöten", schrieb in der Spätantike Lukrez.[385] So kann die viel beklagte Kürze des Daseins durchaus als Geschenk wahrgenommen werden. Dies gilt insbesondere für den Fall, dass künftiges Unheil einem hierdurch erspart bleibt. Vielleicht stirbt man morgen schnell an einem Verkehrsunfall. Ohne dieses Unglück würde man womöglich in ein paar Wochen bei einem Hausbrand jämmerlich verbrennen. Mit launigen Worten Eugen Roth: „Ein Mensch erblickt das Licht der Welt / doch oft hat sich herausgestellt / nach manchem trüb verbrachten Jahr, / dass dies der einzige Lichtblick war."[386] Doch wer es tatsächlich für das Beste hält, nicht geboren zu sein, und für das Zweitbeste, bald wieder zu sterben, muss sich die Frage gefallen lassen, warum er nicht freiwillig aus dem Leben scheidet.

Das Leben ist der Güter höchstes nicht

„Das Leben ist der Güter höchstes nicht", heißt es am Schluss von Schillers *Braut von Messina*,[387] ohne dass verraten wird, was denn das höchste Gute wäre. Nur soviel steht fest: Es gibt Herausforderungen, die den Einsatz und Verlust des eigenen Lebens zu rechtfertigen scheinen: traditionellerweise die Ehre und das Vaterland – sonst und schwerer wiegen: die Rettung eines Angehörigen oder eines Freundes. Alles in allem jedoch galt der Freitod bis in jüngster Vergangenheit als verwerflich: Religiös wurde die Selbsttötung aus Verzweiflung als Sünde codiert, moralisch als Laster, juristisch als Verbrechen, politisch als Vertragsbruch und medizinisch als Krankheit. Dabei ist der Tod in extremer Lebenslage doch ein hohes Gut. Jedenfalls wird er zuweilen als Wohltat empfunden. „Der Unglückliche hat kein anderes Bewusstsein mehr als das Bewusstsein seines Unglücks. Er erblickt daher in dem Tod einen Wohltäter", schreibt Ludwig Feuerbach.[388]

Trotzdem soll der Einzelne wie ein guter Steuermann oder Soldat an seinem Posten ausharren, weil Selbstmord verwerflich ist:[389] In der Vergangenheit galt er als Beleidigung Gottes, der den Menschen das Leben geschenkt habe. Dann wurde er als ein Verbrechen gegen die Gesellschaft verurteilt, an deren Gestaltung jeder Einzelne mitzuwirken habe. Schließlich halten Philosophen wie Thomas Hobbes, John Locke und Jean-Jacques Rousseau den Selbstmord für eine widernatürliche Verletzung der auf Selbsterhaltung angelegten Menschennatur. Heute sind die religiösen und gesellschaftlichen Verurteilungen des Suizids weitgehend in den Hintergrund getreten; sie haben ihre Bindungskraft verloren. Aber eigentlich war der Freitod schon immer weniger eine theologische, politische oder moralische Angelegenheit als vielmehr ein existenzielles Problem. Darum lässt er sich in den meisten Fällen nicht durch akademische Argumente verhindern, sondern allenfalls durch Beseitigung der Beweggründe, die zu ihm hin treiben.

Wer nur noch leidet, dem sei es erlaubt, sich aus seinem Dasein zu verabschieden. Damit verkürzt der Betroffene nicht die Freuden, sondern die Marter seines Lebens. Solch eine Entscheidung soll jeder für sich allein treffen können. Niemand darf gezwungen werden, alle Schändlichkeiten und Demütigungen des Lebens zu ertragen. In hoffnungslosen Situationen muss es statthaft sein, auch Nein zum Leben zu sagen. Die Motive der Selbsttötung sind vielfältig. Die einen bringen sich aus unglücklicher Liebe um, andere aus übergroßem Kummer und Lebensüberdruss, wieder andere aus tiefer Angst vor Schmerz und Leid, aus errötender Scham oder Verzweiflung angesichts des Verlustes eines nahestehenden Menschen. Manche töten sich auch, weil sie Niederlagen nicht ertragen oder keinen anderen Ausweg mehr aus ihrem Elend sehen. Eine vollständige Liste der Motive zum Freitod ist unmöglich.

Die Zahl der Philosophen ist groß, die im Freitod weder eine Sünde noch ein Verbrechen oder eine Pflichtverletzung sehen. In dieser Reihe stehen Michel de Montaigne, John Donne, Erasmus von Rotterdam, David Hume, Arthur Schopenhauer, Ludwig Feuerbach und Friedrich Nietzsche, um nur einige Namen zu nennen.[390] Die Möglichkeit, seinem Dasein ein Ende zu setzen, weil es nur noch Last ist, gilt als Teil der menschlichen Freiheit, ja der Gedanke hieran als starkes Trostmittel, mit dem man gut durch böse Nächte kommt. Im 20. Jahrhundert sind es Jean Améry und Wilhelm Kamlah, die im Freitod ein Privileg des Menschen sehen. In der Antike hielten Seneca, Plutarch, Marc Aurel und Lukrez Selbsttötung für erlaubt, wenn das Leben unerträglich sei, die Menschen bittere Schmerzen erleiden müssten oder unheilbar krank würden.

Auch wenn der Freitod heute nicht mehr als Sünde oder Verbrechen verurteilt wird, so wird er doch häufig als Krankheit codiert. Bis heute wird ein Suizid aus Verzweiflung oder Lebensüberdruss als Zeichen geistiger Zerrüttung gedeutet, die gerne dem Wahnsinn zugerechnet wird. Finstere Dämonen hätten den Menschen verhext. An die Stelle dieser religiösen Deutung sind im Laufe der Neuzeit psychiatrische Erklärungen getreten. Hexen- und Teufelsaustreiber wurden von Ärzten abgelöst. Ein heutiger Suizidant wird nicht mehr als Opfer des Satans, sondern eher als Patient eingestuft. Statt ihn moralisch zu belehren und religiös zu verurteilen, wird nach den Ursachen und Umständen gefragt, die zum Freitod führten. Diese werden in der körperlichen und seelischen Verfassung, der frühen Kindheit, bisherigen Lebensgeschichte und sozialen Umgebung gesucht.

Eine solche Einordnung des Freitods lässt nur wenig Raum für einen bewusst vollzogenen Bilanzsuizid, der nach ruhiger und gründlicher Abwägung ausgeführt wird. Es muss streng unterschieden werden zwischen einem Freitod, der auf mangelnde reifliche Überlegung und Unzurechnungsfähigkeit zurückgeht, und einem Bilanzsuizid, der nach nüchternen Erwägungen im Zustand ungetrübter Urteilsfähigkeit erfolgt. Im ersten Falle handelt der Einzelne nicht im eigenen Interesse. Unter Umständen ist er so benebelt wie ein Betrunkener, der noch Auto fahren möchte. Bei klarem Urteilsvermögen hätte er solchen Wunsch nicht. Deshalb handeln dessen Freunde in seinem Interesse, wenn sie ihm den Autoschlüssel wegnehmen. Am nächsten Tag wird er sich vermutlich bei ihnen bedanken und zugeben, dass seine Fahrabsichten sie etwas angingen. Genauso hätten zahllose Suizidanten bei klarem Kopf voraussichtlich nicht den Freitod als Endstation ihrer momentan hoffnungslosen Lebensreise gewählt. Deshalb ist solchen Selbsttötungsversuchen geduldig entgegenzuwirken.

Dagegen lässt sich ein Freitod verantworten, der auf wohlüberlegten Wunsch hin geschieht und somit tatsächlich dem eigenen Interesse entspricht. Ein solcher Sterbewille ist niemandes anderen Sache. Er ist eine Privatangelegenheit. Eine unheilbare schwere Krankheit, die zu grausamem Siechtum verurteilt, ist das bekannteste Beispiel eines solch gerechtfertigten Extremfalls. Nichts kann Augenblicke aussichtsloser Qual rechtfertigen, wenn sie sich beheben lassen. Warum möchte man Menschen quälen, wenn sie doch auf nichts mehr hoffen können? Sollen sie doch in Ruhe sterben dürfen, wenn sie es möchten. Ohne hier auf die schwierige Debatte der Sterbehilfe näher einzugehen,[391] darf der Tod als Möglichkeit zur Flucht aus einem subjektiv unerträglichen Leben ohne Aussicht auf Besserung akzeptiert werden. Die in den 60er Jahren des vorigen Jahrhunderts entstandene Hospizbewegung unterscheidet den Sterbenden sowohl vom Gesunden als auch Kranken. Sterbende sollen nicht wie Kranke und Gesunde behandelt werden. Hospize und Palliativstationen haben sich auf die Behandlung von Moribunden spezialisiert. Sie verfolgen das Ziel, deren Lebensqualität durch angemessene Pflege, Schmerzlinderung und Symptombekämpfung bestmöglich zu erhalten. Jedoch können die Tage so beschwerlich werden, dass trotz Pflege, Linderung und Beistand die negative Bilanzierung des eigenen Lebens das persönliche Interesse zu sterben rechtfertigt.

In fast allen übrigen Fällen sind Gegenmaßnahmen angezeigt, weil sich zumeist nicht klar unterscheiden lässt, ob ein Selbsttötungsversuch einem bloßem Wunsch oder einem wirklichen Interesse des Betroffenen entspringt. Hier gilt das Vorsichtsprinzip: In dubio pro vita! Im Zweifelsfall für das Leben!

O Tod! Jeden Tag rufe ich nach dir

Im 8. Jahrhundert v. Chr. verhilft bereits Homer der leidenden Natur ohne jede Beschönigung zu ihrem Recht. In seiner *Ilias* ist von lautem Wehklagen der verwundeten Göttin Venus die Rede und vom Brüllen des ehernen Mars, „gleich als wenn neuntausend, ja wohl zehntausend vereinte Männer im Streit aufschrien“, nachdem die Lanze des Diomedes den Kriegsgott traf.[392] Mindestens genauso schlimm müssen die Schmerzen von Marsyas gewesen sein, dem bei lebendigem Leib die Haut abgezogen wurde, weil er Apoll zu einem Musikwettstreit herausgefordert hatte, bei dem er als sterblicher Mensch unterliegen musste. Damals galt es schon als frevelhaft, sich überhaupt mit einem Gott messen zu wollen. In Ovids *Metamorphosen* heißt es: „Nichts als Wunde war Marysas. Am ganzen Leib quoll Blut. Bloß gelegt, offen die Muskeln; es schlagen die Adern frei von der deckenden Haut. Das Geweide konntest du zucken sehen.“[393] Auf gleiche Weise wurde Bartholomäus zu Tode gefoltert, nachdem er Polimius, Bruder des heidnischen Astyas, zum christlichen Glauben bekehrt hatte. Auf Michelangelos berühmtem Fresko *Das Jüngste Gericht* präsentiert Bartholomäus seine abgelöste Haut dem Weltenrichter, damit er diese wieder mit neuem Leben fülle.

Gleichfalls enthalten die Tragödien von Aischylos grausame Schmerzszenen. So ist im *Gefesselten Prometheus* und *Befreiten Prometheus* die Rede von Jammerklage, unerträglicher Qual und unaussprechlicher Mühsal. An einen Felsen im Kaukasus genagelt, hat Prometheus einsam und verlassen den Frevel zu büßen, sich der Herrschermacht von Zeus widersetzt und den Menschen das Feuer sowie die Handwerks- und Wissenskünste gebracht zu haben. Regelmäßig zerreißt und verzehrt ein Adler, Knecht des Zeus, die immer wieder regenerierte Leber von Prometheus bei lebendigem Leibe. Prometheus spricht von tausendfachem Schmerz. Ebenso stöhnt im *Gefesselten Prometheus* Io, die in eine Kuh mit Hörner verwandelt wurde, über unerträgliche Schmerzen, die der Stich einer Bremse ihr zufügte: „Wie mich wieder der Krampf des zerrütteten Sinns, der Wahn mich durchglüht, und die Bremse mich sticht mit dem glutlosen Dorn! Und vor Angst auf das Zwerchfell stampfet das Herz, und es rollen im Kreise die Augen sich rund, und geschleudert werde ich aus dem Lauf durch des Wahnsinns rasenden Sturm, bin der Zunge nicht Herr, taub schlagen die Worte, wie Schlamm so trüb in der Flut des verhassten Entsetzens."[394]

Ähnlich grausam geht es gegen Ende des *König Ödipus* von Sophokles zu. Nachdem Oedipus erfährt, dass er unwissentlich seinen Vater getötet und seine Mutter geheiratet habe, die sich daraufhin das Leben nahm, reißt er ihr die Nadeln vom Gewand, um sie sich in die Augen zu stoßen: „Die blutenden Höhlen netzten auch die Wangen, sandten nicht nur Tropfen rinnenden Bluts, nein, in einem hin verströmte schwarz sich blutrünstiger Hagelguß."[395] Gebrochen und getränkt vom Blutstrom aus den geblendeten Augen, vermochte Oedipus jetzt keine sinnvollen Worte mehr hervorzubringen, sondern stieß nur noch schmerzgeladene Schreie aus.

Dies gilt erst recht für Herakles in den *Trachinierinnen* von Sophokles. Aus Eifersucht lässt Deianeira ihrem Gatten ein mit Gift bestrichenes Kleidungsstück als Geschenk überbringen. Kaum hatte Herakles das Gewand angelegt, haftete es auch schon an seinem Leib, um ihn zu zerstören: „In die Knochen kam ein beißend Reißen, und dann fraß etwas an ihm wie einer blutigen hasserfüllten Natter Gift. ... Es riss ihn – den in zuckendem Schmerz Brüllenden – bald zu Boden und bald wieder auf; gellend schrie er ..., geplagt von unaufhörlicher Qual ...: meinen Seiten angeklebt hat das Gewand bereits das äußere Fleisch zerfressen und mitwohnend schlürft's der Lunge Röhren, hat das frische Lebensblut mir ausgetrunken, und am ganzen Leib geh ich ein ... O Herr der Unterwelt, erlöse mich vom verhassten Leben."[396] Die *Trachinierinnen* endet mit der ersten überlieferten aktiven Sterbehilfe in der abendländischen Kultur: Der treue Waffengefährte Philoktet erlöst den von unerträglichen Qualen geplagten Herakles von seinem grausamen Leben, indem er seinem Freund den letzten Liebesdienst erweist und ihn verbrennt.

Im *Philoktet* wird er dann selbst von entsetzlichen Schmerzen geplagt. Versehentlich und ahnungslos hatte er einen heiligen Hain betreten, den eine giftige Schlange bewachte, die ihn nach seiner unbeabsichtigten Grenzübertretung in den Fuß biss. Die anschließenden Schmerzen seiner ständig eiternden Wunde werden als unsäglich und unerträglich beschrieben. Aber nicht nur, dass Philoktet jämmerlich stöhnt und schrecklich schreit, seine faulige Wunde stinkt auch noch, so dass ihn die Weggefährten seiner unaufhörlichen Klagen und seiner üblen Gerüche wegen auf einer menschenleeren Insel aussetzen. Schmerzen können einsam machen! Philoktets Qualen waren so stark, dass er am liebsten gestorben wäre: „O Tod, Tod! Jeden Tag ruf ich nach dir! Kommst du nie zu mir?“[397]

In den *Metamorphosen* erzählt Ovid die bereits aus Homers *Ilias* bekannte Geschichte von Niobe.[398] Deren reiche Nachkommenschaft, sieben Töchter und sieben Söhne, verführte sie dazu, sich glücklicher zu preisen als Leto, die nur zwei Kinder besaß, Apollo und Artemis. Beide bestraften Niobe für ihren Hochmut, indem sie deren ganze Familie auslöschten: „Ganz nun vereinsamt, saß sie, von Leichen umringt, der Töchter, der Söhne und des Mannes. Und sie erstarrte vor Gram. Ihr regt kein Lüftchen die Haare; blutlos wird und bleich das Gesicht; auf traurigen Wangen steht das Auge unbewegt; nichts Lebendes bleibt in dem Bildnis … auch Herz und Leber sind Felsen. Dennoch weint sie ... stets in Tränen zerfließt noch jetzt der Marmor.“[399] Der Schmerz ließ Niobe versteinern. Sie verwandelte sich in einen Felsen, aus dem Tränen flossen. Ähnlich erging es Hekuba nach dem Verlust ihrer beiden Kinder Polyxena und Polydorus: „Stumm bleibt im Schmerze die Mutter, denn mit der Stimme zugleich schluckt innen sich regende Zähren eben der Schmerz in sich, und vergleichbar hartem Gestein starrt sie und heftet den Blick vor sich hin auf die Erde, bald auch richtet sie auf zum Äther das finstere Antlitz.“[400] Mal zieht der unerträgliche Schmerz, mit dem die Hoffnung auf einen baldigen Tod einhergeht, den Gepeinigten ins versteinerte Schweigen zurück, mal presst er aus dem Körper stöhnende Seufzer und markerschütternde Klagen heraus.

Extreme Schilderungen des Schmerzes gibt es in Kunst und Kultur bis heute. Eindringlich schildern Gustave Flaubert und Leo Tolstoi qualvolle Todeskämpfe, in denen der Schmerz eine absolute Gegenwärtigkeit bekommt, so dass sich die Betroffenen auf nichts anderes mehr konzentrieren können. Schmerzen lassen sich nur teilweise nachfühlen und mitteilen. Sie können nur bildhaft umschrieben werden. Wir sagen: Der Schmerz sticht, bohrt, schneidet, beißt, hämmert, zerreißt und brennt. Wenn der Schmerz dann noch stärker wird, dann verstummt sogar die Bildsprache. Zuletzt bleiben nur noch Seufzer, Tränen und Schreie.

Je mehr sich der Schmerz eines Menschen bemächtigt und ihn dabei seiner Sprache beraubt, umso mehr verliert der Leidende den Bezug zur Welt. Ganz Schmerz geworden, gibt es für ihn nichts anderes mehr. Die Welt um ihn herum verschwindet. In Flauberts *Madame Bovary* werden die grässlichen Folgen einer Arsenvergiftung detailgenau geschildert,[401] und für Tolstois Iwan Iljitsch ist der Schmerz am Ende zur „einzigen Wahrheit“[402] geworden, dem sich alles Übrige unterordnen muss.[403] Heute lassen sich selbst schwere Schmerzen mit hohen Dosen Morphin und anderen Barbituraten bändigen. Es gibt nur wenige Schmerzen, die sich nicht lindern oder aufheben lassen. Regelmäßig verabreichte Schmerzmittel und Drogen können sogar ein warmes Prickeln, ja Glücksgefühle auslösen. Es ist ein schwerer Irrtum zu glauben, dass chemisch induzierte Euphorien angesichts der ernsten Lage fehl am Platz seien. Am Ende zählt, was lindert und sich schön anfühlt. Dazu gehört unter Umständen die Aussicht auf ein baldiges Ende, wenn Schmerz und Leid unaufhörlich weitergehen.

Schmerz und Schrei

Nach zehnjähriger erfolgloser Belagerung Trojas erdenkt sich Odysseus eine Kriegslist, um die Stadt endlich einnehmen zu können. Die Griechen täuschen den Trojanern ihren Abzug vor und lassen am Meer ein Hölzernes Pferd als vermeintliche Opfergabe an die Götter zurück, in dem sie allerdings ihre tapfersten Krieger verstecken. Sie hoffen, dass die Trojaner das wundersame Pferd in die Stadt holen werden. Nur Laokoon traut dem hölzernen Tier nicht und warnt die Trojaner hiervor. Dadurch zieht er den Groll der Götter auf sich, die den Untergang Trojas beschlossen hatten. Deshalb schickt Athena ihre beiden drachenartigen Schlangen übers Meer, damit sie Laokoon und seine beiden Söhne umschlingen und mit ihren Giftzähnen totbeißen. Die verblendeten Trojaner missdeuten dieses schreckliche Ereignis als Strafe für Laokoons Hybris, das Hölzerne Pferd mit seinem Speer verletzt zu haben. Anschließend bringen sie es hinter die Tore der Stadt, wo in der folgenden Nacht die griechischen Helden ihr Versteck verlassen, um schließlich Troja in einem Blutbad untergehen zu lassen. In Vergils *Aeneis* aus dem 1. Jahrhundert v.Chr. steht, dass Laokoon nach dem Schlangenbiss „grauenhaft schreit zu den Gestirnen wie der Stier, der verwundet vom Altar flieht und das Beil, das ihn nicht richtig traf, vom Nacken schüttelt“, weshalb ein „nie gekanntes Entsetzen in die angstgeschüttelte Brust“ der Beobachter kriecht.[404]

Zu den berühmtesten Skulpturen der Kulturgeschichte gehört seit ihrer Entdeckung im Jahre 1506 in Rom die marmorne *Laokoon-Gruppe.* Sie stellt den Vater zusammen mit seinen zwei Söhnen im Todeskampf gegen die beiden Schlangen dar. Bei dieser Marmorplastik handelt es sich um die Kopie eines verschollenen Bronzeoriginals. Die Nachbildung steht heute in den *Vatikanischen Museen.* Erstmals erwähnt wird die marmorne Laokoon-Gruppe im 26. Buch der *Naturalis Historia* von Plinius dem Älteren (1. Jahrhundert n.Chr.).

Seit Entdeckung der Laokoon-Gruppe zu Beginn des 16. Jahrhunderts war der in Marmor gemeißelte Schmerz immer wieder Gegenstand philosophischer Debatten, weil im Gegensatz zu Vergils Beschreibung die Skulptur des Laokoon ihre Qual standhaft und geduldig erträgt, statt mit aufgerissenem Mund sie herauszuschreien. Johann Joachim Winckelmann sieht in Laokoon den geprüften Geist eines großen Mannes mit schweren Martern ringen, ohne dass lautes Geschrei aus ihm hervorbreche. In Laokoons Selbstdisziplin offenbare sich die Überlegenheit des gefassten Geistes über seinen verletzlichen Körper. Friedrich Schiller folgt Winkelmanns ethischer Deutung. Dem widerspricht Gotthold Ephraim Lessings ästhetische Auslegung: Die Künstler der griechisch-römischen Antike hätten die Darstellung eines vor Schmerz schreienden Laokoon mit aufgerissenem Mund der hässlichen Gesichtsverzerrungen wegen nie ernsthaft in Betracht gezogen. Der Künstler „musste Schreien in Seufzen mildern, nicht weil das Schreien eine unedle Seele verrät, sondern weil es das Gesicht auf eine ekelhafte Weise entstellt“.[405] Johann Wolfgang von Goethe schlägt sich in seiner Abhandlung *Laokoon* auf Lessings Seite. Gleichfalls gibt Schopenhauer eine ästhetische Deutung des bloß leicht geöffneten Mund Laokoons:

Eine gemalte oder steinerne laute Schmerzäußerung biete einen lächerlichen Anblick, weil die bildende Kunst stumm sei.

So nachvollziehbar alle Argumente gegen den Schrei in der Kunst sind, er kommt darin vor. Der berühmteste *Schrei* stammt von dem norwegischen Maler Edvard Munch. Doch schon Jahrhunderte zuvor entstand eine Reihe gelungener Skulpturen und Gemälde mit schmerzverzerrten Mundöffnungen, die Menschen im Augenblick tiefer Lebenskrise präsentieren. Stellvertretend seien zwei Figurengruppen aus dem Bologna des 15. Jahrhunderts genannt, die den Tod Jesu beklagen: Vincenzo Onofris *Beweinung* in S. Petronio mit einer klagenden Magdalena an den Füßen von Jesu Leichnam. Noch eindrücklicher sind die theatralisch inszenierten Figuren der Magdalena, Maria Kleophas und Madonna in der *Beweinung* von S. Maria della Vita. Geradezu erschreckend ist Balthasar Permosers *Verdammte Seele* aus dem 17. Jahrhundert, eine Skulptur mit deutlich hervortretenden Zähnen, die auf den Besucher nahezu bedrohlich wirken. Ob Giovanni Stadanus' *Apoll schindet Marsyas*, Dirck van Barburens *Die Schindung des Marsyas* oder Balthasar Permosers *Apoll schindet Marsyas* – alle drei Gemälde aus dem 16. und 17. Jahrhundert zeigen einen Marsyas mit weit geöffnetem Mund und schmerzgequältem Gesicht. Aus der gleichen Zeit stammt Poussins *Der Bethlemitische Kindermord*, auf dem ebenfalls ein Schrei dargestellt wird. Erschütternd sind das Aquarell *Selbstdarstellung mit verzerrtem Gesichtsausdruck* von Egon Schiele und Picassos *Guernica*.

Doch der wohl großartigste Maler schreiender Gesichter mit geschundenen und aufgesprengten Körpern heißt Francis Bacon. Ohne jede Beschönigung bringen seine Werke die zerbrechliche Unvollkommenheit alles Menschlichen zur Anschauung: das drangsalierte rohe Fleisch. Bacons besondere Provokation liegt darin, ein unbeherrschtes Brüllen an verschiedenen Porträts von Papst Innozenz X. dargestellt zu haben. Er malt den Pontifex Maximus als eine von seelischen und körperlichen Qualen gezeichnete Gestalt.

Das Spezifische einer geöffneten Mundhöhle mit freigelegten Zahnreihen liegt in ihrer physiognomischen Ausprägung, die bis heute ihre besondere Aussagekraft behalten hat. Ein Schrei kann ebenso zornigen Hass wie panische Angst, aber auch ausgelassene Freude oder wilde

Gier ausdrücken. In jedem Falle bringt er animalische Impulse jenseits aller kulturellen Mäßigung und Bändigung zum Vorschein. Im verzweifelten oder lustvollen Schrei aus voller Kehle streift der Mensch das zivilisierte Gewand von Anstand und Sitte ab, worunter eine gezügelte Gewaltsamkeit schlummert. In seinen geweiteten Gesichtszügen tritt die ganze Erbärmlichkeit seines Daseins hervor. Es zeigt sich das nackte Fleisch des vergänglichen Körpers.

Schopenhauers Auffassung, dass sich die bildende Kunst nicht zur Darstellung von Schmerzen eignet, ist falsch. Dagegen trifft Lessings und Goethes Einschätzung zu, dass steinerne oder gemalte Schreie eher hässlich als schön aussehen und darum leicht abstoßend wirken. Aber der heftige Gefühlsausbruch gehört zum menschlichen Dasein dazu. Indem der verzerrte Mund den Betrachter erschüttert, macht er ihn sensibel für die eigene Hinfälligkeit und Verletzlichkeit. Nicht jeder Schmerz lässt sich beherrschen. Es ist eine Illusion zu glauben, alles Leid ließe sich geduldig ertragen. Es gibt unerträgliches Leid, das nach künstlerischer Darstellung drängt, die nur einem Ausdruckswillen der Not gehorcht. Davon abgesehen ist ein Schrei eine Form der Leidbewältigung. Im Schrei schafft sich der Körper Entlastung, als ob der gepeinigte Leib aus dem aufgerissenen Mund entweichen würde. Ein markerschütternder Schrei nimmt Druck von der menschlichen Existenz, nachdem es ihr wegen fehlender Distanz zur eigenen Befindlichkeit unmöglich geworden ist, sich zu ihren Gefühlen noch in ein überlegenes Verhältnis zu setzen.

Trotzdem bleibt die Frage, was diese Skulpturen und Gemälde mit verzerrten Grimassen die Betrachter eigentlich sehen lassen wollen. Die Kunstwerke behandeln keine chronischen Schmerzen, die wie lästige Untermieter nicht ausziehen, weshalb man mit ihnen weiter leben muss. Stattdessen behandeln sie akute Schmerzen. Doch wozu solche brutalen Gemälde? Unabhängig von den damit verfolgten Zielen können die Gebärden entsetzlicher Schmerzen für sich betrachtet werden. Als allgemein-menschliches Phänomen besitzt ein schmerzverzerrter Mund eine Eigenbedeutung. Schmerzensschreie drücken eine ernste Krise aus. Wenn der Schmerz den Menschen zu verzehren droht, dann wäre es bereits ein Trost zu wissen, dass man, so man es möchte, ärztlich begleitet aus dem Leben scheiden darf. Diese Hoffnung verweigern Schreidarstellungen, indem sie den Moment der qualvollen Verzweiflung gleichsam in die Sekunde ihres Auftretens nageln. Die existenzielle Zumutung solcher Kunstwerke liegt in der zeitlich fixierten Trostlosigkeit, die ebenso Mitgefühl wie Abscheu hervorruft, auf alle Fälle berührt. Die bittere Wehklage der geschundenen Kreatur auf den Gemälden macht empfindlich für die Schattenseiten des Lebens, deren Kehrseite die Sorglosigkeit des Todes ist. Der Schrei ist nicht menschenfreundlich, aber menschlich! Seine aufwühlende Kraft bringt den ahnungslosen Betrachter zur Besinnung und bedient zugleich seinen Grenzerfahrungsbedarf. Das Gebrüll trägt zur Selbsterkenntnis bei, indem es uns lehrt: Auch das ist das Leben – und zwar in solch grausamer Intensität und Heftigkeit, dass man lieber tot wäre, als solcherlei erleiden zu müssen.

Man versäumt nichts

In Thomas Manns *Zauberberg* heißt es von Hans Castorp, dass er sich vorzüglich auf den Tod verstand: „ich komme mit traurigen Menschen im ganzen besser aus als mit lustigen, … und wenn die Leute ernst und traurig sind und der Tod im Spiele ist, das bedrückt mich eigentlich nicht und macht mich nicht verlegen, sondern ich fühle mich dabei in meinem Element und jedenfalls besser, als wenn es forsch zugeht“.[406] Die Kehrseite seiner Neigung war „eine gewisse Abneigung gegen robustes und lautes Wesen“.[407] Die düsteren Friedhofsworte „Ruhe in Frieden“ waren ihm sympathischer als das fröhliche „Hoch soll er leben, was doch mehr ein Radau ist.“[408]

Als in Theodor Fontanes *Effi Briest* deren Tod naht, tröstet sie die Hinterbliebenen mit den Worten, dass das Leben gar nicht so schön sei. Es werde maßlos überschätzt, bedeutet doch erst der Tod das Ende aller Sorgen, eine Erlösung von den Nöten des Alltags. Hierfür findet Effi die berührenden Worte: „Es sei wer von einer fröhlichen Tafel abgerufen worden, und am andern Tage habe der Abgerufene gefragt, wie’s denn nachher gewesen sei. Da habe man ihm geantwortet. Ach, es war noch allerlei; aber eigentlich haben Sie nichts versäumt. … Es hat nicht viel zu bedeuten, wenn man von der Tafel etwas früher abgerufen wird.“[409] Hanno Buddenbrook teilt das Lebensgefühl von Effi Briest und Hans Castorp.

In Manns *Buddenbrooks* sieht sich der 15-jährige Hanno als letztes Glied der Familie, unter deren Geschichte er einen Schlussstrich setzt. Hanno ist ein schmächtiger, feinsinniger Junge, der in die Musik flieht. Er ist kein Fußball spielender Athlet, sondern ein Klavier spielender Ästhet. Alles fällt ihm schwer. Hanno ist nicht sonderlich lebenstüchtig. Ihm fehlt die Kraft zum gewöhnlichen Leben. Die Schatten, welche das warme Sonnenlicht hervorbringt, ziehen ihn stärker an als deren Strahlen. „Es ist nichts mit mir. Ich kann nichts wollen“,[410] gesteht der 15-Jährige seinem besten Freund Kai, der über genau die Qualitäten verfügt, die ihm abgehen: Lebensfreude, Mut und Verwegenheit. Sein ganzes Leben fiebert Hanno dem Tod entgegen. Im Klavierspiel findet er ein Ventil für seine Todessehnsucht. „Dann erkrankt er an Typhus und ermattet gänzlich. In der dritten Woche ruft das Leben ihn mit aufmunternder Stimme zurück. Aber das Leben wallt in ihm nicht auf. Seine Abneigung dagegen ist zu groß, sein Lebenswille zu schwach. Auf dem Gipfel der Krankheit, wo es um Entweder-oder geht, entscheidet er sich gegen das Weiterleben. Vor Furcht zuckt er zusammen und stirbt.“[411] Sein schwächlicher Körper wehrt sich unbewusst gegen lebenserhaltende Maßnahmen. Thomas Mann hat zahlreiche solcher körperlich zarten, schwermütigen und schöngeistigen Figuren in seinen Schriften entwickelt und den gesunden, robusten Tatenmenschen entgegengestellt. Man denke etwa an den kleinen Herrn Friedemann, Tonio Kröger oder Paolo Hofmann.

Ganz anders als Hanno Buddenbrook verhält sich der österreichische Schriftsteller Thomas Bernhard in dem autobiographischen Roman *Der Atem. Eine Entscheidung*. Erst 18 Jahre alt liegt der lungenkranke Jugendliche bereits im Sterbezimmer einer grauenerregenden Wiener Klinik, wo er beschließt, weiter zu atmen und zu leben: „Von zwei möglichen Wegen hatte ich mich in dieser Nacht in dem entscheidenden Augenblick für den des Lebens entschieden. ... Hätte ich nur einen Augenblick in meinem Willen nachgelassen, ich hätte keine einzige Stunde länger gelebt.“[412] Im Gegensatz zu Hanno wählt Thomas Bernhard trotz seiner Krankheit das Leben.

Todessehnsucht aus Liebe

Alles ist zu viel für den, der nichs will; nichts ist genug für den, der alles möchte. Der Wunsch zu sterben gründet nicht immer auf Lebensüberdruss, sondern manchmal auch auf Lebensüberfluss. Der Romantiker Friedrich Schlegel scheibt in *Lucinde*: „Ohne Unersättlichkeit gibt's keine Liebe. Wir leben und lieben bis zur Vernichtung."[413] Leidenschaft kann sich zur Lebensbejahung bis zum Tod steigern. Der Liebesimpuls, bis zum Äußersten getrieben, erweist sich dann als Todesimpuls, der dem Leben seine Existenzgrundlagen zu entziehen droht. Manchmal möchten Menschen aus Liebe sterben und vor Lust zerspringen.

Allerdings geht es bei erotischen Selbstverausgabungen gar nicht um den Tod, sondern um eine Intensivierung des Lebens. Dieses verdichtet sich im Orgasmus, der im Französischen „petite mort – kleiner Tod" genannt wird. Speziell der Orgasmus ruft Assoziationen an den Tod hervor, weil er den Einzelnen aufzulösen scheint. Mit deutlichen Worten beschreibt Gioconda Belli diesen Vorgang in dem erotischen Gedicht *Gestern Nacht* aus der Sicht einer Frau, in die der Liebhaber wie ein „nackter Kämpfer" mit seiner „Waffe" eindrang: „und noch immer warst du ein Schmied, der den Funkenamboss schlug, bis mein Geschlecht explodierte wie eine Granate, und wir beide starben im Mondsplitterhagel".[414] Hinter dieser Todeswahrnehmung in der Sexplosion steckt eine ekstatische Lebenserfüllung, die irrtümlicherweise als Todeserlebnis dargestellt wird.

Das Gleiche gilt für die angebliche Todessehnsucht im alles Maß überschreitenden Liebesentzücken. Ein berühmtes Beispiel hierfür liefert Richard Wagners Oper *Tristan und Isolde*. Dieses Musikwerk setzte dem schönsten aller Träume, dem Glück der Liebe, ein Denkmal mit einer darauf wehenden schwarzen Flagge. Die keltische Tristan-Geschichte handelt von einer unwiderstehlichen, aber aussichtslosen Liebe, die tödlich endet. Beide sehnen den Tod herbei, um die Trennung zwischen Ich und Du überwinden zu können. Schmerzlich-süße Melodien sowie Klagen der wilden Lust und des unstillbaren Verlangens drücken in der Oper eine Liebesqual aus, die sich Erlösung und Erfüllung vom Tod erhofft. Tristan und Isolde erwarten ihren Abgang beim entrückten Geschlechtsakt. Doch ist das Ziel dieser Todessehnsucht nicht das Lebensende, sondern die absolute Vereinigung. Wagner stellt diese Sehnsucht als Flucht aus der irdischen Finsternis dar, die Zuflucht in der ewigen Nacht sucht. Nietzsche spricht von „Mitternachts-Sterbeglück". Beides, Erlösung und Erfüllung der Liebesnot, ist weder auf der Erde noch am Tage zu erreichen, wie später auch Thomas Mann in der Erzählung *Tristan* und August von Platen in einem gleichnamigen Gedicht hervorheben: „Wer die Schönheit angeschaut mit Augen, ist dem Tode schon anheim gegeben. … Ewig währt für ihn der Schmerz der Liebe, denn ein Tor nur kann auf Erden hoffen, zu genügen einem solchen Triebe."[415]

Inspiriert wurde Richard Wagner zu *Tristan und Isolde* durch Arthur Schopenhauer. Dessen Lehre vom Leben als Leid und seine buddhistische Verneinung des Willens zum Leben als einzig menschenmöglicher Erlösung bilden den philosophischen Hintergrund des ganzen Musikstücks. In Schopenhauers Gleichsetzung von Leben mit Leid und der Überwindung des Lebenswillens als Weg zum absoluten Frieden, der Todessehnsucht, hat auch Freuds spekulative Idee des Todestriebs ihren Ursprung, die erstmals 1920 in *Jenseits des Lustprinzips* auftaucht. Nach Freud strebt alles organische Leben nach dem anorganischen Anfang, um dort Ruhe und Entspannung zu finden. So sei der Tod das letzte Ziel alles Strebens, dem jedoch der Lebenstrieb entgegenwirke. In der Regel bleibe die Lebenslust stärker als die Todessehnsucht. Doch genaugenommen bezieht sich die im Liebesverlangen empfundene Todessehnsucht nicht auf den Tod, sondern vielmehr auf das Leben. Die Todessehnsucht im exzessiven Begehren drückt wie in der romantischen Liebe lediglich ein Verlangen nach vollkommener Verschmelzung aus und nicht nach dem Lebensende.

Das Gegenteil einer Chance

„Niemand weiß, was der Tod ist, nicht einmal, ob er nicht für den Menschen das größte ist unter allen Gütern. Sie fürchten ihn aber, als wüssten sie gewiss, dass er das größte Übel ist“, schreibt Platon in der *Apologie*.[416]

Leichtsinnige Prahlerei

Ist das kurze Gastspiel auf Erden der Mühe wert, wenn danach nichts mehr kommt? Wozu das Ganze, wenn am Ende nur ein paar Schaufeln Erde auf uns warten? Da der Tod nichts zu bieten hat außer einem Strick, an dem man hängen könnte, hängt man dann doch lieber am Leben. Freilich ist das Dasein oft anstrengend, ja einer besseren Sache würdig, wie Karl Kraus und Georg Büchner meinen: „Das Leben ist nicht der Arbeit wert, die man sich macht, es zu erhalten.“[417] Aber wenn es zu Ende geht, wehren wir uns doch. Dann versuchen wir es noch einmal, selbst wenn es beschwerlich sein sollte. Man muss das Leben nicht übermäßig lieben, um es fortzusetzen. Selbst religiöse Menschen empfinden häufig ein Grauen vor dem Tod. Wer gerne lebt, den kann eine rosige Aussicht auf den Himmel nicht ohne weiteres über seine Sterblichkeit hinwegtrösten. Trotzdem leugnen gerade lebensbejahende, lustige, gesunde Menschen oftmals, Angst vor dem Tod zu haben. Nur die eigene Vergänglichkeit auf die leichte Schulter zu nehmen, „wenn man gesund ist wie ein Gott, und dem Tod ruhig ins Auge zu schauen, wenn man in Italien spazieren fährt und die Natur in den buntesten Farben ringsum blüht, – das nenn' ich ganz einfach Pose. Man sperre einmal so einen Herrn in eine Kammer, verurteile ihn zu Fieber und Atemnot, sage ihm, zwischen dem 1. Januar und 1. Februar nächsten Jahres werden Sie begraben sein, und lasse sich dann etwas von ihm vorphilosophieren“, kritisiert Schnitzler in *Sterben* diese Protzerei.[418]

Freilich verschwindet mit der Vitalität auch der Geschmack am Leben, wie altersschwache und schwerkranke Menschen bezeugen. Der an Krebs erkrankte Christoph Schlingensief schrieb am Ende seines Leidensweges: „der Lebenswille, den ich die ganze Zeit geheuchelt habe – das ist vorbei. Ich bin müde. Ich bin fertig. Ich bin schon lange müde. Ich habe genug gestrampelt."[419] Nicht mutige Ergebung, sondern Erschöpfung triumphiert am Schluss über den Lebenswillen. Am Nullpunkt, wo die Lebensqual groß und die Lebensqualität gering ausfällt, hat das Leben nicht einmal mehr den Reiz einer alten Gewohnheit.

Wer hingegen noch Unternehmungslust und Lebensfreude verspürt, den wird vermutlich ein Schwindelgefühl vor dem Nichts überkommen. Zwar heißt es, dass derjenige keinen Grund zur Klage habe, der ein erfülltes Lebe führe und ein hohes Alter erreiche. Aber wer noch nicht gänzlich verbraucht ist, der wird sich mit dem nahen Ende nicht ohne weiteres abfinden. Gerade weil man gut lebt und sich noch immer wohlfühlt, möchte man sein Erdendasein gerne fortsetzen.

Aufschub

Der Ackermann von Böhmen, ein Werk aus dem Spätmittelalter, verfasst von Johannes von Tepl, beschimpft den Tod, weil er seine geliebte Frau zu sich nahm. In dem Stück wird das Recht des Ackermanns, sein Leid über den Tod eines geliebten Menschen zu klagen, zwar anerkannt, aber zugleich darauf hingewiesen, dass alles nun einmal sterblich sei. Dennoch wollen wir Menschen fast um jeden Preis leben. Wie erleichtert sind wir, wenn die Vor- und Nachsorgeuntersuchungen ohne Befund bleiben. Der Tod ist für viele ein Übel. „Ich konnte mich nicht mit dem Tod abfinden", schreibt Simone de Beauvoir.[420] Ähnlich die Schriftstellerin Friedericke Mayröcker: „Ich hasse den Tod. Ich weiß, dass ich knapp vor diesem Tor stehe. Mit achtzig muss man immer damit rechnen. Das ist eine so furchtbare Vorstellung."[421] Genauso der todkranke Christoph Schlingensief: „Bitte, bitte, ich will leben, ich will noch ganz, ganz lange leben ... im Nichts vergehen, das habe ich nicht vor, beim besten Willen nicht. Dazu habe ich noch viel zu viel Kontakt zu dieser Erde ... ich liebe das Leben ... wie toll es ist, auf der Erde zu sein."[422] Ebenso der sterbenskranke Wolfgang Herrndorf in seinem Blog vom 30.4.2010: „ich wollte ja nicht sterben, zu keinem Zeitpunkt, und ich will es auch jetzt nicht". Elias Canetti war buchstäblich ein Todfeind. Mit Wut rebellierte er in seinem *Buch gegen Tod*: „Ich erkenne ihn nicht an."[423]

Doch wenn es soweit ist, lässt sich der letzte Augenblick weder auf später vertagen noch auf andere übertragen. Der letzte Augenblick duldet weder Aufschub noch Stellvertreter. Trotzdem gibt es keinen Grund, warum ein Schwerkranker zu dieser Stunde und nicht erst in der nächsten sterben sollte, warum jetzt und nicht später. So hangeln sich die Menschen mit Hilfe der modernen Medizin von einer Verlängerung zur nächsten. Sie fliehen vor der Realität des Todes in die Galgenfrist, die ihnen noch gewährt wird. Kierkegaard betont: „Es ist da im Leben ein Trost, ein falscher Schmeichler, er ist da im Leben ein Schutz, ein heuchlerischer Betrüger, er heißt: Aufschub.“[424] Die Aufgaben der Medizin sind nicht nur, Schmerzen zu lindern und Krankheiten zu behandeln, sondern auch den Tod hinauszuzögen. Selbst wo eine vollständige Genesung ausgeschlossen bleibt, wird gehofft, nicht gleich sterben zu müssen – nach dem Motto: Sonst jederzeit, nur heute noch nicht! Poetischer Theodor Fontane: „Eigentlich ist alles nichts, / heute hälts, und morgen brichts, / hin stirbt alles, ganz geringe / wird der Wert der irdschen Dinge; / doch wie tief herabgestimmt / auch das Wünschen Abschied nimmt, / immer klingt es noch daneben: / Ja, das möcht ich noch erleben.“[425] Susan Sontags Sohn David Rieff über die sterbende Schriftstellerin: „Wonach suchte meine Mutter? Nach dem, worauf Verurteilte immer hoffen: Strafmilderung, Aufschub.“[426] Natürlich wird man eines Tages sterben. Aber jetzt sind erst einmal die anderen dran. Das Todesgrauen möge so weit entfernt sein wie das Morgengrauen: „Es war die Nachtigall und nicht die Lerche“, möchte man sich mit Romeo und Julia beruhigen dürfen.

Nachdem in Schnitzlers Roman *Sterben* feststeht, dass Felix nur noch wenige Monate zu leben hat, bittet er: „Ich will nur mehr ein paar Wochen, ein paar Tage und Nächte. Aber ich will sie auch leben, ich will mir nichts versagen, nichts, und dann da hinunter, wenn du willst. … noch ein paar Tage des Glücks und dann –.“[427] Als in Hugo von Hofmannsthals *Der Tor und der Tod* der Sensemann bei Claudio vorbeikommt, um ihn zu sich zu holen, erfleht der Edelmann vom Tod einen Aufschub, mehr Zeit zum Leben, die ihm der Tod jedoch nicht gewährt. Im Angesicht des Todes neigen wir Menschen dazu, das Unvermeidliche durch einen Deal hinauszögern zu wollen. Es werden Gelübde abgelegt, Versprechen für den Fall einer Besserung gegeben, zeitliche Spielräume ausgehandelt. Es wird um ein bisschen Lebenszeit gefeilscht, eine Art Kuhhandel betrieben. Wenn man die Medikamente konsequent nimmt, regelmäßig zur Kirche geht, sich der neuen Behandlung unterzieht, einen chirurgischen Eingriff über sich ergehen lässt, dann hat man vielleicht noch ein paar Jahre.

Manchmal hofft der in die Enge getriebene Patient, mit Hilfe der Medizin die Todesgrenze bloß um eine winzige Frist zurückschieben zu können. „Begnadigung! Begnadigung! wiederholte der Verurteilte. Oder – aus Barmherzigkeit – noch fünf Minuten“, bettelt der Todgeweihte in Victor Hugos *Der letzte Tag eines Verurteilten.*[428] „Ein Lebensjahr, eine Lebensnacht: wegen einer Nacht flehte mich der Bettler an“, so sehr hing er am Leben, schreibt Simone de Beauvoir.[429]

In der Regel ist der Lebenswille stärker als die Todesbereitschaft. Niemand hakt sein Leben einfach ab, wie die Fabel *Der Greis und der Tod* von Äsop (7. Jhd. v. Chr.) lehrt, die Jean de La Fontaine im 17. Jahrhundert n. Chr. unter dem Titel *Der Tod und der Holzfäller* neu konzipierte.[430] Diese Geschichte handelt von einem alten Mann, der Holz geschlagen hatte, das er sich anschließend auflud, um sich auf den Weg nach Hause zu machen. Aber der Weg war lang und beschwerlich, so dass das Holz auf dem Rücken ihn bald schmerzte. Deshalb legte der Greis es nach einer Weile ab und rief nach dem Tod, der ihn davon befreien sollte. Dieser eilte prompt herbei und fragte ihn, was er denn wolle. Daraufhin der alte Mann: „Du sollst mir helfen, meine Last wieder auf meinen Rücken zu heben.“[431] Die Moral von der Geschicht’: Lieber Not als Tod!

In der griechischen Tragödie *Alkestis* von Euripides (5. Jhd. v. Chr.), möchte der Tod den jungen König von Thessalien, Admet, zu sich holen. Hierauf erhält dieser von Apollo das Versprechen, nicht gleich sterben zu müssen, wenn er jemanden finde, der für ihn in den Tod gehe. „All seine Lieben fragt er der Reihe nach, den Vater und die ihn gebar, die greise Mutter – seine Frau allein findet er entschlossen, an seiner Statt zu sterben und das Sonnenlicht nicht mehr zu schauen.“[432] Seine Freunde und Eltern hängen genauso am Leben wie Admet selbst. Dagegen stirbt seine Gemahlin für ihn aus Liebe, die für sie mehr bedeutet als das Leben. Admet bewertet dagegen das Leben höher, was er am Ende bereut. Daraufhin befreit Herakles seine Gemahlin aus der Unterwelt, damit sie beide wieder vereint sein können.

Nicht nur in Ionescos *Der König stirbt* aus dem 20. Jahrhundert lebt des Motiv der Opferung des eigenen Lebens für das eines anderen weiter, wenn der König verzweifelt fragt: „Wer gibt mir sein Leben? Wer gibt dem König sein Leben, dem guten König sein Leben, dem armen König sein Leben?“ Eine ähnliche, aber hintersinnige Geschichte entstammt der Feder Arthur Schnitzlers. In *Um eine Stunde*[433] naht der Todesengel einer Frau, um sie zu holen. Hiergegen protestiert ihr Ehemann, der ihr noch einmal sagen möchte, wie sehr er sie liebt. Sein ganzes Leben hatte er hierfür keine Worte gefunden. Nie hatte er ihr romantische Liebeserklärungen gemacht. Dazu erbittet er vom Todesengel eine Stunde. Dann dürfe er sie holen. Der Todesengel zeigt Verständnis, gibt dem Mann aber zu verstehen, dass er nicht Herr der Zeit sei. Deshalb könne er die gewünschte Stunde ihm nur schenken, wenn ein anderer kurz vor Lebensende bereit sei, auf seine letzte Stunde zugunsten der Frau zu verzichten. Der Mann lässt sich auf diesen Handel ein und macht sich auf die Suche. Währenddessen wird die Zeit gleichsam angehalten. Fünf Todgeweihte sucht der Mann auf. Als erstes begegnet er einem pessimistischen Philosophen, der die vielbeklagte Kürze des Lebens für das Beste daran hält und das Nichtsein dem Sein vorzieht. Dann stößt er auf einen todkranken Patienten, der stöhnend sich in seinen Schmerzen wälzt und sein Ende herbeisehnt. Anschließend kommt er bei einer blinden, einsamen neunzigjährigen Frau vorbei, die das Gefühl hat, vom Tod vergessen worden zu sein. Ein zum Tode Verurteilter wiederum hätte seine Hinrichtung am liebsten schon hinter sich. Zuletzt trifft er auf ein Liebespaar, das, eng umschlungen, sich nichts sehnlicher wünscht, als gemeinsam zu sterben. Doch als dem Pessimisten, Kranken, Alten, Hingerichteten und Liebenden die Chance eröffnet wird, jetzt gleich aus dem Leben zu scheiden, lehnen sie alle ab. Keiner von ihnen ist bereit, seine letzte Stunde freiwillig herzugeben.

Zuletzt gibt es nur noch den Mann selbst, der seine restliche Lebenszeit für die gesuchte Stunde opfern könnte. Sofort willigt der Mann ein und überlässt dem Todesengel seine noch vorhandenen Tage, Monate und Jahre. Doch als er seiner Frau eine Liebeserklärung machen möchte, stirbt sie unversehens. „Engel des Todes, warum hat du mich betrogen?“, schimpft der Mann. Der Todesengel aber beteuert, sich an seine Abmachung gehalten zu haben, und erläutert: „Armes Menschenkind! Glaubst du denn, dass es dir vergönnt ist, durch alle deine Liebe und durch allen deinen Schmerz hindurch in die Tiefen deiner Seele zu schauen, wo deine wahren Wünsche wohnen? Noch einmal wirst du mich sehen, da werde ich dich fragen, ob ich dich heute betrogen habe oder du dich selbst.“ Der Mann glaubte felsenfest, der Gattin seine verbliebene Lebenszeit gegeben zu haben; doch ganz tief im Inneren, das er selbst nicht durchschaute, war er hierzu nicht bereit. Seine Liebe zum Leben war stärker als seine Liebe zur Frau. Sein Unbewusstes hatte ihm ein Schnippchen geschlagen.

Todesangst

Heute sagen immer mehr Menschen, dass sie weniger Angst vor dem Tod als vor dem Sterben haben. „Sterben will ich nicht, aber tot sein ist mir gleich“, schrieb bereits Cicero im 1. Jahrhundert v. Chr.[434] Nur stimmt das überhaupt? Der todkranke Felix in Arthur Schnitzlers Roman *Sterben* vermerkt hierzu treffend: „Man muss verurteilt sein wie ein Verbrecher oder wie ich, dann kann man darüber reden. Und der arme Teufel, der gefasst unter den Galgen schreitet, und der große Weise, der Denksprüche erfindet, nachdem er den Schierlingsbecher geleert, und der gefangene Freiheitsheld, der lächelnd die Flinten auf seine Brust gerichtet sieht, sie alle heucheln, ich weiß es, – und ihre Fassung, ihr Lächeln ist Pose, denn sie alle haben Angst, grässliche Angst vor dem Tod; die ist so natürlich wie das Sterben selbst!“[435] Im Angesicht des Todes sind Angst, Entsetzen, Ohnmacht, Trauer und Verzweiflung nach wie vor groß. Je stärker die Lebensimpulse, umso unerträglicher die Angst, in der es aber weniger um den Tod geht. Dem Betroffenen tut es vor allem um sein Leben leid. Aufgrund ihrer tiefen Verwurzelung in der Menschennatur lässt sich die Todesangst niemals ganz ablegen. Darum sei man misstrauisch gegen jene, die keinerlei Angst vor dem Tod zu haben vorgeben. Sie belügen sich. Ältere sollen durchschnittlich weniger Angst vor dem Tod haben als Jüngere, die dafür nicht so oft daran denken. Allerdings nimmt das Alter nicht automatisch dem Tod seinen Schrecken. Wer noch eine gewisse Vitalität verspürt, findet sich nicht so leicht mit seiner Endlichkeit ab.

Todesangst ist biologisch sinnvoll. Sie erhält uns am Leben, weil sie die Vorsicht vor das Wagnis stellt. Sie dient der Abwehr von Gefahren und übt so eine wichtige Schutzfunktion aus. Freilich kann sie auch lähmen, wenn dauernd befürchtet wird, der nächste Herzschlag könne der letzte sein. Die Angst vor dem Tod kann einen plötzlich überkommen und sich der gesamten Existenz bemächtigen. In Augenblicken akuter Bedrohung überfluten die Menschen geradezu Wogen wahnsinnigen Entsetzens. Nun kommt es zu Schweißausbrüchen und Herzrasen. Todesangst kann aber auch eine emotionale Reaktion auf die reflektierte Vergegenwärtigung des antizipierten Endes sein.

Karl Jaspers unterscheidet zwischen existenzieller und vitaler Todesangst. Erstere ergibt sich aus der Sorge, sein Leben zu verfehlen, letztere besteht im Schaudern vor dem Ende.[436] Im einen Falle haben wir Angst davor, nicht richtig zu leben, im zweiten, nicht mehr zu leben. Todesangst bedeutet für die meisten hierzulande nicht mehr Jüngstes Gericht, Fegefeuer und Hölle. Dafür ängstigen sich viele vor dem ewigen Nichts. Der schwedische Krimiautor Henning Mankell, den eine niederschmetternde Krebsdiagnose aus der Lebensbahn warf, schreibt, dass er Angst davor habe, so lange tot zu sein. Er fand es selbst albern, dass ihn die Vorstellung schmerzte, bald Millionen Jahre nicht mehr zu existieren. Der Mehrheit genügt die einfache Vorstellung, demnächst nicht mehr zu leben, um Angst zu verspüren. „Dieses Versinken ins Nichts flößte mir solches Entsetzen ein, so dass ich es für unmöglich hielt, ihm furchtlos ins Auge zu blicken“, vermerkt Simone de Beauvoir.[437] Zugespitzt Elias Canetti: „Du hast Angst vor allem, was nach dem Tode nicht kommt.“[438] So graut es dem Ängstlichen vor seinem totalen Bewusstseinsverlust, dem Verlöschen seines Lebens und dem Untergang seiner Welt.

Damit zusammenhängend ängstigt man sich vor dem Tod seiner Unvorstellbarkeit wegen. „Wir kennen ihn nicht, das macht Angst“,[439] schreibt Seneca. Die Angst vor dem Unbekannten gleicht dem Unbehagen, das wir im Dunkeln vor dem bedrohlich Unerwarteten empfinden. Es ist unmöglich, sich das eigene Nichtsein vorzustellen. Darum stellen wir uns selbst als Leiche noch lebend vor, was uns auch wieder ängstigt. Natürlich ist es unsinnig, den Tod zu verabscheuen, weil man sich vor Augen führt, wie es ist, tot zu sein. Schon Lukrez betont, dass wir fast automatisch selbst dem leblosen Körper noch unsere Empfindung leihen und uns vergegenwärtigen, wie es ist, von Würmern zerfressen, Vögeln zerfleischt oder einem Ofen verbrannt zu werden.[440] Ähnlich Immanuel Kant: „Die allen Menschen, selbst den Unglücklichsten oder auch den Weisesten natürliche Furcht vor dem Tod ist … ein Grauen … vor dem Gedanken, gestorben (d.i. tot) zu sein; den der Kandidat des Todes noch zu haben vermeint, indem er das Kadaver, was nicht mehr er selbst ist, doch als sich selbst im düstern Grabe oder irgendsonstwo denkt.“[441] In Wahrheit gibt es hier aber gar nichts vorzustellen, weil, sofern wir nicht mehr existieren, wir uns auch nicht mehr in einem bedauernswerten Zustand befinden.

Doch selbst wenn wir diese irrationale Angst in den Griff bekommen, bleibt immer noch die Angst vor dem letzten Moment, wenn der Tod den Sterbenden an der Kehle packt und würgt. Aber schon Thomas Mann vermutet in seiner Erzählung *Der Tod*, dass der letzte Moment nichts Besonderes ist.[442] Ähnlich sieht es Friedrich Nietzsche: „Nicht gar so wichtig. – Bei einem Sterbefalle, dem man zusieht, steigt ein Gedanke regelmäßig auf, den man sofort, aus einem falschen Gefühl der Anständigkeit in sich unterdrückt: dass der Akt des Sterbens nicht so bedeutend sei, wie die allgemeine Ehrfurcht behauptet.“[443] Trotzdem bleibt die Angst vor der letzten Minute, auch wenn diese kurze Begebenheit jeder Brutalität, Feierlichkeit und Rätselhaftigkeit entbehrt. Man sollte den letzten Atemzügen nicht so viel Bedeutung beimessen. Da jedoch die Schnittlinie zwischen dem letzten vitalen Augenblick und dem ersten letalen Moment, wenn der Faden reißt, nur schwer zu fassen ist, eignet sie sich besonders gut für wilde Fantasien. Abgesehen davon, dass für den Sterbenden der Tod bereits im Augenblick seiner Bewusstlosigkeit eintritt, muss mit Michel de Montaigne gefragt werden: „Ist es vernünftig, so lange sich vor etwas zu fürchten, was so kurz dauert?“[444] Im Bruchteil einer Sekunde wird alles erledigt sein. Vermutlich ist es so, wie wenn der Fernsehstecker aus der Anschlussbuchse gezogen wird.

Verlust der Lebensgüter

Woher rührt die Todesangst? Namhafte Philosophen sehen im Verlust wichtiger Lebensgüter die eigentliche Ursache. Das Totsein selbst sei nicht das angsterregende Übel, sondern der Verlust des Lebens als das Ende aller Möglichkeiten. „Der Tod ist das Gegenteil einer Chance", schreibt Hans Blumenberg.[445] Tatsächlich erfasst viele ein Grauen bei der Vorstellung, Abschied nehmen zu müssen von allem, was sie liebgewonnen haben. Derselbe Mond und dieselbe Sonne werden noch sein, wenn von einem nicht mehr die allerleiseste Spur auf der Erde aufzufinden sein wird. Die Welt wird ungerührt von unserem Dahinscheiden und gleichgültig gegen unser Schicksal weiter existieren, klagen Hans Blumenberg und Walter Schulz.[446] „In jedem Toten stirbt die ganze Welt", spitzt Canetti zu.[447] Jedes Mal versinkt ein ganzes Universum ins Nichts. „Wenn du hier die Augen zumachst, ist diese Welt wirklich weg", so auch der vom Tod gezeichnete Christoph Schlingensief.[448] Und Friedericke Mayröcker fügt hinzu: „der Gedanke, dass die Welt weitergeht. Das ist eine Unbegreiflichkeit."[449] Jedoch ist dieser Gedanke weniger unverständlich als schmerzhaft, wie Michel Leiris betont: „Was mich am Tod nervt, ist die Tatsache, dass all das weitergehen wird – und ich nicht mehr dabei sein werde."[450] So viele große Dinge werden noch auf der Erde geschehen, die man nicht miterleben kann. Viele empfinden die Aussicht auf das Ende ihrer Welt als unfassbare Tragödie.

Auch für Thomas Nagel und Bernard Williams ist der Tod ein angsterregendes Übel, weil er uns bestimmter Lebensgüter beraubt. Er enthalte uns eine Lebensspanne vor, in der wir noch vielerlei unternehmen und erleben könnten. Der Dichter Claude Simon auf die Frage, was ihm fehlen werde, wenn sein Dasein vorüber sei: „Das Leben. Die Vögel, der Himmel. Nicht mehr schwimmen zu können, nicht mehr in der Sonne zu sein. Alles, alles, alles."[451] Zum Trennungsschmerz gehört der Verlust geliebter Menschen, die dann ohne einen zurechtkommen müssen. Solange der Einzelne noch Wünsche, Interessen und Ziele hat, ist der Tod etwas Schlechtes, das ihn ängstigt. Wie ausgeführt unterscheidet Williams in diesem Zusammenhang zwischen einem Leben, das noch zu schönen Erlebnissen oder interessanten Projekten fähig ist, und einem Leben, das hierüber nicht mehr verfügt, weshalb für es auch der Tod kein angsterregendes Übel mehr darstelle.

Dem widerspricht Nagel, dem zufolge der Tod immer schlecht ist, „weil mit seinem Eintreten all das Gute ein Ende hat, das uns das Leben bietet“.[452] Dies sind für Nagel aber nicht nur schöne Lebensinhalte, wie für Williams, sondern vorrangig die Fähigkeit, überhaupt wahrnehmen, denken, fühlen und handeln zu können. Das menschliche Dasein ist nach Nagel sogar dann lebenswert, wenn ihm mehr Schlechtes als Gutes widerfährt. Denn der Lebenswert gründe allein auf der Fähigkeit, überhaupt erleben zu können. Dieser Annahme ist mit Recht widersprochen worden, zieht doch ein Mensch sein Nichtsein dem Sein vor, wenn seine Erlebnisse nur noch schmerzhaft und elend sind. Die Möglichkeiten zur Erfahrung allein machen das Leben noch nicht lebenswert, sondern erst die Erfahrungsinhalte. Trotzdem hat Nagel etwas richtig erkannt. Es gibt einen Drang nach Weiterleben, der nicht von der Qualität der Erlebnisse abhängt, wie Williams mutmaßt, sondern von einer Eigenschaft des Lebens selbst, unabhängig von der Frage, ob die Erlebnisse schön und interessant oder grausam und langweilig sind. Nur ist diese Eigenschaft nicht die Fähigkeit zu Erfahrungen überhaupt, wie Nagel meint, sondern das Selbsterhaltungsstreben.

Selbsterhaltung

Normalerweise haben wir Menschen weder den Wunsch noch das Interesse, aus dem Leben zu scheiden. Bei aller Mühe, die uns das Dasein bereitet, ängstigen wir uns doch vor Sterben und Tod. Beides empfinden wir als schrecklich, selbst wenn wir der Meinung sein sollten, dass biologisch gesehen der Tod ein Teil des natürlichen Kreislaufs und theologisch betrachtet das Sprungbrett in eine jenseitige Welt ist. Darum mutet Albert Camus' berühmte Feststellung merkwürdig an: „Es gibt nur ein wirklich ernstes philosophisches Problem: den Selbstmord. Die Entscheidung, ob das Leben sich lohne oder nicht, beantwortet die Grundfrage der Philosophie.“[453] Ähnliches schrieb Friedrich Schlegel an seinen Bruder 1792: „Warum soll ich leben? – Du kannst mir das nicht beantworten und kannst mir nicht aus Gründen raten zu leben? … Seit Jahren denke ich täglich an Selbstmord.“[454] Die bekannteste Version dieser Frage stammt von Shakespeares *Hamlet*: „Sein oder Nichtsein, das ist hier die Frage: ob's edler im Gemüt, die Pfeil und Schleudern des wütenden Geschicks erdulden, oder sich waffnend gegen eine See von Plagen durch Widerstand sie enden. Sterben – schlafen – nichts weiter! Und zu wissen, dass ein Schlaf das Herzweh und die tausend Stöße endet, die unseres Fleisches Erbteil – 's ist ein Ziel, aufs innigste zu wünschen."[455] Dennoch zögert Hamlet aus Angst vor dem Unbekannten. Wohlgemerkt zaudert Hamlet nicht aus Angst vor dem Tod, sondern aus Angst vor dem, was danach kommen könnte: die ewige Verdammnis.

Camus, Schlegel und Shakespeare werfen ein Problem auf, das ein Durchschnittsbürger nicht hat. Alle drei Klassiker kratzen die Menschen an einer Stelle, wo es sie nicht juckt. Die angebliche Urfrage muss für die meisten gar nicht beantwortet werden, weil sie sich ihnen nicht stellt. Sie müssen keine Entscheidung treffen, ob sie ihr Leben weiterführen oder ihm ein Ende setzen möchten. Dabei ist es keineswegs so, dass sie von dieser Frage nur deshalb verschont blieben, weil sie genug Gründe gefunden hätten, am Leben zu bleiben. Für gewöhnlich wird der Einzelne durch sein Selbsterhaltungsstreben von dieser Frage entlastet. Denn üblicherweise hängt der Mensch von Natur aus am Leben und richtet geradezu automatisch seine Kräfte auf die eigene Erhaltung. Evolutionsbiologisch formuliert sind wir auf Lebenwollen programmiert. Darum halten wir im gewohnten Alltagsleben unser Dasein auch mit großer Selbstverständlichkeit für die Mühen wert, die es uns und anderen bereitet.

Sein Selbsterhaltungsstreben lässt den Einzelnen sich sogar verzweifelt an sein Dasein klammern, solange sein Leid nicht ein bestimmtes Maß überschreitet. Unser Lebenswille sträubt sich gegen die Zerstörung des Organismus. Dieser ist zart und zäh, zerbrechlich und robust gleichermaßen, verletzlich in jedem Augenblick, zugleich aber auch widerstands- und anpassungsfähig und dabei fast unbegrenzt lebenswillig. „Eine Kette gibt es, die uns gefesselt hält: die Liebe zum Leben", notierte schon Seneca.[456] Ähnlich David Hume: „Der Tod ist letzten Endes unvermeidlich, aber das menschliche Geschlecht könnte sich nicht erhalten, wenn uns die Natur nicht einen Widerwillen gegen ihn eingepflanzt hätte."[457] Genauso Arthur Schopenhauer: „Wille zum

Leben zu sein äußert sich, wie in der Sorge für die eigene Erhaltung, wie in der Begierde der Fortpflanzung, so endlich auch in der natürlichen fuga mortis, als Flucht vor aller Gefahr und allen Feinden."[458] Seit Spinoza, Hobbes und Newton wird in allen Dingen das Bestreben aufgespürt, in ihrem Sein zu beharren. Bei höheren Lebensformen äußert sich diese Neigung als Selbsterhaltungsdrang.

Eine augenfällige Bestätigung dieses elementaren Erhaltungsdrangs gibt die Beobachtung, wie sich fast alle Lebewesen gegen den Tod wehren. Mit aller Macht stemmt sich ihr Organismus gegen die Gefahr seines Untergangs. In lebensbedrohlichen Situationen gerät der Körper regelmäßig in Panik. Er beginnt zu schwitzen, zu zittern, der Blutdruck steigt, Beklemmungen treten auf. Es entsteht Angst. Der Körper kämpft ums Überleben. Todesangst gehört zu den Gefühlen eines Lebewesens, das sich nicht aufgeben möchte. Solange noch Leben im Körper glimmt, empfindet der Einzelne seine Fortdauer als selbstverständlich und den Tod als eine Gewalttat, einen Skandal, etwas Außergewöhnliches, wie es seit Spinoza bis Simone de Beauvoir heißt. Das Selbsterhaltungsstreben ist die eigentliche Quelle aller Todesangst. Aufzuhören sieht jener biologische Mechanismus nicht vor, obgleich es ein völlig normales Phänomen ist. Doch nicht nur wenn man vital und glücklich ist, möchte man weiterleben, sondern selbst wenn man krank, schwach und älter geworden ist. Gleichviel also, ob man sich gesund oder krank, stark oder schwach, zufrieden oder unzufrieden fühlt – wenn die Menschen gefragt werden, ob sie morgen noch leben möchten, werden die meisten „selbstverständlich" sagen. Ein Grund hierfür mag in den Gütern liegen, die das Leben bietet. Doch die letzte Erklärung, welche die Lebensgüter einschließt, gibt das biologisch erklärbare Selbsterhaltungsstreben als Kehrseite der Todesangst.

Vierter Teil
Metaphysik der Metastasen

Die Katastrophe

Wie natürlich ist der Tod?

Ein natürlicher Tod soll den Menschen mit seiner Vergänglichkeit aussöhnen können. Daran darf gezweifelt werden. Allgemein wird unter natürlichem Tod dreierlei verstanden. Erstens gilt der Tod als Teil des Lebens: Sterblichkeit ist eine Eigenschaft aller Organismen, die auf Fortpflanzung angelegt sind. Nach Settembrini in Thomas Manns *Zauberberg* kann noch am ehesten seinen Frieden mit dem Tod schließen, wer ihn zum Leben dazugehörig betrachtet. Dagegen erhebt ihn in den Rang eines Schrecknisses oder Mysteriums, wer ihn vom Leben abtrennt.[459]

Zweitens bedeutet natürlicher Tod, ohne Apparatemedizin im Kreis der Familie zu sterben. Drittens meint natürlicher Tod soviel wie naturbedingte Erschöpfung der biologischen Kräfte, ein ruhiges, sanftes Einschlafen aus Altersschwäche. Dementsprechend gilt der Tod einer 90-Jährigen als natürlicher als der Tod eines 20-Jährigen. Beim naturgemäßen Verscheiden ist der Einzelne vom Leben so gesättigt, dass er den Tod nicht mehr länger als Feind, sondern als Freund begrüßen kann. Dieser schließt sein vollendetes Dasein ab, in dem zuvor schon die Bindung an die Welt allmählich nachließ.

Die Mehrzahl der Menschen stirbt aber keinen natürlichen Tod. Trotz moderner Medizin und steigender Lebenserwartung dankt nur eine Minderheit aus Altersschwäche ab. Die meisten Alten sind auch nicht lebenssatt, sondern einfach nur des Lebens müde. Ohne Medizin sterben hierzulande die wenigsten. Niemand stirbt einfach so. Im Gegensatz zu Seneca, der betont: „Sterben wirst du, nicht weil du krank bist, sondern weil du lebst“,[460] meint Simone de Beauvoir: „Man stirbt nicht daran, dass man geboren wurde, nicht daran, dass man lebt und auch nicht am Alter. Man stirbt an etwas“[461] – etwa an den Folgen eines Unfalls, einer Erkältung, Entzündung, einem Herzinfarkt, Schlaganfall, Organversagen, an Krebs oder einer gewaltsamen Einwirkung. Davon abgesehen mag der Tod biologisch betrachtet noch so natürlich sein, existenziell gesehen bleibt er eine Katastrophe ersten Ranges: „Einen natürlichen Tod gibt es nicht. … Für jeden Menschen ist sein Tod ein Unfall und, selbst wenn er sich seiner bewusst ist und sich mit ihm abfindet, ein unverschuldeter Gewaltakt“, akzentuiert die Philosophin.[462]

Es sind vor allem schwere Krankheiten, die uns auf erschütternde Weise vor Augen führen, wie sehr der Tod ein Unglück ist. „Es muss so unglaublich schön sein, gesund zu sein! Ich würde jubeln, jubeln den ganzen Tag“, sagt die todkranke Hanna.[463] Leider schätzen wir unsere Gesundheit oft erst nach deren Verlust. Warum aber erkennen wir deren Wert häufig zu spät? Da man Selbstverständlichkeiten nicht spürt! Dennoch ängstigen sich Ungezählte davor, dass in ihrem Körper irgendwann ein bösartiger Tumor wachsen könnte. Krebs ist inzwischen der *König aller Krankheiten*, so Siddharta Mukherjee in seinem gleichnamigen Buch. Wie im 19. Jahrhundert Tuberkulose oder im Mittelalter die Pest so wird heute Krebs mit dem Tod identifiziert. Dagegen werden Herzleiden weniger negativ bewertet, obgleich sie genauso häufig zum Tode führen. Ein Herzinfarkt wird als Warnschuss gedeutet, der dem Betroffenen nahelegt, seine bisherige Lebensweise zu ändern: mehr Sport zu treiben, sich gesünder zu ernähren, Stress zu reduzieren. Man fühlt sich nicht machtlos. Während Herzerkrankungen als natürliche Schwäche des Organismus eingestuft werden, gilt Krebs als schrecklicher Vorbote des Todes.[464]

Schlechte Nachrichten

Eine schwere Krankheit oder der Tod eines Freundes kann uns mit einem Schlage die eigene Sterblichkeit bewusst machen. Spätestens wenn wir die Welt mit den erloschenen Augen einer geschätzten Person anschauen, wird uns klar, dass die Dinge unbeteiligt und ungerührt auch über unser Dahinscheiden fortbestehen werden. „Das letzte Mal, als ich einen Sarg in ein Grab gleiten sah, ging mir blitzartig die Erkenntnis auf: bald wirst du es sein … Ich habe den Geschmack des Nichts auf der Zunge", schreibt Simone de Beauvoir.[465] Jegliches Gefühl von Sicherheit ist trügerisch. Jederzeit kann es losgehen. „Der Gesundheit vollblühende Kraft zerstört unersättlich sich selbst; denn die Krankheit wohnt ihr allzeit lauernd zur Seite. Segelnd im Glück, zerschellt Menschengeschick an verborgener Klippe", kann man schon bei Aischylos lesen.[466] Vielleicht ist man bereits todkrank, merkt es nur noch nicht, weil man keine Beschwerden hat. Nichts weist auf eine Erkrankung hin. In anderen Fällen reiten Boten der Katastrophe voraus. Oft beginnt es ganz harmlos mit einem merkwürdigen Hüsteln, leichtem Schmerz oder Unwohlsein. Man ist noch ohne jede Vorahnung bezüglich der Torturen, die einem bevorstehen. In der Regel treffen uns schlechte Nachrichten unvorbereitet an. Plötzlich ist es nicht mehr das Unglück von Bekannten, sondern das eigene Leben, das auf einen Abgrund zuschlingert. Obwohl man schon immer wusste, dass man jederzeit dran sein könnte, zog man diese Möglichkeit nie ernsthaft in Betracht. Deshalb kommt die schlechte Nachricht völlig unerwartet. Man gerät in eine Grenzsituation, in der die gewohnten Routinen gesprengt werden. An deren Stelle treten verstörende Dissonanzen, die verunsichern. Man hat den Eindruck, den Boden unter den Füßen zu verlieren und in ein schwarzes Loch zu fallen. Der krebskranke Krimiautor Mankell vergleicht die Situation mit Treibsand: „Das Gefühl, das mich überkam, war genau wie die Angst vor Treibsand. Ich sträubte mich dagegen, hinabgezogen und verschlungen zu werden von der lähmenden Einsicht, dass mich eine schwere, unheilbare Krankheit befallen hatte."[467] Obwohl noch nichts Genaueres feststeht, können der leichte Schmerz und der besorgte Blick des Arztes bereits die schlimmsten Ahnungen und Befürchtungen aufkeimen lassen. Gleichzeitig stemmt man sich mit aller Macht dagegen.

„Vielleicht ist es gar nicht wahr. Sagt mir, dass es gar nicht wahr ist. Es ist ein Albtraum. Vielleicht stehen meine Aussichten eins zu zehn, eins zu tausend. Ich habe oft in der Lotterie gewonnen“, sagt der Herrscher in Ionescos *Der König stirbt*.[468] Etwas entsetzlich Kaltes schnürt die Kehle der Angehörigen zu, die es nicht fassen können und vorerst davon überzeugt bleiben, dass es nichts Schlimmes ist. Nachdem Felix vom Arzt mit der Botschaft zurückkehrte: „Ein Jahr noch, und dann ist es aus. Und nun weinte er, heftig und laut“,[469] wiegelt Marie ab: „Der Arzt hat sich gedacht, er muss dir die Hölle heiß machen, damit du nicht leichtsinnig wirst.“[470] Obwohl man also die unerbittliche Wahrheit vernimmt, dringt sie nicht gleich ins Bewusstsein. Wer ist einer solcher Situation auf Anhieb gewachsen? Der eigene Tod und der Tod eines Nächsten sind zu groß, als dass man sie sofort begreifen könnte. Man möchte die abrupte Verwandlung des Gesunden in einen Sterbenskranken nicht wahrhaben, zumal sich dieser doch gut und kräftig fühlt. Aber die Blutwerte sprechen eine klare Sprache. Dennoch hofft man, dass es sich um ein gewaltiges Missverständnis handelt. Die Ergebnisse einiger Untersuchungen stehen ja noch aus.

Nachdem aber der Befund auf dem Tisch liegt, ist mit einem Male alles anders. Die Krankheit bedeutet einen dramatischen Einschnitt in den bisherigen Alltag. Schlagartig hört das Leben, wie man es kannte, einfach auf. Unversehens wird man aus allem herausgerissen. Nichts stimmt mehr. Man ist wie gelähmt. Wahrscheinlich wird man zu seinem alten Leben niemals mehr zurückkehren können. Ein neuer Lebensabschnitt beginnt. Der Unterschied zwischen der Zeit davor und danach ist enorm. Wie in Kafkas Erzählung *Die Verwandlung*, in der ein Mensch eines Tages als hilfloses Insekt aufwacht, das auf dem Rücken liegt, erwacht der Patient nach der Diagnose völlig unvorbereitet in einem Körper, der ihm auf einmal unheimlich und fremd geworden ist.[471]

Der Patient fühlt sich von seinem Körper verraten. Dieser ist zum bösartigen, möglicherweise unbesiegbaren Feind geworden. Manchmal verfällt der Leib in nur wenigen Wochen. Es wird zu Atemnot, Gewichtsverlust und Kraftlosigkeit kommen. Arme und Haut werden dünn werden, das Muskelgewebe wird schwinden. Bald wird man ausgezehrt oder aufgedunsen, jedenfalls entstellt wirken, und sich schon müde fühlen, wenn man morgens aufsteht. Die Male der Auflösung werden unübersehbar sein. Die Frage, wie man damit zurechtkommen kann, ist genauso wichtig wie die körperliche Behandlung. Fortan wird es anstrengend.

Wir alle sind Sterbliche, deren Tage gezählt sind. Doch wenn man angezählt wird, weil der Sensemann einem auf den Fersten ist, bekommt die Ungewissheit der Todesstunde einen neuen Sinn. Spätestens jetzt weiß man, dass nicht nur die anderen, sondern man selbst auch sterben wird. Man spürt mit jeder Nervenfaser, dass die Totenglocke, die soeben läutet, in absehbarer Zeit auch für einen selbst schlagen wird. Das Ende ist in Sichtweite geraten. Man sieht sich kurz vor Asche. Zugleich aber wird einem klar, wie sehr man am Leben hängt, das man um keinen Preis verlieren möchte. Deshalb lassen sich die meisten auf die Angebote der modernen Medizin ein, auch wenn sie Chemotherapie, Transplantation und Ähnliches heißen. Jede erdenkliche Therapie wird als Chance ergriffen, mögen die Nebenwirkungen noch so groß und die Erfolgsaussichten noch so gering sein, so stark ist der Überlebenswille. Nur wenige wie etwa der Zivilisationskritiker Ivan Illich oder der Regisseur Helmut Dietl lehnen nach einer brutalen Diagnose jede Behandlung ab. Ein paar Schwerkranke hören mit der Chemotherapie auf oder fangen erst gar nicht damit an. Die meisten jedoch wie der Krimiautor Mankell kämpfen unbeirrt gegen ihren Krebs an: „Es war ein stummer Kampf, um den Treibsand zu überleben. Und ich wurde nicht hinabgezogen. Schließlich konnte ich aus dem Sand herausrobben und anfangen, mich dem, was geschehen war, zu stellen. ... Ich würde mich den Behandlungen unterziehen. ... Auch wenn ich nie ganz geheilt werden würde, so bestand doch die Möglichkeit, noch lange zu leben.“[472] Wie so viele verstarb auch er rund zwei Jahre nach der Diagnose.

Elisabeth Kübler-Ross leitet aus ihrer Arbeit mit Sterbenden fünf Phasen ab, welche dic Patienten auf ihrem Weg in den Tod durchlaufen. Am Anfang möchten sie die infauste Prognose nicht wahrhaben, dann sind sie wütend, anschließend möchten sie eine Galgenfrist heraushandeln, bevor sie eine tiefe Depression befällt. Im Idealfall kommt es am Ende zu einer Einwilligung ins Unabänderliche. Ähnlich unterscheiden andere Verlaufsmodelle zwischen Schock, Nicht-Wahrhaben-Wollen, Trauer, Angst, Wut, Hoffnung und Zuversicht in regelmäßigem Wechsel. Am Ende stellen sich oft Ergebung und Ruhe ein. Wieder andere

Modelle beobachten zu Beginn eine starke Unsicherheit über den eigenen Zustand, dann eine Ausrichtung aufs Überleben, Versuche, die Macht über das Geschehen zu behalten, Trauer um die eigene Zukunft und am Schluss bestenfalls eine Bereitschaft zum Gehen. Natürlich überlappen sich diese Phasen in der Realität, in der es keineswegs so geordnet zugeht. Innerhalb nur einer Stunde kann Ruhe in Verzweiflung und Kampf in Verdrängung umschlagen.

Warumfrage

Die Frage: „Warum ausgerechnet ich?“ drängt sich fast automatisch auf. Früher gab es hierauf Antworten. In religiösen Zusammenhängen galten Krankheiten häufig als Prüfungen oder Sündenstrafen. Diese alten Vorstellungen lebten in abgewandelter Form lange Zeit fort – nach dem Motto: Wer krank wird, ist selbst schuld. Die Verantwortung lag beim Kranken. In Thomas Manns *Zauberberg* hält Dr. Krokowski wöchentlich einen Vortrag über die „Liebe als krankheitsbildende Macht“.[473] Dabei vertritt er die These, Krankheit sei „verkappte Liebesbetätigung und alle Krankheit verwandelte Liebe“.[474] Mehr gelebte Lust und Leidenschaft hätten die Krankheit verhindert, in der sich unterdrückte Liebe maskiert zur Geltung bringe. Wie Susan Sontag in *Krankheit als Metapher* ausführt, ging man im ausgehenden 19. und beginnenden 20. Jahrhundert davon aus, dass zahlreiche Krankheiten psychische Ursachen hätten: Tuberkulose beispielsweise rühre von einer nicht ausgelebten Leidenschaft her. Franz Kafka oder Frédéric Chopin starben hieran, und in Verdis Oper *La Traviata* geht Violetta daran zugrunde. Die Unterdrückung aggressiver und sexueller Regungen könne sogar Krebs verursachen. Sigmund Freud und Ludwig Wittgenstein verschieden wiederum hieran. Voreilige Psychologen sehen darin die Folge eines übermäßigen Triebverzichts. Mit aller Vehemenz bekämpft Susan Sontag solch überkommene Vorstellungen, weil sie eine Kontrollmöglichkeit dort unterstellen, wo es sie nicht gibt. Dazu werden die Krankheiten den Patienten selbst zur Last gelegt, die durch Eigenverschulden in ihre missliche Lage gekommen seien. Gleichfalls wird deren Genesung hauptsächlich ihrem guten Willen aufgebürdet.

Natürlich werden hierdurch die Möglichkeiten der Patienten maßlos überschätzt.[475]

Allerdings gibt es auch selbstverursachte Krankheiten. Manche hängen von der Lebensweise ab, andere von der Umwelt. Beispielsweise wäre der Lungenkrebs eines Kettenrauchers vermeidbar gewesen. Hätte er nicht geraucht, wäre er wahrscheinlich nicht krank geworden. Selbstverständlich ist es aber unsinnig zu sagen, dass emotionale Frustration und Gefühlsunterdrückung tödlichen Krebs verursachen können, den sich so die Kranken selbst eingebrockt hätten. Niemand ist daran schuld.

Trotzdem suggeriert noch heute eine Reihe populärer Glücksratgeber, dass sich Krisen und Krankheiten durch positives Denken größtenteils besiegen ließen. Wenn man nur daran glaubt, wird alles gut. Nun sei keineswegs bestritten, dass Optimismus einen starken Motivationsschub auslösen kann, alles dafür zu tun, um wieder gesund zu werden. Hoffnung ist ein Antrieb, der nachweislich Kräfte freizusetzen vermag. Zuversicht kann wie ein Placebo, eine Pille ohne echte Heilsubstanzen wirken. Jedoch ist die Vorstellung naiv, man könne eine Krebserkrankung durch positives Denken überwinden. Eine solche Meinung ist nicht nur falsch, sondern auch gefährlich, setzt sie doch den Leidenden unter Druck, indem sie suggeriert, dass sein weiteres Schicksal von ihm selbst abhänge. Dabei ist weder der Patient noch irgendwer sonst für seinen aussichtslosen Zustand verantwortlich.

Die Warumfrage bleibt ohne Antwort. Hierzu Tolstois todkranker Iwan Iljitsch: „Warum, wofür dies Entsetzliche? ... Darum! Um nichts und wieder nichts. Außer diesem, über dieses hinaus gab es nichts. ... Es gibt keine Erklärung dafür."[476] Die Antwort auf die Warumfrage bleibt unauffindbar, weil es hier gar nichts zu erkunden gibt. Christopher Hitchens, der im Jahre 2011 an Speiseröhrenkrebs starb: „Auf die dumme Frage: Warum ich? – gibt das Weltall sich kaum die Mühe, auch nur: Warum denn nicht? – zu antworten."[477] Mit dem Schicksal oder dem Zufall kann man keine Vereinbarungen treffen.

Dennoch liegt die Warumfrage nahe, weil hoffnungslose Krankheiten total ungerecht zu sein scheinen. Jedoch sollte man die Warumfrage nicht nur deshalb auf sich beruhen lassen, weil sie zu nichts führt, sondern auch weil jede Antwort hierauf noch grausamer wäre, als die

Angelegenheit ohnehin schon ist. Hüten wir uns, im vorzeitigen Tod eines Menschen durch eine schwere Krankheit einen letzten Grund oder Sinn aufspüren zu wollen! Widerstehen wir der voreiligen Hoffnung, hier könnte sich eines Tages ein Sinn offenbaren! Schieben wir die Frage hiernach beiseite, weil ein solcher Sinn uns erklären müsste, warum der Todkranke so schwer leidet, während andere gut davonkommen. Die oftmals im Schmerz geäußerte Sinnfrage verkennt allzu leicht, dass jede nachvollziehbare Antwort auf das berüchtigte „Warum gerade ich?“ einen Grund angeben würde, der das Schicksal berechtigte, einen Todkranken grausam zu behandeln.

Aber wie man sich gegen die Zumutung auflehnen sollte, überhaupt nach Sinn zu fragen, ja die Möglichkeit eines Sinns sogar fürchten muss, führt auch der geläufige Vorwurf der Sinnlosigkeit eines leidvollen Sterbens in die Irre. Denn das geläufige Wort „sinnlos“ meint ja mehr als nur das Fehlen von Sinn, was man am besten mit „sinnfrei“ übersetzt. „Sinnlos“ bezeichnet eine Entbehrung, die Vorenthaltung von einem Sinn, auf den man glaubt Anspruch zu haben. Wer eine schwere, tödliche Krankheit als „sinnlos“ bezeichnet, verlangt also weiter nach Sinn, den er nur nicht erkennt, mithin vermisst. Er fordert somit immer noch etwas, das der tyrannischen Wirklichkeit ein Recht gibt, solches Leid einem Menschen zuzufügen. Doch nichts und niemand soll dieses Recht bekommen. Jeder Sinn wäre schrecklich. Die Natur, deren vergängliche Teile wir sind, kennt weder Begünstigung noch Bosheit. Sie schlägt willkürlich zu, ohne darauf zu achten, wen sie trifft. Wo es den einen erwischt, dort hätte es genauso gut jeden anderen treffen können; hinterhältige Absicht war nicht im Spiel. Mal hat man Glück, mal hat man Pech. Das ist alles.

Am Rande des Abgrunds

Zwischen Hoffen und Bangen

Viele Schwerkranke interessieren sich für die Packungsbeilagen ihrer Krankheit. Sie informieren sich in Büchern oder im Internet über Behandlungsschritte, Heilungschancen, Rückfallquoten und Sterberaten. Außerdem erkundigen sie sich nach Menschen mit vergleichbaren Erkrankungen und konsultieren befreundete Ärzte. Unentwegt horchen sie in sich hinein, tasten sich ab und schauen nach, ob sich etwas am Körper verändert hat. Sie fühlen sich hilflos, unfähig, Entscheidungen zu treffen. Nicht selten befürchten sie, in eine schonungslose Medizinmaschinerie zu geraten, in der sie nicht nur gefühllosen Apparaten, sondern auch teilnahmslosen Ärzten und einem überlasteten Pflegepersonal ausgeliefert sind. Der Tumor ist das Eine, körperliche Erschöpfung, Schmerz, Schlaflosigkeit und Angst sind das Andere. Zwischenzeitlich weiß der Patient selbst nicht mehr, was er empfindet. Seine Gemütslage wird undefinierbar. Eine geläufige Antwort auf die Frage nach seinem Befinden lautet: „Den Umständen entsprechend!“

Stehen genug Kraftreserven zur Verfügung, den Kampf mit dem „Eindringling“[478] aufzunehmen, dem niemand die Einreise in den Körper gestattete und eine Aufenthaltsgenehmigung erteilte? Packt man die Therapie? Lohnen sich die Strapazen überhaupt? Man ringt nach Luft, das Gesicht verzieht sich. Man bricht in Tränen aus, bleibt unruhig, angespannt, wacht nachts schweißgebadet auf. Wer kann schon die Zähne zusammenbeißen, wenn sie unentwegt klappern? Trotzdem möchte man sich der Krankheit gegenüber rational verhalten, obwohl sie einen emotional überfordert.

Schlägt die Therapie an? Wird man den Eindringling wieder abschieben können? Nur die Hoffnung, dass die Qualen der Behandlung das Weiterleben ermöglichen, macht sie erträglich. Man schöpft Zuversicht. Der Tumor schrumpft und die Blutwerte verbessern sich. Sorge weicht stiller Erleichterung, die dem Gesicht ein zartes Lächeln entlockt. Doch auf die Fortschritte folgen Rückschläge. Nach der nächsten Behandlung sollte es besser werden, aber daraus wird nichts. Soeben noch auf dem Wege der Genesung, verschlechtert sich der Zustand wieder. Es sieht nicht gut aus. Wie soll man Zuversicht schöpfen, wenn die Aussichten schlecht stehen? Ohne Hoffnung bester Dinge zu sein fällt schwer. Niederlagen machen grüblerisch, todtraurig. Bald wird es zu Ende gehen – nein, alles wird wieder gut! Bei dieser Berg- und Talfahrt wechseln Geduld und Zorn, Zuversicht und Verzweiflung, Mut und Wut, Freudenschimmer und Tränenjammer regelmäßig ab. Mal wird man stumm, unzugänglich, weil man sich einsam und verloren fühlt, dann wieder heiter und gesprächig. Mal weint man bitterlich, flucht oder fleht, weil man noch eine Chance bekommen möchte. Aber es dauert nicht lange, und die brüchige Ruhe kehrt zurück, bevor sich die Stimmung schon bald erneut eintrübt.

Die Höflichkeit bitterer Wahrheiten besteht aus Zuversicht. Sie ist die Anstandsmaske der Verzweiflung, das Taktgefühl der Not, das den Schwerkranken berechtigte oder vergebliche Hoffnung schöpfen lässt. Der Patient klammert sich an die Möglichkeit der Besserung. Bereits kleine medizinische Erfolge und ein paar aufmunternde Worte des Arztes genügen für den kindlichen Glauben, dass alles nicht so schlimm sei. Im Notfall klammert man sich ans Unwahrscheinliche, ja Unmögliche, selbst wenn piepsende Apparate, Schläuche und Kabel einen umgeben. Angeblich möchte man keine falschen Hoffnungen gemacht bekommen, aber wer kann schon mit Sicherheit für die Zukunft ein Horoskop stellen? So greift der verbissene Lebenswunsch nach jedem Strohhalm oder Anker, der Rettung verspricht. Die Hoffnung stirbt zuletzt. Schon geringfügige Verbesserungen lassen die Zuversicht aufkeimen, so mächtig ist der Lebenswille. Dabei sind alle großen Hoffnungen zumeist bloß Illusionen. Obwohl man das eigentlich ahnt, kann man aber nicht gänzlich davon lassen. Der todkranke Wolfgang Herrndorf schrieb in seinem Blog am 6.1.2011: „Mit der Diagnose leben geht, Leben ohne Hoffnung nicht.“ Doch am 14.7.2012 revidiert er diese Einschätzung: „Man kann nicht leben ohne Hoffnung, schrieb ich hier vor einiger Zeit, ich habe mich geirrt. Es macht nur nicht so viel Spaß.“

Gleichwohl nährt die Sehnsucht nach Normalität eine Zeit lang die Zuversicht, dass es bald aufwärts gehen wird. Man vertraut auf seinen Glücksstern. Am liebsten würde man sich sorglos lachen: Das wäre ja noch mal schöner, wenn man nicht wieder gesund würde. Zu sterben würde einem doch gar nicht ähnlich sehen. Bisher ging ja auch fast alles gut. Wenn man bei den therapeutischen Bemühungen aktiv mitarbeitet, dann hat man bestimmt eine Überlebenschance. Auf keinen Fall möchte man in Selbstmitleid und Wehleidigkeit verfallen. Obwohl man sich unterschwellig ängstigt, hält man mit traurigem Lächeln, das einem Echo aus unbeschwerten Zeiten gleicht, die Fassade der Hoffnung aufrecht. Man wahrt Haltung. Manchmal sind sogar flüchtige Glücksmomente möglich, wenn etwa beim Spazieren oder Lesen die eigene Situation für Augenblicke in Vergessenheit gerät. Jedoch gehen solche kleinen Begebenheiten schnell vorüber.

Wenn gar nichts mehr hilft, hofft der Schwerkranke mitunter noch auf Wunder. Dann begibt er sich in die Hände von Schamanen, Wunderdoktoren und Handauflegern, die ihm wertlose Therapien verkaufen. Alternativheiler wecken oft falsche und überzogene Erwartungen. Nicht selten geben sie vor, mit hochdosierten Vitaminen, Ozonsaunen und Beschwörungsformeln den Tumor wie böse Geister aus dem Körper treiben zu können. Solcher Schwindel wird sich wohl niemals abstellen lassen. Da das angebotene Produkt Hoffnung heißt, bedeutet hiervon abzuraten, den Sterbenden zu empfehlen, den Kampf und somit sich selbst aufzugeben. Es ist nicht einfach, das Unabänderliche vom Veränderbaren zu unterscheiden und zu akzeptieren.

Wenn sich die Metastasen überall im Körper verteilt haben, dann erstarrt der Patient nicht nur zu Stein oder bricht in Tränen aus, sondern packt die Krankheit auch im Kopf zu. Jetzt beherrscht sie das ganze Denken. Das Leben besteht fortan nur noch aus Tumor. Sobald man überdies erleben muss, wie sich der gesundheitliche Zustand bei aussichtsloser Prognose täglich verschlechtert, ist der Lebenswille bald aufgebraucht. In die schreckliche Einsamkeit seiner Leiden gezogen, spürt der Betroffene, wie der Tod ihn allmählich fortzieht. Die anfängliche Hoffnung ist verschwunden. Man weiß, dass man verloren hat. Illusionslos hört man auf zu kämpfen und nimmt das Unvermeidliche aus Erschöpfung hin. Die Ahnung wächst, dass man nur noch kurze Zeit durchhalten wird. Das Ende kündigt sich an. Die Verbindung zum Leben reißt ab. Die vorherige Rebellion kippt in Kapitulation um. Nun lebt man nur noch von einem Moment auf den nächsten, ohne in die Zukunft zu fragen.

Möglicherweise würde man jetzt am liebsten sterben. Doch wann ist der richtige Zeitpunkt? Vor einem Darmverschluss, Magendurchbruch oder einer finalen Entzündung? Bevor sich die Schmerzen nicht mehr bändigen lassen? Wenn alle Kräfte schwinden und der Körper außer Kontrolle gerät? Wenn jeder Atemzug zur anstrengenden Qual wird? Ein von den Patienten ersehnter, von den Angehörigen mitgetragener und ärztlich begleiteter Freitod sollte möglich sein. Jedoch verweigert unser Staat seinen Bürgern den professionellen Beistand zum selbstbestimmten Sterben bis heute. Er lässt die Moribunden in einer Situation allein, in der sie so dringend professioneller Hilfe bedürfen. Wo sie dagegen möglich ist, dort wirkt die Zeit zwischen der Entscheidung und deren Vollzug zwar gespenstisch. Aber es ist immer wieder zu beobachten, dass Sterbende ohne jedes Zögern mit ruhiger Entschlossenheit das tödliche Medikament einnehmen. Wie zum Schlafen schließen sie entspannt die Augen, um sie nie wieder zu öffnen.

Wer Glück hat und vorübergehend als geheilt gilt, bleibt trotzdem misstrauisch. Das Leben hat seine einstige Leichtigkeit verloren. Die Angst ist groß, die Krankheit könne wieder auftauchen. Auch nach erfolgreicher Behandlung bleibt das Risiko eines Rezidivs bestehen, und selbst wo die Gefahr gebannt ist, fürchtet man sie dennoch weiter. Allerdings geben die Untersuchungen seit Operation und Therapie begründeten Anlass zur Hoffnung. Vorsichtig beginnt man, wieder nach vorne zu schauen. Es bilden sich von neuem Routinen, ohne dass man morgens nass geschwitzt aufwacht. Doch plötzlich ist es wieder soweit. Hierzu Christoph Schlingensief: „Es war schön, in die Welt zurückzukehren, wieder arbeiten zu können, aber auch ganz normale Dinge des Lebens zu genießen: mit Aino Hand in Hand spazieren zu gehen, ein Stück Pflaumenkuchen zu essen, mit dem Auto durchs Ruhrgebiet zu fahren ... – und dann kommt ein solcher Schlag ins Kontor.“[479] Niemand hatte damit gerechnet, dass die Krankheit so schnell wiederkehren würde. Mitunter dauert es Jahre, bis der neue Alltag wieder bedrohliche Risse bekommt. Alles hätte gut gehen können, tat es aber nicht. Doch manchmal kehrt die Krankheit auch nicht mehr zurück.

Neue Normalität

Henning Mankell: „Metastase eines Tumors in der Lunge. Das Vagabundenleben, das ich führte, war zu Ende. Ich musste mir eine neue Normalität erschaffen, die der Tatsache Rechnung trägt, dass mein Leben kürzer als erwartet sein wird.“[480] Aber wie soll man mit der unerwartet knappen Lebenszeit umgehen? Alles anders machen als früher? Nur noch feiern oder trauern? Eine Weltreise? Beieinander sitzen und Händchen halten? Für das meiste fehlt es an Kraft und Laune. Christopher Hitchens schreibt zwar, dass er seit seiner Krebserkrankung alle

Chancen ergriffen habe, um Versäumtes nachzuholen. Und Wolfgang Herrndorf meint sogar, die letzten drei Jahre seit der Diagnose seien die besten seines Lebens gewesen. Doch der an ALS erkrankte niederländische Schriftsteller Pieter Steinz bleibt skeptisch gegenüber solchen Aufwertungen. „Die sogenannte Krankheitsdividende ist ein Mythos", schreibt er,[481] weil die Vorteile einer tödlichen Erkrankung deren Nachteile niemals aufwiegen könnten.

Was heißt überhaupt, die restliche Zeit so intensiv wie möglich zu genießen? Vielleicht sollte man besser „sinnvoll nutzen" sagen. Die meisten möchten an ihren Gewohnheiten festhalten. Allerdings müssen sie schon bald erkennen, dass eine Rückkehr ins alte Leben unmöglich ist. Doch glücklicherweise bildet sich zwischen Auflehnung und Verzweiflung bald eine neue zerbrechliche Normalität aus Routinen heraus. Es spielt sich ein neuer Tagesablauf ein, der alberne Fröhlichkeit keineswegs ausschließt. Hauptsache ist, noch lange selbstbestimmt und unabhängig bleiben zu können: allein auf Toilette gehen, ohne fremde Hilfe duschen, selbst kochen und Ähnliches mehr. Man versucht es noch einmal.

Aber irgendwann ist das Leben so eingeschränkt, dass es nicht ohne fremde Hilfe geht. Wir alle benötigen hin und wieder Menschen, die uns geduldig zur Hand gehen, kleine Aufgaben erledigen, Freundschaftsdienste leisten. Speziell bei häuslichen Patienten stellt sich die Frage, ob die Pflege gut organisiert ist. Gibt es genug freiwillige Helfer? Wer schaut nach dem Kranken? Wie kommt er zur Toilette? Wer putzt? Wer bringt den Patienten zum Arzt? Schon bald stoßen Freunde und Verwandte an ihre Grenzen. Trotz fürsorglicher Hilfsbereitschaft geht es irgendwann nicht mehr ohne professionelle Pflegehilfe. Inzwischen gehören hierzulande regelmäßige Hausbesuche ambulanter Pflegedienste zur Routine, die den Patienten ausziehen, waschen, wieder anziehen, auf die Toilette setzen, das Zimmer lüften, die Handtücher und das Bettlaken wechseln. Auf diese Weise bekommt der Tag zwar eine Struktur. Jedoch kann die Abhängigkeit von Dritten leicht als Kränkung empfunden werden, weil einem hierdurch das verlorene selbstbestimmte Leben deutlich wird. Künstler wie Mankell oder Herrndorf blieben bis zum bitteren Ende produktiv, damit nicht Angst, Überdruss und Verzweiflung die Oberhand gewinnen konnten. Nicht zufällig heißt Herrndorfs literarisches Krankentagebuch *Arbeit und Struktur.* Solange Tumor, Metastasen, Schmerzmittel und Bestrahlungen dem Körper nicht allzu stark zusetzen, können auch Lesen oder Musikhören wohltuende Ablenkung und Linderung schaffen.

Viele sind irgendwann nicht mehr in der Lage, ihre verbliebene Lebenszeit sinnvoll zu nutzen. Unentrinnbar beherrscht die Krankheit ihren Tagesablauf. Es gibt Stunden der Behandlung und Tage der Erholung. Die Krankheit ist ein ständiger Begleiter geworden. Längerfristige Pläne kann man nicht mehr schmieden. Es stellt sich die Frage, was man überhaupt noch unternehmen soll, wenn die restliche Zeit auf wenige Wochen oder Monate schrumpft. Nicht immer lehrt eine Krankheit die Menschen, tiefer zu blicken. Häufig verflachen sie, weil ihnen Kraft und Muße fehlen, sich noch für andere Dinge als für ihre Therapie zu interessieren. Nur wenige wachsen über sich hinaus.

Trotz der neuen Normalität weicht die Todesangst womöglich um keinen Fingerbreit. Denn wer sich im freien Fall befindet, fürchtet gewöhnlich den Aufschlag. Es fällt schwer zu akzeptieren, dass das Leben seinen Daumen nach unten hält. In dieser Situation steigt mitunter das Bedürfnis nach menschlicher Nähe, nach Besuchen und Gesprächen, nicht selten ist aber auch der Wunsch nach Ruhe sehr groß.

Zwei-Klassen-Gesellschaft:

In Arthur Schnitzlers Roman *Sterben* reist der todkranke Felix mit seiner Frau Marie zur Erholung ins Salzkammergut. Anschließend fahren sie nach Salzburg, wo ein fröhliches Sängerfest die Stadt bei guter Laune hält. Schließlich kehren sie wieder nach Wien zurück. Im folgenden Frühjahr brechen sie nach Meran auf, wo Felix zum letzten Mal vergeblich auf Genesung hofft. In Salzburg zeigt sich Felix vom bewegten Treiben des Sängerfestes unangenehm berührt, während seine lebensfrohe Marie das bewegte Stadtleben anzieht und fasziniert. „Wir gehören nicht dorthin. Für uns sind nicht mehr die bunten Lichter und die singende Fröhlichkeit und die Menschen, die lachen und jung sind. Hier ist der Platz für uns, wo von dem Jubel nichts herklingt, wo wir einsam sind“, schärft Felix seiner Frau ein, die er gegen das quirlige Leben abzuschirmen sucht.[482] Wieder zurück in Wien öffnet Marie „ein Fenster.

Eben begann es zu dunkeln, und die hereinbrechende Luft war so erfrischend, dass Marie das Verlangen empfand, sich länger von ihr umschmeicheln zu lassen. … Nun, wie sie den Kopf wieder zurück ins Zimmer wandte, strömte ihr die ganze Dumpfheit der Krankenstube entgegen und legte sich ihr beklemmend auf die Brust."[483] Das Fenster markiert die Grenze zwischen dem Kranken und Gesunden, wohin es Marie zieht. Ihr Lebenswille sehnt sich aus dem Krankenzimmer hinaus ins Freie. Doch vermiest Felix ihr das schöne Leben, weil er sie mit in den Tod nehmen möchte. Das geschlossene Krankenzimmer mit herabgelassenen Vorhängen sperrt das gesunde Leben aus, auf das der Sterbende neidisch ist, weshalb er damit nichts mehr zu tun haben möchte. Der Blick aus dem Fenster, an dem Marie nach Luft schnappt, die Sonne hereinscheint und der Tageslärm hörbar wird, symbolisiert das Verlangen nach unbeschwerter Lebensfreude.

Es gibt nicht nur die Welt der Reichen und Armen, Schönen und Hässlichen, Starken und Schwachen, Erfolgreichen und Gescheiterten, sondern auch der Gesunden und Kranken. Jeder, der geboren wird, besitzt eine doppelte Staatsbürgerschaft, wie Susan Sontag in *Krankheit als Metapher* betont. Demgemäß redet der an Speiseröhrenkrebs erkrankte Christopher Hitchens von zwei Wohnorten: „Tumorhausen und Gesundheim".[484] Der normale Alltag erscheint einem Todkranken nie schöner als im Augenblick seiner „Deportation aus dem Land der Gesunden über die scharf markierte Grenze ins Territorium der Krankheit",[485] wo man nicht mehr Vater, Lehrer oder Fahrgast, sondern nur noch Patient ist. Wenn man aus „Gesundheim" ins Reich der Kranken umzieht, verliert das Leben seine bisherige Geschwindigkeit und Färbung. Alles fühlt sich dort anders an. Es herrschen andere Regeln, weshalb die Nähe geliebter Menschen, die aus Gesundheim zu Besuch kommen, nicht automatisch die Einsamkeit der Kranken vertreiben kann, mögen sich die Freunde und Verwandten auch noch so eng an sie schmiegen. Kranke fühlen sich im Kreis von Gesunden leicht ausgeschlossen, wobei weniger das Umfeld als vielmehr ihre Krankheit sie isoliert. Die Gesunden haben die Kranken nicht verlassen oder gar verstoßen. Sie leben nur getrennt von ihnen. In den großen Krankenhaus-Romanen *Das letzte Kapitel* von Knut Hamsun, *Zauberberg* von Thomas Mann, *Krebsstation* von Alexander Solschenizyn und *Der Atem* von Thomas Bernhard bleiben sie ganz unter sich.

Nach einem bekannten Ausspruch bedeutet Gesundheit, nicht gründlich genug untersucht worden zu sein. Dem würde Hofrat Behrens im *Zauberberg* zustimmen, der Hans Castorp entgegnete, nachdem dieser sich für total gesund erklärt: „Dann sind Sie eine höchst studierenswerte Erscheinung! Mir ist nämlich ein ganz gesunder Mensch noch nicht vorgekommen."[486] Schon darum kann eine Übersiedlung von Gesundheim ins Reich der Kranken allzeit erfolgen: „Gestern noch grillen wir fröhlich hier auf der Terrasse, und nicht mal einen Tag später soll ich sterbenskrank sein", schrieb seinerzeit Guido Westerwelle.[487] Natürlich ist es Schwerkranken nicht nach einer solchen länderübergreifenden Reise zumute. Sie fühlen sich in „Gesundheim" zuhause. Deshalb versuchen sie auch nach der Zwangsumsiedlung den Kontakt zum alltäglichen Leben zu halten. Sie verwischen die Grenzen zwischen beiden Orten, indem sie soviel Normalität wie möglich aufrechterhalten: Tageszeitung lesen, Nachrichten hören, Alltagsrituale pflegen, nur um weiterhin dazuzugehören. Aber die gesunden Regionen im Krankenreich sind überaus zerbrechlich. Nicht nur dass sich die Situation schlagartig oder schleichend verschlechtern kann, darüber hinaus zeigen Zeitschriften und Fernseher permanent fröhliche Menschen. Deren scheinbar unbeschwertes Leben kann leicht neidisch machen. So klagt Christoph Schlingensief: „Aber es passiert eben immer wieder, dass man … irgendwie auch eifersüchtig wird. Man erträgt diese Momente nicht, wo man denkt, man gehört nicht mehr so richtig dazu."[488] Mehr als zwei Jahrtausende zuvor vermerkt bereits Euripides in *Iphigenie im Land der Taurer*: „Der Unglückliche kann bei seiner Not den Glücklichen nicht wohlgesonnen sein."[489]

Es ist wichtig zu erkennen, dass die Wahrheit im Land der Gesunden nicht unbedingt mit der Wahrheit im Reich der Kranken übereinstimmt. Darum kann es mitunter angebracht sein, die Wahrnehmungen und Wünsche der Kranken selbst dann zu achten, wenn sie von den Tatsachen abweichen. Man sollte nicht immer allem widersprechen, was falsch ist.

Wahrheit und Lüge

Kult der Transparenz

Die beiden großen Sterberomane sind Tolstois *Tod des Iwan Iljitsch* und Schnitzlers *Sterben*. Beide Werke sind gegensätzlich: Während sich der Todgeweihte bei Schnitzler überwiegend selbst etwas vormacht, täuscht bei Tolstoi hauptsächlich die Umgebung dem Sterbenden etwas vor. „Wenn die Sonne wieder scheint, werde ich gesund. … Im Süden geschehen manchmal Wunder",[490] belügt sich Felix in *Sterben*. Seine Angehörigen und Freunde halten es kaum aus, wenn er so tut, als ginge es aufwärts. Dann fühlen sie sich zum Theaterspielen verpflichtet. Dagegen besteht die Lüge bei Tolstoi in der Ignoranz der Verwandten und Bekannten gegenüber Iwan: „Die Hauptqual für Iwan Iljitsch lag in der Lüge, in der von allen anerkannten Lüge, dass er nur krank und nicht ein Sterbender sei, dass er sich nur ruhig verhalten und die Medizin nehmen solle und alles dann wieder gut werde."[491] Nicht die Wahrheit seines Sterbens, sondern die Lüge seiner Mitmenschen macht Iwan einsam. Im Gegensatz dazu überfordert Felix die Wahrheit seiner aussichtslosen Lage, weshalb er sich dauernd selbst betrügt. Selbstbetrug ist die Fähigkeit, die Augen vor etwas zu verschließen, das man im Grunde weiß.

Eine solche Schummelei beginnt schon dort, wo körperliche Warnsignale geflissentlich übersehen und Vorsorgeuntersuchungen gemieden werden, weil man sich nicht mit der Möglichkeit einer Erkrankung auseinandersetzen möchte. Wenn man sich aber erst einmal aufs medizinische System eingelassen hat, dann will man meistens die ganze Wahrheit wissen, und die Patientenautonomie gibt dem Einzelnen ein Recht dazu. Man möge keinen Hehl aus der Wahrheit machen. Nichts soll beschönigt werden. Klar und ehrlich möchte man informiert werden. Nur stimmt das überhaupt? Freilich kann man Ungewissheit nur schwer ertragen. Die wenigsten möchten falsche Hoffnungen gemacht bekommen. Ärzte und Angehörige sollen einem nichts vorspielen. Doch wie genau man tatsächlich die Wahrheit wissen möchte, bleibt umstritten. Trotz Bitte um Offenheit ist es doch erstaunlich, wie wenig manche wirklich wissen wollen. Solche Patienten verlangen nur nach etwas, das wie Wahrheit aussieht. Hierauf muss das ärztliche Gespräch Rücksicht nehmen. Der Kranke soll selbst entscheiden, wie weit er informiert werden möchte. Viele begeben sich vertrauensvoll in die Hände eines Arztes, der für sie nach bestem Wissen und Gewissen entscheiden soll. Natürlich sollten bei der Überbringung schlechter Nachrichten weder gleich entmutigende Statistiken vorgelegt noch die Worte „tödlich" oder „unheilbar" gebraucht werden, solange niemand hiernach fragt. Selbstverständlich sollte auch nicht flugs ein Sterbedatum genannt werden. Wie es um den Patienten steht, merkt er bald selbst. Statt nur über Diagnose, Prognose und Therapie zu sprechen, sollte auch nach dem Befinden des Patienten gefragt und Mitgefühl bekundet werden. Behutsam sollte ein unheilbar Kranker darauf hingewiesen werden, dass zwar keine wirksamen Behandlungsmethoden, aber Palliativmittel zur Verbesserung seiner Lebensqualität verfügbar sind. Aber wie einfühlsam die Botschaft übermittelt wird, in Schockstarre wird der Patient vermutlich trotzdem verfallen. Unter Umständen besteht nicht einmal Hoffnung auf einen leichten Tod. In diesem Falle sollte sich der Arzt erst recht nicht auf seine fachlichen Kompetenzen zurückziehen. Niemals sollte er den Patienten mit der ganzen Wahrheit brutal überfallen, selbst wenn er ihn nicht völlig im Dunkeln lassen darf.

Heute herrscht im medizinischen System ein regelrechter Wahrheitsfanatismus. Patienten werden geradezu verpflichtet, sich wahrheitsgemäß über ihren Gesundheitszustand zu informieren und alles über ihre Behandlungsaussichten einschließlich der Risiken zu erfahren. Gut zu sterben heißt heutzutage, ohne Angst und Schmerzen bewusst aus dem Leben zu scheiden. Darum müssen dem Todkranken angeblich ohne Umschweife die Augen geöffnet werden, damit er noch Zeit hat, alles zu regeln. Auch deshalb soll der Arzt nicht lange drumherum reden, sondern unumwunden mit der Wahrheit herausrücken. Aber ist dies tatsächlich immer ratsam?

Fürsorglicher Betrug

Die wenigsten verbringen ihr Leben in reiner Wahrhaftigkeit. Verdrängen, Verschweigen und Verzerren sind geläufige Alltagspraktiken. Arthur Schopenhauer definiert Höflichkeit als gesellschaftlich anerkannte Heuchelei, die es den Menschen ermöglicht, ihre charakterlichen, moralischen und geistigen Schwächen gegenseitig zu übersehen und sie nicht einander vorzuhalten. Einerseits beschimpft Schopenhauer die Höflichkeit als verlogenes Getue, andererseits preist er sie als unverzichtbar im Umgang der Bürger miteinander. Eigentlich gleiche sie einem Luftkissen, in dem zwar nichts drin sei, das aber die Stöße dämpfe. Dagegen befürwortet Immanuel Kant höfliches Betragen uneingeschränkt. Zwar sei es richtig, dass höfliches Benehmen die Menschen mit scheinbarer Zuneigung, Anständigkeit und Achtung betrüge. Doch sei dies nicht schlimm, weil jeder um diesen Betrug wisse. „Da lob' ich mir die Höflichkeit, das zierliche Betrügen; / ich weiß Bescheid, du weißt Bescheid / und beiden macht's Vergnügen", dichtet Wilhelm Busch. Außerdem hält Kant den höflichen Schein, ein Glanz ohne Substanz, für unverzichtbar zur Sittenverfeinerung. An sich sei der Mensch roh, ungeschliffen und plump. Deshalb nehme die Höflichkeit eine wichtige Vermittleraufgabe bei seiner Erziehung zum anständigen Bürger ein. Höflichkeit sei ein Schein, der den Menschen zivilisieren könne. Bis heute ist diese Konvention der Täuschung unentbehrlich.

Erst wenn es ans Sterben geht, dann sollen alle der ungeschminkten Wahrheit die Ehre geben. Dabei drücken wir uns doch auch sonst gerne um die Erkenntnis eigener Vergänglichkeit. Niemand möchte ständig in Alarmbereitschaft versetzt werden, sondern sich hin und wieder in falscher Sicherheit wiegen dürfen. Nicht jeder ist reif und gefestigt genug, die nackte Wahrheit zu ertragen. Das Bedürfnis ist groß, den Blick vom Tod so lange wie möglich abzuwenden.

Für gewöhnlich ist der Wille zur Selbsttäuschung bei uns Menschen stark ausgeprägt – nicht etwa aus Spaß oder Übermut, sondern vielmehr aus existenzieller Not. So merkwürdig es klingt, zuweilen hat die Lüge das gute Gewissen auf ihrer Seite. Selbst wenn sich die gesundheitliche Situation des ausgezehrten Körpers weiter verschlechtert, findet sich schnell etwas zur Beruhigung, wie sich fast immer ein Schlummermittel auftreiben lässt. Menschen blicken in ein Grab und bleiben allem Augenscheinlichen zum Trotz vom Weiterleben des Toten überzeugt. Häufig nehmen sie nur wahr, was sie wahrhaben wollen. Viele sind geübt, unangenehme Wahrheiten zu verdrängen, zu übersehen, diskret geheim zu halten oder zu verschweigen.

Früher war es gängige Praxis, Sterbende hinters Licht zu führen – nach dem Motto: Eine schonende Täuschung ist besser als eine schmerzliche Wahrheit. Ärzte, Pflegekräfte und Angehörige hatten sich gegen den Tod verschworen, um dem Patienten bis zu seinem letzten Atemzug die bittere Wahrheit zu ersparen. Alle spielten Theater. Der Schwerkranke wurde nicht angemessen über seinen wahren Gesundheitszustand aufgeklärt. Es herrschte eine ärztliche Schweigepflicht ganz besonderer Art. Familiäre Unaufrichtigkeit am Krankenbett aus Angst vor Beunruhigung des Sterbenskranken war keine Seltenheit. „Es ist wahr, du bist krank, Felix. Es ist aber ebenso wahr: bei ordentlicher Pflege wirst du genesen", heuchelt der Arzt in Schnitzlers Roman *Sterben*.[492] Genauso in Solschenizyns *Krebsstation* und Gottfried Benns *Gehirne*: „Es war in der Anstalt üblich, die Aussichtslosen unter Verschleierung dieses Tatbestandes in ihre Familien zu entlassen."[493] Ähnlich ein Arzt in Knut Hamsuns *Das letzte Kapitel* zu einem Todkranken: „Sie werden wieder gesund werden … Der Trost des Doktors war ihm sehr willkommen, er brauchte ihn und war den ganzen Tag besserer Stimmung. Das wäre ein Streich, wenn er das Schicksal betröge, ein prachtvoller Streich."[494] In *Ein sanfter Tod* legt Simone de Beauvoir auf erschütternde Weise dar, wie sie selbst, ihre Schwester und die Ärzte ihre Mutter in dem Glauben ließen, sie sei an einer Bauchfellentzündung erkrankt und nicht an einem tödlichen Krebs. Sie war bei vollem Bewusstsein und wusste doch nicht, was sie durchmachte, schreibt Beauvoir, und sie hielt es damals für richtig.

Heute haben wir uns darüber verständigt, dass ein Mensch unbedingt wissen soll, wie es um ihn steht. Er hat ein Recht, seinem Tod möglichst bewusst entgegenzugehen und bei klarem Verstand über die Zeitspanne zu verfügen, die ihm noch verbleibt. Wer ihn belügt, erschüttert nicht nur sein Vertrauen, sondern missachtet auch sein Recht auf Aufklärung und Selbstbestimmung.

Aber nicht jede Lüge ist Verrat. Ehrlichkeit kann grausame Gefühlsrohheit sein und die Wahrung eines Geheimnisses von aufrichtiger Teilnahme und Einfühlung zeugen. Als Lou Andreas-Salomés Ehemann aussichtslos an Krebs erkrankte, ahnte er nichts davon. Seine Frau und die Ärzte mochten es ihm nicht sagen: „Als er in seiner letzten Nacht nicht nur in dem Sinn, den man mit sanft entschlafen vielleicht oft voreilig behauptet, sondern wörtlich süß entschlummerte, da empfand ich unvermischtestes Glück", schrieb sie in einem Brief.[495] Ihr Mann lebte bis zuletzt ahnungslos und verhältnismäßig unbekümmert. „Nein, sagen Sie ihm nichts. Es ist besser, er merkt es nicht", fleht eine der Gemahlinnen in Ionescos *Der König stirbt*.[496] „Hätte ich Sartre nicht über seinen bevorstehenden Tod aufklären müssen? Als er im Krankenhaus lag, geschwächt, kraftlos, war ich nur darauf bedacht ihm den Ernst seines Zustands zu verheimlichen. ... Sein Fall war nicht eindeutig ... Hätte er die Bedrohung, in der er schwebte, genauer gekannt, so hätte sie seine letzten Lebensjahre nur unnötig verdunkelt", räsoniert Simone de Beauvoir.[497]

Vielleicht war es ja doch einfacher, als die Ärzte ihren schwerkranken Patienten die Wahrheit über ihre Leiden und die damit verbundenen schlechten Aussichten noch verheimlichen durften. Wie schön die Zeit, als es noch kein Internet gab, wo sich die Patienten oder ihre Angehörigen die schlimmen Perspektiven selbst zusammenreimen können. Ist es wirklich so schlimm, wenn sich Arzt und Angehörige zu Lügen verabreden, um dem Sterbenden auf Kosten der Wahrheit ein wenig innere Ruhe zu verschaffen?

Kultur der Vagheit

Täuschungen sind schon deshalb nicht immer minderwertig, weil die Wahrheit nicht immer hochwertig ist. Tarnen, Bluffen und Verdrängen können lebensdienliche Fertigkeiten sein. Solche Verhaltensweisen sind in der Tierwelt allgegenwärtig.[498] Man denke an das weiße Fell der Polarfüchse als Schutzanpassung an Schnee- und Eisfelder, das längsgestreifte Federkleid der Rohrdommel als Tarnuniform im Schilfwald oder an die Gespenstheuschrecke, die einem Baumblatt zum Verwechseln ähnlich sieht. Taktische Täuschungen gehören zum Verhaltensrepertoire zahlreicher Tiere. Sie dienen ihrem Überleben. In diesem Sinne kann auch ein Fremd- und Selbstbetrug dem inneren Frieden im Krankenzimmer zuträglich sein. Manchmal ist es dem Leben förderlicher, die Augen vor der Wahrheit zu verschließen, als ihr offen in die Augen zu blicken.

Wieviel Wahrheit verträgt ein Mensch? Wieviel Wahrhaftigkeit kann der Einzelne verkraften? Es kann durchaus ein Zuviel an Realität geben. Jedenfalls ist der menschliche Bedarf an Realismus in Fragen des Todes begrenzt. Stärker als der menschliche Sinn für Wirklichkeit ist das Verlangen nach Sicherheit, Schutz und Behaglichkeit. Die Kapazitäten zur Bewältigung der eigenen Sterblichkeit sind beschränkt. Nur mit Hilfe von Hilfskonstruktionen können wir uns von dieser Realität entlasten und sie auf Abstand bringen. Das Bedürfnis zu leben ist fast immer größer als der Wunsch nach Wahrheit.

Höher als die Wirklichkeit steht die Frage, ob und wie es sich mit ihr leben lässt. Die Falschheit einer Aussage widerlegt diese noch nicht. Sobald die Wahrheit unerträglich wird, muss man sich auch mal an der Lüge erholen dürfen. Wenn sich das Leben nicht mehr aushalten lässt, darf man sich getrost an Illusionen ausruhen. Jeder Mensch braucht ab und an Urlaub von der Wahrheit, um mit seinem Leben besser fertig zu werden. Aber wie lassen sich Wahrheit und Lüge, ohne die wir nicht auskommen, so miteinander verbinden, dass wir mit der Unerträglichkeit von Sterben und Tod im Krankenzimmer leben können? Zur Meisterung dieser prekären Situation benötigen wir – außer medizinischer Linderung – existenzieller Palliative.

An dieser Stelle scheint eine Kultur der Ungenauigkeit angebracht zu sein, die uns Dinge zu übersehen lehrt, die wir sehen oder zumindest erahnen. Sie entschärft die Härten des Realen durch Geschichten, Hinzufügungen und Weglassungen, die nur unter der einen Anforderung stehen: übermäßiges Unbehagen zu vertreiben. So sollten wir bezüglich Sterben und Tod in existenzieller Beziehung nicht alles so genau nehmen, manches tatsächlich verdrängen, herunterspielen, vergessen, kurz, im Unklaren lassen. Eine gewisse Leichtigkeit im Umgang mit Widersprüchen des Lebens kann nicht schaden. Wirklich human wird das Leben erst mit Unschärfen, Vagheiten, die Frei- und Spielräume eröffnen, in denen sich das Fragliche von verschiedenen Seiten, auch mal halbdunkel und vernebelt darstellen darf. Man muss es mit der Wahrheit nicht so genau nehmen können. Nicht immer sollte man den Dingen auf den Grund gehen, weder alles auskundschaften noch aussprechen. Es kann für einen besser sein, nicht alles so genau zu wissen. Selbstverständlich ist Ungenauigkeit bei der Medikation und im Operationssaal wie am Stoppschild im Straßenverkehr oder beim Bau von Brücken ein lebensgefährlicher Präzisionsgrad. Dagegen ist sie im Sterbezimmer unter Umständen angebracht, jedenfalls menschlich im doppelten Sinne des Wortes von „verständlich“ und „verständnisvoll“, weshalb sie ein nachsichtiges Urteil verdient. Wenn die Tragödie beginnt, darf Komödie gespielt werden!

Theater spielen

„Wie verfluchte Felix die Stunde, da ihn seine Ungewissheit zu jenem Arzt geführt, dem er so lange mit Lügen und falscher Würde zugesetzt hatte, bis ihm die volle, unerbittliche Wahrheit gesagt worden war. Und so lag er nun da, ein hundertfach Verdammter, nicht besser daran als ein Verurteilter, dem jeden Morgen der Henker nahen kann, ihn auf den Richtplatz zu führen“, schreibt Schnitzler in *Sterben*.[499] Auch Nichtwissen ist Patientenrecht. Selbst ein Leben, das sich aus Täuschungen formt, kann von echter Menschlichkeit zeugen in der zweifachen Bedeutung von „begreiflich“ und „human“.

So sehr es geboten ist, den Menschen zu sagen, was sie verkraften können, genauso besteht eine Pflicht, ihnen zu verschweigen, was sie nicht verkraften können. Trotzdem kann man den Patientenwunsch zu überleben nicht einfach über die Wahrheit stellen. Solange es heißt, der Fall ist nicht ganz hoffnungslos, darf der Glaube ans Weiterleben aufrechterhalten werden. Aber was ist zu tun, wenn der Fall hoffnungslos ist, alle, auch der Patient, Bescheid wissen, dieser aber nicht die Wahrheit an sich heranlässt, sie herunterspielt, bagatellisiert wie Schnitzlers Felix in *Sterben*: „In irgendeinem Winkel seines Herzens lauerte tückisch und schmeichlerisch die Hoffnung, die ihn nie völlig verlassen sollte.“[500] Solche Situation ist anstrengend für alle Beteiligten, weil fortan Theater gespielt werden muss. Man erschrickt, wenn man den Kranken im Bett liegen sieht und genau weiß, dass er bald dahingerafft wird. Doch solange er trotz Aufgeklärtheit weiter überzeugt bleibt, dass es wieder wird, sollte niemand ihm Ermutigung und Zuspruch verweigern. Allerdings sollte man ihm keine unhaltbaren Versprechen machen: „Du bist in Sicherheit. Ich bin immer für dich da. Ich werde mich um dich kümmern und dich niemals verlassen. Du wirst wieder gesund.“

Alles große Worte, die sich Bedürftige gerne gefallen lassen, worauf sie sich aber im Ernstfall nicht unbedingt verlassen sollten! Auch Durchhalteparolen wie „Das Leben geht weiter. Das schaffst du schon. Lass dich nicht unterkriegen. Kopf hoch“ sind manchmal fehl am Platz. Ein offenes Ohr, freundliches Geplapper und ernstes Geplauder sind es dagegen nicht. Obgleich die Komödie alle Schauspieler auf Dauer zermürben wird, sollte dem Patienten diese Auszeit von der Wirklichkeit gestattet werden, weil sie ihm für paar Momente die Todesangst aus dem Kopf bläst.

Es gibt eine breite Grauzone, die ebenso Raum für überzogene Ängste bietet wie für übertriebene Hoffnungen. Ungenaue Angaben und vage Auskünfte über die neuesten Untersuchungsergebnisse lassen den Schwerkranken womöglich ruhiger schlafen. Bisweilen möchte er sie auch deshalb nicht mehr näher erläutert bekommen, weil es frustrierend ist, immer wieder mit einer Realität konfrontiert zu werden, die sich ohnehin nicht ändern lässt.

Vielleicht sehnt sich der Schwerkranke gar nicht nach vertraulichen Gesprächen, sondern möchte einfach nur freundliche Gesichter um sich herum, die ihre Zuneigung und Zärtlichkeit dadurch ausdrücken, dass sie ihm die Hand halten, um ihm so ein Gefühl der Nähe und Geborgenheit zu vermitteln. Genauso wichtig wie die Linderung von Schmerzen ist die Sorge ums Wohlbefinden.

Selbsttäuschung

Schön, wenn man sich an selbstgezimmerten Geländern festhalten kann, um zu illusionären Beschwichtigungen hinaufzusteigen! Wenn ein Patient den Todeskampf als lästige Begleiterscheinung seiner Genesung missversteht, dann ist es nicht schlimm, wie Simone de Beauvoir mit Recht findet.[501] Es ist erlaubt, sich bittere Wahrheiten schönzureden.

Einige Schwerkranke stellen zur Schau, dass sie noch immer leben, und kämpfen bis zum letzten Atemzug. Sie wollen sich nicht eingestehen, dass der Tod mit großen Schritten auf ihr Leben zugeht. Nur die wenigsten wollen so behandelt werden, als ob sie gleich sterben würden. Trotz nächtlicher Schweißausbrüche, quälender Schmerzen und erkennbarer Schwäche soll weiter so getan werden, als würde der Tod heute noch nicht nahen. Bleibt der Moribunde davon überzeugt, dass der Tod weiterhin abgewendet werden kann, dann ist seine Zuversicht zu respektieren, weil es sein Tod ist.

In früheren Zeiten war es leichter möglich, die eigene akute Sterblichkeit zu leugnen, weil die Medizin nicht so differenzierte Untersuchungsmethoden besaß wie heute. Vieles blieb schon deshalb im Vagen. Tolstois Iwan Iljitsch konnte sich ungehindert einreden, dass es ihm besser gehe. In wissentlicher Selbsttäuschung hielt er lange Zeit daran fest, dass der Erfolg bald kommen werde. Hoffnung ist die vornehmste Form des Selbstbetrugs, die Tarnkappe der Angst. Man klammert sich an ein paar Ausnahmefälle, und da man im Leben schon häufig Glück hatte, ist die Chance groß, auch ein Ausnahmefall zu werden. Dessen ungeachtet scheint alles nur eine Frage der richtigen Informationen, richtigen Ärzte und richtigen Behandlungen zu sein. Die Entschlossenheit ist groß, gesund zu werden. „Nicht die Lust am Leben hatte Felix überwunden, nur die Angst des Todes hatte ihn verlassen, weil er an den Tod nicht mehr glaubte. Er wusste, dass er zu jenen gehörte, die wieder gesunden werden", heißt es in Schnitzlers *Sterben*.[502] Susan Sontag kämpfte bis zum letzten Atemzug um ihr Leben. Zwei Mal hatte sie den Krebs besiegt, einen Brustkrebs in den siebziger Jahren und ein Gebärmuttersarkom in den neunziger Jahren. Im Jahre 2004 erlag sie einer tödlichen Form von Leukämie. Wie ihr Sohn David Rieff in einem erschütternden Bericht darlegt, weigerte sie sich bis zuletzt, die eigene Sterblichkeit zu akzeptieren. Trotz großer Schmerzen war sie außerstande, sich mit ihrer Endlichkeit zu arrangieren. Selbst am Ende konnte sie sich nicht eingestehen, dass sie bald sterben wird. Das Thema Tod sprach sie nie an, versichert Rieff. Die Möglichkeit zu sterben zog sie erst in dem Augenblick ernsthaft in Betracht, als sie sich anschickte zu sterben. Ihr Lebenswille war stärker als ihr Wille zur Wahrheit. „Sie wollte, dass wir ihr Auftrieb gaben, dass wir ihr das Mantra der Zuversicht immer wieder vorsprachen: Du wirst leben, die Transplantation wird ein Erfolg, es ist nicht hoffnungslos."[503] Selbst als sie nur noch aus Angst und Schmerzen bestand, glaubte sie fest daran, noch eine Lebenschance zu haben.

Auch Christoph Schlingensief war nicht bereit, seine Krankheit zu akzeptieren, und hoffte fast bis zuletzt, dass er trotz schlechter Prognose alt werde: „Da ist es doch besser zu sagen: Es gibt keine Krankheit. Ich will das als Zustand sehen, als Zustand, der ein bisschen unerfreulich ist, weil ich blöde Schmerzen haben werde und ich mich nicht mehr so leicht kratzen kann. Aber es gibt keine Krankheit. Schluss!“[504]

Unerbittliche Wahrheit

Körperliche Einschränkungen, Appetitlosigkeit und Kräfteschwund zwingen die meisten Patienten irgendwann, sich von der Hoffnungslosigkeit der eigenen Situation zu überzeugen. Unaufhörlich arbeitet der Krebs am Untergang des Lebens, indem er sich immer weiter ausbreitet. Mit illusionsloser Nüchternheit muss der Patient daher eines Tages feststellen, dass er nicht nur an einer Krankheit leidet, sondern sich im Sterbeprozess befindet. Während er noch an vielversprechende Medikamente und Operationen dachte, hielt er sich bereits im stickigen Vorzimmer des Todes auf. Seine Auszehrung wird unübersehbar. Dazu macht die medizinische Behandlung es unmöglich, den Ernst der Lage zu verkennen. Wenn die Ärzte die Heilversuche einstellen, eine zunehmende Erschöpfung spürbar und der körperliche Verfall sichtbar wird, ist es klar, dass man in Kürze sterben muss. Nun kann und möchte man sich nicht mehr länger um die Wahrheit herumdrücken, will sich aber von ihr auch nicht unterkriegen lassen.

Wie es also einerseits nicht ganz ohne Verstellung, Täuschung und Betrug geht, kann andererseits die Wahrheit nicht einfach verdrängt, geleugnet oder vergessen werden. Überhaupt darf sie nicht von vornherein ausgeschlossen bleiben. Vorsorgeuntersuchungen, Patientenautonomie, Vorsorgevollmachten, Palliativstationen, Hospize, Pflegedienste, Diskurse über Sterbehilfe und anderes stehen für mehr Ehrlichkeit im Umgang mit Sterben und Tod. Natürlich sind diese Errungenschaften weiter auszubauen. Doch sollten solche Maßnahmen und Institutionen nicht darüber hinwegtäuschen, dass Schwerkranke hin und wieder Abstand zum eigenen Tod brauchen. Ein Teil dieser Distanzierung ist die Selbsttäuschung. Es ist nicht immer möglich, das Leben so zu nehmen, wie es ist. Dafür gibt es verschiedene Wege, sich mit einer Krankheit zu arrangieren, die keine Aussicht mehr auf Genesung bietet.

Beauvoir beklagte später, dass sie ihre Mutter zum Schweigen verurteilte. Man zwang sie gleichsam, ihre Ängste zu unterdrücken und ihre Zweifel zu verdrängen, indem ihr immer wieder gut zugeredet wurde, anstatt ihr die Möglichkeit einzuräumen, sich durch Worte mitzuteilen.[505] Freilich ist es problematisch, falsche Hoffnungen zu wecken. Hierdurch wird der Patient nicht nur in die Irre geführt, sondern auch sein Recht auf Selbstbestimmung verletzt. Solange die Möglichkeit besteht, sollen Sterbende sagen können, was sie vorher nie gesagt haben, und fragen dürfen, wonach sie zuvor nie zu fragen wagten. Jedoch sind sie am Ende oft nicht mehr in der Lage hierzu.

Die Achtung der Patientenautonomie gebietet die informierte Zustimmung des Patienten zu medizinischen Maßnahmen. Jede Behandlung bedarf seiner Einwilligung nach erfolgter Aufklärung. Dieses Konzept schließt zwar jede Vorenthaltung der Wahrheit aus. Es verbietet aber nicht situatives Fingerspitzengefühl, das einen Sinn fürs Angebrachte, Takt und Empathie voraussetzt. Es geht nicht ohne ein Gespür für das, was seitens des Patienten erwünscht und in der jeweiligen Lage angemessen ist. Manchmal wollen Schwerkranke gar nicht alles so genau wissen. Dann sollte man sie auch mit Details verschonen. „Warum betrüge ich mich?", fragt sich Tolstois Iwan Iljitsch.[506] Die Antwort hierauf ist denkbar einfach: Da er noch keine Lust zum Sterben hat!

Krankheit als Sensation

Adel der Krankheit

Bereits Nietzsche sah die kulturelle Tragweite körperlicher Gebrechen: „Die menschliche Geschichte wäre eine gar zu dumme Sache ohne den Geist, der von den Ohnmächtigen her in sie gekommen ist."[507] Bildhaft formuliert: „Wenn man dem Bucklichten seinen Buckel nimmt, so nimmt man ihm seinen Geist."[508] In pointierter Zuspitzung Hugo von Hofmannsthal „Was Geist ist, erfasst nur der Bedrängte."[509] Denn in der Entfaltung seiner Intelligenz liegt seine einzige Überlebenschance. Mit Hilfe einfallsreicher Ideen weiß sich der Bedrängte in der Welt einzurichten und gegen ihre Übermacht zu wehren. Im *Tod des Tizian* ästhetisiert Hofmannsthal Krankheit als schöpferische Kraft. Wie ein Cantus firmus zieht sich dieses Motiv durch Thomas Manns frühe Schriften, in denen vornehmlich blutarmen Personen mit zarten Seelen und blassen Körpern eine hohe Sensibilität und Kreativität attestiert wird.

Hauptsächlich kränkliche Naturen mit verwahrlosten Körpern seien zur Reflexion und damit zur Entwicklung ihres Geistes gezwungen, um sich so gegen grobfleischige Draufgänger, die in prallem Leben und strotzender Gesundheit stehen, aber zu geistiger Einfalt neigen, besser behaupten zu können. Auffällig oft bringen konstitutionell schwache Personen große Werke hervor. „Der Geist und die Kunst kommen nicht aus sieghaften, sondern aus zerstörten Naturen“, notiert Gottfried Benn.[510] Eine solche Idealisierung des Kranken als Quelle außergewöhnlicher Merkfähigkeit und schöngeistiger Schaffenskraft hat ihren Ursprung im romantischen Geniekult. Zugleich feiert hier eine alte christliche Idee Urständ: Der wahre Mensch leidet. Der Gezeichnete ist der Ausgezeichnete. „Gesundheit scheint mir gar nichts Beneidenswertes. Sie ist nichts als ein Gleichgewicht, eine allgemeine Mittelmäßigkeit … Hören sie jetzt einmal auf, die Krankheit als einen Mangel anzusehen“, so schreibt auch André Gide.[511]

Im ausgehenden 19. und beginnenden 20. Jahrhundert wurde insbesondere Turberkulose als schöpferische Kraft geadelt, die auffälligerweise viele junge Künstler befallen hatte. Diese galten als ausgesprochen empfindsam, reflektiert und schöpferisch, aber nur wenig robust.[512] In Thomas Manns *Zauberberg* wird diese Auffassung kontrovers diskutiert: Hans Castorp und Naphta sind davon überzeugt, dass ein Kranker bloß dann Würde besitzt, wenn er zugleich melancholisch, feinsinnig und geistreich ist. Krank und schöngeistig gehörten ebenso zusammen wie dumm und gesund. Ein kranker, schwindsüchtiger Dummkopf sei unerträglich. Dem stimmen alle zu, selbst Settembrini, der jedoch Castorps und Naphtas Meinung widerspricht, dass Krankheiten vornehm und ehrwürdig sein könnten.

Settembrini hält diese Position für eine ungeheure Geschmacksverirrung, die der christlichen Religion entstamme, wo der leidende Mensch als Nachfolger Christi nobilitiert werde. Aber eine Krankheit erhöhe den Menschen nicht. Ganz im Gegenteil, sie sei eine überaus dumme biologische Macht, ein „skandalöser Unfug der Natur“,[513] vor dem der Menschenstolz nicht zurückweichen dürfe. Der Adel des Geistes liege nicht in einer Krankheit, sondern im Aufbegehren gegen den maroden Körper mit den Mitteln der modernen Medizin. Schwer krank zu sein und starke Schmerzen zu empfinden, hält Settembrini eines aufgeklärten, vernünftigen Menschen für unwürdig, ja für erniedrigend und empörend, weil man hierdurch ganz und gar auf seinen armseligen Körper reduziert werde. Ein solcher Zustand müsse mit allen Mitteln bekämpft werden.[514] Settembrinis Ideal liegt in einer Harmonie zwischen Körper und Geist, die der Gesundheit alle Ehre gibt und die Krankheit verabscheut. Der gesunde Leib verdiene Hochachtung. Der edle, lebenswillige, freie Geist sollte mit einem robusten, lebenstauglichen, gesunden Körper verbunden sein.

Bestseller Krebs

Heute sind wir weit davon entfernt, Krankheiten zu adeln, wozu sich Krebsleiden und Schlaganfälle auch nicht gut eignen. Sie haben keinen romantischen Charakter, wie Susan Sontag betont, sondern sind einfach nur grausam und beängstigend. Im Jahre 2008 wurde bei dem Regisseur und Künstler Christoph Schlingensief Lungenkrebs diagnostiziert, dem er 2010 erlag. Bei der *RuhrTriennale* bearbeitete er seine Krankheitserfahrungen auf der Bühne öffentlich und verfasste wie viele Prominente ein Buch über sein Krebsleiden. – Im Jahre 2010 wurde bei dem Autor Wolfgang Herrndorf ein bösartiger Hirntumor festgestellt; Sommer 2013 nahm er sich das Leben. Um nicht jeden Freund einzeln über seinen Zustand informieren zu müssen, begann Herrndorf ein Internet-Tagebuch. Auf Drängen seiner Bekannten machte er ab September 2010 seine Werkstattberichte im Netz jedem zugänglich. Er schaltete das erschütternde Protokoll seiner tödlichen Erkrankung online. Dezember 2016 erschien seine Chronik des angekündigten Todes unter dem Titel *Arbeit und Struktur* in Buchform. – Im Jahre 2013 wurde bei dem holländischen Schriftsteller und Journalisten Pieter Steinz die tödliche Nervenkrankheit ALS diagnostiziert. Steinz, der 2016 verstarb, beschrieb seinen körperlichen Verfall unter Heranziehung berühmter literarischer Werke in mehr als fünfzig Kolumnen einer niederländischen Zeitung. Die Kurzbeiträge wurden in der Samstagbeilage über einen Zeitraum von rund zwei Jahren veröffentlicht. Im Jahre 2016 erschienen sie in deutscher Sprache als Buch. – Ferner schrieben Jürgen Leinemann, Guido Westerwelle und Henning Mankell über ihre Krebserkrankung; Gert Eckel führte ein Tagebuch über das allmähliche Dahinscheiden seiner Partnerin; Georg Diez, David Rieff und Roland Barthes berichten über Sterben und Tod ihrer Mütter. Tilman Jens und Ursula Priess schildern die letzte Lebensphase ihrer berühmten Väter Walter Jens und Max Frisch. Leicht ließe sich die Liste um zahlreiche überregionale Zeitungsartikel, Interviews und Buchtitel erweitern. Viele Prominente reden heute über ihr Sterben oder das ihrer Lebensgefährten und Eltern.

Auffälligerweise gleichen sich fast alle Geschichten. Sie beginnen mit der Frage, wie es dazu kam, dass man sich untersuchen ließ. Dann folgen Diagnose, Prognose, Schock, Tränen, Therapie, Hoffen und Bangen, Zuversicht und Rückschläge, Ermutigung und Verzweiflung, Schmerzen, Kräfteverschleiß, Erschöpfung, Leiden und Trost, Scheitern, Exitus. Kennt man ein Buch, so hat man fast alle gelesen. Ein zusätzlicher Erkenntnisgewinn ist häufig nicht auszumachen. Was wollen die Autoren mit den detailreichen Schilderungen ihrer Krankengeschichte in der Öffentlichkeit erreichen? Warum schreiben sie überhaupt darüber?

Der Fernsehmoderator Hanns-Joachim Friedrichs sowie Hans Dietl äußerten sich nur ein Mal vor einem breiteren Publikum zu ihrer tödlichen Krankheit, um Klarheit zu schaffen und Gerüchten der Boulevardpresse entgegenzutreten.

Tumorbilder auf der Bühne, die krebskranke Mutter im Bett, der Vater in Windeln, der Sterbenskranke allein auf dem Krankenzimmer nach der Chemotherapie – das alles macht Leser betroffen, ja fassungslos. Es berührt und wühlt auf. Menschen lassen sich gerne erschüttern. Fremdes Unglück vor Augen werden sie demütig und dankbar für eigenes Glück. Nur ob die Autoren solche Wirkungen beabsichtigen, ist eher unwahrscheinlich. Das Gleiche gilt für die geläufige Selbstauskunft, anderen Mut machen zu wollen.

Überzeugender klingen da schon die Worte: „Wenn ich schreibe, lässt der Druck der schweren Gedanken nach, obwohl ich doch von ihnen schreibe.“[515] Ähnlich Guido Westerwelle: „Ich schrieb, um meine Sorgen in den Griff zu bekommen und nicht dem Selbstmitleid zu verfallen. … Ich schrieb, um Haltung zu bewahren. … Das Schreiben half mir, meine Tage zu strukturieren. Die Tagebucheinträge gaben mir Halt.“[516] Bei den meisten Autoren kann man lesen, dass das Schreiben ihnen mit ermöglichte, den schweren Weg zu gehen. Es fiel ihnen auf diese Weise leichter, das Schreckliche zu verarbeiten. Indem sie schrieben, gehorchten sie dem Ausdruckswillen ihrer Not. Jedoch erklärt diese Erkenntnis nicht, warum sie ihre Intimitäten nicht für sich behalten konnten, sondern einem größeren Publikum mitteilen mussten.

Kreative Menschen wie Schlingensief, Westerwelle und Herrndorf sind gewohnt, sich öffentlich zu äußeren. Sie suchen das Rampenlicht. Warum sollte damit jetzt Schluss sein? Demnach wären die zahllosen Krankenberichte vorrangig Dokumente einer unverbesserlichen Eitelkeit? Doch mag der Verdacht narzisstischer Selbstbespiegelung nicht völlig von der Hand zu weisen sein, ganz so einfach liegen die Dinge nicht. Im Zeitalter von WhatsApp, Twitter und Facebook wird praktisch alles veröffentlicht. Die Zurschaustellung des Intimen ist eine Signatur unserer Zeit. Hierzu passt die neue Sterbeliteratur. Diese kann zwar auch als Bruch mit der herkömmlichen Schamkultur gewürdigt werden, schiebt sie doch Verfall, Sterben und Tod nicht mehr hinter die Mauern des Schweigens. Allerdings ist damit der springende Punkt noch nicht erfasst.

Die meisten Verfasser von Sterbetagebüchern wie Mankell, Steinz und Herrndorf glauben nicht an Gott. Andere wie Schlingensief und Westerwelle haben ihren Kinderglauben bewahrt. Jedoch fehlen ihren Schriften religiöse Überhöhungen. An deren Stelle treten Röntgenbilder, Tumormarker, Blutwerte, Computertomografien und Arztberichte. Der Tod wird nicht mehr religiös gedeutet, sondern tritt in den Tagebüchern zumeist ohne jeden feierlichen Pomp auf. Das für den Einzelnen höchst bedeutsame Sterbeereignis wird als an sich bedeutungslos erlebt. Diese Gleichgültigkeit kommt einem kränkenden Affront gleich. „Ich werde nicht mehr sein, was wird aber dann sein? Nichts wird sein“, stellt Tolstois Iwan Iljitsch nüchtern fest.[517] Am Ende ist alles unwichtig. Erst durch die Veröffentlichung der eigenen Krankenakte bekommt das hoffnungslose Leben noch einmal Gewicht, ja einen Sinn. Anscheinend kann man es nur ertragen, „niemand“ zu werden, wenn man bis zuletzt „jemand“ bleibt. Die öffentliche Anerkennung schenkt eine Bedeutsamkeit, welche die Unerheblichkeit, die durch die Krankheit zutage trat, teilweise zu kompensieren vermag. Die Öffentlichkeit tritt gleichsam an die Stelle Gottes. Denn die Bühne, die zu verlassen die meisten Autoren gezwungen werden, gibt ihrem Dasein zum letzten Mal eine Rechtfertigung, mag diese auch schon am Verglimmen sein. Der prominente Autobiograph bekommt noch einmal seine Daseinsberechtigung im Moment ihrer Auslöschung zu spüren.

Fünfter Teil
Wie ist Trost möglich?

Kunst des Sterbens

„All ihr Zahllosen, die ihr vor mir gestorben seid: helft mir. Sagt mir, wie ihr es fertiggebracht habt zu sterben. Einverstanden zu sein. Bringt es mir bei. ... Ihr, die ihr Angst gehabt und nicht gewollt habt. Wie ist es gewesen? Was hat euch die Kraft verliehen? ... Und ihr, die ihr stark und mutig, die ihr gleichgültig und heiter mit eurem Tod einverstanden wart, bringt mir die Gleichgültigkeit bei, die Heiterkeit und Gelassenheit", fleht der Herrscher in Ionescos *Der König stirbt*.[518] Ähnlich klagt der Gefangene in Victor Hugos *Der letzte Tag eines Verurteilten*: „Wüsste ich nur, wie es ist, wie man stirbt. Es ist schrecklich, dass ich es nicht weiß."[519] Wie lässt es sich mit dem Schmerz der Sterblichkeit leben, mit dem doch jeder zurechtkommen muss?

Früher unterwiesen religiöse Handbücher die Menschen in der Kunst des Sterbens. Religiöse Sterbebegleitung hat eine lange Tradition. Es gab Sterbe- und Stundenbücher mit Anweisungen zur Vorbereitung auf einen schönen Tod. Die wohl bekannteste Schrift stammt aus dem 15. Jahrhundert von Johannes Gerson: *Über die Kunst des Sterbens*.[520] Doch religiöser Zuspruch steht hier nicht mehr zur Verfügung.

Wie kann man mit seiner endgültigen Auslöschung fertig werden? Muss man dem Tod böse sein? Man muss doch auch mit dem Tod versöhnt sterben können. Wie kann dem Gottlosen seine Zustimmung zum eigenen Ende abgerungen werden? Möglicherweise kann man sich mit seiner Endlichkeit nur arrangieren. Häufig spielen wir Naturalisten und Atheisten den Tod mit rationalen Argumenten herunter. Wir bagatellisieren ihn als natürliches Vorkommnis ohne höheren Aufregungswert. Hierbei erklären wir die Todesangst fast immer für irrational. Doch ganz so einfach liegen die Dinge leider nicht.

Trotz aller vernünftigen Besänftigungen finden sich die Menschen nicht so leicht mit dem Tod ab. Erst recht fällt es ihnen schwer, sich mit ihrer endgültigen Vernichtung anzufreunden. Hierauf gibt es ein breites Spektrum möglicher Reaktionen: Man kann sich seinen Ängsten stellen oder ausweichen, fortfahren wie bisher, als wäre nichts, oder rebellieren, verzweifeln, sich auch geduldig ergeben, einwilligen in den Augenblick, jenseits dessen es keine Wiederkehr mehr gibt. Die alte Frage nach einem Rüstzeug, durch das wir gegen den Tod gewappnet wären, bewegt die Gemüter seit jeher. Jedoch greift diese Frage zu kurz. Denn die Kenntnis bloßer Grundsätze und Fertigkeiten mit beschwichtigendem Inhalt tröstet oftmals nicht. Daher ist zusätzlich zu ermitteln, wie man sein muss, um mit Hilfe der erworbenen Fertigkeiten sein Ende gelassen zu ertragen. Zur Erreichung dieses Ziels bedarf es einer Grundhaltung, die das angeeignete Rüstzeug so zu beleben vermag, dass man dem Tod leichter unter die Augen treten kann. Eine solche Grundhaltung ist keineswegs selbstverständlich, sondern setzt eine intensive Arbeit an sich voraus.

Trost der Philosophie

Die wohl bekannteste Trostschrift mit dem schlichten Titel *Trost der Philosophie* stammt von Boethius, der am Ende des Altertums im 4. Jahrhundert n. Chr. die antike Trostphilosophie noch einmal in voller Größe aufleben ließ.[521] Dagegen ist die wohl früheste, leider verlorene Trostschrift mit dem Titel *Über die Trauer* um die Wende des vierten zum dritten vorchristlichen Jahrhundert entstanden. Dieses Werk Krantors diente in der Folgezeit vielen anderen Trostschriften als Vorlage. Besonders hervorgehoben sei der Traktat *Über den Trost für Apollonius*, dessen Verfasser unbekannt ist. Dieses Werk gilt, von einigen Änderungen und Erweiterungen abgesehen, als verstümmelte Fassung von Krantors *Über die Trauer*, aus der darin oft zitiert wird.[522] Ob Cicero,

Epikur oder Lukrez, sie alle erkannten und anerkannten die tröstende Kraft philosophischer Weisheiten, fest davon überzeugt, dass sie über die Vergänglichkeit alles Menschlichen hinwegtrösten könnten. Ciceros *Über den Trost* ist gleichfalls verloren gegangen. Doch hat er sich ebenso in zahlreichen anderen Schriften hierüber ausgelassen. Ähnliches kann man bei Marc Aurel, Epiktet und Seneca lesen, der zahlreiche Trostbücher und Trostbriefe ausarbeitete – ob an Helvia, Polybius, Marcia oder Lucilius. Diese Traktate sind allesamt bemüht, dem menschlichen Bedürfnis nach Trost abzuhelfen. Hierbei wird stillschweigend vorausgesetzt, dass der Mensch eines Trostes fähig sei.

Genauer betrachtet ist eines Trostes bedürftig nur, wem eigentlich schon nicht mehr geholfen werden kann. Trost ist ein schlechter Ersatz für echte Problemlösungen. Er ist ein Surrogat, das lediglich besänftigende Zusprüche bereithält, die zwar das Unabänderliche nicht aus der Welt, dafür aber auf Abstand bringen können.[523] Der Mensch ist nur deshalb des Trostes fähig, weil er sich etwas vorzumachen vermag. Denn Trost gelingt nur dort, wo brutale Härten scheinbar abgemildert werden können. Somit setzt Trost eine gewisse Illusions- und Regressionsbereitschaft voraus, wie schon Sigmund Freund erkannte: „Gewiss wird der Mensch sich ohne Religion in einer schwierigen Situation befinden, er wird sich seine ganze Hilflosigkeit, seine Geringfügigkeit im Getriebe der Welt eingestehen müssen, nicht mehr der Mittelpunkt der Schöpfung, nicht mehr das Objekt zärtlicher Fürsorge einer gütigen Vorsehung zu sein. Er wird in derselben Lage sein wie das Kind, welches das Vaterhaus verlassen hat, in dem es ihm so warm und behaglich war. Aber nicht wahr, der Infantilismus ist dazu bestimmt, überwunden zu werden? Der Mensch kann nicht ewig Kind bleiben, er muss endlich hinaus ins feindliche Leben. Man darf das die Erziehung zur Realität heißen.“[524] Doch scheitert diese Erziehung zur Realität regelmäßig an den Zumutungen des Lebens, so dass es säkularer Tröstungen bedarf, wenn der religiöse Trost ausfällt. Am Ende lässt sich der Mensch vielleicht gar nicht trösten.

Zum einen bietet die traditionelle Trostliteratur eine Reihe geistreicher Reflexionen, welche die existenzielle Harmlosigkeit des Todes nachweisen möchten. Darin wird ein intellektueller Optimismus verbreitet, wonach alle düsteren Affekte auf bloßen Fehlurteilen beruhen, deren Korrektur eine Überwindung dieser Gefühle bewirken könne. Alles komme auf die rechte Einsicht an. Eine Urteilsänderung bezüglich des eigenen Endes aufgrund vernünftiger Erwägungen könne mit den Ursachen der gedrückten Emotionen diese zum Verschwinden bringen. Dahinter steckt die aufklärerische Zuversicht, dass sich mit Hilfe rationaler Argumente vernunftwidrige Gefühlszustände mildern, ja sogar aufheben lassen.

Zum anderen fordert die alte Trostliteratur zur Arbeit an sich selbst auf. Allerdings genügen Lesen, Meditieren und Lernen allein nicht. Wie man die Heil- oder Handwerkskunst erst durch wiederholte Ausübung erwerbe, gelte es mit Hilfe eines Ensembles von Übungen seinem Dasein einen Stil einzuprägen, der es befähige, sich mit Hilfe der verinnerlichten Weisheiten dem unausweichlichen Ende gewachsen zu zeigen.

Bedenke deine Sterblichkeit!

Obwohl das Leben kurz ist, kann es einem als lang vorkommen, wie Thomas Mann im *Zauberberg* und Wassili Grossman in *Leben und Schicksal* aufzeigen.[525] Blickt man auf Tage, Monate und Jahre zurück, in denen kaum etwas passierte, so werden die erinnerten Stunden ihrer eintönigen Leere wegen als flüchtig empfunden, obgleich sie als langweilig und somit als langwierig erlebt wurden. Umgekehrt vergehen Tage wie im Flug, die mit Ereignissen bis an den Rand voll gestopft sind, während sie einem im Rückblick als extrem lange erscheinen. Ihr Abwechslungsreichtum verleiht ihnen in der Retrospektive eine gewisse Breite.[526] Demgemäß erscheint das verrinnende Leben als endlos, wenn sich viel darin zugetragen hat, das verronnene Leben dagegen als kurz, weil bereits viel davon in Vergessenheit geraten ist.

Nach traditioneller Auffassung soll der Mensch sein ganzes Leben lang der eigenen Sterblichkeit gedenken. Die einen empfehlen die ununterbrochene Vergegenwärtigung der eigenen Endlichkeit, um den Sinn für das Hier und Jetzt zu schärfen. Sie wollen mehr Lust auf ein intensives Leben wecken – entsprechend einer römischen Grabinschrift: „Solange du lebst, Mensch, lebe auch, denn nach dem Tode ist nichts. Alles bleibt zurück, und das ist der Mensch, was du hier siehst." Andere raten zum Todesbewusstsein, damit man sein Seelenheil nicht aus dem Auge verliert. „Wachet, denn ihr wisset nicht, wann es Zeit ist“,[527] heißt es im *Neuen Testament*. Ähnlich der Psalmist im *Alten Testament*: „Herr, lehre uns bedenken, dass wir sterben müssen, auf dass wir klug werden.“[528] Dazu passend der berühmte Theologe Thomas von Kempen: „Sei also bereit, dass dich der Tod nie unvorbereitet trifft.“[529] Der Mensch wird ermahnt, sein Streben unaufhörlich aufs Jenseits zu richten und den Wert des Diesseits nicht zu hoch zu veranschlagen, wie es in einem berühmten Choral Johann Sebastian Bachs heißt: „Ach wie nichtig, ach wie flüchtig sind der Menschen Tage.“

Im Unterschied zu diesem hedonistischen und religiösen Memento mori dient das Todesgedenken hier lediglich der Vorbereitung auf ein gutes Sterben.

Seit Platon über Cicero bis Montaigne kann man lesen: Philosophieren heißt sterben lernen. Nur durch regelmäßige Beschäftigung mit der eigenen Endlichkeit gewöhne man sich an die Vorstellung, eines Tages dahingerafft zu werden, wodurch der Tod allmählich seinen Schrecken verliere. Montaigne schreibt: Um sich an den Tod zu gewöhnen, sollten wir „nichts anderes so oft wie den Tod im Kopf haben, ihn uns in unserer Phantasie immer wieder in den verschiedensten Erscheinungsformen ausmalen; wenn ein Pferd stolpert, wenn ein Ziegel vom Dach fällt, wenn ich mich irgendwie steche, immer wieder sage ich mir dann: So, und wenn das nun der Tod selber wäre ... Stellen wir ihn jeden Augenblick und in jeder Gestalt vor unser inneres Auge.“[530] Die alten Philosophen glaubten durch ständige Vergegenwärtigung der eigenen Endlichkeit die Oberhand über die verstörende Todesdrohung bekommen zu können. Werde einem der Tod erst einmal vertraut, so könne er einen weder überraschen noch verängstigen. Da jede Stunde die letzte sein könne, sei es sinnvoll, jederzeit mit dem Ende zu rechnen. Daher rieten sie, durch lebenslange Gedankenübungen wie etwa die Vorstellung, dass man morgen sterben werde, sich mit dem eigenen Tod anzufreunden. Man erdulde alles besser, wenn man es wiederholt in Gedanken vorwegnehme und sich lange darauf einstelle: „Womit immer man lange gerechnet hat, leichter wird es sich tragen lassen,“ schreibt Seneca.[531] Ebenfalls empfahlen die alten Philosophen, sich in die Lage eines Sterbenden zu versetzen, der vielleicht nur noch wenige Stunden oder Tage zu leben habe. Außerdem gehöre zur Formung eines todbereiten Selbst, sich am Morgen und Abend auswendige gelernte Sterbeweisheiten laut aufzusagen, um hierdurch gut für den Ausnahmezustand gerüstet zu sein.

Im Gedicht *Die Uhr* erhebt Charles Baudelaire deren Schlagen zu einer wichtigen Unterstützung, indem er ihrem unaufhörlichen Ticken die Bedeutung zuerkennt, an die Kürze des Lebens zu erinnern.[532] Ein anderes Hilfsmittel sind Grabsteine. Auf einem kann man lesen: „Wir sind nichts, waren Sterbliche nur. Erwäge nun, Leser: Wie wir vom Nichts ins Nichts fallen in kürzester Zeit." Ähnlich heißt es auf einem anderen: „Wanderer, was du bist, bin ich gewesen; was ich jetzt bin, wirst auch du sein." Solch eindringliche Worte können einen Beitrag zur Gewöhnung an die eigene Sterblichkeit leisten. Doch erst recht vermögen Totenschädel den Sinn für die Endlichkeit zu schulen.

Seit Spätmittelalter und Barock symbolisiert ein knöcherner Schädel den Tod. Shakespeares Hamlet meditiert in seinem Angesicht über die Endlichkeit. Gleichfalls wird der Heilige Hieronymus auf zahlreichen Gemälden beim Betrachten eines Schädels dargestellt. Eine Kuriosität bietet Goethes Betrachtung von Schillers Schädel. Denn Goethe sträubte sich zeitlebens, dem Tod unter die Augen zu treten. Den Sterbelagern seiner Nächsten blieb er stets fern, an Begräbnisfeiern nahm er niemals teil, Gräber besuchte er nie. Als seine Eltern starben, fuhr er nicht einmal nach Frankfurt zur Beerdigung; als Christiane starb, blieb er den ganzen Tag im Bett; als sein Großherzog bestattet wurde, floh er aus der Stadt, und der Sarg von Charlotte wurde mit Rücksicht auf ihn nicht an seinem Haus vorbeigetragen. Selbst der Grablegung und Trauerfeier seines Freundes Schiller blieb er fern. Aber dessen Schädel, der im Herbst 1826 ausgegraben wurde, behielt er fast ein ganzes Jahr bei sich zu Hause, bevor dieser in die Fürstliche Begräbnisstätte überführt werden konnte. Was veranlasste Goethe, der dem Tod sonst immer aus dem Wege ging, zu der fixen Idee, den Schädel seines Freundes so lange bei sich aufzubewahren? Goethe war weder Hieronymus noch Hamlet, die vor einem Schädel über die Vergänglichkeit meditierten. Darum erscheint Goethes Verhalten als rätselhaft. Aber dies ist es nicht. Denn der bleiche Schädel war für Goethe nicht ein Symbol des Todes, sondern ein Bild des Lebens, das er an ihm studierte. Er betrachtete den

Schädel mit den Augen eines Forschers als einen Text, der zum Buch der Natur gehörte, dessen Buchstaben er zu entziffern suchte.[533]

Sei allem Abschied voran, als läge er hinter dir

Rainer Maria Rilke schreibt in den *IV. Duineser Elegie*, dass Blumen nichts vom Verwelken wissen. Dagegen sei uns „Blühn und verdorrn ... zugleich bewusst".[534] Ähnlich seien für Tiere Leben und Welt ununterbrochen gegenwärtig, so dass auch sie nichts von ihrem heranrückenden Dahinscheiden ahnten. „Frei von Tod. Das freie Tier hat seinen Untergang stets hinter sich. Ihn sehen wir allein", heißt es in der *VIII. Duineser Elegie*.[535] Solange wir leben, haben wir ihn vor uns. Wie Rilke preist Nietzsche das Tier: „Betrachte die Herde, die an dir vorüberweidet: sie weiß nicht, was Gestern, was Heute ist, springt umher, frisst, ruht, verdaut, springt wieder, und so vom Morgen bis zur Nacht und von Tage zu Tage, kurz angebunden mit ihrer Lust und Unlust, nämlich an den Pflock des Augenblicks und deshalb weder schwermütig noch überdrüssig. Dies zu sehen geht dem Menschen hart ein, weil er seines Menschentum sich vor dem Tiere brüstet und doch nach seinem Glücke eifersüchtig hinblickt."[536]

Vor uns liegt keine unbegrenzte Gegenwart, sondern eine Bahn, die zum Tode führt, und bereits am Wegesrand liegen Endstationen, die uns schon unterwegs zum Loslassen zwingen. Einen Schlusspunkt zu setzen ist eine Kunst, wie Marianne Gronemeyer in *Genug ist Genug* betont. Von etwas abzulassen, will gekonnt sein. Im Laufe des Lebens wird uns das Aufhören wiederholt abverlangt. Zwar bedeutet Aufhören auch Neubeginn, dennoch fällt es vielen schwer, wegzugehen oder zurückzubleiben. Mal ist Aufhören eine Schwäche, mal eine Stärke. Einige werfen zu früh die Flinte ins Korn, andere verpassen den richtigen Zeitpunkt zum Absprung, weil etwa ihr seniler Ehrgeiz sie davon abhält. „Ich habe, als ich jung war, nur allzu viele Alte gesehen, die darauf versessen waren, sich selbst zu überleben, und mir versprochen, dass das bei mir nicht der Fall sein sollte", notierte der berühmte Ethnologe Lévi-Strauss.[537] Aber wann ist es Zeit zu gehen und die Bühne zu verlassen?

Aufzuhören fällt schwer, weil es immer mit Abschied verbunden ist. Ein *Abschied* ist ein „grausames Etwas, das ein Schönverbundenes noch einmal zeigt und hinhält und zerreißt," dichtet Rilke.[538] In der Tragödie *Alkestis* von Euripides spielt sich eine dramatische Abschiedsszene ab.[539] Doch Abschiede stecken in allem Menschlichen, da nichts von der Zeit freigestellt bleibt, der niemand dauerhaft standzuhalten vermag. Rilke schreibt in der *VIII. Duineser Elegie*: „Wer hat uns also umgedreht, dass wir, was wir auch tun, in jener Haltung sind von einem, welcher fortgeht? Wie er auf dem letzten Hügel, der ihm ganz sein Tal noch einmal zeigt, sich wendet, anhält, weilt, so leben wir und nehmen immer Abschied"[540] – sei es von der Jugend, dem Elternhaus, der Heimat, uns nahestehenden Menschen. Abschied zu nehmen fällt nicht leicht, selbst wenn man mit zunehmendem Alter gelernt haben sollte, Verluste besser zu verkraften. Gerade im Alter muss man Verlorenes an Verlorenes reihen, sich von Liebgewonnenem für immer lösen und so erfahren, was Unwiederbringlichkeit bedeutet. Nahezu alle Trennungen tun weh. „Ein Abschied schmerzt immer, auch wenn man sich schon lange darauf freut", findet Arthur Schnitzler.[541] Denn man lässt fast immer etwas zurück, an dem man hing, mögen es auch bloß verhasste Gewohnheiten sein, die dem Leben immerhin Struktur gaben.

Jedes unliebsame Ende weckt Assoziationen an den Tod, sei es ein Abschied, der eine Abreise ankündigt, sei es ein Abschied, der den Ruhestand oder eine Scheidung einleitet. Alle letzten Male sind wehmütige Vorwegnahmen des allerletzten Mals. Endgültige Abschiede sind fast immer bitter und trostlos. Der wohl denkbar schwerste Abschied für die allermeisten von uns ist vermutlich der von sich selbst. Dabei fällt nicht nur jenen das Loslassen schwer, die gerne mit sich zusammen waren, sondern auch denen, die es mit sich manchmal kaum aushielten. „Ich werde mir schon fehlen", pointiert Kurt Tucholsky. Ähnlich Michel de Montaigne: „Von allem kann ich leicht Abschied nehmen außer von mir."[542]

Deshalb empfiehlt Platon im *Phaidon*, sich von allen irdischen Bindungen zu lösen, um „so nahe als möglich am Gestorbensein zu leben".[543] Die Abtötung aller körperlichen Begierden sei eine hervorragende Übung zur Vorbereitung auf den Tod. Von der Unsterblichkeit der Seele überzeugt, glaubt Platon durch Lebensentsagung dem schmerzhaften Abschied vom Leben zuvorkommen zu können. Dagegen hoffen die meisten antiken Philosophen, sich durch lebenslanges Nachdenken über den Tod bereits so an die eigene Sterblichkeit gewöhnen zu können, dass ihnen in der Sterbestunde nur noch widerfahre, worauf sie schon seit längerem gefasst seien. Man meinte, die natürliche Anhänglichkeit ans Leben dadurch schwächen zu können, dass man sein künftiges Ende das ganze Leben lang bedenkt. Der Verzicht hierauf würde dadurch erleichtert. Hieran anknüpfend schreibt Michel de Montaigne, dass der Tod fast selbstverständlich wird, wenn man ihn in Gedanken wiederholt vorwegnimmt.[544] Auf diese Weise soll es gelingen, allem Abschied voran zu sein, als läge er schon hinter einem, wie es in Rilkes *Sonette an Orpheus* heißt.[545]

Katalog maßvoller Tröstungen

Eine Reihe von Weisheiten kann mutmaßlich die Gewöhnung an die eigene Sterblichkeit unterstützen. Diese seien durch regelmäßiges Wiederholen so anzueignen, dass sie im Ernstfall geradezu automatisch wirken.

Erstens führe dir vor Augen: „Deine Kindheit, die Knaben- und Jünglingsjahre und dein Alter. Auch jeder Wandel dieser Lebensperioden ist eine Art Tod. Das ist doch nichts Schlimmes?“[546] Jeder Tag nimmt ein Teil des Lebens hinweg. „Darum macht nicht die letzte Stunde erst, da wir zu existieren aufhören, den Tod aus, sondern sie besiegelt lediglich das Ende.“[547]

Zweitens ist es ziemlich gleichgültig, wie alt man wird, wenn man bedenkt, dass der Tod unendlich lange dauert. „Unsere Lebenszeit ist nahezu nichts.“[548] Da macht es keinen Unterschied, ob man ein paar Jahre früher oder später dran ist, meinen Montaigne, Lukrez und Marc Aurel: „Schau auf das Unermessliche der Zeit hinter dir und auf eine andere Unendlichkeit vor dir! Was ist denn da noch für ein Unterschied zwischen einem, der drei Tage, und einem anderen, der dreimal drei Menschenalter gelebt hat.“[549]

Drittens mache man sich klar, dass allen das gleiche Schicksal widerfährt: „Niemand ist hinfälliger als der andere, niemand für den kommenden Tag seiner sicherer als der andere. Es macht alle gleich die

Asche."[550] Diese Vorstellung kann durchaus hilfreich sein: „Ach, was beklagst du das Los des Todes, da doch gemeinsam ist allen der nämliche Weg? Gäste des Lebens sind wir; lang aber dauert es nicht."[551]

Viertens stimmt es, dass durch einen baldigen Tod unserem Leben womöglich größeres Leid erspart bleibt, das uns in naher Zukunft heimgesucht hätte. „Der Verstorbene ist durch seinen frühen Tod von mannigfaltigem Leid verschont geblieben", schreibt Krantor.[552]

Fünftens gehört der Tod nun einmal zur menschlichen Grundsituation wie zum Schicksal aller Lebewesen: „Der Tod ist ein natürliches und notwendiges Teilphänomen im Ganzen des Weltprozesses, dessen Gesetz ewiger Wechsel und Kreislauf ist."[553] Ähnlich Seneca: „Kein Weg ist ohne Ende … Warum bist du bedrückt? Dies ist der Lauf der Welt."[554]

Sechstens ist es klug, die eigene Sterblichkeit mit Fassung zu tragen, weil man den unaufhörlichen Strom der Dinge ohnehin nicht aufhalten kann, wie es seit Seneca bis Friedrich Schiller regelmäßig heißt: „Wer freiwillig mitgeht, den führt das Schicksal; wer widerwillig folgt, den schleift es hinter sich her."[555] Der alte Jean-Paul Sartre, dessen Blase tropfte, Sehvermögen schwand und körperliche Verfassung insgesamt miserabel war, hielt es für müßig, sich gegen das Schicksal aufzulehnen. So sei es eben, und wo man nichts mehr ausrichten könne, dort habe man keinen Grund zur Klage.[556] An solchen Menschen soll man sich aufrichten, die trotz stärkster Belastung sich durch den baldigen Tod nicht aus der Ruhe bringen ließen. Der 68-jährige Fernsehmoderator Hanns-Joachim Friedrichs redete in einem Interview kurz vor seinem Ableben 1995 ebenfalls ruhig über sein Dahinscheiden – nach dem Motto Herbert Wehners: „Es wird genommen, wie es kommt." Obwohl er gerne noch eine Menge erlebt hätte, sah er dem Tod gelassen entgegen.

Dazu verhalf ihm siebtens eine große Dankbarkeit. „Im Gedächtnis sollten wir das Verlorene behalten und nicht zulassen, dass wir mit ihm selbst auch den Gewinn verlieren, den wir von ihm erhalten haben", empfiehlt Seneca.[557] Möglicherweise kann man die eigene Endlichkeit leichter verkraften, wenn man wie Hanns-Joachim Friedrichs ein erfülltes Leben hatte. Ähnliches sagte Henning Mankell, der gleichfalls an

Krebs starb. Wenn das Leben aber furchtbar und grausam ist, dann darf man froh sein, es bald hinter sich zu haben.

Achtens erfreut sich seit jeher das Symmetrieargument größter Beliebtheit. Wie Lukrez schreibt Seneca: „Welchen Unterschied macht es, ob man gar nicht anfängt oder aufhört, wenn das Ergebnis von beidem ist, nicht zu existieren. ... Nach meinem Leben wird das sein, was vor ihm war."[558] „Unser kleines Leben ist umhüllt von Schlaf", sagt Shakespeares Prospero in *Sturm*.[559] Ebenso Michel de Montaigne: „Es ist gleich sinnlos zu weinen, weil wir in hundert Jahren nicht mehr leben werden, wie darüber zu weinen, dass wir vor hundert Jahren noch nicht am Leben waren."[560] Ähnlich Georg Christoph Lichtenberg: „Unter Nichtsein nach dem Tode stelle ich mir den Zustand vor, in dem ich mich befand, ehe ich geboren ward."[561] Wie Schopenhauer gleichfalls Holbach: „Aber was wird dann aus mir werden? fragst du, o Mensch! Das, was du vor Millionen Jahren warst."[562] In die gleiche Richtung argumentiert David Hume: „Unsere Empfindungslosigkeit vor der Bildung des Körpers scheint der natürlichen Vernunft einen gleichen Zustand nach der Auflösung desselben zu beweisen."[563] Nicht zuletzt Mark Twain: „Tot sein oder ungeboren, das läuft vermutlich auf dasselbe hinaus."[564]

Alle Gewährsmänner des Symmetriearguments stellen die Zeit vor unserer Geburt mit der Ewigkeit nach unserem Tod gleich. Da uns das Nichtsein vor unserer Geburt nicht belastet, soll uns der Zustand nach dem Tod auch nicht weiter quälen, ist dieser doch nur sein Spiegelbild. Die unendlichen Zeiträume davor und danach verhalten sich symmetrisch zueinander.

Weisheiten solcher Art, regelmäßig wiederholt, ermöglichen eine emotionale Anpassung an die Erkenntnis der Unausweichlichkeit des Todes, der dann nicht mehr gefürchtet werden muss, sondern geduldig hingenommen und gelassen akzeptiert werden kann. Sie befähigen den Menschen zur Ergebung und Einwilligung in die eigene Sterblichkeit. Dabei erfordert das gefasste Loslassen keineswegs heroische Gemütsruhe, wie Seneca meinte sie der Nachwelt demonstrieren zu müssen, überzeugt davon, dass es wichtiger sei, gleichmütig zu sterben, als zu leben.

Im Jahre 65 n.Chr. wurde der römische Philosoph von Nero beschuldigt, von der sogenannten Pisonischen Verschwörung gegen den

Kaiser gewusst zu haben. Nero verurteilte darum seinen früheren Erzieher und politischen Berater zum Tode. Er forderte Seneca zum Selbstmord auf und überließ ihm die Wahl der Sterbensart. Zur Erprobung seiner Standhaftigkeit wählte Seneca einen schmerzhaften Tod, schreibt der Historiker Tacitus in den *Annalen*: Zunächst durchschnitt er sich die Pulsadern, anschließend die Adern an den Beinen und Kniekehlen. Daraufhin trank er ein Gift. Am Ende stieg er in eine Wanne mit heißem Wasser und ließ sich in ein Dampfbad tragen, wo er im heißen Qualm erstickte.[565] Natürlich ist zweifelhaft, ob es sich wirklich so zutrug oder Tacitus nur ein Vorbild für heldenhafte Selbstbeherrschung zeichnete.

Der Tod ist nichts

Das noch immer populärste Argument zur Versöhnung mit dem eigenen Tod stammt aus Epikurs *Brief an Menoikus*: „Gewöhne dich auch an den Gedanken, dass es mit dem Tode für uns nichts auf sich hat. Denn alles Gute und Schlimme beruht auf Empfindung; der Tod aber ist die Aufhebung der Empfindung ... Das angeblich schaurigste aller Übel also, der Tod, hat für uns keine Bedeutung: denn solange wir noch da sind, ist der Tod nicht da; stellt sich aber der Tod ein, so sind wir nicht mehr da."[566] Bis heute folgen viele Epikurs Auffassung. Beispielsweise schreibt Lukrez: „Nimmermehr wird dich dein Heim willkommen heißen und nimmer dir dein treffliches Weib und die lieblichen Kinder entgegen eilen mit Küssen ... ein unseliger Tag entriss ohne alles Erbarmen alles dir Armen, was einst dein Leben so herrlich beglückte. So klagt man, doch fügt man nicht hinzu: Und du Seliger, du bist jetzt aller Sehnsucht ledig nach all dergleichen Genüssen."[567] Ähnlich Seneca: „Nichts, sage ich, kann den noch schmerzen, der nicht mehr ist ... Auch die Tatsache, dass er nicht mehr ist, vermag ihn nicht zu quälen – denn wie könnte man die eigene Nichtexistenz wahrnehmen?"[568] Ebenso Marc Aurel: „Wer den Tod fürchtet, der fürchtet entweder die Empfindungslosigkeit oder eine andersartige Empfindung. Aber wenn man keine Empfindung mehr hat, empfindet man auch kein Übel mehr. Wenn man aber eine Empfindung anderer Art haben wird, dann wird man auch ein Wesen anderer Art sein und nicht aufhören zu leben."[569] Weiter Montaigne: Der Tod „geht euch, ihr möget leben oder tot sein, nichts an:

wenn ihr lebt, weil ihr seid; wenn ihr tot seid, weil ihr nicht mehr seid."[570] Das Gleiche kann man bei Ludwig Feuerbach und Arthur Schopenhauer lesen.

Ebenfalls ist Sartres Position epikureisch, steht doch seiner Auffassung nach der Tod außerhalb des Lebens. Das Ende komme gewissermaßen von außen auf das Leben zu, um alle Lebensprojekte irreversibel zu unterbrechen. Der Tod sei die „Nichtung all meiner Möglichkeiten, eine Nichtung, die selbst nicht mehr Teil meiner Möglichkeiten ist."[571] Demnach „ist der Tod nie das, was dem Leben seinen Sinn gibt. Er ist im Gegenteil das, was ihm grundsätzlich jede Bedeutung nimmt."[572] Wie Sartre betont Ludwig Wittgenstein, dass der Tod der direkten Erfahrung des Lebens entzogen bleibe und ihm somit absolut äußerlich sei: „Der Tod ist kein Ereignis des Lebens. Den Tod erlebt man nicht."[573] Wenn der Tod uns betreffen wollte, käme er immer schon zu spät, weil wir nicht mehr existieren, wenn er da ist. Darum geht uns der Tod auch nichts an. Wer tot ist, kann das Leben nicht vermissen. Da man seinen eigenen Tod nicht erlebt, ist dieser auch weder gut noch schlecht. Selbst Hofrat Behrens spielt auf Epikur in Thomas Manns *Zauberberg* an, wenn er betont, „dass zwischen uns und dem Tod gar keine reale Beziehung besteht und er ein Ding ist, das uns überhaupt nichts und nur allenfalls Welt und Natur etwas angeht."[574]

Nach Epikur, Lukrez und ihren Nachfahren ist die Angst vor dem Tod – weil gegenstandslos – unbegründet. Es gibt keinen vernünftigen Grund, ihn zu fürchten. Die Erkenntnis unserer zeitlichen Begrenztheit kann uns, wenn sie nur richtig verstanden wird, nichts anhaben, weil der Tod nichts ist. Da er die völlige Empfindungslosigkeit bringt, vernichtet er alles, was uns überhaupt betreffen könnte. Zwar widerfährt der Tod dem Einzelnen, aber dieser erfährt ihn nicht. Darum sollen wir uns auch nicht um ihn kümmern. Der Tod hat weder für die Lebenden noch für die Toten eine Bedeutung. Somit ist nach Epikurs therapeutischer Philosophie, welche die Menschen mit Hilfe rationaler Argumente von überzogenen Ängsten befreien möchte, der Tod ein Scheinproblem. Bis heute vertreten vorrangig säkulare Naturalisten diese Position.

Der Skandal bleibt

So unverzichtbar eine säkulare Kunst des Sterbens gerade heute zu sein scheint, es ist doch fraglich, ob es eine solche überhaupt geben kann. Obwohl das Projekt einer lebenslangen Einübung ins Sterben, der wiederholten Vergegenwärtigung der eigenen Endlichkeit sowie der regelmäßigen Verinnerlichung kluger Tröstungen sinnvoll klingt, möglicherweise verfehlt es trotzdem das erstrebte Ziel.

Kritik der Sterbekunst

Es ist zweifelhaft, ob sich das Sterben durch die ständige Vorwegnahme des eigenen Endes wirklich erleichtern lässt. Ein vitales Selbst, dem etwas an der eigenen Existenz liegt, wird sich weder an den Tod gewöhnen noch seinem Lebensabschied so voran sein können, dass er bereits hinter ihm liegt. Nur wer von jeder Daseinsfreude abgeschnitten ist, mag zu solchem Verzicht imstande sein. Natürlich ist es auch missverständlich zu sagen, dass man das ganze Leben lang stirbt, nur weil die Kindheit in die Jugend und diese wiederum ins Erwachsenenalter übergeht. Jeder bleibt doch über alle Wandlungen hinweg derselbe Mensch.[575] Montaigne hat zwar recht, wenn er feststellt: „Warum fürchtest du deinen letzten Tag? Er trägt keinen Deut mehr zu deinem Tode bei als jeder andere. ... Alle Tage sind zum Tode unterwegs, der letzte – er langt nur daran an."[576] Trotzdem gibt es einen wichtigen Unterschied, den ein alter Spruch auf den Punkt bringt: „Vulnerant omnes, ultima necat – Verletzen tun sie alle, doch die letzte tötet", und gemeint sind mit „sie" die Stunden, Minuten und Sekunden des Lebens.

Wer schon aufgrund seines Selbsterhaltungsstrebens am Leben hängt, den tröstet auch nicht, dass er sowieso unendlich lange tot sein wird, egal, wie alt er wird. Im Gegenteil findet er wie Henning Mankell die Vorstellung grausig, irgendwann für immer tot zu sein. „Das Leben ist kurz, während der Tod sehr, sehr lang dauert. … Ich habe Angst davor, so lange tot zu sein."[577] Genausowenig tröstlich ist für einen solchen Menschen die vage Zuversicht, dass ihm durch seinen Tod mögliches künftiges Leid erspart bleiben könnte. Das Gleiche gilt für die unbestrittene Tatsache, dass der Tod ein natürliches Phänomen ist und alle sterben müssen. Wer einen starken Lebenswillen verspürt, wird sich damit nicht abfinden und den eigenen Tod als grausames Los empfinden, wie Johann Wolfgang von Goethe, Simone de Beauvoir und Elias Canetti. Auch der Ratschlag, sich nicht vom Unausweichlichen die Tränen in die Augen treiben zu lassen, weil man es doch ohnehin nicht ändern könne, vermindert nicht unbedingt die Klage. Denn man weint ja nicht, obwohl man nichts gegen den Tod unternehmen kann, sondern gerade weil man nichts dagegen auszurichten vermag.[578]

Beim ersten Zuhören klingt auch das Symmetrieargument überzeugend. Doch sind Anfang und Ende, Geburt und Tod weder austauschbar noch symmetrisch. Der Tod verhält sich nur scheinbar zur postletalen Nichtheit wie die Geburt zur pränatalen Nichtheit. Von beiden Seiten her betrachtet ist die Situation keineswegs gleichwertig, mag sie auch noch so gleichartig erscheinen. Es gibt hier keine Entsprechung. Verständlicherweise schaudern wir nicht vor dem Nichts, aus dem wir hervorgegangen sind, aber vor dem Nichts, in das wir für immer verschwinden werden, obgleich es dasselbe Nichts ist. Nebenbei bemerkt ist es falsch, hier überhaupt von Nichts oder Nichtsein zu sprechen, weil tot oder nicht zu sein gar kein Zustand ist, geschweige denn ein Seinszustand, sondern schlicht „nichts“ ist. Den Unterschied zwischen der pränatalen und postletalen Zeit bestimmt das Leben dazwischen.

Bereits Thomas Nagel stellt fest: Es besteht eine „Asymmetrie zwischen unseren Einstellungen gegenüber posthumer und pränataler Nichtexistenz. Wie aber kann die erstere schlecht sein, letztere aber nicht?“[579] Sie ist doch das „Spiegelbild der dem Leben vorausliegenden Unendlichkeit“.[580] Jedoch sei dies falsch, so Nagel. Denn die Zeit, die uns der Tod raubt, ist die Zeit, die wir noch gehabt hätten, wenn wir nicht gestorben wären; dagegen wären wir jemand anderer gewesen, wenn wir früher geboren worden wären. Nagels Argument ist zwar richtig, verfehlt aber den springenden Punkt. Das trifft gleichfalls auf die Erklärung von Williams zu, wonach der Tod die Verwirklichung von Lebensplänen vereitelt, die wir selbstredend vor unserer Geburt noch nicht hatten.

Letzten Endes ist weniger das Nichtsein das Problem als vielmehr das Ende des Lebens. Der Tod beraubt den Einzelnen seines Daseins. Er bedeutet Verlust an Lebenszeit, egal, wie lange man sich die Spanne vorstellen möchte. Das Nichtsein vor der Geburt ist schon deshalb kein Problem, weil man jetzt lebt. Aus demselben Grund aber ist die Vorstellung, dass das Leben eines Tages zu Ende gehen wird, ein Problem. In erster Linie ist es das Selbsterhaltungsstreben, verbunden mit unseren Wünschen und Interessen, das uns am Leben hängen lässt. Wir möchten überleben, weiterleben, noch das Morgen erleben, selbst wenn uns das Nichtsein nach unserem Tod gleichgültig sein sollte. Somit ist nicht das Nichts, das uns bevorsteht und das dem Nichts vor unserer Geburt gleicht, das eigentliche Problem, sondern das Eintauchen ins Nichts. Der biologische Mechanismus der Selbsterhaltung, der Verlust der Lebensgüter sowie die Angst vor dem letzten Moment geben dem postletalen Nichtsein ein existenzielles Gewicht, das dem pränatalen Nichtsein fehlt.

Trotzdem bleibt Epikurs Grundgedanke richtig. Gut begründet kämpft er gegen die vitale Todesangst. Dennoch vermag seine Philosophie nicht das Schaudern vor dem Tod gänzlich zu beseitigen. Aber warum trösten seine verblüffenden Erkenntnisse nicht? Ionesco polemisiert: „Solange der Tod nicht da ist, bist du da. Wenn er dann da ist, bist du nicht mehr da. Du begegnest ihm nicht, du siehst ihn nicht. – Lebenslügen, alles Spitzfindigkeiten, die jeder kennt. Er ist immer dagewesen, gegenwärtig, vom ersten Tage an.“[581] Obwohl Seneca Epikurs Grundsatz zustimmt, warnt auch er ausdrücklich davor, sich mit rhetorischen Tricks und geistreichen Spielereien einreden zu lassen, dass der Tod harmlos sei.[582] Durch den Anschein des Scharfsinns verführt, verfehlt der Epikureer mit seiner Haarspalterei den Ernst der Lage, wie gleichfalls Kierkegaard moniert. Wir müssen uns schon deshalb in ein Verhältnis zum eigenen Tod setzen, weil wir normalerweise am Leben hängen und der Schnitter mit seinem gewetzten Messer das Leben samt seiner Projekte und Möglichkeiten jederzeit hinwegmähen kann. Epikur selbst griff diesen Einwand auf und entkräftete ihn mit den Worten: „Es schwätzt, der sagt, er fürchte den Tod nicht, weil er ihn bedrücken wird, wenn er da ist, sondern weil er ihn jetzt bedrückt, wenn er noch aussteht. Denn was uns, wenn es da ist, nicht bedrängt, kann uns, wenn es erwartet wird, nur sinnlos bedrücken.“[583] Zweifellos hat Epikur recht, aber das menschliche Selbsterhaltungsstreben ist für gewöhnlich so stark, dass sich die Todesangst nicht ohne weiteres durch rationale

Argumente besiegen lässt. Der Tod wird als Übel empfunden, weil er einem das Leben nimmt, das man bei durchschnittlicher Vitalität gerne fortgeführt hätte.

Nachdem Simone de Beauvoir bei einem Fahrradunfall kurzzeitig bewusstlos wurde, hatte sie danach das Gefühl, den Tod aus nächster Nähe gesehen zu haben. Aufgrund dieser Erfahrung verlor sie vorübergehend ihre ausgeprägte Todesangst. Zu sterben schien ihr mit einem Male leicht zu fallen. Sie hätte einfach nicht mehr aufwachen müssen. So erlebte sie am eigenen Leib, dass der Tod nichts ist, was man erleiden kann, wie Epikur und Lukrez nachdrücklich betonen. Allerdings hielt diese Befreiung von der Todesangst nicht lange an. Ihr vitales Selbsterhaltungsstreben und ihre Lust am Leben ließen ihre vormalige Todesangst schon bald wieder aufflackern.

Existenzielle Überforderung

Trotz aller aufgezeigten Schwierigkeiten ist es sinnvoll, sich auf den Tod vorzubereiten, bevor es hierfür zu spät ist. „Mit zwanzig hast du gesagt, dass du mit vierzig beginnst, dich vorzubereiten. Ich war so gesund, ich war so jung. Mit vierzig hast du dir vorgenommen, damit zu warten, bis du fünfzig bist. Ich war voller Leben! Wie war ich voller Leben! Mit fünfzig hast du die sechzig herankommen lassen. ... Ich bin ein Schüler, der unvorbereitet in die Prüfung geht. Ein Schüler, der nie seine Schularbeiten gemacht hat“, klagt der Todgeweihte in Ionescos *Der König stirbt*.[584] „Übe dich ein auf den Tod“, mahnt Seneca.[585] Aber die Menschen schieben die Vorbereitung auf den Tod gerne hinaus.

Nun ist es durchaus umstritten, ob die lebenslange Beschäftigung mit Freund Hein das Sterben wirklich leichter macht, als wenn man von ihm überrascht wird. Der eine zeigt am Rande des bodenlosen Abgrunds eine Stärke, deren er sich selbst nicht für fähig gehalten hätte, während andere, die ständig über ihre Endlichkeit grübeln, zuletzt doch in Angst und Panik verfallen. Davon abgesehen ist es fraglich, ob man Sterben überhaupt lernen kann. „Wir können den Tod weder gedanklich erfassen noch erwarten oder uns gegen ihn wappnen“, schreibt Jean-Paul Sartre.[586] Wie soll man etwas lernen, das man weder kennen noch erproben kann? Der Tod kommt doch immer zum ersten Mal. Nachdrücklich widerspricht Jankelevitch, dass sich das Sterben trainieren lässt, weil einerseits niemand genau weiß, was der Tod ist, andererseits jeder nur ein einziges Mal stirbt.[587] Allerdings liegt genau darin auch ein gewisser Trost. Denn einmal gestorben, kehrt der Tod niemals wieder. Möglicherweise kann man sich nicht auf den Tod vorbereiten, aber hierfür bereit sein schon!

Hinzu kommt, was der britische Maler Francis Bacon betont: „Man kann sich nicht auf den Tod vorbereiten, weil er nichts ist."[588] Nun ist der Tod an sich tatsächlich absolut bedeutungslos, für jeden Einzelnen dennoch höchst bedeutsam. Biologisch betrachtet ist die eigene Sterblichkeit banal, biografisch gesehen ein Skandal. Der Tod ist ein natürliches Vorkommnis, das den Menschen existenziell überfordert. Obwohl seit jeher Menschen sterben, müssen sich deren Nachfahren immer wieder neu mit ihrer Vergänglichkeit auseinandersetzen. Denn jedes Mal, wenn ein Mensch stirbt, findet der Tod zum ersten Mal statt. Eine zähe Anhänglichkeit ans Leben und ein starker Diesseitsbezug lassen das auf Selbsterhaltung programmierte Leben vor seiner eigenen Begrenzung erschrecken. Für Simone de Beauvoir, Susan Sontag, Elias Canetti, Vladimir Jankelevitch und zahllose andere Menschen hatte der Tod im Alter – allen bekannten Tröstungen und Beschönigungen zum Trotz – nichts von seinem Schrecken verloren. Sie taten sich schwer damit, dem Leben sein Ende zu verzeihen, gerade weil sie wussten, dass es unaufhaltsam hierauf zusteuert. Karl Jaspers bringt es auf den Punkt: „In der Welt gibt es keinen wirklichen und wahrhaften Trost, der mir die Vergänglichkeit von allem und meiner selbst verständlich und ertragbar erscheinen lässt."[589] Ähnlich Hans Blumenberg: „Niemand lässt sich darüber trösten, dass er sterben muss. Alle Argumente sind schlecht bis lächerlich, die dafür Trost und Tröstungsfähigkeit unterstellen."[590] Mit einem bereits zitierten Satz Immanuel Kants bleibt der „demütigendste Ausspruch, der über ein vernünftiges Wesen nur gefällt werden kann: du bist Erde und sollst zur Erde werden".[591]

Trotzdem muss jeder von uns mit seiner Endlichkeit fertig werden. „Ich habe Angst und muss doch mutig sein", sagt der Kabarettist Hanns Dieter Hüsch. „Stellen Sie sich gefälligst nicht so an!" schimpft Hofrat Behrens in Thomas Manns *Zauberberg* eine Sterbende.[592] Diese Ermahnung klingt wie blanker Hohn, weil ein starker Lebenswille, der sich vergeblich gegen das Unabwendbare aufbäumt, sich durch die Vernunft kaum zähmen lässt. Die Erfahrung der Endlichkeit ist unerträglich, aber irgendwie erträgt man sie doch.

Trostpflaster

Vitales Leben kann die Endlichkeit nicht verarbeiten und muss sie trotzdem aushalten. Es kann sie eher hinnehmen als annehmen. Hier wie sonst auch schafft Trost nicht Abhilfe von einer Not, sondern bringt lediglich Hilfe in Not. Tröstungen beseitigen keine Schmerzen, sondern lindern sie nur. Genaugenommen sind sie bloß Vertröstungen, die aber unverzichtbar sind: existenzielle Palliative.

Am besten nicht dabei sein

In der *Phänomenologie des Geistes* konfrontiert Hegel seine Leser mit der radikalen Negativität des Todes: „Der Tod … ist das Furchtbarste, und das Tote festzuhalten das, was größte Kraft erfordert. … Aber nicht das Leben, das sich vor dem Tode scheut und von der Verwüstung rein bewahrt, sondern das ihn erträgt und in ihm sich erhält, ist das Leben des Geistes.“[593] Diese Passage bleibt offen bezüglich der Frage, ob der Tod das absolute Ende oder ein Übergang zu neuem Leben ist. Doch nimmt Hegel an dieser Stelle den Tod ernst, bagatellisiert ihn nicht wie Epikur und beschönigt ihn nicht mit jenseitigen Bildern, auch wenn seine Philosophie eine Verwandlung in eine höhere Stufe des Geistes verheißt. Hingegen öffnet die ungeheure Macht des Todes hier lediglich die Augen für die Flüchtigkeit des Daseins. Da man gegen den Tod nichts ausrichten kann, ist es aber vielleicht doch am besten, ihn gleich wieder aus dem Auge zu verlieren.

Möglicherweise sollte man dem Tod kein besonderes Gewicht beimessen. Wer sich dauernd damit befasst, beschwert nur unnötigerweise sein Leben. Das regelmäßige Nachdenken übers Ende verstärkt unter Umständen die Todesangst. Dazu Immanuel Kant: „Wer ängstlich wegen des Verlustes des Lebens bekümmert ist, wird des Lebens nie recht froh werden.“[594] Im Gegensatz zur traditionellen Sterbekunst empfiehlt daher der Philosoph Francis Bacon, bewusst die Augen vor dem Tod zu verschließen, statt sich das Leben hierdurch vermiesen zu lassen.

So seltsam es klingt, eine gewisse Verdrängung des Todes ist für das Leben unverzichtbar. „Der Notbehelf des gemeinen Mannes besteht darin, nicht an den Tod zu denken", notiert Montaigne.[595] Ähnlich Blaise Pascal: „Da die Menschen unfähig waren, Tod, Elend und Unwissenheit zu überwinden, sind sie, um glücklich zu sein, übereingekommen, nicht daran zu denken."[596] Zur Verrichtung alltäglicher Aufgaben ist es unabdingbar, nicht ständig über den Tod nachzudenken.

Hierzu passt, dass sich die meisten Menschen wünschen, friedlich im Schlaf zu sterben. In einer Zeit, in der sich immer weniger Bürger noch um ihr jenseitiges Seelenheil sorgen, hoffen fast alle auf einen schnellen Tod. Sie möchten bei ihrem Dahinscheiden nicht dabei sein. Daher erbitten sie einen Tod, ohne sterben zu müssen. Wenn die letzte Stunde schlägt, soll alles mit einem Schlage vorüber sein. Der Schlag soll einen treffen, ob beim Essen, Waschen oder sonstwo, Hauptsache schmerzfrei und plötzlich. Allerdings wird nur den wenigsten ein Ableben ohne Sterben zuteil. Unerwartet von einem Augenblick auf den nächsten aus dem Leben zu scheiden, ist bloß einigen vergönnt. Häufig zieht sich das Ende über Tage, Wochen und Monate hin. Der Tod übt sogar oftmals eine rohe Gewalt aus, die den Sterbenden über einen längeren Zeitraum regelrecht hinstreckt. Jedoch kann die letzte Phase auch angenehmer verlaufen, als befürchtet.

Der Traum von einem kurzen, friedlichen Tod etwa beim Mittagsschlaf im Ohrensessel zuhause steht in krassem Widerspruch zu der weit verbreiteten Meinung, dass Todgeweihte sich auf dem Sterbebett noch einmal mit ihren Lieben aussprechen und von ihnen verabschieden möchten. Häufig wollen sie am Ende deren fürsorglichen Beistand spüren. Tritt der Tod aber plötzlich und unerwartet ein, verbleibt nicht genug Zeit, sich von der Welt, seinen Nächsten und sich selbst zu verabschieden. Allerdings sind viele in der letzten Phase zu schwach und erschöpft, ja gedämpft, schon weggetreten, um noch alles mitzukriegen. Dennoch sollte die Palliativmedizin ausreichend Schmerz- und Beruhigungsmittel zur Linderung physischer und psychischer Leiden zur Verfügung stellen, wenn die blanke Not die Sterbenden am Lebensende peinigt. Glücklicherweise wird mittlerweile im grausamen Endstadium immer öfter die Morphiumdosis stillschweigend hochgefahren, damit der gemarterte Körper friedlich hinüberdämmern kann. Während landauf landab über Sterbehilfe diskutiert wird, ist sie in dieser Form inzwischen längst Normalität.

Aber auch sonst sollte ernsthafter als bisher darüber nachgedacht werden, ob Schwerkranken das Loslassen mit Hilfe psychoaktiver Substanzen wie LSD, Psilocybin und Cannabis erleichtert werden darf. Niemanden sollte am Ende panisches Entsetzen vor schrecklichem Leid packen müssen. Stattdessen sollten psychedelische und euphorische Rauscherlebnisse den Todeskandidaten in einer Gegenwart halten, die nicht mehr wehtut und den Blick auf seine traurige Zukunft verstellt. In gute Laune versetzt, sollte jeder am Schluss noch einmal Urlaub von seinen Nöten nehmen dürfen.[597]

Liebestod

Fast alle Liebenden hegen den Wunsch, gemeinsam sterben zu dürfen. Diese Vorstellung finden sie tröstlich. Schon die alten Griechen bewerteten das gemeinsame Sterben der Liebenden als Göttergabe. *Philemon und Baucis* empfingen dieses Geschenk am Ende ihrer Lebenszeit von Zeus und dessen Sohn Hermes, nachdem sie sich zuvor den inkognito aufgetretenen Göttern gegenüber als gastfreundlich erwiesen hatten.[598] Wer in Liebe miteinander verbunden ist, möchte einerseits den Partner sehnsuchtsvoller Verlustgefühle wegen nicht überleben müssen. Andererseits möchte man den Partner aus diesem Grund vor dem Überleben verschonen, wie Reiner Kunze in *Bittgedanke, dir zu Füßen* betont: „stirb früher als ich um ein weniges früher damit nicht du den weg zum haus allein zurückgehen musst."

Nun gibt es den gemeinsamen Tod der Liebenden nicht nur in Oper und Literatur, sondern auch im realen Leben. In der Nacht vom 29. auf den 30. Januar 1889 ging der habsburgische Kronprinz Rudolf mit seiner Geliebten Mary in Schloss Mayerling zusammen in den Tod. Am 22. September 2007 nahm sich der 84-jährige Schriftsteller André Gorz mit seiner schwerkranken Frau Dorine das Leben. In seinem 2006 publizierten *Brief an D. Geschichte einer Liebe* konnte man bereits lesen: „Ich will nicht bei Deiner Einäscherung dabei sein; ich will kein Gefäß mit Deiner Asche bekommen. … Jeder von uns möchte den anderen nicht überleben müssen.“[599] Auch andere Paare wie Cynthia und Arthur Koestler traten zusammen aus dem Leben. Wenn der langjährige Partner allein geht, mit dem man sich bis zuletzt gut verstand, dann ertappen sich manche dabei, Wut auf ihn zu bekommen, weil sie sich von ihm in Stich gelassen fühlen. Aber das Leben ist häufig stärker als die Liebe, wie Arthur Schnitzler in seinem Roman *Sterben* darlegt.

Nachdem Marie von Felix erfährt, dass er an einer tödlichen Krankheit leidet, die in ungefähr einem Jahr zu seinem Tode führen wird, möchte sie mit ihm in den Tod gehen. Sie will keine Stunde länger leben als er, weil sie ohne ihn nicht sein kann. Felix lehnt dieses Angebot als unreife Kinderei ab und bittet sie, sich diese fixe Idee aus dem Kopf zu schlagen. Je weiter die Krankheit von Felix fortschreitet, umso mehr kommen Maries Liebe und Mitgefühl abhanden. Felix wird ihr nicht nur immer gleichgültiger, sie findet ihn sogar zunehmend abstoßend. Daher geht Marie körperlich und emotional auf Abstand. „Wie hässlich das Kranksein ist.“[600]

Zuletzt weicht ihr romantisches Liebesideal, glücklich vereint dahinzuscheiden, ihrem starken Lebenswillen und der damit verbundenen Todesangst. Nur heißt Felix inzwischen Maries ursprüngliche Absicht gut, ihr Schicksal mit dem seinigen zu teilen: „Mit zitternder Freude sah er den Augenblick nahen, wo er es wagen dürfte, ihr zu sagen: Heute werden wir sterben.“[601] Doch schon bald spürt er ihren Widerwillen, pocht aber auf Einhaltung ihres Versprechens: „Nun geht es zu Ende, und wir müssen davon; unsere Zeit ist um.“[602] Marie sträubt sich, wagt aber nicht ihren Widerwillen offen auszusprechen. Es packt sie eine Angst vor Felix, der, über ihre Lebensfreude empört, sie an ihr Versprechen erinnert: „Ich bleibe bei dir, ewig.“[603] Darum möchte er sie weiter mit in den Tod ziehen: „Ich nehme dich mit, ich will nicht allein weg. Ich liebe dich und lass dich nicht da.“[604] Als er, schon gänzlich ermattet, sie gewaltsam zu erwürgen versucht, kann sie ihm gerade noch entkommen. Marie schreit: „Nein, nein. Ich will nicht.“[605] Felix stirbt einsam und allein. Am Ende siegt Maries Lebensdrang über ihre Liebe. Sie empfand keine romantischen Gefühle mehr für ihren Mann, dessen Morbidität sie abschreckte. Schnitzler entzaubert den Liebestod, der seit jeher als die stärkste Verbindung zweier Menschen gilt. *Romeo und*

Julia oder *Tristan und Isolde* hoffen, im Tod endgültig vereint sein zu können. Doch in der Realität hält die Liebe extremen Belastungen oft nicht stand. So tröstlich die Vorstellung ist, am Ende mit einer geliebten Person gemeinsam in den Tod gehen zu dürfen, wirklich realistisch ist diese tröstliche Erwartung nicht. Ein wenig realistischer klingt da schon eine Sterbebegleitung, bei der man, umgeben von seinen Nächsten, auf zärtliche Fürsorge hoffen darf.

Grundsatz der Bescheidenheit

„Der Tod ist unerträglich, wenn du über das Ich nicht hinwegkommst", sagt Susan Sontag.[606] Darum sollte man sich mit dem Gedanken durchdringen, dass das Ich nichts ist. Doch die todkranke Schriftstellerin hätte eine Welt niemals lieben können, in der sie selbst nicht vorgekommen wäre. Ob du fähig bist, das eigene Ich zu überwinden, lässt sich gut daran erkennen, ob dich die Vorstellung erfreut, dass selbst nach deinem Ableben im Frühling die Bäume ausschlagen und Vögel zwitschern werden. Hierzu ist es erforderlich, den Blick von sich zu lösen, was keineswegs so einfach ist. Denn der auf Selbsterhaltung angelegte Lebenswille neigt zur Selbstüberschätzung. Spätestens seit Friedrich Nietzsche bis zu Ernst Tugendhat und Thomas Nagel ist klar, dass der menschliche Anspruch auf Wichtigkeit eine unerfüllbare Anmaßung darstellt. Aber mag solche Vermessenheit auch auf einem Irrtum beruhen, ohne sie scheinen wir nicht lebensfähig zu sein. Um sich ernst nehmen zu können, muss man seine Bedürfnisse und Wünsche für bedeutsam halten. Natürlich ist diese Annahme aber falsch, jedoch – weil lebensdienlich – nahezu unvermeidlich. Ohne lebensförderliche Fiktionen würden wir vermutlich nicht überleben.

Dabei ist doch unser Dasein von allen Seiten her begrenzt. Um das eigene Selbstverhältnis aufs richtige Gleis setzen zu können, ist deshalb ein nüchterner Blick von außen erforderlich. Wahre Selbsterkenntnis hängt von sachlicher Natur- und Welterkenntnis ab. Wer die Erde von einer fernen Galaxie aus betrachtet, der wird automatisch des geringen Platzes gewahr, den er im Weltraum einnimmt, und der kurzen Zeit, die er darin verweilt. In räumlicher Hinsicht marginal und in zeitlicher Beziehung ephemer, offenbart der Kosmos unsere Nichtigkeit, wie es seit Marc Aurel über Blaise Pascal bis Hans Blumenberg immer wieder heißt. Erst eine Versenkung in die unermesslichen Tiefen des Alls stößt auf den richtigen Maßstab. Aus der kosmischen Perspektive erscheint alles Menschliche als winzig, was davor schützt, sich über seine wahre Größe zu täuschen. Indem man sich das Universum nicht mehr gegenüberstellt, sondern sich in es hineinstellt, wird unmissverständlich deutlich, dass es auf niemanden darin ankommt.[607]

Die Zurückstellung des Einzelnen ins große Ganze bringt das menschliche Selbstverhältnis ins richtige Lot. Sie löst eine Zurücknahme überzogener Sinnansprüche aus. Zugleich leistet die kosmische Eingliederung einen wichtigen Beitrag zur Absenkung der Todesangst. Denn wer sich, bildhaft formuliert, mit einem Regentropfen über dem Ozean vergleicht, den wird sein Eintauchen ins Meer nurmehr melancholisch berühren, da er aufgehört hat, alles auf sich zu beziehen. Die Erkenntnis, ein flüchtiges Pünktchen im großen Ganzen zu sein, lehrt den Welt- und Selbstbetrachter von sich abzusehen. Daraufhin kommt der gestirnte Himmel auf ganze neue Weise zur Anschauung. Jetzt geht das bestaunte Firmament vollständig in der gedankenverlorenen Wahrnehmung und Fantasie auf. Der versonnene Himmelsgucker gerät ganz in den Bann des Nachtgestirns. Ohne an sich selbst zu denken, verliert sich der selbstvergessene Weltbewunderer im Anblick des unermesslichen Sternenhimmels.

Endlich kann jene Gemütsruhe entstehen, die den Menschen befähigt, sein Leben loszulassen und sein Ende zu ertragen. Das Verschwinden seiner Existenz in der Erkenntnis ihrer kosmischen Unerheblichkeit versetzt ihn in den Stand, seine Endlichkeit geduldig auszuhalten. Offenbar lässt sich die Einwilligung in den Tod weniger einer Gewöhnung an die eigene Sterblichkeit als vielmehr der Erfahrung eigener Geringfügigkeit in den kosmischen Weiten abgewinnen.

Erst nachdem man sich diese Perspektive aufs Leben angeeignet hat, können die maßvollen Tröstungen der säkularen Sterbekunst als Lebenshilfen wirksam werden. Diese haben im Bewusstsein der eigenen Unerheblichkeit ihren Rückhalt. Das heißt, erst wenn die Erfahrung kosmischer Nichtigkeit ins eigene Selbstbild übergegangen ist, bekommen solche Empfehlungen wie „Bescheiden empfangen, bereitwillig verzichten“[608] existenzielle Wirkkraft. Die Unvermeidlichkeit des Todes, das Symmetrieargument und die epikureische Erkenntnis, dass Tod soviel wie Empfindungslosigkeit bedeutet, sind wie alle nicht religiösen Tröstungen bloße Auslegungen des kosmischen Grundsatzes: Der Mensch ist winzig und flüchtig im unermesslichen Weltall. Ist dieser Grundsatz der Bescheidenheit durch kontinuierliche Arbeit an sich selbst verinnerlicht, bildet er den Rahmen, innerhalb dessen alle herkömmlichen Sterbeweisheiten ihre Wirksamkeit entfalten können. Deren Gegenargumente verblassen hingegen. Hiernach zeigen sich die maßvollen Tröstungen nur dann der Todesangst gewachsen, wenn sie von einer tief verwurzelten Lebensüberzeugung getragen werden, die ihnen auch entspricht. Es genügt nicht, die erlernten Sterbeweisheiten durch regelmäßiges Wiederholen im Gedächtnis zu behalten. Hinzu muss eine gelebte Grundhaltung kommen, die ihnen gemäß ist.

Jedoch lässt sich auch mit diesem Rüstzeug die Todesangst lediglich verringern, nicht aber völlig beseitigen. Zwar sind wir jetzt eher imstande, unsere Endlichkeit zu ertragen, ohne die Lippen zusammen zu beißen und die Fäuste zu ballen. Doch lässt sich der Lebenswille durch das tief eingeprägte Bewusstsein eigener Geringfügigkeit nicht gänzlich ausschalten. Solange das Selbsterhaltungsstreben in Kraft bleibt, ist die Todesangst nicht vollständig besiegt. Hier gilt es die richtige Balance zwischen Lebensbejahung und Lebensentsagung zu finden.[609] Wer das gesuchte Gleichgewicht verfehlt, weil er seine Unerheblichkeit zu stark empfindet, wird seinen Alltag nicht mehr ernst nehmen können; wer dagegen ohne Abstriche hartnäckig auf sein Dasein beharrt, wird vor lauter Todesangst nicht mehr froh werden. Leider gibt es keine dem Leben zuträgliche Regel, mit der sich die erstrebte Ausgewogenheit zwischen Selbstbehauptung und Selbstpreisgabe herstellen lässt.

Wahrheit des Todes

Zur Einbettung der maßvollen Tröstungen in diese von kosmischer Bescheidenheit geprägte Grundhaltung gesellt sich zu guter Letzt noch ein verblüffender Trost. Dieser knüpft zwar an Epikurs Todesphilosophie an, geht aber darüber hinaus. So sehr menschliches Leben auf Selbsterhaltung programmiert ist, oftmals ist es doch mühsam, gelegentlich notvoll und des Gelingens niemals sicher. Darum fasst Martin Heidegger die menschliche Existenz in dem Wort „Sorge“ zusammen. Bereits im 19. Jahrhundert schrieben Hermann Sudermann einen Roman und Heinrich Heine ein Gedicht mit dem Titel *Frau Sorge*. Die philosophisch und literarisch bearbeitete „Sorge“ machte im 20. Jahrhundert Jürgen von der Lippe mit dem humorvollen Song *Guten Morgen liebe Sorgen, seid ihr auch schon alle da* volkstümlich.

Da jeder genug Sorgen hat, ist die Sehnsucht groß, auch mal „ohne Sorge“ sein zu dürfen. Hierfür steht das elitäre Schloss *Sanssouci* bei Potsdam genauso wie das populäre *Ohnsorg Theater* in Hamburg, das allerdings nur seines Gründers Richard Ohnsorg wegen so heißt. Aber nichts außer dem Tod vermag das menschliche Dasein dauerhaft von seinen Sorgen zu befreien. Dementsprechend stellt schon der römische Philosoph Cicero das Leben als einen Weg dar, „an dessen Ende keine Sorge und kein Kummer mehr übrig bleiben“.[610] Ähnliches kann man auf einer römischen Grabplatte lesen: „Hier ist Ende der Mühe“;[611] auf einer anderen steht: „Hier habe ich niedergelegt meine Sorgen und alle meine Mühen“,[612] und auf einer wieder anderen: „Fels, nimm mich jetzt gern auf; mit dir nun bin ich sorgenfrei.“[613] Ausführlicher Seneca: „Ich werde eines Tages tot sein. Damit sagst du nur, ich kann nicht mehr krank werden, ich kann nicht mehr gefesselt werden, ich kann nicht mehr sterben.“[614] Die medizinische Wahrheit des Todes ist der Hirntod, die existenzielle Wahrheit des Todes die Sorglosigkeit. Darum hätte Martin Heidegger, der das menschliche Dasein als Sorge definierte, auf die Frage, was denn der Tod sei, antworten müssen: „Kein Grund mehr zur Sorge“, meint Hans Blumenberg.[615]

Nun haftet dem Gedanken tatsächlich etwas Tröstliches an, dass mit dem Tod all unsere Schmerzen und Sorgen verschwinden werden. In der Vorstellung absoluter Sorglosigkeit liegt ein kleiner Trost, mögen wir hierbei auch unwiderruflich aus der Welt ausgeschlossen werden. Dieser Gedanke kann ein wenig besänftigen, obgleich viele die endgültige Auflösung ihrer mühsam geknüpften Lebensgeschichte als bitter empfinden, weil sie bis zuletzt am Leben hängen.

Aber die existenzielle Wahrheit des Todes bleibt die Sorglosigkeit. Am faszinierendsten stellt diese schlichte Erkenntnis eine römische Grabinschrift mit den Initialien „N.F.F.N.S.N.C“ dar. Die Buchstabenfolge muss zu ihrer Zeit so verbreitet gewesen sein, dass man sie ohne weiteres verstand. Bei den Abkürzungen handelt es sich um die Anfangsbuchstaben der Wortfolge: „non fui, fui, non sum, non curo“, was wörtlich heißt: „Ich bin nicht gewesen, ich bin gewesen, ich bin nicht, ich sorge mich nicht.“ Sinngemäß übersetzt: „Einst existierte ich nicht, dann lebte ich für geraume Zeit, nun bin ich wieder nicht mehr: Also sorge ich mich auch nicht mehr.“ In poetischer Verdichtung:

Vor meiner Zeit
Zu meiner Zeit
Nach meiner Zeit:
Sorglosigkeit

Bestattungsmoden

Von der Wiege übers Krankenlager zur Bahre: Das Bett ist ein kulturelles Symbol des gesamten Lebens. Ungefähr ein Drittel unserer Zeit verbringen wir darin. Dort schlafen, lieben und genesen wir. Im Bett werden wir geboren, im Bett sterben wir. Erst einmal gestorben, sind wir auch schon weg – und doch noch da. Denn ein Toter hinterlässt Spuren, die jedoch, sofern sie nicht von selbst verschwinden, nach und nach beseitigt werden: Erinnerungen, ein Testament, Habseligkeiten, vielleicht ein Vermögen, Alltagsdinge, die dem Verstorbenen wichtig waren, weil sich darin sein Leben niederschlug. Nun aber sind diese Gegenstände verwaist, in die nicht selten Erfahrungen eines ganzen Lebens hinein verwoben sind. Viele verwandeln sich in unnützes Gerümpel, andere erhalten eine neue Heimat in fremden Haushalten. Die Hinterlassenschaft aber, die am meisten irritiert, ist der Leichnam, dem ein Achtungsanspruch zuerkannt wird. Dieser deckt sich mit dem Interesse der meisten Lebenden, dass ihrem toten Körper später einmal eine fürsorgliche und achtsame Behandlung zukommen möge.

Wandel der Bestattungskultur

Da der Niedergang der Volkskirchen hierzulande unaufhaltsam voranschreitet und sich immer mehr religiöse Bindungen auflösen, ist der kirchliche Einfluss auf die Organisation von Begräbnissen rückläufig.

Die Zahl der Menschen wächst, die sich von christlichen Bestattungsritualen abkehrt, um neue Abschiedszeremonien zu kreieren, die nur noch teilweise auf konventionellen Floskeln und Riten beruhen. Diese bleiben zwar weiterhin im Gebrauch, aber im städtischen Raum schon deutlich weniger als früher. Wo sich noch keine Alternativen etabliert haben, wirken religiöse Trostformeln inzwischen oftmals peinlich, weil sie für aufgeklärte Ohren schal, abgedroschen oder einfach falsch klingen. Doch selbst wenn es den traditionellen Redeweisen und Zeremonien inzwischen an Überzeugungskraft mangelt, weil sie ziemlich inhaltslos geworden sind, leisten sie nach wie vor einen wichtigen Beitrag bei Trauerfeiern. Allerdings haben die Kirchen ihre Deutungshoheit über den Tod verloren. Immer mehr Geistliche verlassen die Bühne. An deren Stelle treten häufig säkulare Trauerredner. Kommerzielle Bestattungsunternehmen sind mittlerweile die wichtigsten Akteure für den Umgang mit toten Körpern. Sie regeln und organisieren nahezu alles. Nicht selten sind die neuen Trauerrituale esoterisch gefärbt.

Hat die säkulare Moderne demnach bereits ein angemessenes Äquivalent für kirchliche Riten gefunden? Menschen brauchen Übergangsrituale, die sie von der Aufgabe entlasten, im Augenblick der Not eigene Formen der Trauer entwickeln zu müssen. Auch die neuen Formen geben der Trauer einen Rahmen, innerhalb dessen sich das Leid der Hinterbliebenen lindern lässt.

Heute werden mehr als dreißig Bestattungsarten praktiziert, die alle als vereinbar mit dem Achtungsanspruch des toten Körpers gelten. Außer dem konventionellen Erdbegräbnis im Sarg und der Aschebestattung in der Urne auf dem Friedhof gibt es die Möglichkeit, die eigene Asche in einer biologisch abbaubaren Urne in einem Friedwald oder Ruheforst beisetzen zu lassen. Daneben kann man außerhalb von Deutschland seine Asche in den Weltraum schießen oder auf einer Almwiese, über einem Waldstück sowie auf hohen Bergen vom Matterhorn bis zum Mount Everest verstreuen lassen. Darüber hinaus gibt es das Angebot der Luftbeisetzung von einem Ballon aus, der Seebestattung oder Ascheverstreuung im Fußballstadion für Fans, Spieler und Funktionäre, wie etwa in Großbritannien und Spanien.

Bereits die aufgezählten Beispiele der neuen Bestattungsvielfalt machen deutlich, dass das Recht auf Selbstbestimmung heute nicht nur bis zum Tod, sondern noch darüber hinaus in Anspruch genommen wird. Immer mehr Menschen ergreifen die Gelegenheit, durch die Wahl einer bestimmten Beisetzungsart mit speziellem Programm ihre Bestattung nach eigenen Vorstellungen durchführen zu lassen. Diese Pluralisierung spiegelt nicht nur den modernen Individualismus wider, der den Entscheidungs- und Handlungsspielraum des autonomen Einzelnen bis in den postmortalen Bereich ausdehnt, sondern auch die Erosion der traditonellen Religions- und Kirchenbindung. Insbesondere in Großstädten werden immer mehr kirchliche Trauerzeremonien aufgegeben zugunsten individuell arrangierter Trauerfeiern, für deren Gestaltung die Toten zu Lebzeiten selbst Vorsorge trafen. Der Ablösung alter, kirchlicher Trauerrituale durch neue, patchworkartig zusammengestellte Trauerzeremonien entsprechen die zahlreichen Bestattungsformen.

Viele Zeitgenossen haben ziemlich klare Vorstellungen, wie nach dem Tod mit ihren körperlichen Überresten verfahren werden soll. Nicht selten geben die entsprechenden Verfügungen detaillierte Anweisungen. Doch berechtigt ihr Selbstbestimmungsrecht nicht bloß hierzu, bei abnehmender Kirchenbindung muss der Einzelne auch immer mehr Vorsorgemaßnahmen treffen. Aus dem Recht auf Selbstbestimmung ist eine Pflicht zur Selbstsorge geworden.

Aber so bereitwillig die Bürger den neuen Handlungsspielraum nutzen, sich um ihre letzte Ruhestätte selbst zu kümmern und aus der traditionellen Erinnerungskultur herauszutreten. Zugleich werden der individuellen Gestaltung vom Gesetzgeber klare Grenzen gezogen. So besteht hierzulande Friedhofszwang auch für Urnen, obwohl immer mehr Bürger wünschen, ihre Asche im heimischen Garten vergraben oder verstreuen lassen zu dürfen. Unabhängig von der Frage, ob eine solche Einschränkung des Selbstbestimmungsrechts berechtigt ist, steht hinter dem Bürgeranliegen das profane Bedürfnis nach Kostenersparnis oder die unsinnige Sehnsucht nach Nähe zu den Angehörigen und umgekehrt. Diese Sehnsucht ist deshalb unsinnig, weil die sterblichen Überreste nicht die Anwesenheit des Toten signalisieren, sondern vielmehr dessen absolute Abwesenheit anzeigen.

Sarg oder Urne?

Das heutige Angebot an Särgen spiegelt ebenfalls den modernen Individualismus und Pluralismus wider. Welcher Sarg darf es denn sein? Der klassische Eichen-, Edelholz- oder Hochglanzsarg oder vielleicht ein Modell in der Fußballvereinsfarbe? Gelbe Särge für Postbeamte stehen gleichfalls zur Verfügung, der gut kompostierbare Papp-Sarg jedoch nicht, weil er zu preiswert wäre. Überhaupt kommt das Sargbegräbnis immer mehr außer Mode. Im Trend liegt die Urnenbestattung, nachdem die Möglichkeit zur Kremierung flächendeckend eingeführt wurde. Auch hier gibt es ein vielfältiges Angebot. Noch bis vor wenigen Jahrzehnten war bei uns die Erdbestattung so gebräuchlich wie im Hinduismus, Buddhismus und der griechisch-römischen Antike die Feuerbestattung, wobei jedoch in der Antike auch viele Leichen beerdigt wurden.

Seit Anbeginn des Christentums ist die Beerdigung die übliche Bestattungsform. Hierfür gibt es mehrere Gründe. Einmal wird das traditionelle Gebot der Erdbestattung direkt mit Jesus in Verbindung gebracht, der ebenfalls in ein Grab gelegt wurde. Dann gründet die christliche Kultur auf der Hoffnung, dass die Toten mit einem neuen unverweslichen Leib auferweckt werden. Die erwartete Auferstehung setze die Beisetzung eines unversehrten Körpers voraus. Ein zerstückelter oder eingeäscherter Körper sei mit der Auferstehung unvereinbar. Hier liegt auch einer der Gründe, warum die großen Religionen lange Zeit die anatomische Humansektion ablehnten. Nur verurteilte Mörder durften in der Anatomie seziert werden, weil sie ohnehin keine Chance auf eine glorreiche Auferstehung besaßen. Außerdem soll der Körper so bestattet werden, wie er aus der Hand des Schöpfers kam. Den Menschen stehe nicht zu, hierüber frei zu verfügen. Mit diesem Argument lehnen Juden, Muslime und Orthodoxe bis heute die Feuerbestattung ab. Unabhängig von der Tatsache, dass die Auferstehung des Leibes sicher nicht stattfinden wird, sind alle genannten Argumente für sich betrachtet schon deshalb lächerlich bis dumm, weil sich der tote Körper sowieso in nichts auflöst. Es ist erstaunlich, wie solcher Unsinn bis heute ernsthaft geglaubt werden kann.

Schließlich wurde die Kremierung abgelehnt, weil sie als ritueller Gegenentwurf zur christlichen Auferstehungsidee von atheistischen

Freigeistern in der zweiten Hälfte des 19. Jahrhunderts propagiert wurde. Die ersten Krematorien eröffneten 1878 in Gotha, 1891 in Heidelberg und 1892 in Hamburg. Bereits 1886 verurteilte Papst Leo XIII. die Feuerbestattung als „barbarische Sitte", die als pietätloser Ausdruck einer materialistischen Einstellung abgelehnt werden müsse. Auch die evangelische Kirche verwarf die Feuerbestattung bis 1920. Seit 1963 wird die Kremierung von katholischer Seite akzeptiert, während Orthodoxe, Juden und Muslime nach wie vor an der absurden Vorstellung festhalten, dass nur durch Beerdigung seiner verweslichen Überreste ein Toter unversehrt in die Hand Gottes gelange. Schon Seneca betonte, dass es gleich sei, ob Feuer den Körper vernichte, Erde ihn bedecke oder wilde Tiere ihn zerfetzten.[616]

Seit 1990 ist der Anteil von Kremierungen in Deutschland selbst unter Christen sprunghaft gestiegen. Mittlerweile lässt sich weit mehr als die Hälfte der Bevölkerung hierzulande auf diese Weise bestatten. Doch auch hinter der Bevorzugung der Urnenbestattung stecken teilweise unsinnige Argumente: Manche wollen nicht von Würmern zerfressen werden. Sie empfinden die Verwesung unangenehmer als die Verbrennung, vor der es wiederum anderen graut. Rational nachvollziehbar ist dagegen, wenn viele ihren Angehörigen pflegeleichte Gräber hinterlassen möchten, die zudem kostengünstig sind.

Arbeit an Leichen

Die Alternative Sarg oder Urne erschöpft nicht die zulässigen Möglichkeiten. Darüber hinaus darf man seinen Körper auch der Transplantationsmedizin zur Rettung fremden Lebens oder der Schulanatomie zu Lehr- und Studienzwecken überlassen. Weitere Optionen sehen die Erhaltung sterblicher Überreste vor. Hierzu zählt beispielsweise die Diamentierung, bei der aus einem geringen Teil der Asche, die bei der Kremation anfällt, ein Diamant hergestellt wird. Bei der Diamentierung wird Kohlenstoff aus der Kremationsasche gelöst und in Grafit verwandelt. Darin wird ein Startkristall eingebettet, aus dem bei konstant wachsendem Druck und steigender Hitze langsam ein Diamant entsteht. Nächste Angehörige können diesen Juwel als schmuckartiges Andenken am Körper tragen. Hierbei entsteht leicht das illusionäre Gefühl, den Toten immer bei sich zu haben. In den USA, der Schweiz und Großbritannien ist dieses Verfahren erlaubt, in Deutschland aufgrund des allgemeinen Bestattungszwangs nicht.

Gleichfalls werden in einigen Ländern den Hinterbliebenen glanzvolle Amulette als Schmuckstücke angeboten, in die ein paar Haare und einige Gramm Asche des Verstorbenen eingeschlossen wurden. Ähnliches gilt von den Ascheporträts Heide Hatrys, auf denen mit der jeweiligen Eigenasche das Antlitz eines Toten nachgebildet wird. Ganz anders verhält es sich dagegen mit den Plastinaten des Gunther von Hagens, dem Erfinder der Anatomieausstellung *Körperwelten.* Darin bekommt der Besucher ästhetisch instruierte Präparate zu Gesicht, die zuvor mit Hilfe von Silikonkautschuk dauerhaft konserviert wurden.

Seit jeher ist die Anatomie ebenso faszinierend wie irritierend, weil sie sich im Grenzbereich zwischen Leben und Tod bewegt. Sie macht am toten Körper das Leben sichtbar, indem sie seine bewunderungswürdige Komplexität und verwundbare Fragilität aufzeigt. Bildhaft formuliert erhellt sie das Dunkel des Lebens mit dem Licht des Todes. Früher durften nur verurteilte Mörder in der Anatomie seziert werden, welche nach christlichem Verständnis nicht die Voraussetzung zur seligen Auferstehung des Leibes am Jüngsten Gericht erfüllten. Dadurch kam es immer wieder zu Leichenmangel in der Anatomie, was dazu führte, dass Anatomen mit ihren Studenten nachts frische Gräber aushoben, um zu geeignetem Studien- und Lehrmaterial zu kommen. Diese gruseligen Praktiken bilden seit jeher eine willkommene Projektionsfläche für wilde Spekulationen. Speziell in London entwendeten sogenannte „resurrection men" oder „body snatcher" regelmäßig Leichen von Armenfriedhöfen oder Krankenhäusern, um sie an Wissenschaftler zu verkaufen. Erst nach Verabschiedung des Anatomiegesetzes im Jahre 1832 kam die Leichenbeschaffungskriminalität in England zum Erliegen. Nach dem neuen Gesetz durften sogenannte herrenlose Leichen für wissenschaftliche Zwecke benutzt werden. Heute boomt die Körperspende für anatomische Institute, weil das Sterbegeld gestrichen wurde, während die Begräbniskosten kontinuierlich steigen.

Insbesondere mit Bezug auf die berühmte Anatomieausstellung *Körperwelten,* die neben zahlreichen Organexponaten auch ästhetisch instruierte Ganzkörper in verlebendigten Posen zeigt, wird seit Jahren die Frage diskutiert, ob sterbliche Überreste überhaupt in Exponate künstlerischer und anatomischer Art verwandelt und der Öffentlichkeit präsentiert werden dürfen. Liegt solches Vorgehen noch im Schutzbereich der Kunst- und Wissenschaftsfreiheit? Widerspricht es nicht der Menschenwürde, biologisches Menschenmaterial durch freie schöpferische Gestaltung und ästhetische Verformung zu einem bloßen Schauobjekt zu machen? Sollten nicht gerade wir Deutschen vor dem Hintergrund des Nationalsozialismus mehr Sensibilität aufbringen und auf solche Arbeiten verzichten?

Bekanntlich wurden in der Zeit des Nationalsozialismus Bucheinbände und Lampenschirme aus präparierter Haut und Seifen aus behandeltem Knochenfett ermordeter Juden hergestellt. Weiter wurde den Ermordeten das Zahngold herausgebrochen, um es anschließend entweder für Zahnbehandlungen der SS wiederzuverwerten oder an die Reichsbank zu übergeben. Ferner war das Haar von Lagerhäftlingen ein begehrter Rohstoff, der zentnerweise gesammelt, getrocknet und an Seil-, Filz- und Teppichhersteller verkauft wurde. Nicht zuletzt wurde die Asche der ermordeten Opfer teilweise als Füllmaterial beim Straßenbau eingesetzt oder zur Wärmeisolation in Gebäuden verwandt sowie als Düngemittel in lagereigenen Wirtschaftshöfen gebraucht. Kurzum: Tote Körper wurden zu Gebrauchsgegenständen verarbeitet und industriell verwertet. Menschliches wurde mithin in Nicht-Menschliches verwandelt. Nach der Zeit des Nationalsozialismus gilt jede industrielle Verarbeitung von Leichen zu Sachgegenständen und deren ökonomische Nutzung als unzumutbar. Sie würde als ein Akt aggressiver Menschenverachtung verurteilt werden. Allerdings ist solche Einschätzung nicht selbstverständlich. Noch bis zu Beginn des 20. Jahrhunderts hielt man es in Frankreich und Deutschland nicht für entwürdigend oder respektlos, aus Leichen scheinbar wirksame Heilmittel zu gewinnen. Rosenkränze aus Wirbelknochen sind in der europäischen Geschichte keine Seltenheit. Jedoch müssen bei solchen Vergleichen die kulturellen Eigenheiten der jeweiligen Zeit berücksichtigt werden. Seit dem Nationalsozialismus ist die Herstellung von Nutzgegenständen aus Menschenresten jedenfalls inakzeptabel geworden, weil damals jene demütigenden Instrumentalisierungen auch und vor allem dazu dienten, den betroffenen Menschen selbst noch nach ihrem Tod das Menschsein auf symbolische Weise abzuerkennen. Die schmerzvolle Erinnerung hieran ist noch allzu lebendig.

Nun haben die Präparate von Gunther von Hagens mit alledem nichts zu tun, weil sie Menschliches als Menschliches darstellen. Trotzdem bleibt die Frage, ob tote Menschen zu Ganzkörperplastinaten verarbeitet und in öffentlichen Ausstellungen einem Laienpublikum zugänglich gemacht werden dürfen.

Täglich werden lebende Menschen zu Kunstwerken und Schauobjekten: Straßenkünstler, Balletttänzer, Schauspieler, Opernsänger, Film- und Popstars. Der amerikanische Fotograf Spencer Tunick arrangiert „haufenweise" nackte Menschen in künstlerischen Aktionen, die er anschließend fotografiert. Menschen mit Tattoos betrachten ihren Körper gerne als Kunstwerk. Das Gleiche gilt für Bodybuilder. Diese verstehen sich weniger als Sportler denn als Bildhauer und Skulptur in einer Person. Bodybuilding, Tanz und Pantomime verwandeln Körper und Leben in ein Schauobjekt oder Kunstwerk.

Jedoch gibt es nur wenige Beispiele für die Verwandlung toter Menschenkörper in Lehr-, Schau- und Kunstwerke. Der zeitgenössische englische Künstler Marc Quinn modelliert unter dem Titel *Self* zwar in regelmäßigen Abständen seinen Kopf aus eigenem gefrorenen Blut, um den Wandel in seiner Physiognomie zu dokumentieren. Doch gibt es bislang kaum Kunstwerke mit echten Leichenteilen. Das dürfte allerdings nicht nur ethische, sondern vor allem technische Gründe haben. Denn Künstler haben in der Regel große Probleme mit der Beschaffung und Erhaltung von Leichenteilen. Die wenigen künstlerischen Präparate stammen überwiegend von Anatomen wie Honoré Fragonard oder Frederik Ruysch (18. Jhd.), die einfachen Zugang zu toten Körpern sowie professionelle Kenntnisse in der Konservierung besaßen.

Beim Streit über die Zulässigkeit der Arbeit an toten Körpern und der Präsentation dieser Bearbeitungen in Ausstellungen für ein Laienpublikum geht es im Wesentlichen um die Frage nach der Menschenwürde: Nach rechtlicher Auffassung liegt eine Verletzung der Menschenwürde vor, wenn eine Person wie eine bloße Sache, ein Subjekt als reines Objekt, ein Mensch nur wie ein Werkzeug gebraucht wird. Hierdurch wird dem Einzelnen die ihm gebührende Achtung verweigert und so seine Würde verletzt. Nun werden in der Ausstellung *Körperwelten* tatsächlich tote Körper als Sachen und Mittel zu verschiedenen Zwecken gebraucht. Dennoch liegt hier keine Würdeverletzung vor, weil der tote Körper nicht mehr Person oder Subjekt, sondern als Leichnam bereits Objekt ist. Andernfalls dürfte eine Leiche nicht begraben, der Transplantationsmedizin als Organspender zur Rettung fremden Lebens oder der Schulanatomie als Lern- und Studienobjekt zur Verfügung gestellt werden. Mit Personen darf so nicht umgegangen werden. Da aber der tote Körper der leblose Rückstand einer gewesenen Person ist, soll mit ihm nicht beliebig, sondern achtungsvoll und sorgsam verfahren werden. Wie bereits ausgeführt, wird auch dem toten Körper ein Achtungsanspruch zuerkannt.

Eine solche Behandlung des toten Körpers ist in der Ausstellung *Körperwelten* gewährleistet. Zum einen ist nicht verständlich zu machen, weshalb man einen toten Körper mehr achtet, wenn man ihn der Erde oder dem Verbrennungsofen überlässt oder der Transplantationsmedizin und Schulanatomie übergibt, als wenn man ihn in ein Ganzkörperplastinat verwandelt und einem interessierten Laienpublikum in einer Anatomieausstellung zeigt. Zum anderen ist aber der Achtungsanspruch aufgrund der Einwilligung der Spender und der Wahrung des Respekts vor dem typisch Menschlichen erfüllt: Das Ganzkörperplastinat stellt den Menschen als Menschen dar und nicht als Gebrauchsgegenstand. Darüber hinaus wird die Privatsphäre der Spender durch die Anonymisierung der Ganzkörperplastinate geachtet, da die Spender nicht mehr als Personen mit individuellem äußeren Erscheinungsbild zu erkennen sind. Vor allem jedoch zeigt das Besucherverhalten weltweit, dass den Ausstellungsmachern eine würdige Präsentation gelungen ist. Nachweislich geht es in der Ausstellung auffällig ruhig, diszipliniert und besonnen zu, was nicht damit zusammenhängt, dass die Besucher hier das Fürchten gelehrt bekommen. Es folgt vielmehr daraus, dass sie hier in einen fremden Körper schauen und dabei den eigenen ganz neu entdecken. Offenbar ist es uns unmöglich, den zerbrechlichen Voraussetzungen der eigenen Existenz auf andere als auf ehrfürchtige Weise zu begegnen.

Der morbide Charme eines Schädels

Da es das Problem der Verwesung für Schädel und Knochen nicht gibt, existieren weltweit zahlreiche Kunstwerke oder kunstwerkähnliche Gebilde aus solchen Körperrückständen. Eindrucksvolle Beispiele bietet die Ausstellung *Schädelkult* oder das berühmte *Beinhaus von Hallstatt* in Österreich, wo rund 600 bemalte Totenschädel bestaunt werden dürfen. Hinzu kommen in Rom und anderswo in Europa viele Besichtigungsstätten mit Kerzenständern, Lüstern und anderen Gegenständen aus menschlichen Knochen.

Sowohl Kambodscha als auch Ruanda verfügen über Gedenkorte von Terrorherrschaft und Bürgerkrieg, in denen zahllose Knochen und Schädel besichtigt werden können. An diesen Stätten soll die Sichtbarmachung des Todes an furchtbare Gräueltaten erinnern. Dagegen sind Ausstellungen mit bevorzugt ägyptischen Mumien vorrangig touristische Attraktionen. Das Gleiche gilt für Knochen- und Schädelkirchen wie *Sankt Ursula in Köln* oder der *Kirche von Kutna Hora* in Tschechien, deren Zierelemente sich fast ausschließlich aus Knochen und Schädeln zusammensetzen. In zahlreichen Kirchen weltweit kann man Skelette besichtigen. Ähnliche touristische Anziehungspunkte sind die Ossuarien unterhalb des *Wiener Stefansdoms* oder der *Pariser Katakomben* vom *Cimitière des Innocents*. Schon im Hochmittelalter etablierte sich die Praxis, skelettierte Leichen aus den innerstädtischen Grabfeldern zur Entlastung ihrer geringen Kapazitäten zu exhumieren und die Knochen und Schädel in Gebeinhäusern zu stapeln.

Dessen ungeachtet gibt es weltweit zahllose Reliquien. Nach unsinniger Kirchenlehre existiert der Heilige nach seinem Tode zum einen im Himmel weiter, zum anderen bleibt er in der Reliquie realpräsent, von wo aus er sogar Wunder vollbringen und Kranke heilen kann. Wallfahrtsorte mit Reliquien ziehen bis heute Millionen Gläubige an, die dort auf Hilfe, Trost und Halt hoffen.

Ein Kuriosum der Leichenkonservierung stellt die natürliche Mumifizierung dar, bei der tote Körper aufgrund besonderer klimatischer Verhältnisse unversehrt bleiben. Solche Tote können beispielsweise im *Bremer Bleikeller* oder in der *Kapuzinergruft von Palermo* bewundert werden. Aber Mumien sind wie Reliquien, Plastinate und Aschediamanten nichts anderes als bizarre Stücke vergänglicher Materie, welche lediglich die totale Abwesenheit von Verstorbenen anzeigt. Es ist missverständlich, unsinnig und falsch, mit Bezug auf diese Objekte von postmortaler Existenz zu sprechen, wie es bisweilen geschieht. Natürlich ist der Verstorbene in den konservierten Überresten nicht mehr präsent.

Anonymität und Totenkult

In der Gegenwart geht die bisherige Rolle von Friedhöfen als Orte der Trauer und Erinnerung nachgerade verloren. Früher fühlten sich die Menschen an diesen Ruhestätten ihren Toten nahe. Dabei bildeten Grabpflege und Grabbesuche eine unauflösliche Einheit. Im digitalen Zeitalter entstehen neue Gedenkformen, durch welche die Angehörigen ihre Toten noch eine Weile in der Gegenwart halten können. Das Internet bietet neue Möglichkeiten des Trauerns: kostenpflichtige Gedächtnisseiten, deren Freischaltung wie die traditionelle Grablege auf einige Jahre begrenzt bleibt. Auf solchen virtuellen Friedhöfen werden Filme, Fotos und Sprüche der Verstorbenen präsentiert, deren Lebensgeschichte erzählt und ihre Lieblingsmusik gespielt. In diesen *Individual Cemetries* kann man sich in Kondolenzbücher eintragen. Gelegentlich werden auch Trauerforen eingerichtet, in denen sich Angehörige und Freunde über den Toten austauschen können, der als virtuelles Artefakt im Netz für gewisse Zeit fortexistiert. Diesem neuen Trend entspricht der Bedeutungsverlust örtlicher Friedhöfe als Orte familiärer Erinnerungskultur.

Offenbar brauchen viele Menschen selbst in gottlosen Zeiten imaginäre Souvenire ihrer Verstorbenen. Dafür steht zum Beispiel das *Vietnam Veterans Memorial* in Washington, eine 150 Meter lange Granitwand mit den Namen aller amerikanischen Gefallenen im Vietnamkrieg. Diese Erinnerungstafel bietet Hinterbliebenen die Möglichkeit, sich toten Angehörigen etwa durch Berührung ihres Namens nahe zu fühlen. So menschlich diese Art des Totengedenkens ist, so unsinnig ist sie zugleich, weil die Toten weder dort noch sonst irgendwo sind.

Geradezu gespenstische Züge nimmt der menschliche Aberglaube an, wenn Kinder sterben. Nicht nur dass selbst ungläubige Erwachsene dann auf alte Trostformeln zurückgreifen wie „Anna ist jetzt ein

Engel“ oder „Daniel ist nun im Himmel und blickt von oben auf uns herab“. Je weniger die Menschen glauben, umso aufwändiger scheinen sogar die Rituale zu werden, um mit tragischen Verlusten fertig werden zu können. Hierzu passt, dass vor allem beim Sterben eines Kindes die Angehörigen versuchen, dem Tod durch Grabbeigaben eine Maske des Erträglichen aufzusetzen. So werden Teddybären, Puppen, Spielzeuge aller Art, auch Bücher und andere Gegenstände mit ins Grab oder obendrauf gelegt, als ob die Kinder auf ihrer Reise in eine andere Welt vertraute Begleiter ihres bisherigen Lebens benötigten. Hiermit knüpft unsere aufgeklärte Moderne an archaische Zeiten an, als den Toten noch Waffen zur Verteidigung, Nahrung zur Wegzehrung, Schmuck zur Verschönerung oder die Ehefrau und Diener als Begleiter mit auf die Reise ins Jenseits gegeben wurden. Die katholische Einführung von Totenmessen mit Fürbitten für das Seelenheil der Verstorbenen stellte demgegenüber einen großen Fortschritt dar. Zwar sind solche Zeremonien auch Unsinn, aber nicht grausam. Nach reformatorischer Lehre lässt sich das postmortale Schicksal der Verstorbenen nicht durch gute Werke der Nachgeborenen beeinflussen. Hiernach ist es unmöglich, etwa durch fromme Opfergaben und heilige Messen die Qual der Verstorbenen im Fegefeuer zu verkürzen. Alles hängt von der Gnade Gottes ab. Dementsprechend ist es Hauptaufgabe der protestantischen Trauerpredigt, die diesseitigen Verdienste des Verstorbenen zu würdigen und die Hinterbliebenen zu trösten.

Auffälligerweise finden heute in religionsfernen Kreisen manchmal aufwändigere Bestattungen als in religiösen Gemeinschaften statt. Riesige Blumengestecke, vielfarbige Kränze und Grußbotschaften des Verstorbenen auf Ton- oder Filmdokumenten beschwichtigen die Hilf- und Ratlosigkeit der Hinterbliebenen am Grab.

Solchen exklusiv inszenierten Trauerfeiern stehen anonyme Abgänge in aller Stille ohne rituelles Beiwerk gegenüber. Die säkulare Bestattungskultur bewegt sich zwischen beiden Extremen. So wächst auch die Zahl der Menschen, die nach ihrer Einäscherung ein Rasengrab ohne alle Erinnerungszeichen wünschen. Diese möchten in einem Urnenfeld oder Friedwald ohne Namensschild vergraben werden. Solche geräuschlosen Abschiede bevorzugen insbesondere Personen, die keine Verwandten mehr haben oder deren Angehörigen weit entfernt wohnen, zu denen vielleicht der Kontakt abgebrochen ist oder denen sie einfach nicht zur Last fallen möchten. Jedenfalls scheint sich der traditionelle Zusammenhang von Grab, Trauer und Erinnerung aufzulösen. Der Verstorbenen wird heute immer weniger bei Friedhofsbesuchen am Grab gedacht, sondern, wenn überhaupt, bei der Autofahrt, auf einem Spaziergang oder zuhause.

Paradox der Bestattung

Die anonyme Urnenbeisetzung spiegelt die brutale Realität des Todes wider. Sie demonstriert ohne jede Verzögerung, dass von allem nichts bleibt. Der Tote verschwindet spurlos ohne Aufschub. Die anonyme Rasenbestattung ohne Erinnerungszeichen ist illusionslos realistisch. Hier zeigt der Tod seine nackte, kalte und brutale Fratze. Krasser lässt sich die Geringfügigkeit der menschlichen Existenz kaum darlegen.

Allerdings bringt dieser extreme Realismus auch eine extreme Verdrängung zum Ausdruck. Denn die verweigerte Bestattung drängt den Tod beiseite, der doch für jeden höchst bedeutsam ist. Hierdurch entflieht man seiner brutalen Grausamkeit. Nun kann hiergegen eingewandt werden, dass die radikale Anonymisierung nicht auf der Weigerung beruht, sich mit dem Tod näher zu befassen. Häufig wird diese Form des Verschwindens von der Erdoberfläche doch gewählt, weil man keine Verwandten mehr hat oder niemandem zur Last fallen möchte. Allerdings widerspricht solche Entgegnung keineswegs der Tatsache, dass die anonyme Rasenbestattung den Tod zur beiläufigen Angelegenheit, Quisquilie, verkleinert. Aber der Tod ist groß, wie Rilke schreibt, und keine belanglose Banalität. Immerhin nimmt er dem Einzelnen das Leben. Darum liegt in der Abschwächung seiner Bedeutung eine Verdrängung, woraus sich ein bemerkenswertes Paradox ergibt: Indem die anonyme Aschebestattung den Tod als ein unbedeutendes Ereignis herunterspielt, bestätigt sie unbeabsichtigt, wie es tatsächlich um den Toten steht: Er ist unbedeutend! Gerade die Ausblendung der Wahrheit, dass der Tod für den Menschen höchst bedeutsam ist, stößt zur Wahrheit vor, dass der Tote nämlich keinerlei Bedeutung hat. Das Paradox besteht demnach darin, dass sich ausgerechnet in der Verdrängung des Todes dessen Wahrheit zeigt. Der Tod an sich ist, abgeschnitten von den Quellen religiöser Sinnzufuhr, einfach nichts.

Genau andersherum verhält es sich bei üppig gestalteten religiösen Trauerfeiern mit Ausziehen, Waschen und Einkleiden der Leiche sowie feierlicher Aufbahrung, Einsargung, Klagegesängen und Trauergebeten. Hier erscheint der Tod als groß. Dabei setzt man sich zwar mit dem Toten intensiv auseinander, den man noch eine Zeit lang gegenwärtig hält, erkennt ihm aber eine Bedeutung zu, die er gar nicht besitzt, indem man seine Seele vertrauensvoll Gott überantwortet. Man stellt sich dem Tod und verdrängt ihn doch, sofern man die verwesliche Leiche mit geistlichen und sinnlichen Symbolen der Hoffnung überfrachtet. Wie Thomas Mann im *Zauberberg* betont, erleichtert die pomphafte Aufbahrung einer Leiche mit Kränzen und Kandelabern die Illusion, der Tote sei nun auf immer zu seiner wahren Heimat zurückgekehrt.

Doch geht auch hier die Entwicklung von der Dramatisierung zur Bagatellisierung hin. Zwar halten viele Zeitgenossen es für wichtig, den Toten vor dessen Einsargung oder Einäscherung noch einmal zu sehen. Jedoch waschen und bekleiden immer seltener die Angehörigen selbst den Leichnam. Dies überlassen sie den Bestattungsunternehmen. Eine Aufbahrung des Toten, damit Familie und Freunde ihn vor der Beerdigung noch einmal anschauen können, findet kaum noch statt. Häufig begegnet der Tote den Hinterbliebenen zum ersten und letzten Mal als Urne. Jedoch ist für viele unvorstellbar, dass dieser einfache Behälter mit einem Häufchen Asche darin die gekannte Person gewesen sein soll. Darum drängt sich hier die Frage auf, ob auch die Feuerbestattung den Tod verharmlost. Jedenfalls wühlt ein Sarg die Gemüter stärker auf, weil sie darin den Verstorbenen vor ihrem geistigen Auge liegen sehen. Ein Sarg gibt dem Tod ein ernsteres Gesicht als die Urne, die vergleichsweise harmlos wirkt.

So besitzt die Urne gleichfalls paradoxe Qualität: Einerseits banalisiert sie den Tod, der als das Ende des Lebens doch etwas Großes ist, vor dem einem frösteln kann. Andererseits offenbart das Häufchen Asche in der Urne ziemlich genau, was ein Toter wirklich ist: nämlich nichts. Anonyme Urnenbestattung, aufwändige säkulare Trauerfeiern und schöne kirchliche Begräbnisse stimmen überraschenderweise in einem Punkt überein: Sie alle lenken von der Beschaffenheit der Leiche ab, um sie „zu beschönigen, in Vergessenheit zu bringen oder nicht zum Bewusstsein kommen zu lassen“, wie es in Thomas Manns *Zauberberg* heißt.[617] Denn ein Leichnam ist natürlich nicht mehr der Mensch, wie wir ihn kannten, sondern nur noch ein fauliges Fleisch- und Knochengebilde mit grässlichen Ausdünstungen. Er ist ein Stück verwesliche Materie, und das heißt, so Hofrat Behrens im *Zauberberg*: „Vor allen Dingen platzt Ihnen der Bauch. Sie liegen da auf Ihren Hobelspänen und Ihrem Sägemehl, und die Gase, verstehen Sie, treiben Sie auf, sie blähen Sie mächtig, so wie böse Bengels es mit Fröschen machen, denen sie Luft einblasen – der reine Ballon sind Sie schließlich, und dann hält ihre Bauchdecke die Hochspannung nicht mehr aus und platzt.“[618]

Solche hässlichen Beschreibungen gehören ebenso zum poetischen Inventar der frühen Gedichte Gottfried Benns. *Schöne Jugend*[619] kreist um eine Mädchenleiche, in der sich unter dem Zwerchfell junge Ratten einnisteten, die sich von der bereits angeknabberten Leber und Niere ernährten. Benns morbide Lyrik steht im Gegensatz zur Vergänglichkeitspoesie der Barockzeit, in der zwar gleichfalls krasse Gedichte entstanden, die aber als Ermahnung verstanden werden sollten, sich weniger mit dem Diesseits als vielmehr auf das Jenseits einzulassen. Allerdings wäre es falsch, Benns Gedichte über angefaultes Fleisch nur geschmacklos und brutal zu finden. Im Grunde leiht seine Lyrik der unnachgiebigen Teilnahmslosigkeit der Natur an unserem Schicksal ihre Stimme. Sie demonstriert ohne jede Schönfärberei den schlichten Sachverhalt: Der Mensch ist eine Kulisse aus Staub.

Aus verständlichen Gründen möchte man das alles gar nicht so genau wissen. Wozu soll es denn gut sein, sich diese schwer bekömmlichen Tatsachen zu vergegenwärtigen? Damit man sich keine falschen Vorstellungen von der Bedeutung des Menschen macht, ist es hin und wieder angebracht, sich vor Augen zu führen, „dass auch das Fürchterlichste und das Entsetzlichste und das Abstoßendste und das Hässlichste das Selbstverständlichste ist“, wie Thomas Bernhard betont.[620] Gelegentlich ist es sinnvoll, das „von dem menschlichen Geist immer fahrlässig und gemein und heuchlerisch abgedrängte Natürliche: die brutal offengelegte Natur auf sich wirken zu lassen“.[621] Wie der frühe Benn in seinen Gedichten so war auch der britische Maler Francis Bacon geradezu besessen davon, auf seinen Bildern die Vergänglichkeit des ebenso bedürftigen wie bedrängten Fleisches darzustellen. Die Extreme der Existenz, das gierige und verwesliche Fleisch, sind die Hauptthemen seiner Gemälde, die bis heute gleichermaßen Faszination und Unbehagen hervorrufen.

Wer sich für das, was ist, interessiert, kommt nicht umhin, sich gelegentlich auch mit dem Drastischen zu befassen. Dessen existenzielle Bedeutsamkeit liegt in dem, was es uns zu verstehen lehrt: Der Mensch ist ein vergängliches Stück um sich selbst bekümmerte Natur in einer um ihn unbekümmerten Welt. Begreiflicherweise steht den Hinterbliebenen nach dem Tod eines Angehörigen aber weniger der Kopf nach solchen nackten Wahrheiten als vielmehr nach wirksamen Tröstungen. Der Bedarf an unerbittlichem Realismus ist begrenzt.

Trauerarbeit ohne Religion

Tote haben keine Probleme. Der Tod fordert lediglich die Lebenden heraus, die ihn individuell und kollektiv, mental wie emotional bewältigen müssen. Hierfür stehen Tröstungen bereit – institutionalisierte Rituale und Geschichten, die den Schmerz lindern mögen. Es gibt einen regelrechten Trostmarkt, der zwar den Schmerz nicht zum Verschwinden bringt, aber doch beschwichtigen kann.

Plötzlich und erwartet

Ein ganz normaler Tag. Doch mit einem Male ist alles anders: „Man setzt sich zum Abendessen, und das Leben, das man kennt, hört auf“, schreibt Joan Didion.[622] Wie konnte das geschehen, da bis eben noch alles wie immer lief? Aber manche Dinge passieren einfach. Das weiß man. Dennoch ist der Tod für die Hinterbliebenen fast immer neu, fremd, außergewöhnlich. Im ersten Moment können wir gar nicht glauben, dass die Verstorbene nicht mehr zurückkommt, um ihre Zahnbürste zu benutzen. „Noch spür ich ihren Atem auf den Wangen: Wie kann das sein, dass diese nahen Tage fort sind, für immer fort, und ganz vergangen?“, heißt es in Hofmannsthals *Terzinen über Vergänglichkeit*.[623] Ein plötzlicher, unerwarteter Tod macht fassungslos, und es braucht

Zeit, bis das Geschehen realisiert und verarbeitet ist. Man fühlt sich niedergeschmettert. Der Schock sitzt tief.

Ach hätte man sich zu Lebzeiten doch mehr um einander gekümmert und die eigene Ungeduld unterdrückt. In Anbetracht der vielfältigen Gebrechen, des hohen Alters oder einer schweren Krankheit stand der Tod doch zu erwarten. Aber man ließ die Signale unbeachtet. Selbst nach fürsorglicher Sterbebegleitung haben die Angehörigen manchmal den Eindruck, nicht genug geholfen zu haben. Nicht selten erheben sie Vorwürfe gegen sich selbst. Erst recht gilt dies bei unerwarteten Todesfällen: Wurden alle Hilfsmöglichkeiten ausgeschöpft, Vorzeichen verkannt, Hilferufe überhört? Im Nachhinein meinen Hinterbliebene, klare Vorboten zu erkennen, die sie seinerzeit missverstanden. Wir Menschen lesen gerne Bedeutungen ins Bedeutungslose hinein: War nicht gestern der Strom ausgefallen, der Rechner kaputt, das Auto liegen geblieben? Lag nicht vorgestern ein toter Vogel im Garten oder eine tote Maus im Wohnzimmer, die der Kater hereinschleppte? Diese merkwürdigen Ereignisse waren doch alles Vorzeichen. Nun bedauert man die ungenutzte Zeit, in der so vieles ungesagt blieb. Jedoch sind dies alles unsinnige, vergebliche Gedanken. So lieb und wichtig der eine dem anderen ist, niemand kann und muss sich auf seinen Nächsten dauernd einlassen.

Weinen

In Tränen auszubrechen ist eine Ausdrucksbewegung eigenen Rechts, die spürbar Linderung bringen kann. Darum hieße es Übermenschliches zu verlangen, nach dem Verlust eines engen Angehörigen oder guten Freundes keine Tränen zu vergießen. Im Zustand höchster Aufgebrachtheit bleiben Hinterbliebene vom Erlebnis der sie bedrängenden Not oftmals gänzlich gefangen und weitgehend taub für tröstlichen Zuspruch. Außerstande, noch einen klaren Gedanken zu fassen und ein vernünftiges Urteil zu bilden, werden sie von herzzerreißenden Klagen hingerissen. Mit ungeminderter Heftigkeit bricht der Schmerz aus ihnen heraus. Heftige Regungen von kurzer Dauer, welche die Trauernden fortzuschwemmen drohen, sind keine Seltenheit.

In Andrejews *Geschichte von den sieben Gehenkten* nehmen die Eltern von ihrem todgeweihten Sohn gefasst Abschied. Es kommt weder zu Tränen noch zu Klagen oder Vorwürfen. „Fort waren sie. Sie kamen, standen, sprachen, und plötzlich waren sie gegangen. Hier hatte die Mutter gesessen, hier stand der Vater – und plötzlich waren sie fort. In seine Zelle zurückgekehrt, legte sich Sergei auf die Pritsche, mit dem Gesicht zur Wand, um sich den Blicken zu entziehen, und weinte lange. Dann schlief er, ermüdet von den Tränen, fest ein."[624] Weinen tröstet nicht, es kann aber eine befreiende Wirkung haben. Darum ist es falsch, Tränen zu unterdrücken. Anfänglich kommt die Verzweiflung schubweise, anfallartig. Sie löst Tränenkrämpfe aus. Je nachdem, wie viel der Verstorbene einem Hinterbliebenen bedeutete, kann schon bei der bloßen Aufrufung des Namens eine heftige Rührung aufsteigen, weil hierdurch der Tote in der Vorstellung noch einmal für Augenblicke zum Leben erweckt wird. Hieran ist nichts anstößig. Manchmal sind Tränen bereits die halbe Trauerarbeit.

Um mit einer betrüblichen Sache fertig zu werden, müssen wir zu ihr Stellung beziehen. Dies ist aber nur möglich, wenn zwischen ihr und uns ein noch so geringer Abstand besteht. Allerdings ist diese Bedingung nicht immer erfüllt. Manchmal werden wir von schlechten Nachrichten geradezu überrannt. Der Abstand zwischen ihnen und uns geht dann auf null, bis nur noch blankes Entsetzen übrigbleibt. In solch bitterer Bestürzung gibt es keinen Spielraum mehr, um sich noch zu seiner Trübsal zu verhalten. Zur bedrängten Verzweiflung geworden, wird man gezwungen zu kapitulieren. Jedoch – und das ist eine Pointe des Anthropologen Helmuth Plessner: In der ausweglosen Situation übernimmt unser Körper unabhängig von unserem Zutun die Aufgabe, die schwierige Lage ein wenig zu entkräften. Der Körper bricht in Tränen aus und versucht so an unserer Stelle, gleichsam in Vertretung für uns, die hoffnungslose Situation zu meistern. Wo wir als bewusstes Leben von der Aufgabe überfordert werden, das, was uns überwältigt, noch in den Griff zu bekommen, dort kann es unserem Körper gelingen, der Drangsal beizukommen. Unbeabsichtigt kommt es zu Tränenanfällen, durch die auf ganz elementare Weise augenblicklicher Druck abgebaut wird. Die Last des Lebens schlägt in unkontrollierbare Verzweiflung um. Wenn es einem Menschen angesichts aufwühlender Bedrängnis nicht mehr möglich ist, sich bewusst und gefasst zum Bedrängenden zu verhalten, dann verhält sich an seiner Stelle dessen Körper dazu, indem er zu weinen anfängt und hierdurch eine Lebenslage bewältigt, der man selbst nicht mehr Herr wird. Indem der Körper spontan zu weinen beginnt, wird der Einzelne mit den Überforderungen seines Lebens selbst da noch fertig, wo er mit ihnen gerade nicht mehr fertig wird.

Auf Nimmerwiedersehen

Anfänglich spricht man wie gewohnt mehrmals am Tag mit dem Verstorbenen. Doch muss man schmerzhaft zur Kenntnis nehmen, dass niemand mehr antwortet: „Nie mehr, nie mehr! ... Sie ist nicht mehr, sie ist nicht mehr, für immer und ganz. ... es überfällt mich der flüchtige Gedanke wie ein Blitz, dass Mama für immer nicht mehr da ist", klagt Roland Barthes in seinem *Tagebuch der Trauer*.[625] Genauso Simone de Beauvoir zu ihrem toten Lebensgefährten Jean-Paul Sartre: „Sie sind in Ihrer kleinen Kiste; Sie werden nicht herauskommen, und ich werde Ihnen nicht dorthin folgen: selbst wenn man mich neben Ihnen beerdigt, wird kein Weg von Ihrer Asche zu meinen sterblichen Überresten führen. Dieses Sie, das ich benutze, ist eine Illusion, ein rhetorischer Kunstgriff. Niemand hört es; ich spreche zu niemandem."[626] Manchmal ist die Stimme des Verstorbenen noch auf dem Anrufbeantworter oder der Mailbox zu hören. Würde man seine Nachricht zeitnah löschen, hätte man das Gefühl, den Verstorbenen zu verraten.

Tagesabläufe, die mit dem Toten verbunden waren, hören mit seinem Verschwinden zwar noch nicht gleich auf. Dennoch verlieren die „Wonnen der Gewöhnlichkeit",[627] wie Thomas Mann alltägliche Rituale nennt, bald ihre vertraute Bedeutung. „Wenn ich immer noch mit Mama spreche, so nicht im Medium des inneren Gesprächs, sondern der Lebensweise: Ich versuche im Alltag weiterhin nach ihren Werten zu leben: das Essen ungefähr so zu machen, wie sie es machte, ihre häusliche Ordnung beizubehalten", notiert Roland Barthes.[628] Aber viele Gewohnheiten laufen bald ins Leere. Es braucht Zeit, bis sich neue Routinen entwickeln. Alles scheint einzustürzen. Man droht aus dem Gleichgewicht zu geraten.

Wenn ein geliebter Mensch geht, fällt unweigerlich eine Tür zu, hinter der schmerzhafte Erinnerungen zurückbleiben. Die Anwesenheit des Abwesenden stürzt den Trauernden in tiefe Einsamkeit. Arthur Schnitzler schreibt nach dem Tod seiner Frau in einem Brief vom 22. März 1899 an Hugo von Hofmannsthal: „Ein Tag ist schrecklicher als der andere; ... die Erinnerungen an ihr Leben voller Pein, an ihren Tod von einer grenzenlosen Entsetzlichkeit ... die letzten Blicke, die letzten Worte unvergesslich ... Eine Einsamkeit ohnegleichen.“ So steht es auch in seiner Erzählung *Der Andere*: „Allein! – Ganz allein! ... Es gibt keinen Trost.“[629] Dem Trauernden ist es schwer ums Herz. Er ringt zwar um Fassung, aber zwischendurch kann er nicht mehr und bricht ein. Das Vertrauen in seine Kräfte ist erschüttert. Man war doch einander Stütze, Trost und Hilfe im Kampf gegen tägliche Beschwernisse. Jetzt ist der Eindruck groß, dass auf nichts mehr Verlass ist. Der Glaube an normale Sozialkontakte und die eigene Zukunft ist am Nullpunkt. Trotz Mitgefühl der anderen fühlt man sich allein und verloren. Man verbringt trostlose Abende, in denen sich leere Augenblicke unerbittlich aneinanderreihen. Die unaufhörliche Abwesenheit der geliebten Person lähmt. Ein einziger Mensch fehlt, und man hat den Eindruck, die ganze Welt sei untergegangen. Wie der sterbenskranke Felix in Schnitzlers Roman *Sterben* ziehen sich Trauernde oft eine Zeitlang aus der fröhlichen Alltagswelt zurück. Gereizt stellt Roland Barthes noch Monate nach dem Tod seiner Mutter fest: „Ich kann den Lebenswillen der anderen, die Welt der anderen nicht ertragen.“[630] Bleibt der geliebte Verstorbene lange im Bewusstsein lebendig, wächst die Furcht, dass die Traurigkeit nie mehr aufhören wird.

Trauernde sind häufig außerstande, ihre Gedanken und Gefühle von der geliebten Person zu lösen. Sie denken an gemeinsam verbrachte Tage zurück und spüren, wie der Verstorbene in der Erinnerung zu neuem Leben erwacht, bevor sie die Erkenntnis innerlich zerreißt, dass der Dahingeschiedene für immer gegangen ist. Oft werden Tote verklärt. Gemeinsame Stunden werden als schön empfunden, die gar nicht so schön waren. Sie werden retrospektiv verformt. Das Verlustgefühl gestattet fast nur Lobeshymnen auf den Verstorbenen – gemäß dem Motto: „De mortuis nihil nisi bene – Über Tote rede man nur gut“.

Da die Toten in der Erinnerung zunächst präsent bleiben, kommt es den Hinterbliebenen manchmal so vor, als ob sie bloß auf einer Reise wären. Darum sträuben sich einige auch, die Sachen, die das Leben des Verstorbenen ausmachten, wegzugeben. Das Bedürfnis ist groß, den Toten noch eine Weile am Leben zu erhalten. Obwohl ihn nichts wieder zurückbringen wird, hofft man trotzdem auf dessen Rückkehr. Anstatt ihn loszulassen, möchte man ihn bei sich behalten. Manche empfinden es als Verrat, wenn der gemeinsame Alltag immer mehr verblasst, das Bett abgeschlagen, die Kleider verschenkt und die Sachen aussortiert werden. Vertraute Dinge stellen mitunter erloschene Erinnerungen wieder her, beleben die beruhigte Sehnsucht und erneuern den Schmerz der beschwichtigten Trauer. Deshalb soll zunächst alles so bleiben, wie es war. So wird aus der Trauer ein intimes Gut, das man keinesfalls verlieren möchte. Im Schmerz über den Verlust bleibt der Tote den Hinterbliebenen nahe. „Ich wohne in meinem Kummer, und das macht mich glücklich“, schreibt Roland Barthes.[631] Darum ist für manche die Vorstellung unerträglich, dass die Trübsal eines Tages enden könnte. Denn geht erst einmal die Trauer verloren, dann stirbt der Tote gewissermaßen zum zweiten Mal. Wenn Roland Barthes unterwegs war, trieb es ihn immer wieder schnell nach Hause, weil er dort an Gewohnheiten festhalten konnte, die ihn mit der verstorbenen Mutter verbanden: „Reisen heißt, mich von Mama zu trennen –, da sie nichts weiter mehr ist als das im Alltag am engsten Vertraute.“[632] Wie viele litt Barthes darunter, dass der Schmerz über den Verlust einmal nachlassen könnte. Mit aller Macht kämpfte er gegen das Vergessen. Doch irgendwann versickert die Trauer, „dann rollen die Tage weiter … mit neuen Gedanken, frischeren Hoffnungen … am Ende kommt noch trügerisch und weich der Frühling und blüht einem zudringlich ins Gesicht … die Lüfte wehen, und die Blumen duften, und die Frauen lachen, und wir sind wieder die Genarrten, sind um unsern großen und ewigen Schmerz betrogen. … Wie hasse ich die Leute, die wieder lächeln können. … Aber eines Morgens werde ich auch wieder lachen! – Auch ich werde vergessen!“, bemerkt der Witwer in Arthur Schnitzlers *Der Andere*.[633] Ähnlich stellt Barthes fest: „Die Notizen der Trauer werden seltener. Versandung. Ist das nun ein unvermeidliches Werden, Vergessen? ... Was mich von Mama trennt, von der Trauer, die meine Identifikation mit ihr war, ist die anwachsende, immer dickere Schicht der Zeit.“[634] Natürlich sollte man den Trauerschmerz nicht dauerhaft festhalten und nur rückwärtsgewandt leben. Im Gegenteil ist es gut, wenn eine neue, zukunftsoffene Normalität entsteht, weil die Zeit den Schmerz lindert, die Trauer überwindet und die Wunden heilt.

Eine Generalprobe

Abschied ohne Trauer – das gibt es fast nicht. Doch bedeutet nicht jede Trennung Einsamkeit und Verlust. Viele Menschen gehen voneinander, fühlen dies jedoch kaum. Sie sind einander fremd geworden, haben sich nichts mehr zu sagen, da alles bereits gesagt zu sein scheint. In dieser Situation wird das erklärte Ende einer Freundschaft als Befreiung oder Gewinn erfahren und nicht mit Betrübnis als Verlust oder Verzicht. Normalerweise jedoch tun uns Trennungen weh, da wir im Augenblick der Loslösung das Verlorene noch nicht losgeworden sind. Deshalb folgt auf nahezu jede Trennung ein Gefühl der Entbehrung, welche uns das Nicht-mehr-Vorhandensein einer Person schmerzlich spüren lässt. Nach deren Verlust treten Entzugserscheinungen auf, weil das Verlorene fehlt, mit dem man wie verwachsen war und an das man sich zunächst weiter klammert. Man möchte den Menschen nicht aufgeben, obwohl er bereits gegangen ist. Diese „Reaktion auf den Verlust einer geliebten Person“ nennt Sigmund Freud Trauer.[635] Darin wird der Tod oder das Ende eines uns liebgewonnenen Guts beklagt, sei es ein verstorbener Mensch oder das entflohene Glück der Jugend. Solange wir diese in der Erinnerung verzweifelt festzuhalten versuchen, verlieren wir fast jeden Bezug zur Gegenwart, das Interesse für „die Außenwelt – soweit sie nicht an den Verstorbenen mahnt“.[636] Der Alltag erscheint im Licht des schmerzlich empfundenen Verlusts nur noch als dunkel, sinnlos, vergeblich, was Freud so ausdrückt: „Bei der Trauer ist die Welt arm und leer geworden.“[637] Hierzu passend *Die Trennung* von Klopstock: „Fürchtest du den Tod? Ihn nicht. / Was fürchtest du dann? Das Sterben! / Ich selbst dieses nicht. Du fürchtest also nichts? / Weh mir, ich fürcht’, ich fürchte. Beim Himmel was? / Den Abschied von den Freunden! / Und meinen nicht nur, ihren Abschied auch!“

Unterschiede der Dauer, Intensität und Qualität der Trauer ergeben sich aus der Beziehung zwischen dem Verstorbenen und den Hinterbliebenen. Ist der Tote der geliebte Partner, ein Elternteil oder gar ein Kind? Auch die Todesart beeinflusst die Trauer: Ist der Verstorbene das

Opfer einer Krankheit, eines Unfalls, Verbrechens oder Suizids? Der krankheitsbedingte Tod betagter Großeltern ist für die Enkel gewöhnlich weniger belastend als der Suizid des eigenen Kindes für die Eltern.

Wie Roland Barthes kam Elias Canetti lange Zeit nicht mit dem Tod der Mutter zurecht. „Heute vor fünf Jahren ist meine Mutter gestorben. Seither hat sich die Erde von innen nach außen gestülpt. Mir ist es, als wäre es gestern geschehen. Kann ich wirklich fünf Jahre gelebt haben, und sie weiß von nichts. Ich will sie aus dem Sarg zurückholen, und müsste ich jede Schraube mit den Lippen wieder aufdrehen. Ich weiß, dass sie tot ist. Ich weiß, dass sie verfault ist. Aber ich werde es nie wahrhaben. Ich will sie wieder lebendig machen.“[638] Am stärksten jedoch bewegt die Menschen der Tod ihrer großen Liebe, eines langjährigen Partners oder Kindes. Wenn Menschen alt und gebrechlich sind, findet man sich eher mit deren Tod ab, wenngleich das Alter nicht allein über die Stärke der Verzweiflung und Trauer entscheidet, sondern vielmehr die gefühlte Nähe der Hinterbliebenen zu dem Verstorbenen. Wird das Leben in den besten Jahren durch eine schwere Krankheit dahingerafft, verwandelt sich die Klage der Hinterbliebenen schnell in bittere Anklage. Dann wird der Ruf nach Sinn und Trost laut. Gerade der Tod eines Jugendlichen macht nach Francesco Petrarca die ganze Brüchigkeit des menschlichen Daseins deutlich: „Er schien sicherer auf der Erde zu wohnen als ich und doch musste er sie verlassen, weder seine Jugend noch sein gutes Aussehen noch seine Kraft haben ihm genützt. …Ach, auch ich bin sterblich!“[639] Krantors unauffindbare Schrift *Über die Trauer* wurde für einen nicht näher bekannten Hippokles anlässlich des Todes seiner Kinder verfasst. Cicero schrieb sein verschollenes Buch *Über den Trost* aus Anlass des Todes seiner Tochter. Unter antiken Philosophen galt es als töricht, sich angesichts des Todes von Trauer und Tränen überwältigen zu lassen. „Unzählbar sind die Beispiele von Männern, die ihre Kinder im Jugendalter ohne Tränen zu Grabe trugen … und nicht zu Unrecht: Denn erstens ist es überflüssig, Schmerz zu empfinden, wenn man dadurch keinen Nutzen hat; zweitens ist es ungerecht, über das zu klagen, was einem geschehen ist, aber allen bevorsteht.“[640] Demgemäß sollen berühmte Männer wie Anaxagoras, Perikles und Xenophon die Nachricht vom Untergang ihrer Söhne still und gefasst aufgenommen haben. Ähnliches wird von

Goethe berichtet, der zwar den eigenen Tod fürchtete, aber beim Dahinscheiden seines Sohnes August gesagt haben soll: „Non ignoravi me mortalem genuisse – Ich habe nicht verkannt, bloß einen Sterblichen gezeugt zu haben."

Das Dahinscheiden einer geliebten Person ist nicht zu verwechseln mit dem Tod eines x-beliebigen Menschen. Der Tod eines Nächsten ist fast so schlimm, ja manchmal noch schlimmer als der eigene Tod. Er ist gleichsam eine Generalprobe des eigenen Sterbens, wie Paul Landsberg meint.[641] Denn den Tod eines Menschen zu erfahren, dem wir uns liebevoll, partnerschaftlich und freundschaftlich verbunden fühlen, geht wie ein Riss durch uns hindurch, als ob wir selbst zum Teil gestorben wären. Deshalb nehmen wir uns dann manchmal wie halbiert wahr, so Aurelius Augustinus, Gabriel Marcel und Karl Jaspers. „Jeder dieser Lieben war ja ein Stück des eigenen geliebten Ichs", vermerkt außer Rainer Maria Rilke auch Sigmund Freud.[642] Der Tod eines Kindes, Partners oder Freundes bietet die innigste Möglichkeit, den Tod in sich selbst zu erleben. Wie nichts sonst kann ein solches Ereignis dem Bewusstsein eigener Sterblichkeit zum Durchbruch verhelfen, weil man im anderen ja selbst teilweise verstarb. Aufgrund der intensiven Verbindung mit dem Toten zu Lebzeiten wird so das Unmögliche spürbar: der eigene Tod: „Denken und Wissen, dass Mama für immer, ganz und gar tot ist, heißt Buchstabe für Buchstabe denken, dass auch ich für immer ganz und gar tot sein werde", schreibt Roland Barthes.[643]

Die Trauerrede

Die antiken Griechen und Römer hielten erste Gefühlsstürme, *Dyspathie*, für zulässig, endlos übersteigerte Trauererregungen dagegen für krankhaft. Überhaupt sei Verzweiflung eine sinnlose Quälerei, weil das Ende nun einmal zum menschlichen Dasein dazugehöre. Wer den Tod eines Menschen bejammere, der beklage, dass der Verstorbene ein Mensch war. Jedenfalls sei Dyspathie in hohem Maße schädlich. Abgesehen davon, dass sie der Würde des Menschen als eines moralisch-geistigen Wesens widerspreche, richte sie den Einzelnen zugrunde. Zu viel Trauer und Schwermut wirke zerstörerisch. Hinzu komme, dass übermäßige Trauer statt Erleichterung noch mehr Qualen schaffe, wie überhaupt jeder ungezügelte Gefühlsüberschwang die Widerstandskraft schwäche. Dabei werde diese dringend benötigt, um künftig weitere Schicksalsschläge überstehen zu können.

Deshalb sollte die Trauer schon bald auf ein mittleres Maß gesenkt werden. Nur selten forderten die antiken Philosophen eine totale Abtötung der Affekte in den Wechselfällen des Lebens, die sogenannte *Apathie*, weil sie erkannten, dass es auf Erden keine dauerhafte Ruhe gibt und sich Gefühle nicht beliebig zum Schweigen bringen lassen. Im Bereich des Menschenmöglichen liege aber eine maßvolle Trauer, die sogenannte *Metriopathie.* Diese von jeder Selbstpeinigung gereinigte Schwermut sei vertretbar.

Rituale helfen, Übergangssituationen gefühls- und verstandesmäßig zu bewältigen. Wo solche nicht zur Verfügung stehen, dort wird alles schnell beiseite geräumt, um nur keine Irritationen aufkommen zu lassen. Es wird getan, als wäre nichts geschehen, was ja tatsächlich auch der Fall ist, wie das Paradox der anonymen Urnenbestattung oben zeigte. Rituale sind Techniken zur Lebensbewältigung. Sie reduzieren Komplexität, geben Verhaltenssicherheit und ermöglichen Entlastung. So bleibt der Einzelne selbst in Ausnahmesituationen handlungsfähig. Viele Trauernde lassen die Bestattungszeremonie mit äußerlich gefasster Resignation an sich vorübergehen. Schlimm ist häufig erst die Stille danach. Nun entsteht unter Umständen eine große Einsamkeit. Zur Bewältigung solcher Krisen steht eine ganze Reihe sozialer Hilfsdienste zur Verfügung: neben Seelsorgern auch Trauerselbsthilfegruppen, Trauerpsychologen und Grabredner. Doch erst in der Metriopathie öffnet sich das Herz für die Aufnahme tröstlicher Worte.

Die Leichenrede – lateinisch „laudatio funebris“, griechisch „epitaphios logos“ – ist eine uralte Einrichtung. Der griechische Gelehrte Menander schuf in seiner *Rhetorik* eine systematische Grundlage für Trauerreden, die trösten, erbauen und belehren sollen. Üblicherweise besteht eine Trauerrede aus drei Teilen: Würdigung des Toten (laudatio), Klage über dessen Verlust (lamentatio) und Trost der Hinterbliebenen (consolatio). Im Gegensatz zur griechischen Totenrede fehlt römischen Leichenreden fast jeder tröstliche Zuspruch; in deren Mittelpunkt stehen Lob und Klage.[644]

So beginnt eine Trauerrede bis heute oftmals mit einer Lobeshymne auf den Verstorbenen, in der er als besonderer Mensch und als Vorbild gepriesen wird. Auf diesem Gebiet wird viel gelogen. Oft bekommt man zu hören, dass ein einzigartiger Mensch gestorben sei, der allen fehlen werde. Man werde ihn vermissen. Sein Tod hinterlasse eine unüberbrückbare Lücke. Man werde ihn in guter Erinnerung behalten und ihm stets ein ehrendes Andenken bewahren. Natürlich stimmt das alles nicht. Das meiste hiervon ist gar nicht möglich.

Auf die anschließende Klage über den schmerzlichen Verlust des Verstorbenen und auf schöne Erinnerungen an gemeinsame Zeiten folgen tröstliche Worte. Die im *Katalog maßvoller Tröstungen* aufgezählten Merksätze wurden größtenteils in Leichenreden eingearbeitet. So sei es ziemlich gleichgültig, ob man früher oder später sterbe, wenn man bedenke, dass man unendlich lange tot sein werde. Außerdem habe der Verstorbene keine Sorgen mehr. Der Tod sei eine Art Schlaf, und wenn „die Sache auf Schlaf und ewige Ruhe hinausläuft, warum soll sich dann jemand in ewiger Trauer verzehren?“[645] Alle Menschen müssten sterben. Der Tod sei natürlich. Statt den Verlust eines geliebten Menschen fortwährend zu beklagen, solle man sich vielmehr mit Dankbarkeit an gemeinsame Zeiten erinnern. „Mein Tod wird uns nicht wiedervereinen. So ist es nun einmal. Schön ist, dass unsere Leben solange harmonisch vereint sein konnten“, schreibt Simone de Beauvoir zum Tod Sartres.[646] Jede übersteigerte Trauer wird verdächtigt, weniger von sehnsüchtiger Liebe als von egoistischer Selbstliebe bestimmt zu werden, drücke sie doch oft ein Bedauern über den Verlust eigener Vorteile aus.

Antike Leichenreden enden mit einer Mahnung zur Affektmäßigung. Zwar könnten wir nicht die Dinge ändern, aber unsere Einstellung ihnen gegenüber. In der Tat sind unterschiedliche emotionale Haltungen möglich. Eine übertriebene Totenklage nutzt weder dem Verstorbenen noch dem Trauernden. Darum soll an die Stelle bitterer Tränen gleichmütige Gelassenheit treten. Bereits Homers *Ilias* lässt sich entnehmen, dass es zur Größe des Menschen gehöre, nicht in endlosem Jammer zu versinken: „Denn ein standhaftes Gemüt habe das Schicksal den Sterblichen verliehen.“[647] In *Standhaftigkeit* betont Julius Lipsius wie Franceso Petrarca in *Heilmitteln*, dass man Glück und Unglück gleichermaßen mit Gelassenheit ertragen soll, da sich das Leben unentwegt wandele.[648] Nur Toren verkennten dies. Ähnlich vermerkt Friedrich Schiller in *Das Pathetische und Erhabene* wie knapp zwei Jahrtausende vorher Seneca in seinen *Briefen an Lucilius*, dass man den Stachel schicksalhafter Notwendigkeit in Freiheit verwandeln könne, wenn man das Unvermeidliche nicht bloß widerwillig aushalten und bestehe, sondern freiwillig darin einwillige. Bei alldem komme es darauf an, seine Leidenschaften zu mäßigen, ja zu vertreiben, um das Ideal vollkommener Freiheit zu erreichen, für die nach Seneca furchtlose Ruhe eigentümlich ist. Nur durch lebenslange Übung, Vorbereitung und Gewöhnung könne man lernen, mit harten Schicksalsschlägen geduldig fertig zu werden.

Diese freie Übernahme der Endlichkeit darf nicht als heroische Bejahung des Todes missverstanden werden. Solchen Heldenmut empfehlen Denker wie Nietzsche und Dichter wie Rilke, überzeugt davon, dass zum wahren Lebenswillen ein enthusiastisches Einverständnis mit dem Tod als Teil des menschlichen Daseins gehört. Aber jede euphorische Zustimmung zum Hinscheiden ist geschwätziges Gehabe, realitätsferne Poesie oder kriegerischer Fanatismus. Begeisterte Hingabe ans Leben verträgt sich mit wirklichkeitsfremder Schwärmerei fürs Ableben nicht.

Allein schon stille Ergebung lässt sich weder mit regelmäßigen Übungen sicher vorbereiten noch mit dem stärksten Argument ihrer Benötigung erzwingen. Das Unausweichliche hin- und anzunehmen ist nicht ohne weiteres möglich. Die vielfältigen Ratschläge und Tröstungen im Angesicht des Todes funktionieren nur, wenn man, wie ausgeführt, über ein adäquates Selbstverständnis verfügt. Ob man zur Einwilligung ins Unabänderliche imstande ist, hängt wesentlich davon ab, welcher Mensch man sein möchte, als was man sich selbst versteht, woran man sein Leben orientiert. Wer die eigene Geringfügigkeit verinnerlicht, dem wird es leichter fallen, das Unausweichliche gelassen zu meistern, weil er über die hierfür notwendige Bescheidenheit verfügt, als demjenigen, der nicht von sich selbst absehen kann, weil er seine Ansprüche ans Leben überschätzt. Eine solche Zurückhaltung ist schwer und gelingt nicht immer. Dagegen ist der wechselseitige Beistand im beschwerlichen Alltag der Welt unverzichtbar. Tätige Unterstützung, Anteilnahme und Zuspruch geben einem Trauernden das Gefühl, weder allein zu sein noch die Last allein tragen zu müssen. Geteiltes Leid ist halbes Leid! Doch dürfen Humor und Schlaf ebenso zu den Trosthilfen gezählt werden.

Humor und Schlaf

Die verstörende Härte des Wortes „fast“ sollte niemals unterschätzt werden. Denn selbst wenn das Leben glückt und der Körper lange gesund bleibt, so ist man doch nur glimpflich davongekommen; „fast“ wäre es schiefgegangen. Und selbst wenn es missglückt, man vorzeitig stirbt, Pech hat, bleibt es richtig zu sagen: „fast“ wäre es gutgegangen. Aber es geht nicht immer gut, und hierauf sollte man ernsthaft eingestellt sein. Als der irische Schriftsteller George Bernhard Shaw zu Lebzeiten eine Zeitungsmeldung über seinen plötzlichen Tod zu lesen bekam, wandte er sich an die verantwortliche Redaktion mit der launigen Bemerkung: „Nachricht von meinem Tode gelesen – Stark übertrieben!“ Mit dem ihm eigenen Humor ließ er nach seinem wirklichen Tod folgende Inschrift auf seinem Grabstein anbringen: „Ich wusste, dass es eines Tages so kommen würde.“ Nun wird das Leben tatsächlich „erträglicher, wenn man es mit Humor angeht“, wie Woody Allen findet, weil sich hiermit die Realität leichter von einem fernhalten lässt. Humor ist, wenn man trotzdem lacht, oder mit Oscar Wilde gesprochen: „Das Leben ist zu wichtig, um ernst genommen zu werden.“ So sollte auch der Tod humorvoll entschärft werden, wenn er sich nicht mehr verdrängen lässt, um besser damit klarzukommen.

Doch kann nicht bloß Humor uns Erdenbürgern für Augenblicke von Stirnfalten und Sorgenmienen befreien. Das kann Schlaf genauso gut, den Erasmus von Rotterdam das „angenehmste Lebensgut“ und Heinrich Heine die „köstlichste Erfindung der Natur“ nannte. Nachdem man in seine Kissen gesunken ist, verschwindet für paar Stunden die quälende Not. „O Schlaf, du süßes Labsal, Trost der Leidenden, o seliges Vergessen“, dichteten die griechischen Tragiker Euripides und Sophokles.[649] Hingegen meint Shakespeare mit einigem Recht: „Wo die Sorge haust, lässt sich der Schlaf erst gar nicht nieder.“ Genauso Hiob: „Wann ich mich legte, sprach ich: Wann werde ich aufstehen? Und die

Nacht wurde mir lang; ich wälzte mich und wurde des satt bis zur Dämmerung."[650]

Was der Trost des Humors und Schlafes gewährt, ist weder Glück noch Sinn, sondern vielmehr Abstand zu dem, was den Einzelnen bedrängt: Distanzgewinn als Milderung der bitteren Daseinshärten. Dies ist auch Immanuel Kant nicht entgangen, bei dem man lesen kann: „Voltaire sagte, der Himmel habe uns zum Gegengewicht gegen die vielen Mühseligkeiten des Lebens zwei Dinge gegeben, die Hoffnung und den Schlaf. Er hätte noch das Lachen dazu rechnen können."[651] Ähnlich Nietzsche: „Das Leben ist schwer zu tragen", aber „durch Lachen tötet man. Auf, lasst uns den Geist der Schwere töten."[652] An anderer Stelle: „Vielleicht weiß ich am besten, warum der Mensch allein lacht: er allein leidet so tief, dass er das Lachen erfinden musste. Das unglückliche und melancholische Tier ist, wie billig, das heiterste."[653]

So sehr diese Ratschläge beherzigt werden sollten, der Abschied von einer geliebten Person ist eine traurige Angelegenheit, die für gewöhnlich weder zum Lachen noch zum Schlummern taugt. Am Ende zeigen sich Schlaf und Humor meistens doch nicht dem Tod gewachsen.

Abschied vom Abschied

Wie merkwürdig es auch klingt: Die Trauer über den Verlust eines Menschen kann schon vor dessen Tod während der Zeit seiner Erkrankung einsetzen. Irgendwann übersieht man den Totenschädel im Gesicht eines Sterbenden nicht mehr, der einen grauenerregenden Anblick bietet. Schläfrig und stöhnend starrt der Todgeweihte mit halbgeschlossenen Augen ins Leere. Nicht selten bedeuten seine letzten Tage, Wochen und Monate für die Angehörigen, die sich oft hilflos fühlen, eine ungeheure Belastung. Aber dafür ist manchmal die Trauerphase zum Zeitpunkt des Todes schon fast abgeschlossen. Dann wird das Ende mehr als Erleichterung denn als Verlust wahrgenommen, auch der Strapazen durch aufwändige Pflege und zeitlicher Einschränkungen wegen.

Trotz aller Scheu vor Leichen haben viele das Bedürfnis, den Toten vor Schließung des Sarges noch einmal zu sehen. Dessen ebenso vertrauter wie befremdlicher Anblick ruft oftmals fassungslose Regungen hervor, die am Totenbett weniger kontrolliert und unterdrückt auftreten als in der Öffentlichkeit. Zahlreiche Menschen halten eine letzte Begegnung mit dem Leichnam für sinnvoll. Es ist die Rede von Abschiednehmen. Manche sprechen mit dem toten Körper und berühren ihn zum letzten Mal. Doch ist dieser Brauch umstritten. Jeder muss für sich selbst klären, ob er den Toten noch einmal sehen oder ihn nur in Erinnerung behalten möchte, wie er ihn zu Lebzeiten kannte. Jedenfalls sollte man sich von der Vorstellung freimachen, dass es zur wahren Trauerarbeit gehöre, einen Toten noch einmal anschauen zu müssen.

Einerseits meiden Hinterbliebene mitunter Plätze und Wege, an denen sie mit dem Verstorbenen Schönes erlebten. Sie könnten schmerzhafte Erinnerungen wecken. Andererseits etabliert sich nicht selten das Ritual, Tag für Tag das Grab des Toten zu besuchen. Erst unter großem Aufwand von Zeit und Kraft gelangen Hinterbliebene aus dem Dunkel der Trauer heraus: Trauer ist ein „langwieriger, allmählich fortschreitender Prozess",[654] bei dem sich nach und nach die Bindung ans Verlorene löst, die Sehnsucht nachlässt, der Einzelne verzichten lernt. In diesem Falle spricht man von Trauerarbeit, in welcher der Einzelne mit dem Verlust eines Menschen oder einer Sache fertig zu werden versucht, mit dem seine Trauer allein nicht fertig wird. Worin aber besteht „die Arbeit, welche die Trauer leistet? … Die Realitätsprüfung hat gezeigt, dass das geliebte Objekt nicht mehr besteht, und erlässt nun die Aufforderung, alle Libido aus ihren Verknüpfungen mit diesem Objekt abzuziehen … Jede einzelne der Erinnerungen und Erwartungen, in denen die Libido an das Objekt geknüpft war, wird eingestellt, überbesetzt und an ihr die Lösung der Libido vollzogen."[655] Normalerweise verbindet man mit seinem Partner, seinen Kindern und Freunden positive Gefühle. Bei der Trauerarbeit werden diese Empfindungen durch wiederholte Vergegenwärtigung ihres Todes irgendwann immer weniger auf sie übertragen. Hierzu fähig zu sein heißt, Abschied nehmen zu können, dessen Gelingen an die Anstrengung gebunden ist, das Verlorene nicht verzweifelt halten zu wollen. Aber die allmähliche Loslösung vom Liebesobjekt kann ein schmerzlicher und langwieriger Prozess sein, weil sich lange Zeit etwas im Inneren dagegen sträubt.

Je nachdem, ist es der Anpassung an die neue Situation aber nicht bloß hinderlich, sondern gelegentlich sogar förderlich, wenn Angehörige sich dem Verlustschmerz eine gewisse Zeit hingeben, Veränderungen vermeiden und nicht loslassen. In anderen Fällen ist es der Trauerarbeit mal zuträglich, mal abträglich, wenn die Hinterbliebenen sich gleich bewusst ablenken, neue Aktivitäten entwickeln und die Anforderungen des veränderten Alltags sofort entschlosen angehen. Abwehr kann eine Form von Bewältigung sein, die den Betroffenen stabilisiert und mittelfristig zu emotionaler Ausgeglichenheit beiträgt, weil sich gleichsam unmerklich die Bindung an den Toten auflöst. Je nach Situation, Individuum und Beziehung zum Toten, kann also mal die Konfrontation mit dem Verlust oder die Vermeidung dieser Konfrontation die Trauerarbeit hemmen oder fördern. Hier wie sonst auch gibt es verschiedene Wege zur Anpassung an die neue Realität.

Manchmal vergehen mehrere Jahreszeiten, bis sich die Hinterbliebenen wieder mit frischem Schwung ihren Aufgaben widmen können. Vielleicht ist man dem Verstorbenen mit seinen Erinnerungen immer noch auf der Spur, indem man Woche für Woche überlegt, was man zur gleichen Zeit im letzten Jahr gemeinsam unternahm. Doch irgendwann kommt der Monat, zu dem es keine gemeinsamen Erinnerungen im Vorjahr mehr gibt. Allmählich wird das Gefühl für den Verstorbenen schwächer. Es verblasst gleichsam. Anfänglich werden noch Fotos von ihm mit Blumen und Kerzen an zentralen Orten der Wohnung platziert. Später hängen sie neben anderen Bildern an der Wand. Einige Trauernde halten Porträts des Verstorbenen überhaupt nicht aus: Gestern versuchte ich ein Foto von Mama „auf meinem Schreibtisch aufzustellen. Aber das ist zuviel, ich ertrage es nicht, es schmerzt mich zu sehr", schreibt Roland Barthes.[656] Aber schon zwei Monate später war es soweit. Auch Appetitmangel, Albträume und Schlafstörungen lassen mit der Zeit nach. An der Oberfläche verläuft alles wieder verhältnismäßig störungsfrei. Dennoch fehlt nach wie vor jemand. Nur versucht man jetzt nicht mehr, die Tür zur Vergangenheit mit aller Macht offenzuhalten. Inzwischen ist klar, dass sie für immer geschlossen ist und der Verstorbene niemals mehr über ihre Schwelle schreiten wird.

Bei Trauerarbeit ist zu unterscheiden zwischen Abschied vom verlorenen Objekt und dem Abschied vom Abschied vom verlorenen Objekt. „Die Trauer wird reifen, das heißt, sie wird mit der Zeit abfallen wie eine Frucht oder aufgehen wie eine Furunkel", notiert Roland Barthes.[657] Letzteres wäre nicht gut, krankhaft, ein Fall für professionelle Hilfe. Erst wenn man das Verlorene nicht mehr vermisst, ist man innerlich wieder frei und kann sich von neuem aufs Leben, andere Menschen und die Welt einlassen, die einem jetzt nicht mehr öde und leer vorkommt. Gelungene Trauerarbeit lässt die Menschen schrittweise dahinkommen, die veränderte Situation klag- und anklagelos hinzunehmen und in den Verlust einer geschätzten Person einzuwilligen. In dieser Frage stimmen alle Trauermodelle überein: Am Anfang steht der Schock, eine Benommenheit. Dann wird der Verstorbene noch eine ganze Weile herbeigesehnt. Die Verzweiflung ist groß. Man droht an seiner Trauer zu zerbrechen. Doch lernt man den Schmerz irgendwie auszuhalten. Bei Normalverlauf steht am Ende eine Wiedererlangung des inneren Gleichgewichts. Man passt sich der veränderten Situation an, indem man ohne den Verstorbenen klarzukommen versucht und seine Verhältnisse neu ordnet. Nun können neue Bindungen wieder eingegangen werden. Nach Verzagtheit und Traurigkeit findet man zu durchschnittlicher Ausgeglichenheit zurück, entwickelt neue Vorsätze, schmiedet Zukunftspläne, gliedert sich erneut ins alltägliche Leben ein. Arthur Schnitzler beschreibt die Hinwendung zum Leben gerne mit dem Bild des Fensters: Als der Witwer in *Der Andere* eines Abends von seinem gewohnten Friedhofsbesuch heimkehrt, stellt er verblüfft fest, dass er ein seltsames, seit lange nicht mehr verspürtes Verlangen empfindet, das Fenster zu öffnen, um Menschenstimmen und Straßenlärm zu hören. Bei Abschluss der Trauerarbeit gleiten die Toten gleichsam aus den Köpfen der Lebenden hinaus. Sie verlassen die Hinterbliebenen jetzt endgültig – gemäß der einfachen Erfahrung: Der gestrige Regen macht mich heute nicht mehr nass!

Naturalismus und Todesangst

Schon Abschiede, die man selbst wählt, fallen schwer, Abschiede, die man aufgezwungen bekommt und die endgültig sind, tun es erst recht. Nicht alle, die losziehen, kehren zurück. Manche bleiben für immer fort, im Krieg oder irgendwo sonst. Andere verschwinden einfach, brechen mit der Heimat, verlieren die Bindung an den Faden, der ihnen den Weg durchs bisherige Leben wies. Allerdings handelt die allererste Geschichte der abendländischen Kultur von einem Abschied mit Wiederkehr. Es ist die Geschichte von Homers Odysseus, der nach Jahren aufregender Abenteuer wieder nach Ithaka heimkehrt. Auch die biblische Geschichte vom verlorenen Sohn endet mit dessen Rückkehr und seiner herzlichen Wiederaufnahme durch den Vater. Der Tod hingegen bedeutet Abschied ohne Wiedersehen – eine Nacht ohne neuen Morgen: eine Zukunft, die keine Zukunft mehr hat. Denn menschliches Leben ist unwiederholbar, einmalig. Ist es erst einmal vorüber, so ist es unwiederbringlich dahin, ein für alle Mal. Genau darum ist der Tod bedeutsam, so natürlich und normal er sonst auch sein mag.

Auf der einen Seite sind der Moment des Ablebens und der Tod selbst ziemlich banal, wie schon Thomas Mann mutmaßt: „Das ist der Tod? Werde ich im letzten Augenblick zu mir sprechen."[658] Fast gleichlautend Ernst Jüngers Worte: „Mehr ist das nicht? Ich glaube bestimmt, dass dieser Augenblick jedem Sterben vorangeht."[659] Humorvoll Karl Valentin: „Da hab ich ein Leben lang Angst vor dem Sterben gehabt, und jetzt das!"[660] Auf der anderen Seite bleibt der banale Tod aber existenziell bedeutsam, ja sogar skandalös. Vielleicht ist der normalisierte Tod ebenso eine Verdrängung wie der Glaube ans ewige Leben.

Niemand stirbt, weil seine Möglichkeiten ausgeschöpft, sondern allenfalls weil seine Kräfte erschöpft sind. Wer hochbetagt des Lebens müde wird, ohne dessen überdrüssig zu sein, ist vermutlich froh, wenn die Nacht naht. Wer jedoch am Leben hängt, wird sich wohl nie mit dem Tod anfreunden. Trotzdem versuchen wir gottlosen Naturalisten, den Menschen ihre Todesangst auszutreiben, die wir gerne mit Unwissenheit identifizieren. Durch Erklärung des vermeintlich Furchterregenden lasse sich die Todesangst beseitigen, so dass anschließend kein Grund mehr hierzu bestehe – gemäß Büchners Woyzeck: „Wenn man kalt ist, so friert man nicht mehr."[661]

Nun ist das Ziel unserer rationalen Angstbekämpfung aber nicht bloß existenzieller Art, wie es auf den ersten Blick zu sein scheint. Ein weithin verborgener Hintergrund unserer Bemühungen ist weltanschaulicher Art. Für uns Naturalisten ist der Tod ein neutrales Faktum, eine natürliche Tatsache, die niemand zu fürchten braucht. Solange sich jedoch die Menschen noch vor dem Tod ängstigen, ist die Gefahr groß, dass sie religiösen Unsterblichkeitsversprechen auf den Leim gehen.

Um dieser Verlockung zu entkommen, lehnten schon die antiken Naturalisten Demokrit, Epikur und Lukrez jede Todesangst als unbegründet ab. Deren Kultivierung war ihnen schon darum suspekt, weil sie religiösen Deutungen zugutekam. Sie waren fest davon überzeugt, dass die Angst nachlasse, wenn man sich allmählich an die eigene Sterblichkeit gewöhne und den Tod rational als bedeutungslos erkläre. Hierdurch würde der irreführende Weg zum Glauben an die individuelle Unsterblichkeit versperrt bleiben. Die Todesangst ist uns Naturalisten bis heute ein Ärgernis, weil sie die Menschen für religiösen Aberglauben anfällig macht.

In Émile Zolas Roman *Freude des Lebens* graut dem atheistischen Lazare vor dem eigenen Lebensende und dem Ableben seiner Nächsten. Regelmäßig erfasst ihn der Schrecken vor dem Nichts: „Heute konnte er nicht den Kopf auf das Kissen legen, ohne dass das Entsetzen vor dem Nimmermehr sein Gesicht eisig anwehte … Die Angst vor dem Tode war in seinem Schlafe wieder aufgetaucht.“[662] In solchen Momenten wünscht sich Lazare die „barmherzige Lüge der Religion“[663] zurück: den Glauben ans Jenseits. Aber dieser Trost steht ihm nicht mehr zur Verfügung. Überzeugt von der „schrecklichen Wahrheit“,[664] dass mit dem Tode alles endet, reißt ihn das furchtbare Wort „Nimmermehr“ in schwindelerregende Abgründe. Dennoch widersteht Lazare der Versuchung des Glaubens und flieht nicht in religiöse Hoffnungen.

Dagegen wird Niels Lyhne in Jens Peter Jacobsens gleichnamigem Roman schwach. Der gottlose Niels trägt schwer am Leben. Schließlich findet er doch das Glück, das ihn aber alsbald wieder verlässt. Bereits wenige Monate nach dem Tod seiner geliebten Frau, deren Verlust er nur schwer verkraftet, sucht eine schwere Krankheit seinen kleinen Jungen heim. In der Nacht, in welcher der Knabe sterben wird, verliert Niels sein Selbstvertrauen. Verzweifelt hofft er auf ein Wunder, das sein Kind wieder gesund macht – „und wirft sich auf die Knie und fleht zu Gott im Himmel“.[665]

Jacobsen kommentiert: „Er war versucht worden und war unterlegen; das war ein Sündenfall, ein Abfall von sich selbst und von der Idee gewesen. Es mochte ja sein, dass die Tradition in seinem Blut zu stark gewesen war; das Menschengeschlecht hatte so viele Tausende von Jahren in seiner Not immer zum Himmel gerufen, und nun hatte er diesem ererbten Bedürfnis nachgegeben; aber er hätte dagegen ankämpfen sollen wie gegen einen schlechten Instinkt; er wusste ja doch, bis in die innerste Fiber seines Gehirns hinein, dass Götter Träume waren und dass es ein Traum war, zu dem er flüchtete, sobald er betete … Er hatte nicht vermocht, das Leben zu tragen, so wie es war; nun war er im Kampf um das Größte mit dabei gewesen und war in der Härte des Kampfes seiner Fahne, auf die er geschworen hatte, untreu geworden; denn das Neue, der Atheismus …, was andres war dies alles als … das eine Einfache: das Leben zu tragen, wie es war, und das Leben nach den eigenen Gesetzen des Lebens sich formen zu lassen.“[666]

Beim naturalistischen Kampf gegen das Entsetzen vor dem Tod muss unterschieden werden zwischen der existenziellen Angst vor dem Nichts und deren beunruhigenden Anfälligkeit für religiöse Trostversprechen, die beide mit rationalen Mitteln überwunden werden sollen. Als Drittes macht Jacobsen deutlich, wie wichtig uns Naturalisten die Möglichkeit zu autonomer Lebensgestaltung ist. Hiermit lässt sich die Erfahrung unverfügbarer Ohnmacht und absoluter Hilflosigkeit nur schwer vereinbaren. Dem entsprechend weigern sich aufgeklärte Menschen, denen ihre Selbstbestimmung wichtig ist, unauflösbare Dilemmas bezüglich des Todes anzuerkennen. Stattdessen möchten sie sicher sein können, was zu denken und zu tun ist. Trostbedürftige Ratlosigkeit ist nicht vorgesehen. Wenn solche Verlegenheit dennoch aufkommt, trifft sie die Betroffenen umso härter, je mehr Gewicht sie auf ein selbstbestimmtes Leben legen. Auch deshalb wird das Problem des Todes im Naturalismus heruntergespielt. Die Erfahrung unverfügbarer Ohnmacht soll möglichst klein bleiben, weil sich nur dann die erstrebte Chance zur Selbstbestimmung leichter wiederherstellen oder aufrechterhalten lässt. Hierzu dürfen sich Angst und Schrecken nicht wie wild wuchernde Schlingpflanzen unserer Existenz bemächtigen.

Nun seien zwar jede Mäßigung unserer Todesangst, die Abwehr religiöser Irrlehren sowie die Stärkung von Selbstvertrauen und Selbstbestimmung begrüßt, trotzdem ist die geläufige naturalistische Position überzogen. Wenn es etwas gibt, das uneingeschränkten Anspruch auf bohrende Angst und Gefühle der Ohnmacht erheben darf, so ist es das eigene Ende. Bis heute führt die übertriebene Abwehr von religiösem Aberglauben zu einer falschen Verharmlosung der Todesangst in unseren naturalistischen Kreisen. Wir verkennen, wie leidensanfällig und trostbedürftig die Menschen in Anbetracht ihrer Sterblichkeit sind. Wer das Leben aus ganzem Herzen liebt und bejaht, kann sich nicht so leicht mit seiner Vergänglichkeit abfinden. Deshalb ist es überaus menschlich, vom Tod groß zu denken, wenn einem etwas am Leben liegt. Man sollte seine Größe nicht leugnen, nur weil man befürchtet, es könnte ihm eine religiöse Bedeutung untergeschoben oder durch ihn unser ohnehin brüchiges Selbstvertrauen geschwächt werden. Der Tod ist groß, gerade weil er das absolute Ende von allem bedeutet. Dies ist schlimm für bewusste Lebewesen mit starkem Überlebensdrang. Wenn sie die Flügel des Todes streifen, ist es menschlich, dass sie sich davor ängstigen.

Menschlichkeit im Zeugenstand

Der Tod, eine Herausforderung ersten Ranges, sollte weder verklärt noch verharmlost werden. Es genügt, ihn ernst zu nehmen. Zweifellos weiß besonnene Humanität, der neben allem Lichtvollen auch die Schattenseiten gegenwärtig bleiben, um Chancen und Grenzen des Lebens. Das Ärgernis der Lebenszeit liegt in ihrem Schwinden. Jeder Moment geht vorüber. Keine Sekunde lässt sich bannen. Darum gilt es die endliche Zeit sinnvoll zu nutzen, bevor die Lebensuhr stillsteht, das Dasein ausglüht, sich auflöst, zerfällt. Seit wenigen Jahren erregt eine amerikanische App mit dem Titel „we croak“, was soviel heißt wie: „Wir werden alle dahingerafft,“ großes Aufsehen. Diese App erinnert den Nutzer fünf Mal täglich an die eigene Sterblichkeit, damit der Angesprochene nicht vergisst, bewusst zu leben. Aber wie ein ausgeglichenes Leben seine Chancen nutzen wird, ohne sich von der Angst vorm Verpassen verrückt machen zu lassen, genauso setzt es sich mit seiner Endlichkeit ernsthaft auseinander. Obgleich es erlaubt ist, sich trostlose Wahrheiten schönzureden, wurde der religiöse Weg zum ewigen Leben – eine Idee, die jeder Plausibilität entbehrt – hier nicht beschritten. Im Gegenteil wurde mit Wilhelm Busch einerseits die Idee individueller Wiedergeburt verabschiedet: „Die Lehre von der Wiederkehr / Ist zweifelhaften Sinns / Es fragt sich sehr, ob man nachher / Noch sagen kann: Ich bin's.“[667] Andererseits wurde mit Theodor Storm die Idee individueller Unsterblichkeit verworfen: „Wie wenn das Leben wär nichts andres / Als das Verbrennen eines Lichts! / Verloren geht kein einzig Teilchen, / Jedoch wir selber gehen ins Nichts!“[668]

Darum konnten wir nicht der Frage entrinnen, ob es eine Art säkularen Letzte-Hilfe-Koffer gibt, dessen Trostmittel uns über die eigene Sterblichkeit hinweghelfen können. Doch so hilfreich die Tröstungen aus dem Letzte-Hilfe-Koffer sind, auf dem Grunde eines jeden Trostbedürftigen schwingt trotzdem eine sanfte Trauer weiter. Sie rührt von der unüberwindlichen Schwierigkeit her, sich in die Endlichkeit bruchlos einzufügen. Darin können wir uns nur mehr oder wenig gut einrichten. Es widerspricht dem Bedürfnis des Lebens, an sein absolutes Ende zu denken. Im Gegenteil weicht es den Gedanken hieran am liebsten aus. Darum sollten wir geduldig und nachsichtig jenen gegenüber bleiben, denen es schwer fällt, das Unabänderliche ergeben hinzunehmen oder gar mit gelassenem Humor anzunehmen. Das ist menschlich. Zu Abschied verurteilt und zu Verzicht gezwungen, sind nur wenige zu freiwilliger Entsagung imstande. Bloß einige stehen heiter darüber. Aber nicht jedes Lächeln drückt abgeklärte Überlegenheit oder gelöste Fröhlichkeit aus. Oftmals verbirgt sich Schweres und Schmerzliches dahinter. Doch auch das ist human im besten Sinne des Wortes, wenn sich die Bereitschaft, das Leben ohne Bitternis durchzufechten und ohne Anklage zu tragen, mit stiller Wehmut mischt. Im Angesicht des Todes ist selbst tränenreiche Verzweiflung menschlich, jedoch gedämpfte Heiterkeit auch, bei der sich Ernst und Humor einander in der Schwebe halten. Versöhnung wäre ein zu großes Wort hierfür, Menschlichkeit trifft es besser.

Dieser Ausdruck ist überaus facettenreich. Doch in Anbetracht des Todes bedeutet Humanität hauptsächlich soviel wie milde Resignation. Derartige Stimmungen gleichen einer zwielichtigen Abenddämmerung, der blauen Stunde in weichem Moll oder einer mondhellen Nacht in friedlicher Stille. Solch wehmütige Trauer hält Maß, indem sie sich ohne Aufschrei und Auflehnung ins Unvermeidliche schickt. In diesem Sinne können wechselseitiger Beistand, maßvolle Tröstungen und die ihnen angemessene Grundhaltung der Bescheidenheit die Not lindern, in die uns der Tod stürzt. Allerdings können solche hilfreichen Bewältigungsmittel die Betrübnis nicht beheben, sondern lediglich dazu beitragen, dass der Einzelne hiermit besser zurechtkommt, ohne daran zu zerbrechen. Es fällt schwer, die richtige Balance zwischen verständiger Selbstentsagung und entschlossener Selbstbehauptung zu finden, die sich nur mit großer Mühe im Gleichgewicht halten lässt.

So läuft alles auf Improvisation und Kompromiss hinaus. Die meisten Konflikte im Zusammenhang mit Sterben und Tod lassen sich nicht lösen, sondern allenfalls schlichten, und einen Konflikt schlichten heißt: Man arrangiert sich irgendwie. Allerdings wäre es ein schwerer Irrtum zu glauben, die eigentliche Aufgabe unseres Daseins bestünde in der Beseitigung aller Widersprüche, Ungereimtheiten und Probleme. Mitnichten kommt es darauf an, das Leben zu einer harmonischen Einheit zu formen, die nichts mehr zu wünschen übriglässt. Menschliches Leben kann auch glücken, wenn es sich nicht zu einem schönen Ganzen rundet. Ein endgültig ausgewogenes Gleichgewicht ist hierfür nicht erforderlich. Darum ist es keineswegs notwendig, alle Fragen angemessen zu bewältigen, die mit dem Tod verbunden sind. Manchmal müssen Schwierigkeiten einfach ausgehalten werden. Der Tod reicht so weit in den Grenzbereich des Regellosen hinein, dass bis zuletzt Zweifel bestehen, ob Trost überhaupt möglich ist. Doch auf nachdenklich-heitere oder besinnlich-melancholische Weise nicht mit der Vergänglichkeit fertig zu werden, ist nicht weniger als ein klares Anzeichen für maßvolle Humanität. Besonnenes Scheitern gehört zur Eigenart gelungener Menschlichkeit.

Literatur

Adams, Douglas: Das Leben, das Universum und der ganze Rest, München 1999.

Aischylos: Tragödien, Mannheim 2011.

Alexander, Peter: Blick in die Ewigkeit, München 2016.

Äsop: Fabeln, Stuttgart 2005.

Améry, Jean: Über das Altern, Stuttgart 1968.

Andreas-Salomé, Lou: Lebensrückblick, Frankfurt/M. 1998.

Andrejew, Leonid Nikolajewitsch: Die Geschichte von den sieben Gehenkten, Berlin o.J.

Ariés, Philipp: Geschichte des Todes, München 1997.

Ariés, Philipp: Studien zur Geschichte des Todes im Abendland, München 1976.

Aristoteles: Rhetorik, München 1980.

Aristoteles: Nikomachische Ethik, München 1975.

Assmann, Jan: Der Tod als Thema der Kulturtheorie, Frankfurt/M. 2000.

Augustinus, Aurelius: Gottesstaat, München 1978.

Augustinus, Aurelius: Selbstgespräche. Von der Unsterblichkeit der Seele, München/Zürich 1986.

Augustinus, Aurelius: Bekenntnisse, München 1980.

Aurel, Marc: Selbstbetrachtungen, Stuttgart 1963.

Bhagavadgita oder Das hohe Lied, Calw o.J.

Barthes, Roland: Tagebuch der Trauer, München 2010.

Baudelaire, Charles: Die Blumen des Bösen. Kleine Gedichte, München 1979.

Bayertz, Kurt / Gerhard, Myriaum / Jaeschke, Walter: Materialismus-Streit, Hamburg 2012.

Bayertz, Kurt / Gerhard, Myriaum / Jaeschke, Walter: Der Darwinismus-Streit, Hamburg 2012.

Beauvoir, Simone, de: Ein sanfter Tod, Hamburg 2009.

Beauvoir, Simone, de: Das Alter, Hamburg 2004.

Beauvoir, Simone, de: Die Zeremonie des Abschieds, Hamburg 2004.

Beauvoir, Simone, de: In den besten Jahren, Hamburg 2008.

Beauvoir, Simone, de: Der Lauf der Dinge, Hamburg 2008.

Beauvoir, Simone, de: Alle Menschen sind sterblich, Hamburg 2014.

Beckett, Samuel: Endspiel, Frankfurt/M. 1964.

Beckett, Samuel: Warten auf Godot, Frankfurt/M. 1964.

Beckett, Samuel: Der Namenlose, Frankfurt/M. 1979.

Beckett, Samuel: Erzählungen und Texte um Nichts, Frankfurt/M. 1977.

Beckett, Samuel: Kommen und Gehen, in: Spectaculum 9, Frankfurt/M. 1966.

Beckett, Samuel: Malone stirbt, Frankfurt/M. 1995.

Belli, Gioconda: Zauber gegen die Kälte, München 2007.

Benn, Gottfried: Gesammelte Werke, Stuttgart 1996.

Bergmann, Wolfgang: Sterben lernen, München 2011.

Bernhard, Thomas: Der Atem, München 2015.

Bernlef, J: Hirngespinste, Stuttgart 2016.

Blumenberg, Hans: Lebenszeit und Weltzeit, Frankfurt/M. 1986.

Blumenberg, Hans: Die Sorge geht über den Fluss, Frankfurt/M. 1987.

Blumenberg, Hans: Begriffe in Geschichten, Frankfurt/M. 1998.

Blumenberg, Hans: Goethe zum Beispiel, Frankfurt/M./Leipzig 1999.

Blumenberg, Hans: Die Verführbarkeit des Philosophen, Frankfurt/M. 2000.

Blumenberg, Hans: Beschreibung des Menschen, Frankfurt/M. 2006.

Blumenberg, Hans: Der Mann vom Mond, Frankfurt/M. 2007.

Bobbio, Norberto: Vom Alter, Berlin 1998.

Boethius: Trost der Philosophie, Stuttgart 1978.

Bonaventura: Nachtwachen, Stuttgart 1964.

Borges, Jorge Luis: Das Aleph, Frankfurt/M. 1992.

Brecht, Bertolt: Gesammelte Werke, Frankfurt/M. 1975.

Breton, David le: Schmerz, Zürich/Berlin 2003.

Büchner, Georg: Werke und Briefe Bd. 1, Frankfurt/M. 1979.

Busch, Wilhelm: Gesamtwerk Bd. 6, Stuttgart 1980.

Camus, Albert: Der Mythos von Sisyphos, Hamburg 1959.

Canetti, Elias: Das Buch gegen den Tod, Frankfurt 2015.

Canetti, Elias: Hochzeit / Komödie der Eitelkeit / Die Befristeten, Frankfurt/M. 1977.

Celan, Paul: Die Niemandsrose, Frankfurt/M. 2013.

Celan, Paul: Späte Gedichte aus dem Nachlass, Frankfurt/M. 1976.

Cicero, Marcus T.: Cato der Ältere. Über das Alter, Düsseldorf/Zürich 1999.

Cicero, Marcus T.: Tusculanen, München/Zürich 1992.

Comte, August: Rede über den Geist des Positivismus, Hamburg 1956.

Conrady, Karl Otto: Das große deutsche Gedicht-Buch, Frankfurt/M. 1987.

Dante Alighieri: Die göttliche Komödie, Stuttgart 1977.

Dante Alighieri: Das Neue Leben, Stuttgart 2016.

Decimus Magnus Ausonis: Epitaphia, London/New York 1919.

Descartes, René: Meditationen, Hamburg 1959.

Didion, Joan: Das Jahr magischen Denkens, Berlin 2009.

Diderot, Denis: Oeuvres complètes, Paris 1876.

Diez, Georg: Der Tod meiner Mutter, München 2011.

Diogenes Laertius: Leben und Meinungen berühmter Philosophen, Hamburg 1967.

Dosse, François: Geschichte des Strukturalismus, Bd. 2, Hamburg 1997.

Dostojewskij, Fjodor: Der Idiot, München/Zürich 2008.

Dostojewskij, Fjodor: Religiöse Betrachtungen, Zürich 1964.

Dumas, Alexandre: Der Graf von Monte Christo, Frankfurt/M. 1989.

Eckel, Gert: Sie nennt es weggehen, München 2014.

Eckermann, Johann Peter: Gespräche mit Goethe, Reutlingen 1960.

Eliade, Mircea: Geschichte der religiösen Ideen, Freiburg/Basel/Wien 1978.

Elias, Norbert: Einsamkeit der Sterbenden, Frankfurt/M. 1990.

Elias, Norbert: Über den Prozess der Zivilisation, Frankfurt/M. 1980.

Euripides: Ausgewählte Tragödien in zwei Bänden, Mannheim 2010.

Feuerbach, Ludwig: Das Wesen des Christentums, Berlin 1956.

Flaubert, Charles: Madame Bovary, Berlin 2003.

Fontaine, Jean de la: Fabeln, Frankfurt/M. 2016.

Fontane, Theodor: Effi Briest, Berlin 1930.

Fontane, Theodor: Ein Leben in Briefen, Frankfurt/M. 1981.

Fontane, Theodor: Die Gedichte, Frankfurt/M. 2000.

Foucault, Michel: In Verteidigung der Gesellschaft, Frankfurt/M. 2009.

Frazer, James G.: Der goldene Zweig, Hamburg 2011.

Frege, Gottlieb: Funktion, Begriff, Bedeutung, Göttingen 2008.

Freud, Sigmund: Studienausgabe, Frankfurt/M. 1982.

Fried, Erich: Warngedichte, München 1964.

Frisch, Max: Triptychon, Frankfurt 1981.

Gabriel, Marcel: Schöpferische Treue, München 1963.

Garner, Helen: Das Zimmer, Berlin 2010.

Geißler, Karlheinz A.: Schlusssituationen, Weinheim/Basel 1992.

Gehlen, Arnold: Der Mensch, Wiesbaden 1972.

Gehring, Petra: Theorien des Todes, Hamburg 2010.

Germer, Renate: Das Geheimnis der Mumien, Hamburg 1994.

Gide, André: Erzählungen, Berlin 1979.

Gide, André: Tagebuch 1939-1949, Stuttgart 1990.

Goethe, Wolfgang von: Gesammelte Werke, Gütersloh o.J.

Gorz, André: Brief an D., Berlin 2007.

Graf, Friedrich Wilhelm/ Meier, Heinrich (Hrsg.): Der Tod im Leben, München 2008.

Gronemeyer, Marianne: Genug ist genug, Darmstadt 2008.

Groß, Dominik/Grande, Jasmin (Hrsg.): Objekt Leiche, Frankfurt/M./New York 2010.

Grossmann, Wassili: Leben und Schicksal, Berlin 1980.

Grote, Katja: Der Tod in der Literatur der Jahrhundertwende, Frankfurt/M. 1996.

Hamsun, Knut: Das letzte Kapitel, Heidelberg o.J.

Hanske, Paul-Philipp / Sarreiter, Benedikt: Neues von der anderen Seite, Berlin 2015.

Hartmann, Karl-Heinz (Hrsg.): Lob der Vergänglichkeit, Stuttgart 1993.

Hegel, Georg Wilhelm Friedrich: Theorie Werkausgabe, Frankfurt/M. 1970.

Heidegger, Martin: Sein und Zeit, Tübingen 1977.

Heißenbüttel, Helmut: Textbuch I, Stuttgart 1980.

Heller, André: Uhren gibt es nicht mehr, Wien 2017.

Herrndorf, Wolfgang: Arbeit und Struktur, Hamburg 2015.

Herodot: Historien, Stuttgart 2002.

Hitchens, Christopher: Endlich, München 2012.

Hofmannsthal, Hugo von: Drei Dramen, Berlin 2013.

Hofmannsthal, Hugo von: Buch der Freunde, Leipzig 1929.

Hofmannsthal, Hugo von: Gesammelte Werke – Gedichte, Dramen I, Frankfurt/M. 1997.

Holbach, Paul Henri Thiry d': Der gesunde Menschenverstand, Aschaffenburg 2016.

Holbach, Paul Henri Thiry d': System der Natur, Frankfurt/M. 1978.

Homer: Ilias, Stuttgart 1976.

Horaz: Sämtliche Gedichte, Stuttgart 1992.

Horkheimer, Max: Die Sehnsucht nach dem ganz Anderen, Hamburg 1970.

Horkheimer, Max: Kritische Theorie Bd. 1, Frankfurt/M. 1968.

Hugo, Victor: Der letzte Tag eines Verurteilten, Köln 2005.

Huizinga, Johan: Herbst des Mittelalters, Stuttgart 1975.

Hume, David: Die Naturgeschichte der Religion, Hamburg 1984.

Hunke, Sigrid: Tod, was ist dein Sinn?, Pfullingen 1986.

Instruktion der Glaubenskongregation in Rom: Leben und Fortpflanzung, Köln 1987.

Ionesco, Eugène: Der König stirbt, Frankfurt/M. 1982.

Jacobsen, Jens Peter: Niels Lyhne, Zürich 1986.

Jankélévitch, Vladimir: Der Tod, Frankfurt/M. 2005.

Jaspers, Karl: Philosophie und Welt, München 1958.

Jaspers, Karl: Philosophie, 3 Bde., Berlin/Göttingen/Heidelberg 1956.

Jellinek, Elfriede: In den Alpen, Berlin 2002.

Johann, Horst-Theodor: Trauer und Trost, München 1968.

Jones, Constance: Die letzte Reise. Eine Kulturgeschichte des Todes, München 1999.

Jünger, Ernst: Das Wäldchen, Berlin 1925.

Juvenal: Satiren, Stuttgart 1986.

Kafka, Franz: Die Verwandlung, Stuttgart 2013.

Kants Werke, Akademie Textausgabe, Berlin 1968.

Karcher, Eva: Otto Dix, Bindlach 1992.

Kästner, Erich: Gesammelte Schriften, Zürich/Berlin/Köln 1958.

Kassel, Rudolf: Untersuchungen zur griechischen und römischen Konsolationsliteratur, München 1958.

Keller, Gottfried: Gesammelte Werke, Berlin 1928.

Kempen, Thomas von: Nachfolge Christi, Stuttgart 1999.

Kierdorf, Wilhelm: Laudatio funebris, Meisenheim am Glan 1980.

Kierkegaard, Sören: Erbauliche Reden 1844/45, Düsseldorf/Köln 1964.

Knoblauch, Hubert: Berichte aus dem Jenseits. Freiburg/Erftstadt 2007.

Kreuels, Marianne: Über den vermeintlichen Wert der Sterblichkeit, Berlin 2015.

Kristeva, Julia: Fremde sind wir uns selbst, Frankfurt/M. 2013.

Krüger-Fürhoff, Irmela Marei: Der versehrte Körper, Göttingen 2001.

Kübler-Ross, Elisabeth: Über den Tod und das Leben danach, Güllesheim 2005.

Küng, Hans: Ewiges Leben?, München/Zürich 1982.

Laager, Jacques (Hrsg.): Ars moriendi, Zürich 1996.

Lacina, Katharina: Tod, Wien 2009.

La Mettrie, Julien Offray de: Der Mensch als Maschine, Nürnberg 1985.

Landsberg, Paul-Ludwig: Die Erfahrung des Todes, Berlin 2015.

Legner, Anton: Reliquien in Kunst und Kult, Darmstadt 1995.

Leinemann, Jürgen: Das Leben ist der Ernstfall, München 2011.

Lennig, Walter: Benn, Hamburg 1969.

Lessing, Gotthold Ephraim: Wie die Alten den Tod gebildet, Paderborn 1909.

Lessing, Gotthold Ephraim: Laokoon, Paderborn 1911.

Leutner, Victor: Schlaf, Schlafstörungen,Schlafmittel, Stuttgart 1993.

Lèvi-Strauss, Claude: Traurige Tropen, Frankfurt/M. 2015.

Lèvi-Strauss, Claude: Strukturale Anthropologie, Frankfurt/M. 1971.

Lèvi-Strauss, Claude: Mythologica IV. Der nackte Mensch, Frankfurt/M. 1976.

Lèvi-Strauss, Claude: Das wilde Denken, Frankfurt/M. 1981.

Lèvi-Strauss, Claude: Das Nahe und das Ferne, Frankfurt/M. 1989.

Lipsius, Justus: Von der Standhaftigkeit, Mainz 1998.

Lohner, Alexander: Der Tod im Existenzialismus, Paderborn 1997.

Lommel, Pim van: Endloses Bewusstsein, Mannheim 2010.

Lord Byron, in: English Romantic Poetry and Prose, New York 1956.

Lotario de Segni: Über das Elend des menschlichen Daseins, Hildesheim/Zürich/New York 1990.

Lotz, Jürgen: Frédéric Chopin, Hamburg 2000.

Lukrez: Welt aus Atomen, Stuttgart 1973.

Lütkehaus, Ludger: Vom Anfang und vom Ende, Frankfurt 2008.

Macho, Thomas H.: Todesmetaphern, Frankfurt/M. 1987.

Maisak, Petra/Fiedler, Corinna: Arkadien, Frankfurt 1992.

Mankell, Henning: Treibsand, Wien 2015.

Mann, Thomas: Frühe Erzählungen, Frankfurt/M. 1981

Mann, Thomas: Buddenbrooks, Frankfurt/M. 2002.

Mann, Thomas: Zauberberg, Frankfurt/M. 2015.

Mann, Thomas: Reden und Aufsätze 2, Frankfurt/M. 1974.

Marcuse, Ludwig: Welt der Tragödie, München 1977.

Marquard, Odo: Endlichkeitsphilosophisches, Stuttgart 2013.

Marquard, Odo: Der Einzelne, Stuttgart 2013.

Maupassant, Guy de: Bel ami, Stuttgart o.J.

Metzinger, Thomas (Hrsg.): Grundkurs Philosophie des Geistes, 3 Bde., Paderborn 2010.

Minois, Georges: Geschichte des Selbstmords, Düsseldorf/Zürich 1996.

Montaigne, Michel de: Essais, München 2011.

Moody, Raymond: Leben nach dem Tod, Hamburg 2001.

Morris, David B.: Geschichte des Schmerzes, Frankfurt 1996.

Mout, Nicolette: Die Kultur des Humanismus, München 1998.

Mukherjee, Siddharta: Der König aller Krankheiten, Köln 2017.

Museum Sepulkralkultur (Hrsg.): Tanz der Toten – Todestanz, Dettelbach 1998.

Nagel, Thomas: Letzte Fragen, Mainz 1996.

Nancy, Jean-Luc: Der Eindringling, Berlin 2000.

Nansen, Fridtjof: In Nacht und Eis, 2 Bde., Leipzig 1897.

Nietzsche, Friedrich: Kritische Studienausgabe, München/Berlin/New York 1980.

Novalis, Werke, Tagebücher und Briefe Bd. 2, Darmstadt 1999.

Nuland, Sherwin B.: Wie wir sterben, 1994.

Ovid: Metamorphosen, Stuttgart 1986.

Panofsky, Erwin: Et in Arcadia ego, Berlin 2002.

Papst Innozenz III.: Vom Elend des menschlichen Daseins, Hildesheim 1990.

Pascal, Blaise: Über die Religion, Heidelberg 1963.

Pascal, Blaise: Das Ich liegt in meinem Denken, Stuttgart 2017.

Pennington, Margot: Memento mori. Eine Kulturgeschichte des Todes, Stuttgart 2001.

Peppiatt, Michael: In Giacomettis Atelier, Berlin/München 2013.

Peppiatt, Michael: Francis Bacon. Anatomie eines Rätsels, Köln 2003.

Peppiatt, Michael: Francis Bacon – Michel Leiris. Eine Freundschaft, Zürich 2016.

Petrarca: Das einsame Leben, Stuttgart 2004.

Petrarca: Gespräche über Weltverachtung, Jena 1910.

Petrarca: Die Besteigung des Mont Ventoux, Stuttgart 1999.

Petrarca: Heilmittel gegen Glück und Unglück, München 1988.

Pindar: Dichtungen und Fragmente, Leipzig 1942.

Pfohl, Gerhard: Römische Grabinschriften, München 1969.

Platen, August von: Gedichte, Stuttgart 1968.

Platon: Sämtliche Werke, Hamburg 1984.

Plessner, Helmuth: Philosophische Anthropologie, Frankfurt/M. 2000.

Pomponazzi, Pietro: Abhandlung über die Unsterblichkeit der Seele, Hamburg 1990.

Radisch, Iris: Die letzten Dinge, Hamburg 2015.

Ridder, Michael de: Wie wollen wir sterben?, München 2011.

Rieff, David: Tod einer Untröstlichen, München 2009.

Rilke, Rainer Maria: Ausgewählte Werke in zwei Bänden, Frankfurt 1951.

Rilke, Rainer Maria: Gesammelte Gedichte, Frankfurt/M. 1962.

Roth, Eugen: Ein Mensch, München/Wien 1998.

Roth, Philip: Der menschliche Makel, München 2015.

Russell, Bertrand: Warum ich kein Christ bin, München 1963.

Sartre, Jean-Paul: Das Sein und das Nichts, Hamburg 1994.0

Sartre, Jean-Paul: Drei Essays, Ffm/Berlin/Wien 1975.

Scarry, Elaine: Der Körper im Schmerz, Frankfurt/M. 1992.

Scheler, Max: Tod und Fortleben, in: Schriften aus dem Nachlass, Bd. 1, Bern 1957.

Schellings Werke, München 1927.

Schiller, Friedrich: Sämmtliche Werke, Stuttgart 1862.

Schlaffer, Hannelore: Das Alter, Frankfurt/M. 2003.

Schlegel, Friedrich: Lucinde, Stuttgart 1979.

Schlingensief, Christoph: So schön wie hier kann's im Himmel gar nicht sein, München 2010.

Schnitzler, Arthur: Sterben, Stuttgart 2014.

Schnitzler, Arthur: Gesammelte Werke. Die erzählenden Schriften Bd. 1, Frankfurt/M. 1961, S. 313-318.

Schnitzler, Arthur: Fräulein Else und andere Erzählungen, Frankfurt/M. 2007.

Schnitzler, Arthur: Beziehungen und Einsamkeiten, Frankfurt/M. 1987.

Schöne, Albrecht: Schillers Schädel, München 2002.

Schopenhauer, Arthur: Sämtliche Werke, Stuttgart/Frankfurt/M. 1987.

Schopenhauer, Arthur: Die Welt als Wille und Vorstellung, Bd. 1 und 2, Darmstadt 1980.

Schulz, Walter: Subjektivität im nachmetaphysischen Zeitalter, Pfullingen 1992.

Seneca, L. Annaeus: Philosophische Schriften in fünf Bänden, Darmstadt 2011.

Shakespeare, William: Hamlet, München 2012.

Shakespeare, William: Sonette, Leipzig 1990.

Shakespeare, William: Macbeth, Stuttgart 1986.

Shakespeare, William: Der Sturm, Stuttgart 1986.

Simmel, Georg: Rembrandt. Ein kunstphilosophischer Versuch, Leipzig 1919.

Simmel, Georg: Zur Metaphysik des Todes, in: Logos 1 (1910/1911), S. 57-70.

Solschenizyn, Alexander: Krebsstation, Gütserloh o.J.

Sonnabend, Holger: August 14, Darmstadt 2013.

Sontag, Susan: Krankheit als Metapher, Frankfurt/M. 2005.

Sontag, Susan: Das Leiden anderer betrachten, Frankfurt/M. 2005.

Sophokles: Dramen, Düsseldorf 2007.

Spengler, Oswald: Untergang des Abendlandes, München 1999.

Stanberger, Susen und Karsten: Die Grasbeißerbande, Recklinghausen 2016.

Steinz, Pieter: Der Sinn des Lesens, Stuttgart 2016.

Storm, Theodor: Späte Rosen. Novellen und Gedichte, Gütersloh 1952.

Strindberg, August: Totentanz, Stuttgart 2005.

Swaab, Dick: Wir sind unser Gehirn, München 2013.

Swift, Jonathan: Gullivers Reisen, Köln 2012.

Tacitus, Annalen XI-XVI, Stuttgart 1992.

Tepl, Johannes von: Der Ackermann, Stuttgart 2000.

Thomas von Aquin: Summa Contra Gentiles, Darmstadt 1990.

Thoreau, Henry David: Walden oder Leben in den Wäldern, Frankfurt/M. 1999.

Tolstoi, Leo: Die großen Erzählungen, Frankfurt 1975.

Tolstoi, Leo: Krieg und Frieden, Wiesbaden o.J.

Tolstoi, Leo: Die drei Tode, Leipzig 1950.

Tugendhat, Ernst: Über den Tod, Frankfurt/M. 2006.

Vergil: Aeneis, Leipzig 2001.

Vergil: Georgica, Stuttgart 1994.

Voltaire, François Marie: Philosophisches Wörterbuch, Frankfurt/M. 1985.

Voltaire, François Marie: Sämtliche Romane und Erzählungen, München 1969.

Waiblinger, Franz Peter (Hrsg.): Rom, Darmstadt 2000.

Waller, Friederike (Hrsg.): Alles ist nur Übergang, Tübingen 2006.

Walther von der Vogelweide: Gedichte, Frankfurt/M. 1962.

Ware, Bronnie: 5 Dinge, die Sterbende am meisten bereuen, München 2015.

Weber, Max: Gesammelte Aufsätze zur Wissenschaftslehre, Tübingen 1985.

Weinrich, Harald: Knappe Zeit, München 2004.

Wesenberg, Angelika: Memento vivere, Köln 2002.

Westerwelle, Guido: Zwischen zwei Leben, Hamburg 2015.

Wetz, Franz Josef: Hans Jonas zur Einführung, Hamburg 1994.

Wetz, Franz Josef: Baustelle Körper, Stuttgart 2009.

Wetz, Franz Josef: Traum, in: Historisches Wörterbuch Bd. 10, Basel 1998.

Wiesner-Bangard, Michaela / Welsch, Ursula: Lou Andreas-Salomé, Stuttgart 2008.

Wilde, Oscar: Das Bildnis des Dorian Gray, Frankfurt/M. 1980.

Williams, Bernard: Probleme des Selbst, Stuttgart 1978.

Wittwer, Héctor / Schäfer, Daniel / Frewer, Andreas (Hrsg.): Sterben und Tod, Stuttgart 2010.

Wittwer, Héctor (Hrsg.): Der Tod, Stuttgart 2014.

Wittwer, Héctor: Philosophie des Todes, Stuttgart 2009

Wittgenstein, Ludwig: Tractatus logico-philosophicus, Frankfurt/M. 1977.

Wuketits, Franz M.: Lob der Feigheit, Stuttgart 2008.

Yalom, Irvin D.: In die Sonne schauen, München 2010.

Zbarski, Ilya: Lenin und andere Leichen, Stuttgart 1997.

Ziegler, Jean: Die Lebenden und der Tod, München 2000.

Zola, Émile: Freude des Lebens, Berlin 1971.

Anmerkungen

1 Seneca, Philosophische Schriften Bd. 4, 82, 15 f.
2 Stanberger, Die Grasbeißerbande, o.S.
3 Mann, Zauberberg, S. 443.
4 Vgl. Ionesco, Der König stirbt, S. 3.
5 Freud, Studienausgabe Bd. IX, S.207.
6 Descartes; Meditationen, II, 5.
7 Kants Werke Bd. IX, S. 25.
8 Euripides, Tragödien Bd. 2, 977.
9 Sartre, Drei Essays, S. 11.
10 Hamsun, Das letzte Kapitel, S. 349.
11 Schiller, Sämmtliche Werke Bd. 12, S. 246.
12 Sophokles, Dramen, 332 f.
13 Fried, Warngedichte, S. 120.
14 Hugo, Der letzte Tag eines Verurteilten, S. 77.
15 Schlingensief, So schön wie hier kann's im Himmel gar nicht sein, S. 30.
16 Schnitzler, Sterben, S. 24.
17 Vgl. Canetti, Die Befristeten.
18 Vgl. Ionesco, Der König stirbt.
19 Andrejew, Die Geschichte von den sieben Gehenkten, S. 39.
20 Ebenda, S. 26-29.
21 Dostojewskij, Der Idiot, I, 5, S. 101.
22 Hugo, Der letzte Tag eines Verurteilten, S. 16.29.
23 Vgl. Beckett, Kommen und Gehen.
24 Andrejew, Die Geschichte von den sieben Gehenkten, S. 11.
25 Kästner, Gesammelte Schriften Bd. 1, S. 388.
26 Vgl. Sartre, Das Sein und das Nichts, S. 670-690.

27 Vgl. Rilke, Ausgewählte Werke Bd. 2, S. 7-218.

28 Vgl. Elias, Die Einsamkeit der Sterbenden; Ariés, Geschichte des Todes; Ziegler, Die Lebenden und der Tod.

29 Foucault, In Verteidigung der Gesellschaft, S. 292.

30 Vgl. Scheler, Tod und Fortleben, S. 36-49.

31 Freud, Studienausgabe Bd. IX, S. 55.

32 Barthes, Tagebuch der Trauer, S. 62.

33 Freud, Studienausgabe Bd. IX, S. 49, 56.

34 Vgl. Heidegger, Sein und Zeit.

35 Pascal, Über die Religion, S. 92, 168.

36 Eckermann, Gespräche mit Goethe, S. 510.

37 Hugo, Der letzte Tage eines Verurteilten, S. 10.

38 Montaigne, Essais, I, 20; vgl. Seneca, Philosophische Schriften Bd. 3, 26, 4.

39 Maupassant, Bel ami, S. 146.

40 Vgl. Beauvoir, Das Alter.

41 Schopenhauer, Sämtliche Werke IV, S. 579 ff.

42 Vgl. Peppiat, Francis Bacon, S. 300.

43 Seneca, Philosophische Schriften Bd. 4, 108, 28.

44 Vgl. Cicero, Cato oder Über das Alter.

45 Hartmann, Lob der Vergänglichkeit, S. 185.

46 Benn, Werke Bd. 3, S. 53.

47 Vgl. Schlaffer, Das Alter, S. 79; Roth, Der menschliche Makel.

48 Améry, Über das Altern, S. 51.

49 Vgl. Wilde, Das Bildnis des Dorian Gray.

50 Bobbio, Vom Alter, S. 54.

51 Fontane, Ein Leben in Briefen, S. 488.

52 Chateaubriand, in: Beauvoir, Das Alter, S. 476.

53 Vgl. Wetz, Hans Jonas zur Einführung.

54 Vgl. Aristoteles, Rhetorik.

55 Euripides, Tragödien Bd. 2, 1219.

56 Fontane, Ein Leben in Briefen, S. 490.

57 Fontane, Die Gedichte, S. 46.

58 Beauvoir, Die Zeremonie des Abschieds, S. 31.

59 Vgl. Horaz, Sämtliche Gedichte. Oden.

60 Fontane, Ein Leben in Briefen, S. 346.
61 Vgl. Marquard, Endlichkeitsphilosophisches, S. 70 ff.
62 Schopenhauer, Sämtliche Werke IV, S. 583, 589.
63 Nietzsche, Kritische Studienausgabe Bd. 3, S. 317.
64 Fontane, Ein Leben in Briefen, S. 488.
65 Ebenda, S. 346.
66 Mann, Buddenbrooks, S. 70.
67 Ionesco, Der König stirbt, S. 11.
68 Voltaire, Philosophisches Wörterbuch, S. 159.
69 Marc Aurel, Selbstbetrachtungen, S. 21.
70 Augustinus, Gottesstaat, 13. 10.
71 Montaigne, Essais, I, 20.
72 Beauvoir, Alle Menschen sind sterblich, S. 456 f.
73 Simmel, Zur Metaphysik des Todes, S. 55.
74 Rilke, Werke Bd. 1, S. 93.
75 Vgl. Canetti, Das Buch gegen den Tod, S. 155.
76 Celan, Späte Gedichte, S. 51.
77 Beckett, Warten auf Godot, S. 109.
78 Mann, Zauberberg, S. 304.
79 Landsberg, Die Erfahrung des Todes, S. 29.
80 Homer, Ilias, 6. Gesang.
81 1. Petr. 1, 24.
82 Heißenbüttel, Textbuch I, S. 5.
83 Beauvoir, Alle Menschen sind sterblich, S. 51.
84 Pascal, Das Ich besteht in meinem Denken, Fr. 10.
85 Montaigne, Essais, I, 20.
86 Rilke, Gesammelte Gedichte, S. 233.
87 Schopenhauer, Welt als Wille und Vorstellung Bd. 2, S. 598.
88 Dumas, Alexandre, Der Graf von Monte Christo, 3, 19.
89 Horaz, Sämtliche Gedichte, Oden IX, 7.
90 Sophokles, Dramen, 427.
91 Landsberg, Die Erfahrung des Todes, S. 36.
92 Waller, Alles ist nur Übergang, S. 54.
93 Seneca, Philosophische Schriften Bd. 4, 102, 26.

94 Dostojewksij, Religiöse Betrachtungen, S. 46.
95 Bhagawadgita, 2, 13.
96 Ebenda, 2, 17.
97 Platon, Sämtliche Werke III.
98 Ebenda, Phaidon, 67e.
99 Vgl. Augustinus, Selbstgespräche. Von der Unsterblichkeit der Seele.
100 Ebenda, S. 157.
101 Vgl. Descartes, Meditationen.
102 Vgl. Thomas von Aquin, Summe Contra Gentiles III und IV.
103 Vgl. Hiob 19, 25-27.
104 Augustinus, Gottesstaat, 20. 6.
105 Katholischer Katechismus, 1059 f.
106 Ebenda, 1016.
107 Ebenda, 1017.
108 Kants Werke III, 399 ff.; Werke V, 220 ff.
109 Vgl. Horkheimer, Sehnsucht nach dem ganz Anderen, S. 61 f.; ders., Kritische Theorie Bd. 1, S. 168, 373
110 Andreas-Salomé, Lebensrückblick, S. 300 f.
111 Rilke, Werke Bd. 1, S. 120
112 Vgl. Eckel, Sie nennt es weggehen.
113 Fontane, Effi Briest, S. 316.
114 Platon, Sämtliche Werke I, 40c.
115 Seneca, Philosophische Schriften Bd. 4, 71, 16.
116 Vgl. im vorherigen Kapitel den Abschnitt Unsterblichkeitsbeweise.
117 Kants Werke Bd. III, 494.
118 Ebenda, 384.
119 Holbach, Gesunder Menschenverstand, S. 10 ff.
120 La Mettrie, Maschine Mensch, S. 17.
121 Hitchens, Endlich, S. 117.
122 Canetti, Buch gegen den Tod, S. 18.
123 Feuerbach, Das Wesen des Christentums, S. 280.
124 Vgl. Küng, Ewiges Leben?
125 Vgl. Jaspers, Philosophie und Welt, S. 154.
126 Nietzsche, Kritische Studienausgabe Bd. 3, I, 90

127 Keller, Gesammelte Werke Bd. 1, S. 138.

128 Hume, Naturgeschichte der Religion, S. 85.

129 Holbach, System der Natur, S. 218.

130 Bayertz, Materialismus-Streit, S. 188.

131 Nietzsche, Kritische Studienausgabe Bd. 3, I, 49.

132 Ebenda, Bd. 6, 43.

133 Ebenda, Bd. 3, IV, 211.

134 Ebenda, Bd. 5, III, 22.

135 Lukrez, Welt aus Atomen, III, S. 183.

136 Ebenda, III, S. 187.

137 Ebenda, III, S. 195.

138 Aristoteles, Nikomachische Ethik III, 9, 1115a.

139 Vgl. Pomponazzi, Abhandlung über die Unsterblichkeit der Seele.

140 Benn, Gesammelte Werke Bd. 3, S. 12.

141 Ebenda, S. 37.

142 Hume, Naturgeschichte der Religion, S. 84 f.

143 Nietzsche, Kritische Studienausgabe Bd. 4, III, Der Genesende 2; vgl. auch Vorrede I, 6.

144 Platon, Sämtliche Werke III, 70.

145 Kants Werke Bd. VII, Anthropologie, S. 161.

146 Ebenda, S. 119

147 Ebenda, Bd. V, Kritik der praktischen Vernunft, 289.

148 Nietzsche, Kritische Studienausgabe Bd. 4, I, Von den Verächtern des Leibes.

149 Benn, Gesammelte Werke Bd. 3, S. 37

150 Frisch, Triptychon, S. 16.

151 Schopenhauer, Die Welt als Wille und Vorstellung Bd. 1, S. 259.

152 La Mettrie, Maschine Mensch, S. 67.

153 Holbach, System der Natur, S. 89, 289; vgl. auch Bayertz, Materialismus-Streit; Metzinger, Grundkurs Philosophie des Geistes, Paderborn 2010.

154 Vgl. Frege, Funktion, Begriff, Bedeutung, S. 38-63.

155 Vgl. auch Plessner, Die Stufen des Organischen.

156 Mann, Zauberberg, S. 345.

157 Lukrez, Welt aus Atomen, III, S. 245.

158 Hartmann, Lob der Vergänglichkeit, S. 126.

159 Bayertz, Materialismus-Streit, S. 188.

160 Kants Werke Bd. V, Kritik der praktischen Vernunft, 289.

161 Kants Werke Bd. V, Kritik der Urteilskraft, 428; vgl. Bd. II, Träume eines Geistersehers, S. 327.

162 Lukrez, Welt aus Atomen, III, S. 235.

163 Instruktion der Glaubenskongregation in Rom: Leben und Fortpflanzung.

164 Vgl. Wetz, Baustelle Körper, S. 109 ff.

165 Benn, Gesammelte Werke Bd. IV, S. 13.

166 Kübler-Ross, Über den Tod und das Leben danach, S. 35.

167 Kants Werke Bd. II, S. 348.

168 Kants Werke Bd. V, 291.

169 Kants Werke Bd. II, S. 356.

170 Vgl. Küng, Ewiges Leben, S. 36; Swaab, Wir sind unser Gehirn, S. 389.

171 Vgl. Knoblauch, Berichte aus dem Jenseits.

172 Vgl. Bernlef, Hirngespinste.

173 Vgl. Swaab, Wir sind unser Gehirn, S. 29, 382.

174 Vgl. Frazer, Der goldene Zweig; Eliade, Geschichte der religiösen Ideen.

175 Vgl. Apg 17, 32.

176 Vgl. 1 Kor. 15, 12-28; Apg. 24, 10-15, Offb. 20, 13-15.

177 Röm 6, 23.

178 1 Kor. 15, 23.

179 1 Kor. 15.

180 1 Kor. 15, 54 f.

181 Offb. 21, 4.

182 1 Kor. 20, 52.

183 Celan, Die Niemandsrose, S. 26.

184 Rilke, Ausgewählte Werke Bd. 1, S. 405.

185 Benn, Gesammelte Werke Bd. 2, S. 107.

186 Vgl. Frazer, Der goldene Zweig.

187 Vgl. Groß, Objekt Leiche, S. 79 ff.

188 Vgl. Nietzsche Kritische Studienausgabe Bd. 12, S. 211.

189 1 Kor. 3, 18.

190 Hume, Die Naturgeschichte der Religion, S. 86.

191 Weber, Gesammelte Aufsätze zur Wissenschaftslehre, S. 154 f.

192 Freud, Studienausgabe Bd. IX, S. 139-189.
193 Holbach, Der gesunde Menschenverstand, S. 13.
194 Nietzsche, Kritische Studienausgabe Bd. 6, 41, 43.
195 Brecht, Gesammelte Werke Bd. 8, S. 260.
196 Keller, Gesammelte Werke Bd. 1, S. 130.
197 Jelinek, In den Alpen, S. 22.
198 Holbach, Der gesunde Menschenverstand, S. 104.
199 Fontane, Effi Briest, S. 319.
200 Holbach, Der gesunde Menschenverstand, S. 100.
201 Pascal, Das Ich besteht in meinem Denken, Fr. 194.
202 Sartre, Jean-Paul, Das Sein und das Nichts, S. 690.
203 Rilke, Werke Bd. 1, S. 179.
204 Lukrez, Welt aus Atomen III, S. 237.
205 Schelling, Werke Bd. 1, S. 244.
206 Schopenhauer, Welt als Wille und Vorstellung Bd. 2, S. 621.
207 Gehlen, Der Mensch, S. 308 f.
208 Wittgenstein, Tractatus, S. 113.
209 Canetti, Buch gegen den Tod, S. 138.
210 Kants Werke Bd. VII, S. 99.
211 Mann, Zauberberg, S. 635.
212 Ebenda, S. 679.
213 Mann, Frühe Erzählungen, S. 62.
214 Ebenda, S. 105
215 Mann, Zauberberg, S. 734.
216 Schopenhauer, Welt als Wille und Vorstellung Bd. 1, S. 384.
217 Marc Aurel, Selbstbetrachtungen, S. 28.
218 Herrndorf, Arbeit und Struktur, Blog 5. Oktober 2011.
219 Nietzsche, Kritische Studienausgabe Bd. 3, I, 72.
220 Hiob 1, 21.
221 Marc Aurel, Selbstbetrachtungen, S. 144; Seneca, Philosophische Werke, Bd. 3, 63, 7.
222 Vgl. Strindberg, Totentanz.
223 Russell, Warum ich kein Christ bin, S. 60 ff.
224 Beauvoir, Alles in allem, S. 48.

225 Peppiat, Francis Bacon, S. 233, 244.
226 Elias, Einsamkeit der Sterbenden, S. 70, 100.
227 Bonaventura, Nachtwachen, S. 75.
228 Prediger 3, 19 f.
229 Shakespeare, Hamlet, 5. Akt, 1. Szene.
230 Dante, Göttliche Komödie, Fegefeuer, XI. Gesang.
231 Vgl. Hartmann, Lob der Vergänglichkeit, S. 12.
232 Vgl. Huizinga, Herbst des Mittelalters, S. 191 f.
233 Beauvoir, Alle Menschen sind sterblich, S. 396.
234 Juvenal, Satiren, VII, 81.
235 Horaz, Sämtliche Gedichte. Oden, 3. 30.
236 Shakespeare, Sonette, 65 und 55.
237 Petrarca, Gespräche über Weltverachtung, S. 117.
238 Shakespeare, Sonette, 64.
239 Marc Aurel, Selbstbetrachtungen, S. 38.
240 Ebenda.
241 Barthes, Tagebuch der Trauer, S. 244.
242 Lévi-Strauss, Das Nahe und das Ferne, S. 8.
243 Ionesco, Der König stirbt, S. 63,
244 Marc Aurel, Selbstbetrachtungen, S. 16.
245 Canetti, Buch gegen den Tod, S. 50.
246 Beauvoir, Der Lauf der Dinge, S. 622 f.
247 Vgl. Spengler, Der Untergang des Abendlandes.
248 Marc Aurel, Selbstbetrachtungen, S. 42 f.
249 Seneca, Philosophische Schriften Bd. 4, 91, 10; 71, 15.
250 Lévi-Strauss, Mythologica IV, S. 817.
251 Nietzsche, Kritische Studienausgabe Bd. 1, S. 875; vgl. auch Ionesco, Der König stirbt, S. 45.
252 Vgl. Panofsky, Et in arcadia ego; Masak/ Fiedler, Arkadien.
253 Schiller, Sämmtliche Werke Bd. 1, S. 330.
254 Goethe, Gesammelte Werke Bd. 2, 2. Akt, 4. Auftritt.
255 Rilke, Werke Bd. 1, S. 249 f.
256 Goethe, Gesammelte Werke Bd. 1, S. 238.
257 Gide, Tagebuch, S. 50.

258 Benn, Gesammelte Werke Bd. 3, S. 341.
259 Conrady, Das große deutsche Gedicht, S. 136.
260 Seneca, Philosophische Schriften Bd. 1, 22,1.
261 Vgl. Freud, Studienausgabe Bd. X, S. 225-227.
262 Mann, Reden und Aufsätze 2, S. 384.
263 Marc Aurel, Selbstbetrachtungen, S. 47.
264 Homer, Ilias, VI. Gesang, 448 f.
265 Hartmann, Lob der Vergänglichkeit, S. 19.
266 Decimus Magnus Ausonius, Epitaphia XXXII 9f, Bd. 1, S. 158.
267 Waiblinger, Rom, S. 250.
268 Mout, Die Kultur des Humanismus, S. 204.
269 Diderot, Oeuvres compétes Bd. 11, S. 227.
270 Prediger 1,2 ff.
271 Pindar, Dichtungen und Fragmente, S. 106.
272 Hiob 14,2; Prediger 6, 12; Buch der Weisheit 2,5; Psalm 39.
273 Walther von der Vogelweide, Gedichte, S. 284.
274 Vgl. Probst/ Wetz, Traum-Metapher, S. 1471-1473.
275 Voltaire, Sämtliche Romane und Erzählungen, S. 142
276 Ebenda, S. 146.
277 Pascal, Das Ich besteht in meinem Denken, Fr. 10.
278 Marc Aurel, Selbstbetrachtungen, S. 179.
279 Ionesco, Der König stirbt, S. 45.
280 Tolstoi, Krieg und Frieden, III, 16, 19.
281 Marcuse, Die Welt der Tragödie, S. 124.
282 Lord Byron, Childe Harold's Pilgrimage, S. 825.
283 Nansen, In Nacht und Eis Bd. 1, S. 202 f.
284 Ebenda, S. 352 f.
285 Ebenda, S. 523.
286 Ebenda, S. 330.
287 Ebenda, Bd. 2, S. 264.
288 Ebenda, S. 263.
289 Benn, Gesammelte Werke Bd. 3, S. 6.
290 Vgl. Hegel, Theorie Werkausgabe Bd. 9, § 375.
291 Ebenda, Bd. 8, § 221.

292 Comte, Rede über den Geist des Positivismus, S. 157.

293 Marc Aurel, Selbstbetrachtungen, S. 37.

294 Vgl. Schopenhauer, Welt als Wille und Vorstellung Bd. 1, §54, Bd. 2, §41.

295 Vgl. ebenda, Bd. 1, §53, Bd. 2, §41 f.

296 Simmel, Rembrandt, S. 100.

297 Schopenhauer, Welt als Wille und Vorstellung Bd. 2, S. 628.

298 Mann, Buddenbrooks, S. 656-658.

299 Ebenda, S. 659.

300 Schopenhauer, Welt als Welt und Vorstellung Bd. 1, S. 382.

301 Ebenda, Bd. 2, S. 634.

302 Marquard, Der Einzelne, S. 139.

303 Ebenda, S. 141.

304 Ebenda, S. 155 f.

305 Canetti, Buch gegen den Tod, S. 26.

306 Vgl. Swift, Gullivers Reisen, S. 263 ff.

307 Beauvoir, Alle Menschen sind sterblich, S. 123.

308 Nietzsche, Kritische Studienausgabe Bd. 12, S. 213.

309 Beauvoir, Alle Menschen sind sterblich, S. 301, 437.

310 Seneca, Philosophische Schriften Bd. 3, 24, 26.

311 Lukrez, Welt aus Atomen, III, S. 243.

312 Vgl. Borges, Das Aleph.

313 Beauvoir, Alle Menschen sind sterblich, S. 138.

314 Ebenda, S. 120.

315 Ebenda, S. 286, 189.

316 Ebenda, S. 456.

317 Ebenda, S. 177, 463.

318 Nietzsche, Kritische Studienausgabe Bd. 4, 211.

319 Beauvoir, Alle Menschen sind sterblich, S. 306, 417.

320 Frisch, Triptychon, S. 100.

321 Vgl. Douglas, Das Leben, das Universum und der ganze Rest.

322 Vgl. Williams, Probleme des Selbst, S. 133-162.

323 Vgl. Kreuels, Über den vermeintlichen Wert der Sterblichkeit.

324 Shakespeare, Macbeth, III, 2.

325 Schiller, Sämmtliche Werke Bd. 1, S. 61.

326 Tolstoi, Die großen Erzählungen, S. 77.

327 Ebenda, S. 78.

328 Ionesco, Der König stirbt, S. 40.

329 Hugo von Hofmannsthal, Drei Dramen, S. 62.

330 Steinz, Sinn des Lesens, S. 203.

331 Seneca, Philosophische Schriften Bd. 2, III, 4.

332 Keller, Gesammelte Werke Bd. 1, S. 131.

333 Wittwer, Der Tod, S. 143.

334 Vgl. Dante, Das Neue Leben; Augustins, Bekenntnisse; Petrarca, Die Besteigung des Mont Ventoux.

335 Vgl. Westerwelle, Zwischen zwei Leben, S. 42.

336 Gide, Erzählungen, S. 226.

337 Bernhard, Der Atem, S. 47.

338 Marc Aurel, Selbstbetrachtungen, S. 35, 74.

339 Beauvoir, In den besten Jahren, S. 402.

340 Walther von der Vogelweide, Gedichte, S. 260.

341 Conrady, Das große deutsche Gedicht, S. 108.

342 Lotario de Segni, Über das Elend des menschlichen Daseins, S. 94 f.

343 Petrarca, Das einsame Leben, S. 261.

344 Vgl. ebenda, S. 35 ff.

345 Conrady, Das große deutsche Gedicht, S. 980.

346 Kierkegaard, Erbauliche Reden, S. 173.

347 Ebenda, S. 185 f.

348 Vgl. Simmel, Metaphysik des Todes.

349 Heidegger, Sein und Zeit, S. 384.

350 Vergil, Georgica, 3, 284.

351 Peppiat, Francis Bacon, S. 332.

352 Horaz, Sämtliche Gedichte. Oden 1, 11.

353 Marc Aurel, Selbstbetrachtungen, S. 41.

354 Goethes Werke Bd. 2, Clavigo, I,1.

355 Novalis, Werke, Tagebücher und Briefe, Fr. 1898.

356 Gide, Erzählungen, S. 104.

357 Prediger, 2, 24.

358 Schnitzler, Sterben, S. 130.

359 Keller, Gesammelte Werke Bd. 1, S. 131.
360 Ionesco, Der König stirbt, S. 35.
361 Keller, Gesammelte Werke Bd. 1, S. 131.
362 Schnitzler, Sterben, S. 27.
363 Ionesco, Der König stirbt, S. 58.
364 Marc Aurel, Selbstbetrachtungen, S. 13.
365 Wittwer, Der Tod, S. 60.
366 Rilke, Werke Bd. 1, S. 273.
367 Hartmann, Lob der Vergänglichkeit, S. 236.
368 Dostojewskij, Der Idiot, I, 5, S. 96.
369 August von Platen, Gedichte, S. 47.
370 Goethes Werke Bd. 1, S. 409.
371 Wittwer, Der Tod, S. 42.
372 Beauvoir, Alle Menschen sind sterblich, S. 444.
373 Vgl. Mann, Zauberberg, S. 79 f.
374 Tolstoi, Die großen Erzählungen, S. 80.
375 Canetti, Buch gegen den Tod, S. 223.
376 Jeremia 20,14 ff.
377 Hiob 3,3 ff.
378 Nietzsche ,Kritische Studienausgabe Bd. 1, S. 35.
379 Sophokles, Dramen, 1224 ff.
380 Seneca, Philosophische Schriften Bd. 1, 22, 3.
381 Vgl. Johann, Trauer und Trost, München 1968.
382 Benn, Gesammelte Werke Bd. 1, S. 635.
383 Lotz, Frédéric Chopin, S. 49.
384 Radisch, Die letzten Dinge, S. 37.
385 Lukrez, Welt aus Atomen, III, S. 239.
386 Roth, Ein Mensch, S. 5.
387 Schiller, Sämmtliche Werke Bd. 5, S. 461.
388 Wittwer, Der Tod, S. 149.
389 Vgl. Wetz, Baustelle Körper, S. 224 f.
390 Vgl. ebenda.
391 Vgl. ebenda, S. 212 ff.
392 Homer, Illias V, 859 ff.

393 Ovid, Metamorphosen, 382-391.

394 Aischylos, Tragödien, 561-886.

395 Sophokles, Dramen, 1180-1530.

396 Ebenda, 760-1085.

397 Ebenda, 784-796.

398 Homer, Ilias, XXIV, 603 ff.

399 Ovid, Metamorphosen, VI.

400 Ebenda.

401 Vgl. Flaubert, Madame Bovary, S. 346 ff.

402 Tolstoi, Die großen Erzählungen, S. 56.

403 Vgl. Scarry, Der Körper im Schmerz; Breton, Der Schmerz; Morris, Geschichte des Schmerzes.

404 Vergil, Aeneis, II, 222-230.

405 Lessing, Laokoon, S. 35.

406 Mann, Zauberberg, S. 153.

407 Ebenda, S. 258.

408 Ebenda.

409 Fontane, Effi Briest, S. 317.

410 Mann, Buddenbrooks, S. 743.

411 Ebenda, S. 754.

412 Bernhard, Der Atem, S. 17 f.

413 Schlegel, Lucinde, S. 85.

414 Belli, Zauber gegen die Kälte.

415 Conrady, Das große deutsche Gedicht, S. 413.

416 Platon, Sämtliche Werke I, 29b

417 Marcuse, Die Welt der Tragödie, S. 91.

418 Schnitzler, Sterben, S. 60.

419 Schlingensief, So schön wir hier kann's im Himmel gar nicht sein, S. 69.

420 Beauvoir, In den besten Jahren, S. 269, 513.

421 Radisch, Die letzten Dinge, S. 131.

422 Schlingensief, So schön wie hier kann's im Himmel gar nicht sein, S. 83, 178 f., 249.

423 Canetti, Buch gegen den Tod, S. 54.

424 Kierkegaard, Erbauliche Reden, S. 182.

425 Fontane, Gedichte, S. 60.

426 Rieff, Tod einer Untröstlichen, S. 57.

427 Schnitzler, Sterben, S. 53 f.

428 Hugo, Der letzte Tage eines Verurteilten, S. 89.

429 Beauvoir, Alle Menschen sind sterblich, S. 121.

430 Vgl. Fontaine, Fables, I, 16.

431 Äsop, Fabeln, 60,1.

432 Euripides, Tragödien, 1, 15 ff.

433 Schnitzler, Die erzählenden Schriften Bd. 1, S. 131-318.

434 Cicero, Tusculanen, I, 15.

435 Schnitzler, Sterben, S. 66.

436 Vgl. Jaspers, Karl: Existenzerhellung Bd. 2, Teil II, 4.

437 Beauvoir, In den besten Jahren, S. 513.

438 Canetti, Buch gegen den Tod, S. 18.

439 Seneca, Philosophische Schriften Bd. 4, 91, 19.

440 Vgl. Lukrez, Welt aus Atomen, III, 88 ff.

441 Kants Werke Bd. VII, S. 166 f.

442 Vgl. Mann, Frühe Erzählungen, S. 62.

443 Nietzsche, Kritische Studienausgabe Bd. 4, 4, 349.

444 Montaigne, Essais, Buch I, 20, S. 142.

445 Blumenberg, Goethe zum Beispiel, S. 100.

446 Vgl. Blumenberg, Lebenszeit und Weltzeit; Schulz, Subjektivität im nachmetaphysischen Zeitalter, S. 125-174.

447 Canetti, Buch gegen den Tod, S. 265.

448 Schlingensief, So schön wie hier kann's im Himmel gar nicht sein, S. 229.

449 Radisch, Die letzten Dinge, S. 131.

450 Peppiat, Bacon-Leiris, S. 73.

451 Radisch, Die letzten Dinge, S. 60.

452 Nagel, Letzte Fragen, S. 18.

453 Camus, Der Mythos von Sisyphos, S. 9

454 Vgl. Minois, Geschichte des Selbstmords, S. 396,

455 Shakespeare, Hamlet, III, 1.

456 Seneca, Philosophische Schriften Bd. 3, 26,10.

457 Hume, Die Naturgeschichte der Religion, S. 86.

458 Wittwer, Der Tod, S. 136.
459 Vgl. Mann, Zauberberg, S. 278, 627.
460 Seneca, Philosophische Schriften Bd. 4, 78, 6.
461 Beauvoir, Ein sanfter Tod, S. 119.
462 Ebenda, S. 120.
463 Eckel, Sie nennt es weggehen, S. 122.
464 Vgl. Sontag, Krankheit als Metapher, S. 12 f.
465 Beauvoir, Alles in allem, S. 49.
466 Marcuse, Welt der Tragödie, S. 36.
467 Mankell, Treibsand, S. 29 f.
468 Ionesco, Der König stirbt, S. 39.
469 Schnitzler, Sterben, S. 9.
470 Ebenda, S. 18.
471 Vgl. Kafka, Die Verwandlung.
472 Mankell, Treibsand, S. 29 f.
473 Mann, Zauberberg, S. 163.
474 Ebenda, S. 179.
475 Vgl. Sontag, Krankheit als Metapher, S. 22 ff., 34 ff., 41 ff.
476 Tolstoi, Die großen Erzählungen, S. 73-76.
477 Hitchens, Endlich, S. 31.
478 Vgl. Nancy, Der Eindringling.
479 Schlingensief, So schön wie hier kann's im Himmel gar nicht sein, S. 236.
480 Die Zeit 13 (2015), S. 45.
481 Steinz, Der Sinn des Lebens, S. 193.
482 Schnitzler, Sterben, S. 47.
483 Ebenda, S. 67.
484 Hitchens, Endlich, S. 68.
485 Ebenda, S. 27.
486 Mann, Zauberberg, S. 29.
487 Westerwelle, Zwischen zwei Leben, S. 103.
488 Schlingensief, So schön wie hier kann's im Himmel gar nicht sein, S. 134.
489 Euripides, Dramen Bd. 2, 741.
490 Schnitzler, Sterben, S. 82.
491 Tolstoi, Die großen Erzählungen, S. 61.

492 Schnitzler, Sterben, S. 62.
493 Benn, Werke Bd. 2, S. 14.
494 Hamsun, Das letzte Kapitel, S. 25 f.
495 Bangard/Welsch, Lou Andreas-Salomé, S. 247.
496 Ionesco, Der König stirbt, S. 12.
497 Beauvoir, Die Zeremonie des Abschieds, S. 164.
498 Vgl. Wuketits, Lob der Feigheit.
499 Schnitzler, Sterben, S. 40.
500 Ebenda
501 Vgl. Beauvoir, Ein sanfter Tod, S. 111.
502 Schnitzer, Sterben, S. 20.
503 Rieff, Tod einer Untröstlichen, S. 112.
504 Schlingensief, So schön wie hier kann's im Himmel gar nicht sein, S. 80.
505 Vgl. Beauvoir, Ein sanfter Tod, S. 74.
506 Tolstoi, Die großen Erzählungen, S. 52.
507 Nietzsche, Kritische Studienausgabe Bd. 5, Erste Abhandlung 7.
508 Nietzsche, Kritische Studienausgabe Bd. 4, Zweiter Teil, Von der Erlösung.
509 Hugo von Hofmannsthal, Buch der Freunde, S. 44.
510 Lennig, Benn, S. 120.
511 Gide, Erzählungen, S. 42.
512 Vgl. Sontag, Krankheit als Metapher.
513 Mann, Zauberberg, S. 346.
514 Vgl. ebenda, S. 249.
515 Eckel, Sie nennt es weggehen, S. 100.
516 Westerwelle, Zwischen zwei Leben, S. 117, 150.
517 Tolstoi, Die großen Erzählungen, S. 52.
518 Ionesco, Der König stirbt, S. 49.
519 Hugo, Der letzte Tag eines Verurteilten, S. 65.
520 Vgl. Laager, Ars moriendi, S. 161-174.
521 Vgl. Boethius, Trost der Philosophie.
522 Vgl. Kassel, Untersuchungen zur griechischen und römischen Konsolationsliteratur; Johann, Trauer und Trost.
523 Vgl. Blumenberg, Beschreibung des Menschen, S. 626.
524 Freud, Studienausgabe Bd. IX, S. 182.

525 Vgl. Grossmann, Leben und Schicksal.

526 Vgl. Mann, Zauberberg, S. 146.

527 Markus 13,13; Apog 1,7; 1. Thess. 5,1.

528 Psalm 90.

529 Thomas von Kempen, Nachfolge Christi, 23,3.

530 Montaigne, Essais Bd. 1, S. 134.

531 Seneca, Philosophische Schriften Bd. 4, 79, 29.

532 Vgl. Baudelaire, Die Blumen des Bösen / Kleine Gedichte, S. 275.

533 Vgl. Schöne, Schillers Schädel.

534 Rilke, Ausgewählte Werke Bd. 1, S. 256.

535 Ebenda, S. 270.

536 Nietzsche, Kritische Studienausgabe Bd. 1, S. 248.

537 Lévi-Strauss, Das Nahe und das Ferne, S. 118.

538 Rilke, Ausgewählte Werke Bd.1, S. 177.

539 Euripides, Tragödien Bd. 1, 132-392.

540 Rilke, Ausgewählte Werke Bd. 1, S. 272.

541 Schnitzler, Beziehungen und Einsamkeiten, S. 78.

542 Montaigne, Essais Bd. 1, S. 137.

543 Platon, Sämtliche Werke III, 67d.

544 Vgl. Montaigne, Essais Bd. 1, S. 134 ff.

545 Rilke, Ausgewählte Werke Bd. 1, S. 306.

546 Marc Aurel, Selbstbetrachtungen, S. 128.

547 Seneca, Philosophische Schriften Bd. 3, 24, 20.

548 Ebenda, Bd. 4, 99,31.

549 Marc Aurel, Selbstbetrachtungen, S. 49.

550 Seneca, Philosophische Schriften Bd. 4, 91, 16.

551 Gerhard Pfohl, Römische Grabinschriften, S. 200.

552 Kassel, Untersuchungen zur griechischen und römischen Konsolationsliteratur, S. 82.

553 Ebenda, S. 73.

554 Seneca, Philosophische Schriften Bd. 4, 77, 13; 102, 27.

555 Ebenda, 107, 11; 54, 7.

556 Vgl. Beauvoir, Die Zeremonie des Abschieds, S. 160.

557 Seneca, Philosophische Schriften Bd. 4, 18, 11.

558 Ebenda, Bd. 3, 54, 4-6.
559 Shakespeare, Sturm, 4, 1.
560 Montaigne, Essais Bd. 1, S. 141.
561 Hartmann, Lob der Vergänglichkeit, S. 127.
562 Holbach, Der gesunde Menschenverstand, S. 104.
563 Hume, Die Naturgeschichte der Religion, S. 86.
564 Swaab, Wir sind unser Gehirn, S. 440.
565 Vgl. Tacitus, Annalen XV, 62-64.
566 Diogenes Laertius, Leben und Meinungen berühmter Philosophen, S. 281.
567 Lukrez, Welt aus Atomen, S. 239.
568 Seneca, Philosophische Schriften Bd. 4, 99, 30.
569 Marc Aurel, Selbstbetrachtungen, S. 120.
570 Montaigne, Essais Bd. 1, S. 145.
571 Sartre, Das Sein und das Nichts, S. 923.
572 Ebenda, S. 927.
573 Wittgenstein, Tractatus, S. 113.
574 Mann, Zauberberg, S. 727.
575 Vgl. Seneca, Philosophische Schriften Bd. 4, 121, 16.
576 Montaigne, Essais Bd. 1, S. 146.
577 Mankell, Treibsand, S. 190, 249.
578 Vgl. Kassel, Untersuchungen zur griechischen und römischen Konsolationsliteratur, S. 70.
579 Nagel, Letzte Fragen, S. 21.
580 Ebenda, S. 24.
581 Ionesco, Der König stirbt, S. 60.
582 Vgl. Seneca, Philosophische Schriften Bd. 4, 82, 8.
583 Diogenes Laertius, Leben und Meinungen berühmter Philosophen, S. 281.
584 Ionesco, Der König stirbt, S. 34 f.
585 Seneca, Philosophische Schriften Bd. 3, 26, 8.
586 Sartre, Das Sein und das Nichts, S. 690.
587 Jankelevitch, Der Tod, S. 87.
588 Peppiat, Francis Bacon, S. 268.
589 Jaspers, Philosophie Bd. III, S. 62 f.
590 Blumenberg, Die Sorge geht über den Fluss, S. 153.

591 Kants Werke Bd. VII, S. 99.
592 Mann, Zauberberg, S. 80.
593 Hegel, Theorie-Werkausgabe Bd. 3, S. 36.
594 Kants Werke Bd. VII, S. 239.
595 Montaigne, Essais Bd. 1, S. 129.
596 Pascal, Das Ich besteht in meinem Denken, Fragment 47.
597 Vgl. Hanske, Neues von der anderen Seite, S. 115-136.
598 Vgl. Ovid, Metamorphosen VIII, 626-720.
599 Gorz, Briefe an D., S. 83 f.
600 Schnitzler, Sterben, S. 75.
601 Ebenda, S. 55.
602 Ebenda, S. 92.
603 Ebenda, S. 73.
604 Ebenda, S. 105.
605 Ebenda, S. 106.
606 Rieff, Tod einer Untröstlichen, S. 150.
607 Vgl. Tugendhat, Über den Tod, S. 52 ff.
608 Marc Aurel, Selbstbetrachtungen, S. 111.
609 Vgl. Tugendhat, Über den Tod, S. 55 f.
610 Cicero, Tusculanen I, 117.
611 Pfohl, Römische Grabinschriften, S. 23.
612 Ebenda, S. 72.
613 Ebenda, S. 219.
614 Seneca, Philosophische Schriften Bd. 3, 24, 17.
615 Blumenberg, Die Sorge geht über den Fluss, S. 222; ders., Die Verführbarkeit des Philosophen, S. 107.
616 Seneca, Philosophische Schriften Bd. 4, 92, 34.
617 Mann, Zauberberg, S. 43.
618 Ebenda, S. 600.
619 Benn, Werke Bd. 3, , S. 8.
620 Bernhard, Der Atem, S. 36.
621 Ebenda, S. 37.
622 Didion, Das Jahr magischen Denkens, S. 87.
623 Hofmannsthal, Gesammelte Werke – Gedichte, Dramen I, S. 23.

624 Andrejew, Geschichte von den sieben Gehenkten, S. 44.

625 Barthes, Tagebuch der Trauer, S. 21, 88, 190.

626 Beauvoir, Die Zeremonie der Trauer, S. 9.

627 Mann, Frühe Erzählungen, S. 305.

628 Barthes, Tagebuch der Trauer, S. 200.

629 Schnitzler, Fräulein Else und andere Erzählungen.

630 Barthes, Tagebuch der Trauer, S. 97.

631 Ebenda, S. 238.

632 Ebenda, S. 200.

633 Schnitzler, Fräulein Else und andere Erzählungen.

634 Barthes, Tagebuch der Trauer, S. 238.

635 Freud, Studienausgabe Bd. III, S. 197.

636 Ebenda, S. 198.

637 Ebenda, S. 200.

638 Canetti, Buch gegen den Tod, S. 21.

639 Petrarca, Das einsame Leben, S. 258.

640 Seneca, Philosophische Schriften Bd. 4, 99, 6; 99, 1; 74, 30.

641 Vgl. Landsberg, Erfahrung des Todes, S. 10 ff., 35 ff.

642 Freud, Studienausgabe Bd. IX, S. 53.

643 Barthes, Tagebuch der Trauer, S. 129.

644 Vgl. Kierdorf, Laudatio funebris.

645 Lukrez, Welt aus Atomen, S. 239.

646 Beauvoir, Die Zeremonie des Abschieds, S. 165.

647 Homer, Ilias, XXIV, 49.

648 Vgl. Petrarca, Heilmittel gegen Glück und Unglück; Lipsius, Standhaftigkeit.

649 Vgl. Leutner, Schlaf, Schlafstörungen und Schlafmittel, S. 187-197.

650 Hiob 8,4.

651 Kants Werke Bd. V, S. 334.

652 Nietzsche, Kritische Studienausgabe Bd. 4, S. 243.

653 Ebenda, Bd. 11, S. 571.

654 Freud, Studienausgabe Bd. III, S. 209.

655 Ebenda, S. 198.

656 Barthes, Tagebuch der Trauer, S. 230.

657 Ebenda, S. 159.

658 Mann, Frühe Erzählungen, S. 105.
659 Jünger, Das Wäldchen, S. 138.
660 Blumenberg, Der Mann vom Mond, S. 145.
661 Büchner, Werke und Briefe, S. 172.
662 Zola, Freude des Lebens, S. 107, 162.
663 Ebenda, S. 244.
664 Ebenda.
665 Jacobsen, Niels Lyhne, S. 304-308.
666 Ebenda.
667 Busch, Gesamtwerk Bd. 6, S. 201.
668 Storm, Späte Rosen, S. 215.

Franz Josef Wetz

Rebellion der Selbstachtung

Gegen Demütigung
Zweite, korrigierte Auflage 2018
193 Seiten, Klappenbroschur, Euro 18.-
ISBN 978-3-86569-177-4

Alle kennen das Gefühl: Irgendetwas stimmt gerade nicht. Irgendwie werde ich soeben unkorrekt behandelt und spüre einen Widerstand in mir, den Drang aufzubegehren. Aber wie lässt sich dieses Bauchgefühl genauer fassen?

Ausgehend vom fragwürdigen Begriff Menschenwürde beleuchtet Wetz unser Selbstwertgefühl anhand zahlreicher Alltagsbeispiele – ohne auf althergebrachte Vorstellungen wie „Gottebenbildlichkeit des Menschen" zurückgreifen zu müssen. Sein alternatives Konzept knüpft am biologisch erklärbaren Selbsterhaltungsstreben an. Wetz zeigt, wie Selbstachtung definiert, begründet und gelebt werden kann – auch in extremen Lebenssituationen.

Welche gesellschaftlichen und persönlichen Voraussetzungen müssen erfüllt sein, damit sich Selbstachtung entwickelt? Wodurch wird sie bedroht? Wann ist es gerechtfertigt, sich gedemütigt zu fühlen und dagegen anzugehen? Wann schlägt Selbstachtung in Überheblichkeit um?

Fazit: Selbstachtung ist eine „orthopädische Herausforderung": Sie ist die Kunst, aufrecht zu gehen!

„Das Buch ist so hervorragend, dass es des Nachdenkens und der Debatte wert ist. Die Gründlichkeit in der Argumentation und die Umsicht sind beispielhaft."

Publik-Forum, Januar 2015

Alibri Verlag, Postfach 100 361, 63703 Aschaffenburg
Fon (06021) 62 62 560, www.alibri.de

Franz Josef Wetz

Exzesse

Wer tanzt, tötet nicht

261 Seiten, Klappenbroschur, Euro 20.-

ISBN 978-3-86569-197-2

Nicht nur in kriegerischen Auseinandersetzungen begegnen sich Menschen mit exzessiver Gewalt, auch in befriedeten Gesellschaften kommt es immer wieder zu scheinbar grundlosen grausamen Verbrechen. Franz Josef Wetz sucht nach Ursachen solcher „Orgien der Gewalt“ und versucht zu erklären, warum derartige Ausbrüche auch im Zeitalter der Zivilisation noch so häufig anzutreffen sind.

Doch müssen Exzesse zwangsläufig im Blutrausch kulminieren? Oder lässt sich die Freude am sinnlichen Rausch in ein Konzept von Mündigkeit integrieren? Auf seiner Suche nach Antworten unternimmt der Autor waghalsige Streifzüge durch die „Fröhliche Wildnis“. Genauso bildreich wie prägnant spielt er die Chancen für intensive Erlebnisse durch, die Sport und Musik, Drogen und Sex, das nächtliche Partyleben und zügellose Orgien bieten. Am Ende steht fest, dass eine Gesellschaft der Reservate für lustvolle Exzesse bedarf.

Franz Josef Wetz

Keine Liebe ohne Lüge

Wie viel Ehrlichkeit verträgt eine Beziehung?
ISBN 978-3-86569-300-6, 151 Seiten, kartoniert, Euro 14.-

Dauerhafte Leidenschaft gibt es im wirklichen Leben fast genauso wenig wie zeitlich unbegrenzte erotische Anziehung. Gefühle kommen und gehen. Selbst radikale Liebesgeschichten wie Romeo und Julia sind nur außeralltägliche Affären und nicht das Vorspiel zu einer lediglich missglückten lebenslangen Intensität.
Ausgehend von dieser Grundthese reflektiert der Philosoph Franz Josef Wetz die Rahmenbedingungen und Möglichkeiten von Leidenschaft und Liebe. Dabei lässt er zahlreiche Figuren der Weltliteratur zu Wort kommen, die seine Überlegungen anschaulich werden lassen.

Franz Josef Wetz

Das Fest der gewöhnlichen Dinge

Lesekompass durch Rilkes Duineser Elegien
ISBN 978-3-86569-350-1, 230 Seiten, gebunden, Euro 22.-

Rainer Maria Rilke (1875–1927) gehört zu den bedeutendsten Lyrikern deutscher Sprache. Die Duineser Elegien gelten als sein weithin bewundertes Hauptwerk und zugleich als eines der am schwersten zugänglichen Werke der neueren deutschen Lyrik. Der Philosoph Franz Josef Wetz erschließt mit seiner literarischen Nacherzählung der Elegien diese komplexe Dichtkunst einem breiteren Publikum. Aufgrund ihrer zum Äußersten verfeinerten Sprache bleibt Rilkes Poesie oft auch nach mehrmaliger Lektüre unverständlich. Die hingetupften Worte erscheinen als sinnleere Sprachexperimente, aus denen die Wirklichkeit entwichen ist. Doch hinter den schillernden Bildern steht ein faszinierender Blick auf Mensch und Welt, der sich in klare, verständliche Worte fassen lässt. Rilkes Duineser Elegien feiern die gewöhnlichen Dinge. Hierin sieht der Dichter die Aufgabe der Menschen, die ihnen von der Wirklichkeit zugewiesen wird, und in der Befolgung dieses Auftrags liege der wahre Sinn des Lebens. In der Bewunderung der Natur sowie einfacher Alltagsgegenstände, aber auch alter Bauwerke zeigt sich eine Haltung der Achtsamkeit, die den Dingen eine starke Präsenz verleiht. Damit verbunden erhebt Rilke das Mühevolle, Schöne und Vergängliche alles Menschlichen – Leben, Liebe und Tod – in den Rang des ganz Besonderen, um dem Dasein eine hohe Intensität zu geben.

Gerhard Vollmer

Gretchenfragen an den Naturalisten

ISBN 978-3-86569-278-8, 111 Seiten, kartoniert, Euro 12.-

Gerhard Vollmer, Physiker, Philosoph und selbst Naturalist, beantwortet 46 Kernfragen über Gott, Welt und Mensch im Sinne des philosophischen Naturalismus. Anders als Goethes Faust hat er es nicht nötig, seine Meinung wortreich zu verbergen. Vielmehr geht es ihm darum, auf klare Fragen – manchmal auch auf unklare Fragen – klare Antworten zu geben.

Bernulf Kanitscheider

Die Materie und ihre Schatten

Naturalistische Wissenschaftsphilosophie

ISBN 978-3-86569-015-9, 298 Seiten, kartoniert, Euro 24.-

Im Laufe der Jahrmillionen hat die Natur eigenständige Strukturen und Gebilde hervorgebracht, die den Eindruck erwecken, als habe sie sich ihrer eigenen Stofflichkeit entfremdet. Sind diese Schatten der Materie ein Zeichen für die Grenzen einer naturalistischen Verfassung alles Seienden oder nur Ausdruck des schöpferischen Potentials der Natur? Bernulf Kanitscheiders Antwort ist klar: Unser Universum ist eine Welt der Materie und der Stoff, aus dem diese Welt besteht, ist lebendig und kreativ. Deshalb braucht es auch keine übernatürlichen Kräfte, um das Geschehen zu erklären; mit der Idee der „Selbstorganisation" lässt sich ein schlüssiges Bild von der Welt zeichnen.

Rolf Bergmeier

Schatten über Europa

Der Untergang der antiken Kultur

Dritte, überarbeitete Auflage

ISBN 978-3-86569-228-3, 291 Seiten, Abbildungen, kartoniert, Euro 22.-

Beheizte Bäder, kühlende Brunnen, Fischteiche und Gärten – Mitte des vierten Jahrhunderts ist das Leben im Imperium Romanum von beeindruckenden zivilisatorischen Errungenschaften gekennzeichnet. In allen Städten gibt es Schulen, Gymnasien, Bibliotheken, Theater und Schauspiele. Nur hundert Jahre später ist alles vorbei. Die Wasserleitungen verfallen, die öffentlichen Schulen werden geschlossen, die Theater veröden, die meisten Menschen können nicht mehr lesen und schreiben.

Wie ist es dazu gekommen? Ist die antike Kultur im „Germanensturm" untergegangen? Hat die „spätrömische Dekadenz" den Verfall herbeigeführt? Rolf Bergmeier sieht für den Kulturbruch eine andere, bislang wenig beachtete Ursache: das Christentum. Dessen Weltflucht, Leib- und Bildungsfeindlichkeit zieht eine Reihe von Entwicklungen nach sich, die zum Zusammenbruch von Kunst und Kultur, Bibliotheken und Schulsystem, Wissenschaft und Philosophie führen.

Hermann Josef Schmidt

„dem gilt es den Tod, der das gethan"

Nietzsches frühe Entwicklung und einige ihrer Folgen

ISBN 978-3-86569-118-7, 250 Seiten, kartoniert, Euro 24.-

Erstmals wird Nietzsches schon durch frühe Erfahrungen stimulierte, in vielen Anläufen bis in die Tage seines Zusammenbruchs vorangetriebene Entwicklung zu einem unerbittlichen Gegner des Christentums und lebensfeindlicher Werte aufgezeigt. So erhalten kritische Leser einen Schlüssel zu Nietzsche, der ein Verständnis von dessen religions- und kirchenkritischen Sichtweisen eröffnet.